微分形式の幾何学

微分形式の幾何学

森田茂之

岩波書店

まえがき

　本書は題名の示す通り，微分形式の解説書である．それでは微分形式とは一体なんだろうか？　この問に答えるのが本書の目的である．

　微分形式を説明するためには，まずそれが定義される微分可能多様体について解説しなければならない．ところで微分可能多様体とは，簡単にいえば幾何学の対象となる"図形"を現代流に表わしたものであり，現代数学にとっては欠かすことのできない重要な概念である．したがって，微分可能多様体に関する教科書は現在までに数多く出版されている．読者もそれらのいくつかを手にとって眺めたり，あるいはすでに学習した人もいるかもしれない．このような教科書では例外なく，微分形式が定義されている．しかし多くの場合，定義といくつかの基本的な性質は示されるが，それが実際に微分可能多様体の構造の解明に使われる様子の記述は，ごく限られたものになっている．解説すべき基本的なことがらがたいへん多く，それだけで分量がかさんでしまうためである．

　このようなことは，微分可能多様体の概念が今では完全に確立したものになっている以上，ある意味では避けられないことである．しかし，それにはつぎのような不都合が伴う．すなわち読者は，微分可能多様体に関する基本的な事項の学習に追われ，具体的な生きた多様体との関わりがどうしても薄くなってしまうのである．また，理論的に筋の通った記述は，往々にして実際の発展とは逆になってしまうので，発見当初の感動がうまく伝わらないのである．

　現代数学はいま激動の時期を迎えている．幾何学だけに限ってみても，1980年代に始まる革命的ともいえる変化は，21世紀を迎えたいまも止まることを知らないように続いている．このような時には，数学を一つの完成された体系というよりは，むしろ新しい発展を準備する生きた体系として理解

することがとくに重要であろう．本書では上記のようなことを考慮して，読者ができるだけ早く微分形式の考えに親しめるような記述を心掛けた．

しかし実際に執筆を始めてみると，それは想像以上に困難な作業であることがわかった．数学が論理を基礎にしている以上，あいまいな記述は許されない．一方，歴史的な動機づけに基づいて説明しようとすると，ページ数がどうしても多くなってしまう．目的がどの程度達成されたか心もとないが，読者のご判断におまかせする次第である．

本書の内容を簡単にまとめてみる．第1章では，微分可能多様体の定義から出発して，接ベクトルや接空間を始め多様体に関する基本的事項を説明した．必要最小限にしぼってはいるが，本書の理解のためには十分なように配慮したつもりである．第2章では，微分形式を導入し，その基本的な演算を定義した後，Frobenius の定理を証明した．この定理は，微分形式あるいはベクトル場によって記述される多様体上の各点における"方向の場"が，積分可能になるための必要十分条件を与えるものであり，近年その重要性はますます高まっている．第3章のテーマは de Rham の定理である．この定理については，その名前を一度は聞いたことのある読者も多いと思うが，多様体論の根幹をなすともいえる重要な結果である．通常の証明に加えて，微分形式の積分との関係を明らかにする説明を与えた．また章の終わりにこの定理のいくつかの応用を述べた．やや難しいかもしれないが，定理の威力が少しでも読者に伝われば幸いである．第4章では Riemann 計量と微分形式との関係を考察する．そして Hodge と小平–de Rham による美しい調和形式の理論の解説をする．この理論は，簡単にいえば de Rham の定理の Riemann 多様体に対する精密化を与えるものといえるだろう．第5章ではベクトルバンドルの概念を導入する．これは多様体の接バンドルを一般化して得られた概念で，現代数学に必須の道具の一つである．そしてベクトルバンドルのねじれ具合を計る手段である，接続と曲率について解説する．最後の第6章では，特性類の理論を扱う．これは，現代幾何学の最も高い到達点の一つといえよう．これにより，図形すなわち多様体の構造が，微分形式という局所的なものを通して表現され，それを積分することにより特性数と呼ばれる具体

的な数として大局的な構造が姿を現わすのである．ここでは前章までの結果がほとんど総動員される．

　本書で使われている多様体やホモロジー論に関する事項の，より詳しいことが知りたい読者は，それぞれの成書にあたってみてほしい．もし本書がそのような学習の動機を与えることができ，また逆に基本的事項の理解の深まりとともに，本書を経由してより深い理論への興味を読者に引き起こすことができたとすれば，著者としてこれ以上嬉しいことはない．

　なお，本書は以前刊行された岩波講座『現代数学の基礎』の「微分形式の幾何学1, 2」を単行本化したものである．

　2004年12月

森 田 茂 之

理論の概要と目標

　幾何学とは図形の学問である．図形のいろいろな性質を研究し，それをもとに与えられた図形を分類するのである．分類するのに最も有効な方法として不変量というものがある．簡単にいえば，不変量とは幾何学的構造を数によって表現したものといえよう．たとえば周知のように，三角形の合同条件は辺の長さや頂点の角度などの不変量によって表わされる．

　幾何学はしかし，いつも与えられた図形を研究するとは限らない．どのような図形がそもそも存在しうるのか，その条件を数え上げたりもする．われわれの住むこの宇宙が，どのような姿，形をしているのか想像し，その条件を研究するのは，物理学と幾何学にまたがる人類の永遠の問題であろう．また幾何学は，場合によってはこれまで未知であった図形を具体的に構成し，人々をあっと言わせることさえできる．このようなことこそ，幾何学を研究する醍醐味といえるかも知れない．直線外の1点を通ってその直線に平行な直線がただ1本だけ存在する，という有名な平行線の公理が，一般には成り立たないことを示した非Euclid幾何学の登場は，その典型的な例といえるだろう．

　現代の幾何学の扱う図形は，多様体である．多様体の概念はふつう，1854年のRiemannによるゲッティンゲン大学への就職講演によって導入されたといわれている．この講演では同時に，Riemann計量の与えられた多様体の幾何学すなわち微分幾何学も創始された．まさに時代を先取りする画期的な講演だったといえよう．多様体がその後，現在使われているような形になったのには，1930年代に始まるWhitneyの一連の仕事に負うところが大きい．

　多様体と一言でいっても，いろいろなものがある．もっとも単純なものとして，局所的にEuclid空間と同相であることだけを要請する位相多様体がある．しかしふつう多様体という場合には，美しいカーブを描く曲線や曲面

のような滑らかさを備えた，微分可能多様体を指すことが多い．さらには，より緻密な構造をもつ複素多様体や代数多様体などがある．このように現代ではいろいろな種類の多様体が考えられ，その研究方法もそれぞれ固有のものがとられることが多い．しかし，現在のように数学がいくつもの分科に分かれていなかった頃の，いわばすべての多様体の原点ともいえるもの，すなわち Gauss や Riemann や Poincaré といった偉大な先人達の考えた"生きている多様体"のことを，我々は決して忘れてはならないだろう．

簡単ではあるがきわめて重要な例として，向き付け可能な閉曲面を考えよう．厳密な定義は本文中で行なうが，ここでは次の図に示したような空間の中におかれた，限りがあってかつ境界のない滑らかな曲面を思い浮かべていただきたい．

向き付け可能な閉曲面

このような曲面の分類は，すでに 20 世紀初頭には完成していた．すなわち，図を見ればただちに想定される不変量として，種数と呼ばれる"穴"の数 g があるが，二つの閉曲面が"同じ"(現代流にいえば位相同型あるいは微分同相)である必要十分条件は，それらの種数が等しいことであるというものである．したがって，種数 g の閉曲面を Σ_g と書くことにすれば，

$$\Sigma_0, \ \Sigma_1, \ \Sigma_2, \ \cdots$$

という無限の系列が，向き付け可能な閉曲面をすべて尽くしていることになる．Σ_0 は球面であり，また Σ_1 はトーラスと呼ばれる曲面である．通常それぞれ S^2, T^2 と書かれる．

さて上記の閉曲面の分類とすぐ下に記す Gauss–Bonnet の定理には，幾何学の神髄がすべて含まれているといっても過言ではない．実際これらのことを，一般の次元の多様体にどのようにして拡張するかということが，20 世紀

の幾何学の一つの指針となったのである.

 ところで曲面の場合に限ってみても,結論はきわめて単純明快ではあるが,それの意味を少しでも深く考えてみれば,問題はそれほど簡単ではないことに気付くだろう. 種数 g の幾何学的意味は,図を見れば一目瞭然であり,なんの苦もなく定義されると思われるかも知れない. しかしそれは,この図では種数がよく見える位置に曲面をおいたからであり,複雑に入り組んでいる曲面の場合には,たとえ種数が小さくても見てすぐにわかるというわけにいかない. また,本質的により重要な点として,多様体はよく知られた Euclid 空間の中にいつもあるとは限らないということがある. これは現代幾何学の一つの特徴ともいえるが,多様体は Euclid 空間の中という枠組みから自立して,それ自身として自由にはばたく存在となったのである. したがって我々がそれらを研究する場合,いつも全体の空間との相対的な関係を手がかりにするわけにはいかなくなってしまった. まして高次元の多様体の場合には,いくら想像力を働かせてみても,直接目に見て観察するということはできない. それでは,どうすればよいのだろうか.

 一つの方法は,いくつかの単位となる部品を指定して,多様体をそれら部品に分割するという組み合わせ的な方法である. 部品としては,点,線分,三角形,さらにはそれらを一般次元で考えた単体と呼ばれるものを用いるものや,より自由な形をした胞体と呼ばれるものなどがある. この方法は非常に具体的であり,歴史的に見てもまずこの組み合わせ的な方法によって,幾何学的不変量が登場した. すなわち Euler 数である. 図形を三角形に分割して,頂点の数,辺の数,三角形の数の交代和をとると,それが分割の仕方によらずに図形に固有の量となるというのである. 種数 g の閉曲面 Σ_g の場合には,それは $2-2g$ に等しくなることを知っている読者も多いことと思うが,これは逆に,種数が組み合わせ的な方法で定義され得ることを示している. これらの考えを押し進めて,組み合わせ的な方法で図形を研究するきわめて重要な手段となったのが,100 年ほど前の Poincaré の創始になるホモロジー論である. これにより図形の中に存在する,各次元の"穴"の数(Betti 数と呼ばれる)を計ることができるようになった. Euler 数はこうして Poincaré

に至ってはじめて理論的根拠を得たのである．Euler–Poincaré 標数とも呼ばれるのはこのためである．この間，実に150年近くの時が経過している．20世紀に入ってホモロジー群の双対としてのコホモロジー群が定義され，この両者が相まって代数的位相幾何学と呼ばれる分野が大きな隆盛をみせた．

　もう一つの方法は，Gauss の曲面論とそれに続く Gauss–Bonnet の定理をその源流とするもので，図形の研究に微分と積分を使うものである．種数 g の閉曲面と一言にいっても，それを空間の中に実現する仕方はさまざまである．より数学的にいえば，Σ_g 上にはそれこそ多種多様な Riemann 構造が入り，自由自在曲がり方をさせることができる．Gauss がその曲面論の中で示したことは，曲面の曲がり方，すなわち今にいう曲率が曲面に内在的な量であり，曲面が入っている空間から離れたところで定義できるというものである．これにより Riemann による先に述べた仕事に先鞭をつけたともいえる．そして Gauss–Bonnet の定理が登場する．任意の曲がり方をした種数 g の閉曲面 S の曲率 K を，曲面全体で積分すると，曲がり方によらない一定の値すなわち Euler 数 $\chi(S)$ の 2π 倍になるというのである．このことを式で表わすと

$$\int_S K d\sigma = 2\pi \chi(S)$$

という美しい等式になる．

　さて現代幾何学が目指してきたものをあえて一言でいえば，上記の閉曲面の分類や Gauss–Bonnet の定理を，任意の次元の微分可能多様体にさまざまな形で一般化することであった，といえよう．その際まさに基本的な役割を果たしたのが，微分形式である．

　まず組み合わせ的な方法で定義されるホモロジー群やコホモロジー群が，微分可能多様体の場合には微分形式によって捉えることができるのを示したのが，de Rham の定理である．それでは，それはどのようにしてだろうか．多様体の k 次元のホモロジー群の元は，k 次元のサイクルと呼ばれるもので表わされる．サイクルとは文字どおり自分自身に戻ってくる境界のない図形のことである．$k=0,1,2$ のときにはそれぞれ $\pm$ の符号の付いた点，向きの

付けられた閉曲線や閉曲面のようなものと理解すればよいだろう（図参照）．一方，多様体上の k 形式とはなんだろうか．$k=0$ のときそれは単に関数のことである．したがって 0 次元サイクルに対してそれはある値をとる．一般の $k>0$ については k 形式とは，各点における順序付けられた k 個の方向（すなわち接ベクトル）に対して定義された関数のようなものである．したがってそれは k 次元サイクル上で積分することができ，ある値が定まる．繰り返していえば de Rham の定理とは，このように微分形式をサイクル上で積分するという操作によって，微分可能多様体の $\mathbb{R}$ 係数の（コ）ホモロジー群が完全につかまえられることを主張するものである．

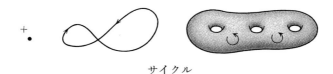

サイクル

上記のように微分形式が，多様体上の各点における順序付けられたいくつかの方向に対して定義される関数のようなものである以上，それが多様体のいろいろな幾何学的構造を記述することができるのは了解しやすいであろう．曲面の場合に，その曲がり具合を表わす量としての曲率 K は曲面上の関数であったが，より正確には，曲率 K と面積要素と呼ばれる $d\sigma$ とをひとまとめにした 2 次の微分形式 $Kd\sigma$ を考えるほうが自然である．そして高次元の Riemann 多様体に対して一般化されるのはこの 2 次の微分形式であり，それは Riemann 曲率形式と呼ばれ曲がり具合を具体的に表わすものである．

話は多少前後するが，多様体の構造を調べる際に最も重要な手がかりを与えてくれるものとして，接空間や接バンドルがある．多様体上の各点の近くの状況を記述する第一近似として，その点における接ベクトル全体を集めたものが接空間であり，これらを多様体上の点すべてにわたって束ねたものが接バンドルである．接バンドルはしたがって，多様体上の各点の上にまっすぐな空間であるベクトル空間が連なってできあがった空間といえる．そのつながり具合は，ベクトル空間の自己同型全体のなす群，すなわち一般線形群

と呼ばれる Lie 群が統制している．この考えを一般化して得られる概念がファイバーバンドルであり，20 世紀前半の E. Cartan による膨大な仕事を主な動機付けとして生まれた．簡単にいえばファイバーバンドルとは，ある多様体上の各点の上に別の多様体が整然と並び，ファイバーと呼ばれるそれら全体が束ねられてできあがっている多様体である (図参照).

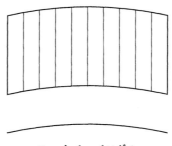

ファイバーバンドル

ファイバーバンドルにおいて，各ファイバーのつながり具合を統制する群 (構造群と呼ばれる) は，一般には無限次元の群であるが，とくに重要なのが Lie 群の場合である．そして微分可能多様体の構造を研究する重要な手段となったのが，それらの上のいろいろな Lie 群を構造群とするファイバーバンドルをあわせて考え，総合的に調べるというものである．

さて与えられた Lie 群を構造群とするファイバーバンドルがどのくらい存在するか，というのは基本的な問題であるが，この問題に一つの解答を与えるのが特性類の理論である．特性類とはごく大ざっぱにいえば，多様体上のファイバーバンドルの曲がり具合を，その多様体のコホモロジーの言葉で表わしたものといえる．Chern 類や Pontrjagin 類と呼ばれるものが特性類の代表選手である．この理論にはいろいろなアプローチの方法があるが，なかでも重要なものが Chern–Weil 理論と呼ばれるものである．ファイバーバンドルの各ファイバーの間に，接続と呼ばれる 1 次の微分形式によって記述されるつながりを与え，それを微分することによりファイバーバンドルの曲がり具合を記述する量としての曲率を導き出す，という一般的な方法がある．Chern–Weil 理論とは，この方法を任意の Lie 群を構造群とするファイバー

バンドルに対して系統的に適用し，美しく整った枠組みを与えるものといえよう．

　Chern 類や Pontrjagin 類といった特性類が，微分可能多様体の分類や構造の解明に果たした役割の大きさは計り知れない．たとえば，それらの多項式を多様体上積分することにより得られる，特性数と呼ばれる数は，Euler 数を一般化するものであり，多様体の大局的構造を数によりきわめて具体的に表現するものとなっている．

　現代幾何学においても，特性類の重要性は減ずるどころかますます大きくなっている．しかも単なるコホモロジー類としてだけではなく，それを表わす微分形式自身の詳細な解析がなされるなど，より深い役割を果たすようになってきている．たとえば，de Rham コホモロジーと Riemann 計量の関わりを記述する理論である調和積分論を，ずっと大きな枠組みのなかで一般化するという，壮大な試みが進行中である．そしてこれらの新しい展開のなかで，微分形式は，たとえてみれば生物にとっての水や空気のような役割を果たしているといっても過言ではないだろう．

目　次

まえがき ・・・・・・・・・・・・・・・・・・・・・・ v
理論の概要と目標 ・・・・・・・・・・・・・・・・・・ ix

第 1 章　多様体 ・・・・・・・・・・・・・・・・・・ 1

§1.1　多様体とは何か ・・・・・・・・・・・・・・ 2
(a)　n 次元数空間 $\mathbb{R}^n$ ・・・・・・・・・・・・・ 2
(b)　$\mathbb{R}^n$ の位相 ・・・・・・・・・・・・・・・・ 3
(c)　C^∞ 関数と微分同相写像 ・・・・・・・・・・ 4
(d)　$\mathbb{R}^n$ の接ベクトルと接空間 ・・・・・・・・・ 7
(e)　抽象的な定義の必要性 ・・・・・・・・・・・ 11

§1.2　多様体の定義と例 ・・・・・・・・・・・・・ 13
(a)　局所座標と位相多様体 ・・・・・・・・・・・ 13
(b)　微分可能多様体の定義 ・・・・・・・・・・・ 15
(c)　$\mathbb{R}^n$ とその中の一般の曲面 ・・・・・・・・ 18
(d)　部分多様体 ・・・・・・・・・・・・・・・・ 22
(e)　射影空間 ・・・・・・・・・・・・・・・・・ 23
(f)　Lie 群 ・・・・・・・・・・・・・・・・・・ 25

§1.3　接ベクトルと接空間 ・・・・・・・・・・・・ 26
(a)　多様体上の C^∞ 関数と C^∞ 写像 ・・・・・ 26
(b)　多様体上の具体的な C^∞ 関数の構成 ・・・・ 28
(c)　1 の分割 ・・・・・・・・・・・・・・・・・ 30
(d)　接ベクトル ・・・・・・・・・・・・・・・・ 33
(e)　写像の微分 ・・・・・・・・・・・・・・・・ 37
(f)　はめ込みと埋め込み ・・・・・・・・・・・・ 38

§1.4　ベクトル場 ・・・・・・・・・・・・・・・・ 40
(a)　ベクトル場 ・・・・・・・・・・・・・・・・ 40
(b)　ベクトル場のかっこ積 ・・・・・・・・・・・ 42

  (c) ベクトル場の積分曲線と 1 パラメーター局所変換群 · · · 44
  (d) 微分同相写像によるベクトル場の変換 · · · · · · 48

§1.5 多様体に関する基本的事項 · · · · · · · · · · · · 49
  (a) 境界のある多様体 · · · · · · · · · · · · · · 49
  (b) 多様体の向き · · · · · · · · · · · · · · · · 50
  (c) 群の作用 · · · · · · · · · · · · · · · · · · 54
  (d) 基本群と被覆多様体 · · · · · · · · · · · · · 56

要　約 · 59
演習問題 · 60

第 2 章　微分形式 · · · · · · · · · · · · · · · · · · 61

§2.1 微分形式の定義 · · · · · · · · · · · · · · · · 61
  (a) $\mathbb{R}^n$ 上の微分形式 · · · · · · · · · · · · · · · 61
  (b) 一般の多様体上の微分形式 · · · · · · · · · · 65
  (c) 外積代数 · · · · · · · · · · · · · · · · · · 66
  (d) 微分形式の種々の定義 · · · · · · · · · · · · 71

§2.2 微分形式の種々の演算 · · · · · · · · · · · · · 74
  (a) 外　積 · · · · · · · · · · · · · · · · · · · 75
  (b) 外微分 · · · · · · · · · · · · · · · · · · · 75
  (c) 写像による引き戻し · · · · · · · · · · · · · 77
  (d) 内部積と Lie 微分 · · · · · · · · · · · · · · 78
  (e) Cartan の公式と Lie 微分の性質 · · · · · · · 79
  (f) Lie 微分と 1 パラメーター局所変換群 · · · · · · 82

§2.3 Frobenius の定理 · · · · · · · · · · · · · · · 85
  (a) Frobenius の定理——ベクトル場による表現 · · · 85
  (b) 可換なベクトル場 · · · · · · · · · · · · · · 87
  (c) Frobenius の定理の証明 · · · · · · · · · · · 89
  (d) Frobenius の定理——微分形式による表現 · · · · 92

§2.4 二, 三の事項 · · · · · · · · · · · · · · · · · 95
  (a) ベクトル空間に値をとる微分形式 · · · · · · · 95
  (b) Lie 群の Maurer–Cartan 形式 · · · · · · · · · 96

要　　約 ・・・・・・・・・・・・・・・・・・・・・ *99*
　演習問題 ・・・・・・・・・・・・・・・・・・・・・ *99*

第3章　de Rham の定理 ・・・・・・・・・・・・ *101*

§3.1　多様体のホモロジー ・・・・・・・・・・・・ *102*
　（a）単体複体のホモロジー ・・・・・・・・・・・・ *102*
　（b）特異ホモロジー ・・・・・・・・・・・・・・・ *106*
　（c）C^∞ 多様体の C^∞ 三角形分割 ・・・・・・・・ *107*
　（d）C^∞ 多様体の C^∞ 特異チェイン複体 ・・・・・ *110*

§3.2　微分形式の積分と Stokes の定理 ・・・・・・・ *111*
　（a）n 次元多様体上の n 形式の積分 ・・・・・・・ *111*
　（b）Stokes の定理(多様体の場合) ・・・・・・・・ *114*
　（c）微分形式のチェイン上の積分と Stokes の定理 ・・・ *116*

§3.3　de Rham の定理 ・・・・・・・・・・・・・ *118*
　（a）de Rham コホモロジー ・・・・・・・・・・・ *118*
　（b）de Rham の定理 ・・・・・・・・・・・・・・ *120*
　（c）Poincaré の補題 ・・・・・・・・・・・・・・ *124*

§3.4　de Rham の定理の証明 ・・・・・・・・・・ *127*
　（a）Čech コホモロジー ・・・・・・・・・・・・・ *127*
　（b）de Rham コホモロジーと Čech コホモロジーの比較 ・ *129*
　（c）de Rham の定理の証明 ・・・・・・・・・・・ *134*
　（d）de Rham の定理と積構造 ・・・・・・・・・・ *139*

§3.5　de Rham の定理の応用 ・・・・・・・・・・ *142*
　（a）Hopf 不変量 ・・・・・・・・・・・・・・・・ *142*
　（b）Massey 積 ・・・・・・・・・・・・・・・・・ *144*
　（c）コンパクト Lie 群のコホモロジー ・・・・・・・ *146*
　（d）写 像 度 ・・・・・・・・・・・・・・・・・・ *147*
　（e）Gauss によるまつわり数の積分表示 ・・・・・・ *149*

　要　　約 ・・・・・・・・・・・・・・・・・・・・・ *151*
　演習問題 ・・・・・・・・・・・・・・・・・・・・・ *152*

第4章 ラプラシアンと調和形式 ・・・・・・ 155

§4.1 Riemann多様体上の微分形式 ・・・・・ 156
- (a) Riemann計量 ・・・・・・・・・・・ 156
- (b) Riemann計量と微分形式 ・・・・・・ 158
- (c) Hodgeの*作用素 ・・・・・・・・・ 160

§4.2 ラプラシアンと調和形式 ・・・・・・・ 164

§4.3 Hodgeの定理 ・・・・・・・・・・・・ 169
- (a) Hodgeの定理と微分形式のHodge分解 ・・・ 170
- (b) Hodge分解の証明の考え方 ・・・・・・ 172

§4.4 Hodgeの定理の応用 ・・・・・・・・・ 174
- (a) Poincaréの双対定理 ・・・・・・・・ 174
- (b) 多様体とEuler数 ・・・・・・・・・ 175
- (c) 交わり数 ・・・・・・・・・・・・・ 177

要　約 ・・・・・・・・・・・・・・・・・ 178
演習問題 ・・・・・・・・・・・・・・・・ 179

第5章 ベクトルバンドルと特性類 ・・・・・ 181

§5.1 ベクトルバンドル ・・・・・・・・・・ 182
- (a) 多様体の接バンドル ・・・・・・・・ 182
- (b) ベクトルバンドル ・・・・・・・・・ 183
- (c) ベクトルバンドルの種々の構成法 ・・ 186

§5.2 測地線と接ベクトルの平行移動 ・・・・ 192
- (a) 測地線 ・・・・・・・・・・・・・・ 192
- (b) 共変微分 ・・・・・・・・・・・・・ 194
- (c) 接ベクトルの平行移動と曲率 ・・・・ 195

§5.3 ベクトルバンドルの接続と曲率 ・・・・ 197
- (a) 接続 ・・・・・・・・・・・・・・・ 197
- (b) 曲率 ・・・・・・・・・・・・・・・ 199
- (c) 接続形式と曲率形式 ・・・・・・・・ 201

	(d)	接続と曲率の局所表示の変換公式	*203*
	(e)	ベクトルバンドルに値をとる微分形式	*204*

§5.4　Pontrjagin 類　　　*207*
 (a)　不変多項式　*207*
 (b)　Pontrjagin 類の定義　*211*
 (c)　Levi-Civita 接続　*215*

§5.5　Chern 類　　　*218*
 (a)　複素ベクトルバンドルの接続と曲率　*218*
 (b)　Chern 類の定義　*219*
 (c)　Whitney の公式　*222*
 (d)　Pontrjagin 類と Chern 類の関係　*223*

§5.6　Euler 類　　　*225*
 (a)　ベクトルバンドルの向き　*225*
 (b)　Euler 類の定義　*226*
 (c)　Euler 類の性質　*229*

§5.7　特性類の応用　　　*231*
 (a)　Gauss–Bonnet の定理　*231*
 (b)　複素射影空間の特性類　*238*
 (c)　特 性 数　*240*

要　　約　　*243*

演習問題　　*244*

第6章　ファイバーバンドルと特性類　*247*

§6.1　ファイバーバンドルと主バンドル　*248*
 (a)　ファイバーバンドル　*248*
 (b)　構 造 群　*250*
 (c)　主バンドル　*254*
 (d)　ファイバーバンドルの分類と特性類　*256*
 (e)　ファイバーバンドルの例　*258*

§6.2 S^1 バンドルと Euler 類 259
- (a) S^1 バンドル 259
- (b) S^1 バンドルの Euler 類 260
- (c) S^1 バンドルの分類 265
- (d) 微分形式による S^1 バンドルの Euler 類の定義 268
- (e) 第一障害類と球面バンドルの Euler 類 274
- (f) 多様体上のベクトル場と Hopf の指数定理 275

§6.3 接 続 277
- (a) 一般のファイバーバンドルの接続 277
- (b) 主バンドルの接続 281
- (c) 主バンドルの接続の微分形式による表示 283

§6.4 曲 率 286
- (a) 曲率形式 286
- (b) Weil 代数 289
- (c) Weil 代数の外微分 291

§6.5 特 性 類 296
- (a) Weil 準同型 296
- (b) Lie 群の不変多項式 300
- (c) ベクトルバンドルの接続と主バンドルの接続 303
- (d) 特 性 類 305

§6.6 二, 三の事項 306
- (a) Weil 代数のコホモロジーの自明性 306
- (b) Chern–Simons 形式 308
- (c) 平坦バンドルとホロノミー準同型 309

要 約 313

演習問題 313

現代数学への展望 315
参 考 書 319

目 次 ――― xxiii

演習問題解答 ・・・・・・・・・・・・・・・・・ *323*
索　　引 ・・・・・・・・・・・・・・・・・・・ *339*

1 多様体

　この章では，まず本書の主役である微分形式が，定義され活躍する"場"としての**微分可能多様体**(differentiable manifold)について解説する．

　大ざっぱにいうと，微分可能多様体とは**滑らかな図形**あるいは**空間**のことである．たとえば，曲線や曲面は微分可能多様体である．曲線上の点は 1 個のパラメーターで記述することができるので 1 次元の多様体という．またどんな曲面も，局所的には平面上の小さな領域を，すこし曲げることにより作ることができる．したがって，そこの点は平面上のふつうの xy 座標を使って表わすことができる．つまり，曲面上の点は 2 個のパラメーターで記述することができる．そこで，曲面のことを 2 次元の微分可能多様体と呼ぶのである．しかし，一般には平面上のひとつの領域をどんなにうまく曲げても，与えられた曲面全体を作ることはできない．そうするためには，いくつかの領域を次々と張り合わせる必要がある．言い換えると，上の座標は平面の場合と違い，曲面全体で定義されるとは限らないのである．このような座標を，**局所座標**と呼ぶ．曲面の滑らかさは，異なる局所座標のあいだの相互関係に反映される．

　微分可能多様体は，曲線や曲面の持つこのような性質を，一般の次元に拡張することにより定義される．つまり，微分可能多様体とはまず位相空間であって，その上のどんな点をとっても，その近くの点はすべて互いに独立な n 個のパラメーターからなる局所座標により記述でき，かつ異なる局所座標

の相互の関係が微分可能な関数で記述されるもののことである．

さて多様体は，曲線や曲面のように，いつもよく知られた空間のなかに現われるとは限らない．むしろ，非常に抽象的な枠組みのなかから生まれ，はじめは幾何学的な図形とはとうてい思えない場合も多い．しかし，そうした集合に局所座標を見つけ，さらに局所座標相互の関係を調べていくと，隠されていた幾何学的な構造が，しだいに明らかになってくることがしばしばあるのである．できるだけ多くの対象を含めようとするため，多様体の定義はどうしても抽象的になってしまう．しかし，ある対象がこの抽象的な定義により多様体であることがわかると，局所座標を通して知られた空間のなかに姿を現わし，きわめて具体的な対象に変化するのである．

多様体に限らず，現代数学の理解や研究にとっては，抽象的な考えと具体的な実例とを，お互いに他を豊かにするように結び付けることが大切である．ここでもそのことを念頭において解説を進めていく．

§1.1 多様体とは何か

(a) n 次元数空間 $\mathbb{R}^n$

定義をする前に多様体の基本的な例から始めよう．まず，実数全体の集合を $\mathbb{R}$ と書く．$\mathbb{R}$ を幾何学的に数直線と思ったとき，それは1次元の多様体である．つぎに，座標 (x,y) で表わされる点全体の集合

$$\mathbb{R}^2 = \{(x,y);\, x,y \in \mathbb{R}\},$$

つまり xy 平面 $\mathbb{R}^2$ は2次元の多様体である．同様に，座標 (x,y,z) で表わされる点全体の集合

$$\mathbb{R}^3 = \{(x,y,z);\, x,y,z \in \mathbb{R}\},$$

つまり xyz 空間 $\mathbb{R}^3$ は3次元の多様体である（図1.1）．一般に，n 個の実数の組 $(x_1, x_2, \cdots, x_n)$ の全体の集合

$$\mathbb{R}^n = \{x = (x_1, x_2, \cdots, x_n);\, x_i \in \mathbb{R}\}$$

を n 次元数空間という．

$\mathbb{R}^n$ は最も基本的な n 次元の多様体である．幾何学的イメージとしては，

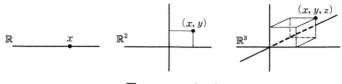

図 1.1　$\mathbb{R}, \mathbb{R}^2, \mathbb{R}^3$

それは n 個の互いに独立な方向に，どこまでも果てしなく広がっていく空間である．後に詳しく述べるように，一般の n 次元多様体は，$\mathbb{R}^n$ の領域をいくつか(一般には無限個)次々と滑らかに張り合わせていくことにより形作られる．そこで，まず $\mathbb{R}^n$ の幾何学的性質や，張り合わせ写像に用いられることになる，$\mathbb{R}^n$ 上定義された微分可能な関数についての基礎的な事項を復習しておこう．

(b)　$\mathbb{R}^n$ の位相

$\mathbb{R}^n$ の 2 点 $x=(x_1, x_2, \cdots, x_n)$, $y=(y_1, y_2, \cdots, y_n)$ が与えられたとき，その間の**距離**(distance) $d(x,y)$ を
$$d(x,y) = \sqrt{(x_1-y_1)^2 + (x_2-y_2)^2 + \cdots + (x_n-y_n)^2}$$
と定義する．また，点 x と原点との距離 $d(x,0)$ のことを簡単に $\|x\|$ と書くこともある．$n=1,2,3$ の場合には，$d(x,y)$ は 2 点 x, y を結ぶ線分 $\overline{xy}$ の通常の意味での長さであるが，上記の式はこれを一般の n に自然に拡張したものである．$d(x,y)$ はつぎの三つの基本的性質

(ⅰ)　$x \neq y$ ならば $d(x,y) > 0$ であり，$d(x,x) = 0$

(ⅱ)　$d(x,y) = d(y,x)$

(ⅲ)　任意の 3 点 x, y, z に対して，
$$d(x,y) + d(y,z) \geqq d(x,z) \quad \text{(三角不等式)}$$
をみたすことが簡単にわかる．したがって，$\mathbb{R}^n$ は距離 d により**距離空間**(metric space)となる．距離 d はまた $\mathbb{R}^n$ につぎのようにして位相を定義し，これにより $\mathbb{R}^n$ は**位相空間**(topological space)となる．

$\mathbb{R}^n$ の点 x と正数 $\varepsilon > 0$ に対し，x からの距離が ε より小さい点全体の集合

$$U(x, \varepsilon) = \{y \in \mathbb{R}^n \,;\, d(x, y) < \varepsilon\}$$

を x の **ε 近傍**(ε-neighborhood)と呼ぶ(図 1.2). $\mathbb{R}^n$ の部分集合 U は,その上の任意の点 x に対しその十分小さな ε 近傍をとれば,それがすっぽり U に含まれるようにできるとき,**開集合**(open set)と呼ばれる.たとえば,すべての ε 近傍は開集合である.点 x を含む開集合は,ときに x の**開近傍**と呼ばれることがある.

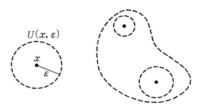

図 1.2 ε 近傍と開集合

$\mathbb{R}^n$ の開集合全体からなる集合を $\mathcal{U}$ と書こう.ただし,空集合 $\varnothing$ は開集合と約束する.このとき,$\mathcal{U}$ はつぎの三つの条件をみたすことが簡単にわかる.

(i) $\mathbb{R}^n, \varnothing \in \mathcal{U}$. つまり,全体の空間 $\mathbb{R}^n$ と空集合 $\varnothing$ は開集合である.

(ii) $U_1, U_2, \cdots, U_k \in \mathcal{U}$ ならば $U_1 \cap U_2 \cap \cdots \cap U_k \in \mathcal{U}$. すなわち,有限個の開集合の共通部分は開集合である.

(iii) $\mathcal{U}$ に属する集合の任意の族 $\{U_\alpha\}_{\alpha \in A}$ ($U_\alpha \in \mathcal{U}$) に対して,それらの和集合は,$\bigcup_{\alpha \in A} U_\alpha \in \mathcal{U}$. すなわち,任意個数の開集合の和集合は開集合である.

一般に,集合 X の部分集合からなる族 $\mathcal{U}$ が上記の三つの条件(ただし,$\mathbb{R}^n$ は X で置き換える)をみたすとき,X に位相が定義されたといい,$\mathcal{U}$ に属する集合を開集合と呼ぶのであった.こうして,我々の n 次元数空間 $\mathbb{R}^n$ は,多様体になるべき大前提としての位相空間になったのである.

(c) C^∞ 関数と微分同相写像

二つの小さな紙片の一部分をかさねて糊付けすれば,より大きな紙片を作ることができる.また一つの紙片の二つの部分をうまくかさねて糊付けする

と，いろいろな曲面が得られる．たとえば，細長い長方形の形をした紙片をまるめて両端を張り合わせると，円柱状の輪やまたは Möbius の帯と呼ばれる曲面ができる(図 1.3)．前にも述べたように，大ざっぱにいうと，多様体とは $\mathbb{R}^n$ の開集合を材料にして，上のような操作を次々とほどこして得られる図形のことである．ここでは，この糊付けや張り合わせの操作を数学的に定式化しよう．

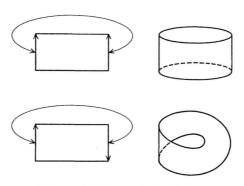

図 1.3 糊付けにより曲面を作る

$\mathbb{R}^n$ の二つの開集合 U, V を "かさねて張り合わせる" とは，**同相写像** $\varphi: U \to V$ により U と V とを同一視することと解釈する．ここで φ が同相写像とは，それがまず 1 対 1 上への写像であって，φ とその逆写像 φ^{-1} がともに連続のときをいう．このとき，U と V とは位相空間としてまったく同じ形をしていると思ってよい．つぎに，おなじ多様体でも微分可能多様体すなわち滑らかな多様体を作るためには，張り合わせの写像も滑らかでなくてはならない．その役割を果たすのが以下に定義する**微分同相写像**である．

$\mathbb{R}^n$ の開集合 U 上定義された関数 $f: U \to \mathbb{R}$ は，r 階までのすべての偏導関数

$$\frac{\partial^{\alpha_1 + \cdots + \alpha_n} f}{(\partial x_1)^{\alpha_1} \cdots (\partial x_n)^{\alpha_n}} \quad (\alpha_i \geqq 0,\ \alpha_1 + \cdots + \alpha_n \leqq r)$$

が U 上存在し，しかもそれらが連続であるとき C^r **級**であるといい，そのような関数を C^r **関数**と呼ぶ．すべての r について C^r 級であるような関数

を C^∞ 級といい,そのような関数を C^∞ 関数と呼ぶ.つまり,C^∞ 関数とは何回でも偏微分可能な関数のことである.

つぎに,$\mathbb{R}^n$ の開集合 U 上定義されて,$\mathbb{R}^m$ に値をとるような写像 $\varphi: U \to \mathbb{R}^m$ を考えよう.このような写像は m 個の関数 $\varphi_i: U \to \mathbb{R}$ $(i=1,\cdots,m)$ により $\varphi(x) = (\varphi_1(x), \cdots, \varphi_m(x))$ $(x \in U)$ と表わすことができる.φ_i がすべて C^r 級(または C^∞ 級)であるとき,φ を C^r **写像**(または C^∞ **写像**)という.二つの C^∞ 写像の合成写像はまた C^∞ 写像である.このことは,合成関数の微分の法則から簡単に導くことができる.

定義 1.1(微分同相) U, V を $\mathbb{R}^n$ の開集合とする.U から V の上への同相写像 $\varphi: U \to V$ は,φ とその逆写像 φ^{-1} がともに C^∞ 写像であるとき,**C^∞ 微分同相写像**または単に**微分同相**(diffeomorphism)という. □

与えられた写像が微分同相かどうかを判定したり,具体的に微分同相写像を作るときに重要な役割を果たすのが,**逆関数の定理**である.それを記述するために,一つ言葉を準備する.$\mathbb{R}^n$ の開集合 U 上定義され,$\mathbb{R}^m$ に値をとるような写像 $\varphi = (\varphi_1, \cdots, \varphi_m)$ に対し,行列

$$\begin{pmatrix} \dfrac{\partial \varphi_1}{\partial x_1}(x) & \dfrac{\partial \varphi_1}{\partial x_2}(x) & \cdots & \dfrac{\partial \varphi_1}{\partial x_n}(x) \\ \dfrac{\partial \varphi_2}{\partial x_1}(x) & \dfrac{\partial \varphi_2}{\partial x_2}(x) & \cdots & \dfrac{\partial \varphi_2}{\partial x_n}(x) \\ \cdots\cdots\cdots\cdots\cdots\cdots\cdots \\ \dfrac{\partial \varphi_m}{\partial x_1}(x) & \dfrac{\partial \varphi_m}{\partial x_2}(x) & \cdots & \dfrac{\partial \varphi_m}{\partial x_n}(x) \end{pmatrix}$$

を写像 φ の点 $x \in U$ における **Jacobi 行列**という.とくに $m=n$ のとき,Jacobi 行列の行列式のことを**ヤコビアン**(Jacobian)という.

定理 1.2(逆関数の定理) φ を $\mathbb{R}^n$ の開集合 U から $\mathbb{R}^n$ への C^∞ 写像とする.もし,U 上の点 x における φ のヤコビアンが 0 でないならば,x のある開近傍 $V \subset U$ が存在して,$\varphi(V)$ は開集合となり,φ は V から $\varphi(V)$ の上への微分同相となる. □

$\mathbb{R}^n$ から $\mathbb{R}^n$ への与えられた C^∞ 写像が,ある開集合 U 上 1 対 1 の写像であることが何かの理由でわかったとしても,その逆写像を具体的に求めるこ

とは一般には難しい．しかし，もしこの写像のヤコビアンを計算してみて，それが U 上の各点で 0 にならないことがわかったとすると，上記の定理により実は逆写像も C^∞ 写像となり，したがって微分同相であると結論することができるのである．この意味で逆関数の定理は重要である．

例 1.3 簡単な例として，$\varphi(x,y)=(x^2-y^2, 2xy)$ と定義される写像 $\varphi:\mathbb{R}^2 \to \mathbb{R}^2$ を考えよう．この写像 φ の Jacobi 行列は $\begin{pmatrix} 2x & -2y \\ 2y & 2x \end{pmatrix}$ となるので，ヤコビアンは $4(x^2+y^2)$ である．したがって，原点以外の点では φ のヤコビアンは消えない．逆関数の定理により，その点の十分小さな開近傍に制限すると，φ は微分同相である．しかし一方，この写像は $\mathbb{R}^2$ から原点を除いた開集合全体の上では 1 対 1 の写像ではない．$\varphi(x,y)=\varphi(-x,-y)$ となるからである．そこでは，あとに説明することになる二重の被覆写像というものになっている． □

(d) $\mathbb{R}^n$ の接ベクトルと接空間

$\mathbb{R}^n$ は，$\mathbb{R}$ 上の **n 次元ベクトル空間**(vector space)とも考えられる．この場合 $\mathbb{R}^n$ に属する元 x は，数空間上の点を表わすと同時に，原点とその点とを結ぶ(n 次元の横)ベクトルとして理解される．ベクトル $x,y \in \mathbb{R}^n$ と実数 $a \in \mathbb{R}$ に対して，和 $x+y \in \mathbb{R}^n$ と実数倍 $ax \in \mathbb{R}^n$ という二つの演算が定義され，それらに関していくつかの基本的な法則が成り立っており，これをベクトル空間と呼ぶのであった．

ここではより幾何学的に，原点から発する"矢印"(つまり n 次元ベクトル)全体の集合としてこれを理解し，数空間と区別するため，$T_0\mathbb{R}^n$ と書くことにしよう．ここで添え字の 0 は原点を表わしている．$T_0\mathbb{R}^n$ を $\mathbb{R}^n$ の原点における接空間と呼び，その元，つまり原点を始点とするベクトルを原点における $\mathbb{R}^n$ の接ベクトルという．原点に限らず $\mathbb{R}^n$ の一般の点 x に対し，それを始点とするベクトルの全体を $T_x\mathbb{R}^n$ と書いてこれを x における $\mathbb{R}^n$ の**接空間**(tangent space)と呼び，その元を x における**接ベクトル**(tangent vector)という．$T_x\mathbb{R}^n$ には自然に $\mathbb{R}$ 上の n 次元ベクトル空間の構造が入る．

図 1.4 接ベクトル

接空間 $T_0\mathbb{R}^n$ の基底を一つ定めよう．原点を始点とし，x_i の正の方向の長さ 1 の単位ベクトルを

$$\frac{\partial}{\partial x_i}$$

と書くことにする．なぜこのような記号を用いるかは，以下の説明で明らかになるはずである．定義から $\frac{\partial}{\partial x_i}$ は原点における $\mathbb{R}^n$ への接ベクトル，つまり $T_0\mathbb{R}^n$ の元である．そして容易にわかるように，$\frac{\partial}{\partial x_1}, \cdots, \frac{\partial}{\partial x_n}$ は $T_0\mathbb{R}^n$ の基底となっている．したがって，原点における任意の接ベクトル v は

$$v = a_1 \frac{\partial}{\partial x_1} + \cdots + a_n \frac{\partial}{\partial x_n}$$

とそれらの 1 次結合として一意的に書ける．さて $\mathbb{R}^n$ の一般の点 x に対し，接ベクトル $\frac{\partial}{\partial x_i}$ の始点を x に平行移動したものを

$$\left(\frac{\partial}{\partial x_i}\right)_x$$

と書こう．これは，点 x における接ベクトルになるが，さらに，$\left(\frac{\partial}{\partial x_1}\right)_x, \cdots, \left(\frac{\partial}{\partial x_n}\right)_x$ が x における接空間 $T_x\mathbb{R}^n$ の一つの基底をなすことは明らかであろう．この書き方によれば，原点における接ベクトル $\frac{\partial}{\partial x_i}$ は厳密には $\left(\frac{\partial}{\partial x_i}\right)_0$ と書くべきものである．しかし，原点に限らず，考えている点 x があらかじめはっきりしている場合には，$\left(\frac{\partial}{\partial x_i}\right)_x$ の代わりに単に $\frac{\partial}{\partial x_i}$ と書くことがある．

以上のことは，$\mathbb{R}^n$ の持っている二つの側面，すなわち幾何学的な図形としての $\mathbb{R}^n$ とベクトル空間としての $\mathbb{R}^n$ とを，わざわざ区別して記述して，ことさらに難しくしているように感じられるかもしれない．しかしこれは，$\mathbb{R}^n$ がもともと "まっすぐな" 空間であるために，その上の任意の点における接空間がもとの空間 $\mathbb{R}^n$ と同じものに見えてしまうのであって，一般の曲がっ

た多様体の場合には，ある点での接空間(定義は§1.3 を参照)は全体の図形とはかけ離れたものになることが多い．接空間はしかし，局所的には多様体上の各点のまわりのよい近似となっており，多様体の構造を調べる際に重要な足がかりを与えてくれるのである．

ここで接ベクトルが果たす大切な二つの役割をあげておこう．この二つの役割は，それぞれが接ベクトルを特徴づけるものになっており，一般の多様体(そこでは $\mathbb{R}^n$ の場合のように矢印が書けるとは限らない)の接ベクトルを定義するときの指針を与えてくれるのである．第一の役割は，曲線の**速度ベクトル**としてのものである．$\mathbb{R}^n$ 上の滑らかな曲線は C^∞ 写像 $c: \mathbb{R} \to \mathbb{R}^n$ によって表わされる．このとき，曲線上の点 $c(t)$ ($t \in \mathbb{R}$) における速度ベクトルは，$c = (c_1, \cdots, c_n)$ としたとき，

$$\frac{dc}{dt}(t) = \left(\frac{dc_1}{dt}(t), \cdots, \frac{dc_n}{dt}(t) \right)$$

と表わされる．速度ベクトルを $\dot{c}(t)$ と書く場合もある．この速度ベクトルは点 $c(t)$ における接ベクトルと考えられる(図1.5)．曲線上の点を動かしたり，またいろいろな曲線を考えることにより，$\mathbb{R}^n$ 上各点における種々の接ベクトルが現われる．

図1.5 速度ベクトル

接ベクトルの第二の役割は，**方向微分**としての役割である．たとえば n 変数の関数 $f(x_1, \cdots, x_n)$ が与えられたとしよう．このときいろいろな偏微分 $\dfrac{\partial f}{\partial x_i}$ ($i = 1, \cdots, n$) を考えることができるが，これらはそれぞれ，各 x_i 軸の正の方向の偏微分と思うことができる．この考えを一般化すれば，$\mathbb{R}^n$ の原点における任意の接ベクトル

(1.1) $$v = a_1 \frac{\partial}{\partial x_1} + \cdots + a_n \frac{\partial}{\partial x_n}$$

に対して，関数 f の原点における v 方向の偏微分 $v(f)$ を

$$v(f) = a_1 \frac{\partial f}{\partial x_1}(0) + \cdots + a_n \frac{\partial f}{\partial x_n}(0)$$

と定義することは自然であろう.さて上記の接ベクトル v は,原点だけではなく $\mathbb{R}^n$ の一般の点 x における接ベクトルと思うこともできる.これをもとの v と区別するため v_x と書くことにしよう.このとき,$v_x(f)$ は関数 f の x における v_x 方向の偏微分

$$v_x(f) = a_1 \frac{\partial f}{\partial x_1}(x) + \cdots + a_n \frac{\partial f}{\partial x_n}(x)$$

を表わしているものと思う.ここで $vf(x) = v_x(f)$ とおけば,vf は $\mathbb{R}^n$ 上の関数となるが,この関数の点 x における値は $v_x(f)$ すなわちその点での f の v 方向の偏微係数である.つまり,vf は f の "v 方向の偏導関数" なのである.ここまでの説明で,接ベクトルを表わすのに偏微分の記号を用いる理由がある程度了解されたのではないかと思う.

さて以上で,接ベクトルの果たす役割を二つあげたのであるが,曲線の速度ベクトルは一般には点によって方向も大きさも変化する.また関数の偏微分を考える際にも,微分する方向を一定にする必然性はなく,場所によって異なる方向に偏微分した関数を考えたほうが都合がよい場合もある.こうして生まれてくるのが**ベクトル場**(vector field)という概念である.具体的にはつぎのように定義する.

X が $\mathbb{R}^n$ 上のベクトル場であるとは,$\mathbb{R}^n$ 上の各点 x においてそこでのある接ベクトル $X_x \in T_x\mathbb{R}^n$ を対応させるもののことである.ここで,ベクトル場を表わすのに,v の代わりに X という記号を使ったのは習慣に従ったためである.x_i 軸の正の方向での長さ1のベクトルたち $\frac{\partial}{\partial x_i}$ $(i=1,\cdots,n)$ が各点 x における接空間 $T_x\mathbb{R}^n$ の基底をなしているので,任意のベクトル場 X は

$$(1.2) \qquad X = f_1 \frac{\partial}{\partial x_1} + \cdots + f_n \frac{\partial}{\partial x_n}$$

と表わすことができる.この式は(1.1)と形式的にはまったく同じものである.しかし,(1.1)では各係数 a_i が定数であったのに対し,(1.2)では f_i は $\mathbb{R}^n$ 上の関数であり,その値に従って X の方向や大きさが $\mathbb{R}^n$ の各点で変化

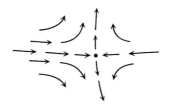

図 1.6　平面上のベクトル場

するのである．f_i がすべて C^∞ 関数であるとき，X を C^∞ **ベクトル場**という．平面上の C^∞ ベクトル場の簡単な例を図示しておこう（図 1.6）．

以上のことから，$\mathbb{R}^n$ 上の関数 f とベクトル場 X に対し，f の X 方向の微分 Xf が定義されることがわかった．

（e）抽象的な定義の必要性

多様体の具体的な定義は次節で行なうが，それは読者にはかなり抽象的なものに思われるかも知れない．前にも述べたように，もともと多様体とは空間の中の曲線や曲面を高次元に一般化しようとして得られた概念である．それならば，初めから数空間 $\mathbb{R}^n$ の中だけで議論してもよいのではないかと思う人もいるだろう．実際，抽象的に定義された多様体でも，結局はすべて $\mathbb{R}^n$ の中の（部分多様体と称する）一般の "曲面" として実現することができるのである（Whitney の埋め込み定理）．しかし，それでも抽象的な定義をする理由がある．それは何かといえば，たとえ $\mathbb{R}^n$ の中に埋め込めるとしても，それは決して自然なものとは限らないし，そうすることがその多様体の構造を明らかにするとも限らない．むしろ，多様体に存在するかも知れない対称性などを，隠してしまう恐れさえあるのである．

たとえば，（i）平面上の直線全体，（ii）空間の中の平面全体，（iii）曲面上のある種の模様全体，（iv）曲面のある種の曲がり方全体，といったような集合が美しく豊富な構造を持った多様体になるのである．このような多様体は，$\mathbb{R}^n$ の中だけにこだわる立場からは生まれにくいであろう．

ここで単純ではあるが示唆に富む一つの例として，三角形全体の集合を考

えてみよう．とはいっても，これではあまりに漠然としていてとらえどころがない．たとえば同じ 1 辺が 1 cm の正三角形でも，黒板に書いたものとノートに写したものとを区別していたのではきりがない．互いに合同なものは同一視するべきだろう．ここではさらに一歩進めて，互いに相似なものも同一視して，三角形の相似類全体の集合 T を考えることにしよう．

さて三角形の相似類は三つの角度を指定すれば定まる．それらを α, β, γ とすれば，これらがみたすべき条件は
$$\alpha + \beta + \gamma = \pi, \quad \alpha, \beta, \gamma > 0$$
である．したがって，T は $\mathbb{R}^3$ の中の平面 $x+y+z=\pi$ 上の $x, y, z > 0$ となる領域として実現できることになる．この領域はこの平面上のある正三角形の内部である．実際には三つの角度の名前の付け替え，たとえば α と β の交換などを考慮する必要がある．簡単な考察から，これはちょうどこの正三角形の合同群(中心のまわりの 0°, 120°, 240° 回転と三つの線対称の軸に関する折り返しからなる群)の作用に対応していることがわかる．

T を別の仕方で実現してみよう．与えられた三角形 ABC を相似拡大または縮小して，二つの頂点 A, B が複素平面上の 0 と 1 の位置に，そして残りの頂点 C が上半平面 $H = \{z = x + iy;\ y > 0\}$ 上の点 z にいくようにする．このようにして H 上の任意の点が三角形のある相似類を表わすことになる．ここで，頂点 A, B の代わりに B, C を 0 と 1 の位置に持っていけば，簡単な計算によって A は $\dfrac{1}{1-z}$ にいくことがわかる．同じようにして，C, A が 0 と 1 の位置にいけば，B は $\dfrac{z-1}{z}$ にいく．また，A と B とを交換すれば C は $1 - \bar{z}$ にいき，別の 2 頂点を交換すれば同様な公式を得る．

こうして，T は H において上の操作で移りうる複素数どうし(一般には 6 個，特別な点ではこれより少ない個数，たとえば正三角形に対応する点 $\dfrac{1 + \sqrt{3}i}{2}$ ではちょうど 1 個)を同一視した図形として実現されたことになる．この同一視のために T 自身は多様体とはならないのであるが，2 次元の多様体 H を使って T がうまく表現できたのである．

この例でわかるように，同じ対象でも目的に応じていろいろな座標が考え

られる.

§1.2 多様体の定義と例

(a) 局所座標と位相多様体

M を位相空間としよう.いわば一番広い意味での図形である.これから,M が多様体になるための条件を順を追ってあげていくことにする.

まず M は **Hausdorff の分離公理**をみたすものとする.すなわち,任意の異なる2点 $p, q \in M$ に対し,p の開近傍 U と q の開近傍 V とが存在して,U と V とが互いに交わらないようにできるとする.このような M を Hausdorff 空間という.この分離公理をみたさない重要な位相空間がないわけではないが,幾何学の対象になる通常の図形はほとんどこの公理をみたしているといってよい.たとえば数空間 $\mathbb{R}^n$ やその部分空間はすべて明らかに Hausdorff 空間である.

第二の条件は,M の任意の点 p に対し p のある開近傍 U が存在して,それが $\mathbb{R}^n$ のある開集合 V と同相になっているというものである.$\varphi: U \to V$ を同相写像としよう.このとき U 上の各点 q に対し,その φ による像 $\varphi(q)$ は $\mathbb{R}^n$ の点であるから

$$\varphi(q) = (x_1(q), \cdots, x_n(q))$$

と n 個の実数の組で表わすことができる.この組のことを点 q の**局所座標**(local coordinates),また U を**座標近傍**(coordinate neighborhood)という.また $x_1, \cdots, x_n$ のことを U 上で定義された**座標関数**という.このようにして,

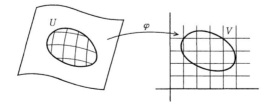

図 1.7 局所座標系(chart)

p の十分近くの点はすべて局所座標と呼ばれる n 個の互いに独立なパラメーターで一意的に表わすことができることになる．組 (U, φ) のことを**局所座標系**(local chart または local coordinate system) と呼ぶ．(U, φ) の代わりに座標関数を表に出して $(U; x_1, \cdots, x_n)$ と書く場合もある．ここで chart とは "地図" を意味する言葉である．(U, φ) または $(U; x_1, \cdots, x_n)$ により点 p の近くを表わす地図が与えられたというのである．

つぎに，M の位相に関するもう一つの条件を仮定する．この条件は，**第二可算公理**(second countability axiom) と呼ばれているもので，可算個の元からなる開集合系の基が存在するというものである．すなわち，M の可算個の開集合 $U_1, U_2, \cdots$ があって，任意の開集合 U とその上の点 p に対し，ある i が存在して $p \in U_i \subset U$ となるようにできるというのである．$\mathbb{R}^n$ 上の有理点（座標がすべて有理数であるような点）と，それらの点の正の有理数 ε に対する ε 近傍をすべて考えることにより，$\mathbb{R}^n$ がこの公理をみたすことがわかる．多様体を定義するときには，通常この公理をはじめからは仮定しない場合が多い．しかし，ふつう扱われる多様体はほとんど例外なくこの公理をみたしているので，本書ではこの条件をはじめから仮定することにする．

以上の三つの条件をみたす位相空間を位相多様体という．

定義 1.4（位相多様体）　第二可算公理をみたす Hausdorff 空間 M は，その上の任意の点が $\mathbb{R}^n$ の開集合と同相になるような開近傍を持つとき，n 次元**位相多様体**(topological manifold) であるという．　　　□

例 1.5　上の三つの条件のうち，Hausdorff の分離公理だけをみたさない位相空間の簡単な例をあげよう．平面 $\mathbb{R}^2$ の部分集合 M を
$$M = \{(x, 0); x < 0\} \cup \{(x, 1); x \geq 0\} \cup \{(x, -1); x \geq 0\}$$

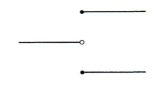

図 1.8

と定義する（図1.8）．M に平面の部分空間としての位相とは異なるつぎのような位相を入れる．2点 $p_+=(0,1)$, $p_-=(0,-1)$ 以外の点 $p\in M$ については通常の ε 近傍 $U_\varepsilon(p)=\{q\in M\,;\,d(p,q)<\varepsilon\}$ を考えて，除外された2点については

$$U_\varepsilon(p_\pm)=\{(x,0)\,;\,-\varepsilon<x<0\}\cup\{(x,\pm 1)\,;\,0\leqq x<\varepsilon\} \quad \text{（複号同順）}$$

とおく．このとき，M 上のすべての点 p とすべての正数 ε に対する $U_\varepsilon(p)$ の全体を開集合の基とするような位相を入れるのである．定義から2点 p_+, p_- の開近傍をどのようにとっても，それらは必ず交わってしまう．したがって M は Hausdorff 空間ではない．しかし，M が他の二つの条件をみたすことは明らかであろう． □

(b) 微分可能多様体の定義

M を位相多様体としよう．定義1.4により，M 上の勝手な点においてその近くの様子を記述する"地図"すなわち $\mathbb{R}^n$ のある開集合との同一視を与える局所座標系が存在する．さて地図は何枚も存在する．しかし M の構造を調べるためにすべての地図が必要なわけではない．たとえば地球の表面を表わす地図を例にとってみよう．目的に応じていろいろな種類の地図を作ることができるが，地球全体を調べる観点からいうと，肝心なのは何枚かの地図全体が地球上のすべての地点を余すところなく覆っているかどうかということである．この条件をみたすものを地球のアトラス(atlas, 地図帳)と呼ぼう．アトラスが一つでも与えられていれば，（理論的には）すべての地図を作ることができる．多様体の場合も同じである．そこでつぎのように定義するのは自然であろう．

定義 1.6 M を位相多様体とする．局所座標系の族 $\mathcal{S}=\{(U_\alpha,\varphi_\alpha)\}_{\alpha\in A}$ は $\{U_\alpha\}_{\alpha\in A}$ が M の開被覆であるとき，すなわち開集合 U_α たちが M 全体を覆うとき，M の**アトラス**であるという． □

さて上の状況において，U_α から $\mathbb{R}^n$ の中への同相写像 φ_α の像を V_α と書こう．M はアトラス $\mathcal{S}$ に属する座標近傍の U_α たちで覆われており，一方，各 U_α は同相写像 φ_α により $\mathbb{R}^n$ の開集合 V_α と同一視することができる．このこ

とを逆に見れば，多様体 M は $\mathbb{R}^n$ の開集合である V_α たちを材料にして，それらを次々に張り合わせることにより作ることができるといえよう．ここで注意することは，$\mathbb{R}^n$ から M を作る材料の一つである V_α を切り取ったとしても，$\mathbb{R}^n$ はすぐにその穴を埋めて元どおりになり，仮につぎの材料となるべき V_β がその "仮想の穴" と交わったとしても，それには影響されず完全な形で取り出せるということである．$\mathbb{R}^n$ はいわば多様体の材料を生み出す "泉" なのである．

ここで材料の張り合わせの仕方を調べてみよう．アトラス $\mathcal{S}$ に属する二つの座標近傍 U_α, U_β が互いに交わるとしよう．このとき対応する $\mathbb{R}^n$ の二つの開集合 V_α, V_β は，M を作るときにはそれぞれの一部分で重なり合うことになる．図1.9を見ていただきたい．この図から，V_α に含まれる開集合 $\varphi_\alpha(U_\alpha \cap U_\beta)$ と，V_β に含まれる開集合 $\varphi_\beta(U_\alpha \cap U_\beta)$ とがその間の同相写像
$$f_{\beta\alpha} = \varphi_\beta \circ \varphi_\alpha^{-1} : \varphi_\alpha(U_\alpha \cap U_\beta) \longrightarrow \varphi_\beta(U_\alpha \cap U_\beta)$$
により互いに張り合わされることがわかる．

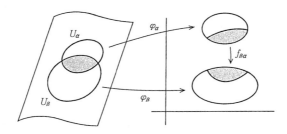

図1.9 座標変換

さて $f_{\beta\alpha}$ は $\mathbb{R}^n$ の開集合から $\mathbb{R}^n$ への写像なので，n 個の連続関数 $f_{\beta\alpha}^i$ により $f_{\beta\alpha} = (f_{\beta\alpha}^1, \cdots, f_{\beta\alpha}^n)$ と表わされる．そして $U_\alpha \cap U_\beta$ 上の任意の点 p の，$(U_\alpha, \varphi_\alpha)$ に関する局所座標を $(x_1(p), \cdots, x_n(p))$，(U_β, φ_β) に関する局所座標を $(y_1(p), \cdots, y_n(p))$ と書くとき，この両者の間には
$$y_i(p) = f_{\beta\alpha}^i(x_1(p), \cdots, x_n(p))$$
という関係が成り立っている．このように同相写像 $f_{\beta\alpha}$ は二つの局所座標相互の関係を記述しているので，これを**座標変換**(coordinate change)という．

位相多様体の場合，座標変換または張り合わせ写像としては，同相写像でさえあればよく他には何の制限もない．したがって図形としては必ずしも豊富な構造を持つとはいえない面がある．これに対して微分可能多様体は，座標変換がすべて微分同相になることを要求することにより定義される．これにより，全体として滑らかな図形になり，微分や積分を使った詳細な研究ができるのである．定義を述べよう．

定義 1.7 M を位相多様体とする．M のアトラス $\mathcal{S} = \{(U_\alpha, \varphi_\alpha)\}_{\alpha \in A}$ はそのすべての座標変換 $f_{\beta\alpha} = \varphi_\beta \circ \varphi_\alpha^{-1}$ が C^∞ 写像であるとき，C^∞ **アトラス**と呼び，それはまた M 上の C^∞ **構造**を定めるという．また，C^∞ 構造の与えられた多様体のことを C^∞ **微分可能多様体**または単に C^∞ **多様体**という． □

上の定義のなかで，座標変換は単に C^∞ 写像であることが要請されているが，逆関数の定理により，もちろんそれらは C^∞ 微分同相になる．

さて位相多様体 M の上に与えられた二つの C^∞ アトラス $\mathcal{S}, \mathcal{T}$ は，和集合 $\mathcal{S} \cup \mathcal{T}$ がまた C^∞ アトラスになるとき，互いに同値であるという．$\mathcal{S}$ と同値な C^∞ アトラス全体の和集合はまた C^∞ アトラスになることが簡単にわかる．このアトラスのことを $\mathcal{S}$ から定まる**極大アトラス**という．

二つのアトラスが同値になるための必要十分条件は，それらが定める極大アトラスが一致することである．したがって，同値な C^∞ アトラスが定める M 上の C^∞ 構造は同じものと見なすのは自然であろう．与えられた図形が C^∞ 多様体であることを示すためには，一般にはできるだけ少ない数の局所座標系からなるアトラスを構成するのがよい．しかし，ひとたびそれが示された後は，目的に応じて自由に局所座標系を取り替えることができるように，可能な局所座標系をすべて集めた極大アトラスを使うのが好都合なのである．

p を M 上の点とする．M の極大アトラスに属する局所座標系 (U, φ) は，p が U に属するとき，p のまわりの局所座標系と呼ぶ．局所座標系の簡単な例を一つあげておこう．

例 1.8（極座標） xy 平面 $\mathbb{R}^2$ から x 軸の負または 0 の部分 $\{(x, 0); x \leqq 0\}$ を除いた領域を U としよう．U 上の点 $p = (x, y)$ の原点からの距離を r，x 軸の正の方向とのなす角度を時計と反対方向に計ったものを θ $(-\pi < \theta < \pi)$

とする．このとき，写像 $\varphi: U \to \mathbb{R}^2$ を $\varphi(p) = (r, \theta)$ と定義すれば，(U, φ) は $\mathbb{R}^2$ の一つの局所座標系となる．$\varphi(p)$ を点 p の**極座標**(polar coordinates)という．ここでは $\mathbb{R}^2$ から x 軸の負または 0 の部分を除いた領域を考えたが，目的に応じて別の領域で極座標を考えることもある． □

位相多様体の上には，一般には C^∞ 構造がいつでも存在するとは限らないし，また存在するとしても（0 次元の場合を除き）一意的ではない．ただしここでの一意性のなさは，任意の微分同相写像が局所的にほんの少し変えただけで，同相ではあるが微分同相ではないようにできるというつまらない理由によるものである．C^∞ 構造の本質的な分類は，§1.4 に述べる微分同相によるものである．

以後，本書で扱う多様体はすべて C^∞ 多様体である．C^∞ 多様体のことを単に多様体と呼ぶ場合もある．つぎの項から C^∞ 多様体の重要ないくつかの例をあげていこう．

(c) $\mathbb{R}^n$ とその中の一般の曲面

例 1.9 数空間 $\mathbb{R}^n$ は n 次元 C^∞ 多様体である．アトラスとしては，ただ一つの局所座標系 $(\mathbb{R}^n, \mathrm{id})$ をとればよい．ここに id は $\mathbb{R}^n$ の恒等写像を表わす．ただしこの場合の座標はもちろん $\mathbb{R}^n$ 全体で意味を持っている． □

$\mathbb{R}^n$ のもう一つの見方をあげておこう．それは $\mathbb{R}^n$ を $\mathbb{R}$ の n 個の積と考えるものであり，つぎの例の特別な場合である．

例 1.10 M, N を C^∞ 多様体とし，$\mathcal{S}, \mathcal{T}$ をそれぞれのアトラスとする．このとき，まず積空間 $M \times N$ が位相多様体になることは簡単にわかる．さらに

$$\mathcal{S} \times \mathcal{T} = \{(U \times V, \varphi \times \psi);\ (U, \varphi) \in \mathcal{S},\ (V, \psi) \in \mathcal{T}\}$$

とおくと，$\mathcal{S} \times \mathcal{T}$ は自然に $M \times N$ 上の C^∞ 構造を定めることがわかる．これを M と N との**積多様体**(product manifold)という． □

例 1.11（n 次元球面） $\mathbb{R}^{n+1}$ において，原点からの距離がちょうど 1 である点の全体

$$S^n = \{x = (x_1, \cdots, x_{n+1}) \in \mathbb{R}^{n+1};\ x_1^2 + \cdots + x_{n+1}^2 = 1\}$$

を n 次元球面(n-sphere)という．S^1 は平面上の単位円であり，S^2 は空間の中の単位球面である．S^n は自然に n 次元の C^∞ 多様体となることを見よう．S^n 上の 2 点 $p_+ = (0, \cdots, 0, 1)$, $p_- = (0, \cdots, 0, -1)$ を考える．$U_+ = S^n - p_-$, $U_- = S^n - p_+$ とおけば，U_+ と U_- は S^n 全体を覆う．点 p_- からの立体射影 $\varphi_+ : U_+ \to \mathbb{R}^n$ は簡単にわかるように同相写像である（図 1.10）．同様に，点 p_+ からの立体射影 $\varphi_- : U_- \to \mathbb{R}^n$ も同相写像である．このとき，二つの局所座標系 (U_+, φ_+), (U_-, φ_-) は S^n の C^∞ アトラスとなることがわかる． □

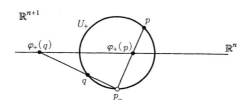

図 1.10 立体射影 φ_+

例 1.12 S^1 の n 個の積 $S^1 \times \cdots \times S^1$ を T^n と書き，これを n **次元トーラス**(torus) という．T^2 は図 1.11 のようなドーナツ面である．n 次元トーラスはきわめて重要な多様体である． □

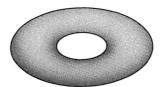

図 1.11 2 次元トーラス

例 1.13（$\mathbb{R}^n$ の中の一般の曲面） $n-1$ 次元球面 S^{n-1} は $\mathbb{R}^n$ において 1 個の方程式 $x_1^2 + \cdots + x_n^2 - 1 = 0$ により定義される．これを一般化して，m 個の方程式

$$f_i(x_1, \cdots, x_n) = 0 \quad (i = 1, \cdots, m)$$

をみたす点全体のなす図形 Z を考えるのは自然であろう．ここで各 f_i は C^∞ 級とし，またそれらをまとめて $f = (f_1, \cdots, f_m)$ とおこう．f の性質により Z

は様々な形となる．極端な場合は空集合になってしまうこともある．Z が $\mathbb{R}^n$ の中の滑らかな図形すなわち多様体になるのはどのような場合だろうか．その一つの十分条件を与えよう．

いま m 個の方程式が与えられているのであるが，その一つ一つは本来互いに独立に動きうるパラメーターであった $\mathbb{R}^n$ の n 個の変数 x_i に，一つの制約を与えているものと思える．m 個の方程式であるから m 個の制約を与えており，自由度が m 個減って結局 Z 上の点は $n-m$ 個のパラメーターで記述できることが期待される．しかし，たとえば $f_1 = f_2$ の場合を考えればすぐわかるように，このことはつねに成り立つわけではない．つぎの条件はこのことを保証する十分条件となる：

　　　　Z 上の各点において f の Jacobi 行列の階数が最大の m になる

この条件がみたされるとき，Z は $n-m$ 次元の C^∞ 多様体となることがつぎのようにしてわかる．仮定により Z 上の点 p が与えられたとき，$x_{i_1}, \cdots, x_{i_m}$ を適当に選べば行列

$$\begin{pmatrix} \dfrac{\partial f_1}{\partial x_{i_1}}(p) & \cdots & \dfrac{\partial f_1}{\partial x_{i_m}}(p) \\ \cdots\cdots\cdots\cdots\cdots \\ \dfrac{\partial f_m}{\partial x_{i_1}}(p) & \cdots & \dfrac{\partial f_m}{\partial x_{i_m}}(p) \end{pmatrix}$$

が正則であるようにできる．n 個の変数 $x_1, \cdots, x_n$ から $x_{i_1}, \cdots, x_{i_m}$ を除いた残りを $x_{j_1}, \cdots, x_{j_{n-m}}$ としよう．このとき，p のある開近傍 U が存在して，$Z \cap U$ 上の任意の点 q の $x_{j_1}, \cdots, x_{j_{n-m}}$ 座標は p の対応する座標がとる値の近くをそれぞれ自由に動けるが，m 個の座標 $x_{i_1}, \cdots, x_{i_m}$ はそれらの C^∞ 関数として一意的に定まってしまうことが，逆関数の定理 1.2 を使うことにより，つぎのようにしてわかる．

このことを示すために，簡単のために $x_{j_1} = x_1, \cdots, x_{j_{n-m}} = x_{n-m}$ と仮定しよう．$\mathbb{R}^n = \mathbb{R}^{n-m} \times \mathbb{R}^m$ と考え，写像

$$F: \mathbb{R}^n \longrightarrow \mathbb{R}^n$$

を $F(x) = (x_1, \cdots, x_{n-m}, f(x))$ により定義する．このとき仮定から，F の点

p におけるヤコビアンは 0 ではない．したがって逆関数の定理から，p の ある開近傍 U が存在して，F は U から $V = F(U)$ の上への微分同相を与える．ここで点 p の座標を $p = (p_1, p_2)$ ($p_1 \in \mathbb{R}^{n-m}$, $p_2 \in \mathbb{R}^m$) と書くことにすれば，p_1 と p_2 のそれぞれ $\mathbb{R}^{n-m}$ と $\mathbb{R}^m$ の中での開近傍 U_1, U_2 が存在して，$U = U_1 \times U_2$ の形と仮定してよい．このとき，F の逆関数 $F^{-1}: V \to U$ は

$$F^{-1}(x) = (x_1, \cdots, x_{n-m}, h(x))$$

と書けることになる．ここで $h: V \to U_2$ はある C^∞ 写像である．さて $q \in Z \cap U$ を p の近くの Z 上の任意の点とすれば，$F(q) = (q_1, 0)$ である．したがって

$$q = (q_1, q_2) = F^{-1} \circ F(q) = (q_1, h(q_1, 0))$$

となる．これから $q_2 = h(q_1, 0)$ が得られ，確かに q の最初の $n-m$ 個の座標（もとの $x_{j_1}, \cdots, x_{j_{n-m}}$）は p_1 の近くを自由に動けるが，残りの m 個の座標（もとの $x_{i_1}, \cdots, x_{i_m}$）はそれらの関数として定まってしまうことがわかった．

以上の議論から，$x_{j_1}, \cdots, x_{j_{n-m}}$ を $Z \cap U$ 上の点の局所座標として使えることになる（図 1.12 参照）．すなわち，$Z \cap U$ は $\mathbb{R}^{n-m}$ の点 p_1 を含む開集合 U_1 上で定義され，$\mathbb{R}^m$ の点 p_2 を含む開集合 U_2 に値をとる C^∞ 写像 $h(q_1, 0)$ のグラフの形をしているのである．p が Z 上を動けば局所座標も変えなければならないが，局所座標相互の変換は C^∞ 級であることが簡単にわかる．詳しい議論は読者にまかせるが，こうして Z が $n-m$ 次元の C^∞ 多様体になること

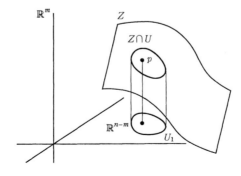

図 1.12 一般の曲面

がわかるのである.   □

(d) 部分多様体

例 1.14(開部分多様体)　C^∞ 多様体 M の任意の開集合 U は自然に C^∞ 多様体となる. なぜならば, $\mathcal{S} = \{(U_\alpha, \varphi_\alpha)\}_{\alpha \in A}$ を M の C^∞ アトラスとすると, $\mathcal{S}' = \{(U_\alpha \cap U, \varphi'_\alpha)\}_{\alpha \in A}$ が U の C^∞ アトラスになるからである. ここで φ'_α は φ_α の $U_\alpha \cap U$ への制限を表わす. このとき U を M の**開部分多様体**という. このような多様体は一見つまらないものに思えるかも知れないが, 実はきわめて重要である. 例を二つあげておく.

一つは, 正則な n 次実正方行列全体のなす集合として定義される**一般線形群**(general linear group) $GL(n; \mathbb{R})$ である. n 次実正方行列全体のなす集合 $M(n; \mathbb{R})$ は自然に $\mathbb{R}^{n^2}$ と同一視でき, したがって C^∞ 多様体となる. 行列式は明らかにその上の連続関数であるから, それが 0 にならない行列の全体, すなわち $GL(n; \mathbb{R})$ は $M(n; \mathbb{R})$ の開部分多様体である. $GL(n; \mathbb{R})$ はさらに後に述べる Lie 群の構造をも持っている.

二つめの例は, **結び目の補空間**である. **結び目**(knot)とは $\mathbb{R}^3$ の中の自分自身と交わらない閉曲線のことである(図 1.13).

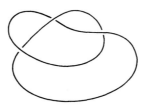

図 1.13　結び目

3 次元球面 S^3 は $\mathbb{R}^3$ に 1 点(無限遠点)をつけ加えた空間と思えるので, 結び目はまた S^3 の中に入っているものとも思える. S^3 から結び目 K を除いた空間 $S^3 \setminus K$ を K の補空間という. このような空間は豊富な構造を持つことが知られており, 3 次元多様体論においてきわめて重要である.   □

一般の部分多様体の定義を与えておこう.

定義 1.15 M を n 次元 C^∞ 多様体とする．M の部分集合 N はつぎの条件をみたすとき M の**部分多様体**(submanifold)という．任意の点 $p \in N$ に対して，p のある開近傍 U と U 上定義された座標関数 $x_1, \cdots, x_n$ が存在して
$$N \cap U = \{q \in U \,;\, x_{k+1}(q) = \cdots = x_n(q) = 0\}.$$
ここで k は一定の整数 $\geqq 0$ とする．さらに N が M の閉集合であるときは，閉部分多様体という． □

このとき容易にわかるように，N は自然に k 次元 C^∞ 多様体の構造を持ち，包含写像 $N \subset M$ は C^∞ 写像となる．上記の例 1.13 は Z が $\mathbb{R}^n$ の部分多様体であることを示している．本によっては，部分多様体の定義として上記よりゆるい条件が採用されている場合もある．その場合，上記の条件をみたすものは正則な部分多様体と呼ばれる．

(e) 射影空間

例 1.16 $\mathbb{R}^{n+1}$ の中の原点を通る直線全体の集合を P^n と書き，これを n 次元**実射影空間**(real projective space)という．下に定義する複素射影空間と区別するため，P^n を $\mathbb{R}P^n$ と書く場合もある．P^n にはつぎのようにして C^∞ 多様体の構造が入る．$\mathbb{R}^{n+1}$ から原点を除いた空間 $\mathbb{R}^{n+1} - \{0\}$ 上の点 $(x_1, \cdots, x_{n+1})$ が与えられると，原点とその点とを通る直線すなわち P^n の元が定まる．これにより射影
$$\pi : \mathbb{R}^{n+1} - \{0\} \longrightarrow P^n$$
が定義されるが，これは明らかに全射である．

P^n には π による商位相を入れる．すなわち，P^n の部分集合 U は $\pi^{-1}(U)$ が $\mathbb{R}^{n+1} - \{0\}$ の開集合となるとき開集合と定義するのである．$\mathbb{R}^{n+1} - \{0\}$ の 2 点 $x = (x_1, \cdots, x_{n+1}), y = (y_1, \cdots, y_{n+1})$ に対し，それらの π による像が一致するのは，適当な 0 でない数 $a \in \mathbb{R}$ が存在して，$y_i = ax_i$ ($i = 1, \cdots, n+1$) となることである．このとき，$x \sim y$ と書くことにすると，$\sim$ は $\mathbb{R}^{n+1} - \{0\}$ に同値関係を与えることがわかる．言い換えると，P^n は $\mathbb{R}^{n+1} - \{0\}$ のこの同値関係による商空間だということになる．

さて $\pi(x_1, \cdots, x_{n+1})$ を $[x_1, \cdots, x_{n+1}]$ と書こう．これを P^n の**斉次座標**(homo-

geneous coordinate）という．$i=1,\cdots,n+1$ に対して
$$U_i = \{[x_1,\cdots,x_{n+1}] \in P^n;\ x_i \neq 0\}$$
とおこう．これは明らかに開集合である．つぎに $\varphi_i: U_i \to \mathbb{R}^n$ を
$$\varphi_i([x_1,\cdots,x_{n+1}]) = \left(\frac{x_1}{x_i},\cdots,\frac{x_{i-1}}{x_i},\frac{x_{i+1}}{x_i},\cdots,\frac{x_{n+1}}{x_i}\right)$$
と定義する．このとき簡単な考察から，φ_i が同相写像であることがわかる．さらに，$i \neq j$ のとき $\varphi_j \circ \varphi_i^{-1}: \varphi_i(U_i \cap U_j) \to \varphi_j(U_i \cap U_j)$ が C^∞ 写像であることが具体的な計算により確かめることができる．こうして，P^n は C^∞ 多様体となることがわかる． □

ここで**複素多様体**（complex manifold）についてほんの少しだけ触れておこう．複素数全体の集合を $\mathbb{C}$ と書く．普通の四則演算により $\mathbb{C}$ は体となる．幾何学的には対応 $\mathbb{C} \ni z = x + iy \mapsto (x, y) \in \mathbb{R}^2$ により，$\mathbb{C}$ は $\mathbb{R}^2$ と同一視できる（これを Gauss 平面という）．したがって $\mathbb{C}$ は 2 次元の C^∞ 多様体と考えることができる．また $\mathbb{C}$ の n 個の積 $\mathbb{C}^n$ は $2n$ 次元の C^∞ 多様体である．しかし $\mathbb{C}^n$ は実は n 次元の複素多様体と呼ばれるより深い構造を持っているのである．さて複素多様体を定義するとき，C^∞ 多様体において C^∞ 写像が持っている役割を果たすのが，$\mathbb{C}^n$ の開集合上定義された**正則写像**（holomorphic mapping）である．ごく大ざっぱにいうと，正則写像とは各複素変数に関して微分可能な関数のことである．そして C^∞ 多様体の定義において，$\mathbb{R}^n$ と C^∞ 写像をそれぞれ $\mathbb{C}^n$ と正則写像で置き換えることにより，複素多様体の定義が得られる．正則写像はもちろん C^∞ 写像であるから，n 次元の複素多様体はすべて自動的に $2n$ 次元の C^∞ 多様体となる．ところが正則写像は C^∞ 写像よりもはるかに緻密な性質を持つことが知られており，それを反映して複素多様体も深い幾何学的構造を持つことになる．一方で C^∞ 写像は，正則写像とは比較にならないほど多彩で自由な構成が可能であり，C^∞ 多様体の世界も同様の性質を持っている．

例 1.17 実射影空間の定義において，$\mathbb{R}$ を $\mathbb{C}$ で置き換えれば**複素射影空間**（complex projective space）の定義が得られる．すなわち，$\mathbb{C}^{n+1}$ の中の原点を通る複素直線の全体を $\mathbb{C}P^n$ と書き，これを n 次元複素射影空間と呼ぶ．

$\mathbb{C}P^n$ は n 次元の複素多様体となり，したがってまた $2n$ 次元の C^∞ 多様体である． □

(f) Lie 群

Lie 群はそれ自身大きな研究の対象である．ここでは Lie 群について本書に必要な範囲でごく簡単にまとめてみる．

定義 1.18 群 G が同時に C^∞ 多様体であり，群の積演算 $G \times G \ni (g, h) \mapsto gh \in G$，および逆元をとる写像 $G \ni g \mapsto g^{-1} \in G$ がともに C^∞ 級であるとき，G を **Lie 群**(Lie group)という．さらに G が複素多様体であり，上の二つの写像がともに正則写像のときは，G を **複素 Lie 群**という． □

例 1.19 正則な n 次複素正方行列の全体 $GL(n; \mathbb{C})$ は複素 Lie 群である．これを $\mathbb{C}$ 上の一般線形群という． □

例 1.20 n 次直交行列の全体 $O(n)$ は Lie 群である．これを n 次**直交群**(orthogonal group)という．$O(n)$ は n 次実正方行列全体 $M(n; \mathbb{R})$ の中で方程式 ${}^tXX = E$ (${}^tX$ は X の転置行列，E は単位行列)により定義される．このとき，例 1.13 の条件がみたされることがわかり($n = 2$ のとき演習問題 1.2)，$O(n)$ は C^∞ 多様体になる．その他の条件は簡単に確かめられる．

$O(n)$ の元で行列式が 1 のもの全体の作る部分群 $SO(n)$ を n 次**特殊直交群**(special orthogonal group)という．$SO(n)$ は $O(n)$ の単位元の連結成分であり，商群 $O(n)/SO(n)$ は位数 2 の有限群である．$O(n), SO(n)$ はコンパクトな Lie 群である． □

例 1.21 n 次ユニタリ行列の全体 $U(n)$ は Lie 群である．これを n 次**ユニタリ群**(unitary group)という．$U(n)$ は n 次複素正方行列の全体 $M(n; \mathbb{C})$ の中で方程式 $X^*X = E$ により定義される．ここで X^* は，その (i, j) 成分が X の (j, i) 成分の複素共役であるような行列を表わす．この場合も，例 1.13 の条件がみたされることがわかり，$U(n)$ はコンパクトな Lie 群となる． □

§1.3　接ベクトルと接空間

(a)　多様体上の C^∞ 関数と C^∞ 写像

C^∞ 多様体の構造を調べるための一つの重要な手がかりを与えてくれるものに，多様体上の C^∞ 関数がある．

定義 1.22　M を C^∞ 多様体とし，$f: M \to \mathbb{R}$ を M 上の実数値関数とする．M の C^∞ 構造を定義する一つのアトラスに属するすべての局所座標系 (U, φ) に対して，$f \circ \varphi^{-1}: \varphi(U) \to \mathbb{R}$ が $\mathbb{R}^n$ の開集合 $\varphi(U)$ 上の C^∞ 関数であるとき，f は M 上の C^∞ 関数であるという．　□

上の定義の中で，一つのアトラスに属するすべての局所座標系となっているところは，極大アトラスに属するすべての局所座標系と変えてもよい．簡単にわかるように，一つのアトラスに対して上の条件がみたされれば，それと同値なすべてのアトラスについても同じ条件がみたされるからである．つぎに C^∞ 関数の局所的な表示を考えてみよう．(U, φ) を M の任意の局所座標系とする．このとき U 上の点 p は $\mathbb{R}^n$ 上の点 $\varphi(p) = (x_1(p), \cdots, x_n(p))$ と同一視される．したがって $\varphi(U)$ 上定義された関数 $f \circ \varphi^{-1}$ は，座標関数 $x_1, \cdots, x_n$ を使って

$$f \circ \varphi^{-1}(x) = F(x_1, \cdots, x_n) \quad (x \in \varphi(U))$$

と表わすことができる．これが f の U 上での C^∞ 関数 F による表示である．

U を M の任意の開集合とすると，U は自然に C^∞ 多様体となる（例 1.14）．したがって U 上の C^∞ 関数が考えられる．たとえば，(U, φ) を M の任意の局所座標系とすると，各座標関数 $x_i: U \to \mathbb{R}$ は明らかに C^∞ 関数である．

M 上の C^∞ 関数の全体を $C^\infty(M)$ と書こう．$C^\infty(M)$ に属する二つの関数 f, g の和 $f+g$ と積 fg，そして実数倍 af $(a \in \mathbb{R})$ はまた $C^\infty(M)$ の元になる．これらの演算により，$C^\infty(M)$ は $\mathbb{R}$ 上の代数（algebra）と呼ばれる構造を持ったものになる．ここで代数という言葉を使ったが，この言葉はこれから先でもしばしば出てくることになるので，定義を述べておくことにする．

定義 1.23　K を体とする（本書では $K = \mathbb{R}$ と思ってよい）．K 上のベク

トル空間 Λ が，ある積の演算 $\Lambda \times \Lambda \ni (\lambda, \mu) \mapsto \lambda\mu \in \Lambda$ によって環の構造を持ち，条件 $a(\lambda\mu) = (a\lambda)\mu = \lambda(a\mu)$ $(a \in K, \lambda, \mu \in \Lambda)$ がみたされているとき，Λ を K 上の**代数**(algebra)という．代数のことを多元環と呼ぶ場合もある．□

例 1.24 n 変数の任意の実多項式 $f(x_1, \cdots, x_n)$ は $\mathbb{R}^n$ 上の C^∞ 関数を定義する．したがって，そのような多項式全体 P_n は $C^\infty(\mathbb{R}^n)$ の部分代数となる．これらはまた，S^{n-1} に制限することにより S^{n-1} 上の C^∞ 関数ともなる．□

多様体上の C^∞ 関数の概念を拡張すると，多様体の間の C^∞ 写像の考えが得られる．

定義 1.25 M, N を C^∞ 多様体とする．M から N への連続写像 $f: M \to N$ は，M の任意の局所座標系 (U, φ) と N の任意の局所座標系 (V, ψ) に対し，合成写像 $\psi \circ f \circ \varphi^{-1}$ が意味を持つところ(すなわち $\varphi(U \cap f^{-1}(V))$ 上)で C^∞ 級であるとき，C^∞ **写像**であるという．□

上の定義は自然なものであるが，簡単な考察からそれはつぎのように言い換えてもよいことがわかる．すなわち，写像 $f: M \to N$ が C^∞ 写像になるための必要十分条件は，N 上の任意の C^∞ 関数 h に対し，$h \circ f$ が M 上の C^∞ 関数になることである．理論的にはこちらの定義のほうがすっきりしているといえるかもしれない．

C^∞ 写像の定義から，二つの C^∞ 写像 $f: M \to N$, $g: N \to P$ の合成写像 $g \circ f: M \to P$ がまた C^∞ 写像になることが簡単に確かめられる．

定義 1.26 M, N を C^∞ 多様体とする．M から N の上への 1 対 1 の C^∞ 写像 $f: M \to N$ は，f の逆写像もまた C^∞ 級になるとき，C^∞ **微分同相**または単に**微分同相**(diffeomorphism)という．M から N への微分同相が存在するとき，M と N とは互いに微分同相であるという．□

C^∞ 多様体を微分同相によって分類するという問題は，微分位相幾何学と呼ばれる分野の基本的問題である．

例 1.27(Hopf 写像) 3 次元球面から 2 次元球面への写像 $h: S^3 \to S^2$ をつぎのように定義する．S^3 を $\mathbb{C}^2$ の中の単位球面
$$S^3 = \{(z_1, z_2) \in \mathbb{C}^2;\ |z_1|^2 + |z_2|^2 = 1\}$$
と思い，さらに S^2 を 1 次元複素射影空間 $\mathbb{C}P^1$ と同一視する(例 1.17 および

演習問題 1.3 参照).このとき $h(z_1, z_2) = [z_1, z_2]$ $((z_1, z_2) \in S^3)$ とおけば,これが C^∞ 写像になることが簡単にわかる.この写像は発見者 H. Hopf の名をとって Hopf 写像と呼ばれているが,豊富な構造を持ったきわめて重要な写像である. □

(b) 多様体上の具体的な C^∞ 関数の構成

C^∞ 多様体上には C^∞ 関数が非常に多く存在する.またそれら関数にかなり自由な操作を施すことにより,種々の性質をみたすように変えることもできる.ここではよく知られた基本的テクニックを導入しよう.

$\mathbb{R}^n$ の原点を中心とする半径 $r > 0$ の開円板

$$\{x = (x_1, \cdots, x_n) \in \mathbb{R}^n ; \ x_1^2 + \cdots + x_n^2 < r^2\}$$

を $D(r)$ と書くことにする.$\overline{D}(r)$ はその閉包を表わす.

C^∞ 関数 $b : \mathbb{R}^n \to \mathbb{R}$ で,すべての点 $x \in \mathbb{R}^n$ において $0 \leqq b(x) \leqq 1$ かつ条件

$$(1.3) \qquad b(x) = \begin{cases} 1 & x \in \overline{D}(1) \\ 0 & x \notin D(2) \end{cases}$$

をみたすものを一つ用意する.$n = 1$ のとき $b(x)$ のグラフは図 1.14 のようになっているものである.その形がこぶ (bump) のようになっているので $b(x)$ という記号を使った.そのような関数を作るにはたとえばつぎのようにすればよい.関数 $h : \mathbb{R} \to \mathbb{R}$ を

$$h(x) = \begin{cases} e^{-1/x} & x > 0 \\ 0 & x \leqq 0 \end{cases}$$

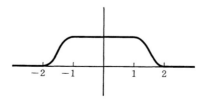

図 1.14 $b(x)$ のグラフ

と定義する．簡単な考察からこの関数は C^∞ 級になることがわかる．このとき

$$b(x) = \frac{h(4-x_1^2-\cdots-x_n^2)}{h(4-x_1^2-\cdots-x_n^2)+h(x_1^2+\cdots+x_n^2-1)}$$

とおけば，求める条件をみたすことが示せる．さて関数 $b(x)$ を使うと多様体上に種々の C^∞ 関数が構成できる．

補題 1.28 M を C^∞ 多様体とする．U を M の点 p のある開近傍，$f: U \to \mathbb{R}$ を U 上定義された任意の C^∞ 関数とする．このとき，$\overline{V} \subset U$ となる p の開近傍 V と，M 全体で定義された C^∞ 関数 $\widetilde{f}$ で条件

$$\widetilde{f}(q) = \begin{cases} f(q) & q \in V \\ 0 & q \notin U \end{cases}$$

をみたすものが存在する．

[証明] p のまわりの局所座標系 (W, φ) で，$W \subset U$ かつ $\varphi(p) = 0$，$\varphi(W) \supset D(3)$ をみたすものをとる．ここで $D(3)$ は $\mathbb{R}^n$ の原点を中心とする半径 3 の開円板を表わすのであった．このような局所座標系は，必要ならば $\mathbb{R}^n$ の原点を中心とする相似拡大を合成することにより簡単に作ることができる．ここで (1.3) の関数 b を使って $\widetilde{b} = b \circ \varphi$ とおくと，$\widetilde{b}$ は W 上の C^∞ 関数であり $\varphi^{-1}(D(2)) \subset W$ の外側では 0 になっている．したがって W の補空間ではつねに 0 と定義することにより，$\widetilde{b}$ は M 全体で定義された C^∞ 関数と思える．また $V = \varphi^{-1}(D(1))$ とおくと，V は p の開近傍となるが，明らかに $\overline{V} \subset U$ でありまた V 上では $\widetilde{b}$ の値は 1 である．そこで

$$\widetilde{f}(q) = \begin{cases} \widetilde{b}(q)f(q) & q \in W \\ 0 & q \notin W \end{cases}$$

とおけば，$\widetilde{f}$ が求める性質をみたしていることがわかる． ■

この補題を M の任意の局所座標系 $(U; x_1, \cdots, x_n)$ に適用するとつぎのことがいえることになる．すなわち，各座標関数 x_i は本来 U 上でのみ意味があったのであるが，定義域を少し縮めれば M 全体で定義された C^∞ 関数に拡

張することができるというのである．ただし，拡張された関数たちが M 全体で座標としての役割を果たせるわけではもちろんない．

(c) 1の分割

多様体の構造を調べるためには，その上の種々の性質を持つ関数や，後に定義するベクトル場や微分形式，そして Riemann 計量などを構成する必要がある．一方，C^∞ 多様体は $\mathbb{R}^n$ の開集合を微分同相によって次々と張り合わせてできたものである．したがって，多様体上に上のようなものを構成するためには，各座標近傍上に作ったものを張り合わせる必要が出てくる．その際に重要な役割を果たすのが 1 の分割である．

X を(多様体に限らず)位相空間とする．X の部分集合の族 $\{U_\alpha\}$ は，その和集合 $\bigcup U_\alpha$ が X 全体になるとき X の**被覆**(covering)という．U_α がすべて開集合であるとき $\{U_\alpha\}$ を**開被覆**(open covering)という．被覆 $\{U_\alpha\}$ は X 上の各点 x に対して x の開近傍 U が存在して，$U \cap U_\alpha \neq \emptyset$ となる α が有限個しかないとき**局所有限**という．被覆 $\{V_\beta\}$ が被覆 $\{U_\alpha\}$ の**細分**であるとは，任意の β に対してある α が存在して $V_\beta \subset U_\alpha$ となることをいう．

さて位相空間 X はその任意の開被覆が有限な細分を持つとき**コンパクト**(compact)というのであった．この条件をゆるめて，X の任意の開被覆が局所有限な細分を持つとき，X を**パラコンパクト**(paracompact)という．つぎの命題は，すべての多様体がパラコンパクトであるばかりではなくもう少しよい性質を持っていることを示している．

命題 1.29 M を位相多様体とする．このとき M の任意の開被覆に対して，その細分となるたかだか可算個の元からなる局所有限な開被覆 $\{V_i ; i = 1, 2, \cdots\}$ で，$\overline{V_i}$ がすべてコンパクトとなるものが存在する．とくに M はパラコンパクトである．必要ならば，つぎのようなさらに強い条件をみたすようにすることもできる．すなわち，各 (V_i, ψ_i) は座標近傍であり，$\psi_i(V_i) = D(3)$ かつ $\{\psi_i^{-1}(D(1))\}$ がすでに M の開被覆となっている．

[証明] M は第二可算公理をみたしているので，可算個の元からなる開集合の基 $\{O_i ; i = 1, 2, \cdots\}$ が存在する．さらに M は多様体であるから，もち

ろん局所コンパクトな Hausdorff 空間である.このことから O_i の中で $\overline{O_i}$ が
コンパクトなものだけを集めても開集合の基になっていることがわかる.そ
こではじめから $\overline{O_i}$ はすべてコンパクトとしておこう.

i とともに次第に大きくなっていく開集合の列 $E_1, E_2, \cdots$ をつぎのように構
成する.まず $E_1 = O_1$ とおく.帰納的に $E_1, \cdots, E_k$ まで定義され,それらが
$$E_k = O_1 \cup O_2 \cup \cdots \cup O_{i_k}$$
の形をしていると仮定する.このとき $\overline{E_k}$ はコンパクトであるから,十分大
きな i に対して
$$\overline{E_k} \subset O_1 \cup O_2 \cup \cdots \cup O_i$$
となる.そのような i のうち $i_k < i$ となる最小のものを i_{k+1} とし,
$$E_{k+1} = O_1 \cup O_2 \cup \cdots \cup O_{i_{k+1}}$$
とおく.このとき明らかに任意の k に対して,各 $\overline{E_k}$ はコンパクトかつ $\overline{E_k} \subset E_{k+1}$ となっており,さらに $\bigcup_k E_k = M$ である(図 1.15)(M がコンパクトの
場合にはこの操作は有限回で終わる).さて $\{U_\alpha\}_{\alpha \in A}$ を M の任意の開被覆と
しよう.任意の $i \geqq 1$ を固定する.各点 $p \in \overline{E_i} - E_{i-1}$ に対し,$p \in U_{\alpha_p}$ となる
α_p を選び,さらに p のまわりの局所座標系 (V_p, ψ_p) を,$\psi_p(p) = 0$,$\psi_p(V_p) = D(3)$ かつ $V_p \subset U_{\alpha_p} \cap (E_{i+1} - \overline{E_{i-2}})$ をみたすようにとる(ただし $E_{-1} = E_0 = \emptyset$
とする).$W_p = \psi_p^{-1}(D(1))$ とおこう.$\overline{E_i} - E_{i-1}$ はコンパクトであるから,そ
の中の有限個の点 p を選んで対応する開集合 W_p が $\overline{E_i} - E_{i-1}$ を覆うようにで
きる.さてすべての i に対してこのような操作をし,各段階で選んだ有限個
の点 p に対応する局所座標系 (V_p, ψ_p) を並べて $\{(V_i, \psi_i)\}_{i=1,2,\cdots}$ としよう.こ

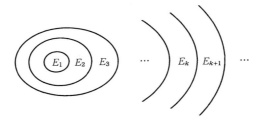

図 1.15

のとき，$\{V_i\}$ は $\{U_\alpha\}$ の細分で M の局所有限な開被覆となる．さらに，各 $\overline{V_i}$ はコンパクトであり，命題の最後の強い条件をもみたしていることは明らかであろう． ∎

位相空間 X 上の連続関数 $f: X \to \mathbb{R}$ に対して，f の値が 0 にならない点全体の集合の閉包をとったもの
$$\mathrm{supp}\, f = \overline{\{x \in X\,;\, f(x) \neq 0\}}$$
を f の**台**(support)という．

定義 1.30 M を C^∞ 多様体とする．M 上のたかだか可算個の C^∞ 関数の族 $\{f_i\,;\, i=1,2,\cdots\}$ は，二つの条件
 (i) 各 i に対し $f_i(p) \geqq 0$ $(p \in M)$ であり，$\{\mathrm{supp}\, f_i\}$ は局所有限
 (ii) M 上のすべての点 p において $\sum_i f_i(p) = 1$
をみたしているとき，M 上の **1 の分割**(partition of unity)という．さらに，$\{\mathrm{supp}\, f_i\}$ が M の開被覆 $\{U_\alpha\}$ の細分になっているときは，1 の分割 $\{f_i\,;\, i=1,2,\cdots\}$ は開被覆 $\{U_\alpha\}$ に**従属する**という． □

定理 1.31（1 の分割の存在） M を C^∞ 多様体とし，$\{U_\alpha\}$ を M の開被覆とする．このとき，$\{U_\alpha\}$ に従属する 1 の分割 $\{f_i\,;\, i=1,2,\cdots\}$ が存在する．

［証明］ 命題 1.29 の強い条件をみたす $\{U_\alpha\}$ の局所有限な細分を $\{V_i\}$ とする．とくに (V_i, ψ_i) は $\psi_i(V_i) = D(3)$ となるような局所座標系となっている．さて各 i に対して，(1.3) の関数 b を使って

$$\tilde{b}_i(q) = \begin{cases} b \circ \psi_i(q) & q \in V_i \\ 0 & q \notin V_i \end{cases}$$

とおくと，$\tilde{b}_i$ は M 全体で定義された C^∞ 関数となる（補題 1.28 の証明参照）．また $\mathrm{supp}\, \tilde{b}_i \subset V_i$ であるから

$$f = \sum_i \tilde{b}_i$$

とおくと，f は M 全体で定義された C^∞ 関数となる．しかも $W_i = \psi_i^{-1}(D(1))$ とおくとき $\{W_i\}$ がすでに M の開被覆であることから，任意の点 $q \in M$ に対して $\tilde{b}_j(q) = 1$ となるような j が存在する．したがって f の値は決して 0

にならない．そこで各 i に対して

$$f_i = \frac{\widetilde{b_i}}{f}$$

とおけば，$\{f_1, f_2, \cdots\}$ は開被覆 $\{U_\alpha\}$ に従属する 1 の分割となる． ∎

(d) 接ベクトル

まず $\mathbb{R}^n$ の場合を復習してみよう（§1.1(d) 参照）．$\mathbb{R}^n$ 上の点 x における接ベクトルとは x を始点とするベクトルのことであり，その全体 $T_x\mathbb{R}^n$ は n 次元のベクトル空間となった．その標準的な基底として $\dfrac{\partial}{\partial x_1}, \cdots, \dfrac{\partial}{\partial x_n}$ がとれて，任意の接ベクトル $v \in T_x\mathbb{R}^n$ はそれらの 1 次結合として

$$v = a_1 \frac{\partial}{\partial x_1} + \cdots + a_n \frac{\partial}{\partial x_n}$$

のように一意的に書けるのであった．そして接ベクトルの役割としては，曲線の速度ベクトルとしての役割と，関数を偏微分する方向を与える方向微分としての役割との二つが基本的なものであった．このうち第二のものは，上記の接ベクトル v に対して写像

$$v\colon C^\infty(\mathbb{R}^n) \longrightarrow \mathbb{R}$$

が，$v(f) = a_1 \dfrac{\partial f}{\partial x_1}(x) + \cdots + a_n \dfrac{\partial f}{\partial x_n}(x)\,(f \in C^\infty(\mathbb{R}^n))$ により定義されるのであった．つまり $v(f)$ は関数 f の x における v 方向の偏微分である．この写像 v は，つぎの二つの性質をみたしていることが簡単にわかる．すなわち

（ⅰ）　$v(f+g) = v(f)+v(g),\quad v(af) = av(f),$

（ⅱ）　$v(fg) = v(f)g(x)+f(x)v(g).$

第一の性質は単に v が線形であることをいっている．大切なのは第二の性質であり，これは v が微分する演算であることを端的に表わしている．

　接ベクトルの概念を一般の C^∞ 多様体 M に導入しよう．その際もはや M 上の点 p を始点とするベクトルというのは一般には意味を持たない．例1.13のように，M が $\mathbb{R}^n$ の中に入っている場合には，p を始点とし M に接するベクトルというものが考えられるが，一般の多様体は，それ自身として定義されており，あらかじめ $\mathbb{R}^n$ に入っていることはないのである．そこで，上

記の二つの役割をもとに接ベクトルを定義するのである.

定義1.32 M を C^∞ 多様体とし，p を M 上の点とする．写像 $v: C^\infty(M) \to \mathbb{R}$ が任意の $f, g \in C^\infty(M)$ と $a \in \mathbb{R}$ に対し，つぎの二つの条件

（i） $v(f+g) = v(f) + v(g), \quad v(af) = av(f),$

（ii） $v(fg) = v(f)g(p) + f(p)v(g)$

をみたすとき，v を p における M の**接ベクトル**(tangent vector)という． □

M の点 p における接ベクトル全体を T_pM と書き，これを M の p における**接空間**(tangent space)という．二つの接ベクトル $v, v' \in T_pM$ の和 $v+v'$ および実数倍 av を
$$(v+v')(f) = v(f) + v'(f), \quad (av)(f) = av(f)$$
と定義すると，これらもまた接ベクトルになり，これにより T_pM はベクトル空間となる．

恒等的に 1 となる関数 $1 \in C^\infty(M)$ に対しては，任意の $v \in T_pM$ に対して $v(1) = 0$ である．なぜならば，接ベクトルの微分の条件(ii)において，$f = g = 1$ とおくことにより $v(1) = 2v(1)$ となるからである．さらに定数関数 $a \in C^\infty(M) \, (a \in \mathbb{R})$ に対しても，条件(i)より $v(a) = av(1) = 0$ となる．

また，接ベクトルの $C^\infty(M)$ への作用はつぎの意味で局所的である．すなわち，二つの関数 $f, g \in C^\infty(M)$ が p のある開近傍上で一致するとすると，任意の $v \in T_pM$ に対し，$v(f) = v(g)$ である．このことはつぎのようにしてわかる．補題1.28の証明により，p の近くでは恒等的に 1 であり上記の開近傍の外側では 0 となる C^∞ 関数 $\tilde{b}$ が存在する．このとき $(f-g)\tilde{b} = 0$ である．したがって
$$0 = v((f-g)\tilde{b}) = v(f-g)\tilde{b}(p) + (f-g)(p)v(\tilde{b}) = v(f-g)$$
となり結局 $v(f) = v(g)$ となる．

さて (U, φ) を点 p のまわりの局所座標系とし，$x_1, \cdots, x_n$ をその座標関数としよう．このとき対応
$$C^\infty(M) \ni f \longmapsto \frac{\partial (f \circ \varphi^{-1})}{\partial x_i}(\varphi(p))$$
は p における接ベクトルを定義することが簡単にわかる．この接ベクトルを

$\left(\dfrac{\partial}{\partial x_i}\right)_p \in T_pM$ と書こう．点 p があらかじめはっきりしている場合には単に $\dfrac{\partial}{\partial x_i}$ とも書く．

定理 1.33 M を n 次元 C^∞ 多様体とする．このとき M 上の任意の点 p における接空間 T_pM は，n 次元ベクトル空間である．さらに $(U; x_1, \cdots, x_n)$ を p のまわりの局所座標系とすると，

$$\left(\dfrac{\partial}{\partial x_1}\right)_p, \cdots, \left(\dfrac{\partial}{\partial x_n}\right)_p$$

は T_pM の基底を成す．

［証明］　まず $\left(\dfrac{\partial}{\partial x_1}\right)_p, \cdots, \left(\dfrac{\partial}{\partial x_n}\right)_p$ は 1 次独立である．なぜならば各座標関数 x_j（を M 全体で定義された C^∞ 関数に拡張したもの，補題 1.28 参照）にこれらの接ベクトルを施してみると，明らかに

$$\left(\dfrac{\partial}{\partial x_i}\right)_p (x_j) = \delta_{ij}$$

となるからである．

つぎに T_pM が上の n 個の接ベクトルで生成されることを示そう．φ により p の座標近傍 U と $\varphi(U) \subset \mathbb{R}^n$ とを同一視し，さらに $\varphi(p) = 0$ かつ $\varphi(U)$ は $\mathbb{R}^n$ の凸集合であると仮定しよう．任意の関数 $f \in C^\infty(M)$ に対し，f の U への制限は上の同一視のもとに $\varphi(U)$ 上定義された C^∞ 関数 $F(x)$ により表わされる．具体的には $F = f \circ \varphi^{-1}$ である．さて任意の $x \in \varphi(U)$ に対して

$$F(x) - F(0) = \int_0^1 \dfrac{dF}{dt}(tx)dt$$
$$= \sum_{i=1}^n x_i \int_0^1 \dfrac{\partial F}{\partial x_i}(tx)dt$$

であるから，$g_i(x) = \displaystyle\int_0^1 \dfrac{\partial F}{\partial x_i}(tx)dt$ とおくと，これは C^∞ 関数で

(1.4) $$F(x) = F(0) + \sum_{i=1}^n x_i g_i(x)$$

となる．明らかに $g_i(0) = \dfrac{\partial F}{\partial x_i}(0)$ である．さて任意の接ベクトル $v \in T_pM$ を (1.4) に施してみよう．微分の条件に注意すると

$$v(f) = v(F) = \sum_{i=1}^{n} v(x_i) g_i(0)$$
$$= \sum_{i=1}^{n} v(x_i) \frac{\partial F}{\partial x_i}(0)$$
$$= \Big(\sum_{i=1}^{n} v(x_i) \frac{\partial}{\partial x_i}\Big)(f)$$

となる．f は任意であったから結局 $v = \sum_{i=1}^{n} v(x_i) \frac{\partial}{\partial x_i}$ となり証明が終わる．■

つぎに接ベクトルのもう一つの役割である曲線の速度ベクトルについて述べよう．開区間から C^∞ 多様体 M への C^∞ 写像のことを M の C^∞ 曲線という．$c:(a,b) \to M$ を M の点 $p = c(t_0)$ $(t_0 \in (a,b))$ を通る C^∞ 曲線とする．このとき，点 p における c の速度ベクトル $\dot{c}(t_0)$ がつぎのように定義される．すなわち $f \in C^\infty(M)$ に対して

$$(1.5) \qquad \dot{c}(t_0)(f) = \frac{d(f \circ c)}{dt}\Big|_{t=t_0}$$

とおくのである．これが接ベクトルの条件をみたすことは容易に確かめられ，したがって $\dot{c}(t_0) \in T_pM$ である．$\dot{c}(t_0)$ の代わりに $\frac{dc}{dt}(t_0)$ とか $\frac{dc}{dt}\Big|_{t_0}$ と書く場合もある．点 p を通るいろいろな曲線の速度ベクトルを考えると，T_pM の元がすべてでてくることがわかる．

$\mathbb{R}^n$ や $\mathbb{R}^n$ の中の一般の曲面（例 1.13）の場合には，その上の点 p における接空間には幾何学的に明快な意味がある．一般の多様体の場合には，接空間の定義が抽象的なためイメージが捉えにくいかも知れないが，やはり多様体上の各点のまわりを，その多様体と同じ次元のベクトル空間によって 1 次的に近似したものになっていると理解すればよい．

最後に座標変換により接ベクトルの表示がどう変わるかを見てみよう．

命題 1.34 $(U;x_1,\cdots,x_n)$, $(V;y_1,\cdots,y_n)$ を，C^∞ 多様体 M 上の点 p のまわりの二つの局所座標系とする．このとき

$$\frac{\partial}{\partial x_i} = \sum_{j=1}^{n} \frac{\partial y_j}{\partial x_i}(p) \frac{\partial}{\partial y_j}$$

である． □

証明は容易なので読者にまかせることにする.

(e) 写像の微分

M, N を C^∞ 多様体とし,$f: M \to N$ を C^∞ 写像とする.このとき M の各点 p に対して線形写像
$$f_*: T_pM \longrightarrow T_{f(p)}N$$
がつぎのように定義される.これを f の p における**微分**(differential)という.f_* を df_p と書く場合もある.$v \in T_pM$ を点 p における M の接ベクトルとすると,対応
$$C^\infty(N) \ni h \longmapsto v(h \circ f) \in \mathbb{R}$$
は線形写像で,しかも N 上の点 $f(p)$ における微分の性質をみたすことが簡単にわかる.そこでこれを $f_*(v) \in T_{f(p)}N$ と書くのである.f_* が線形写像であることは容易にわかる.

二つの C^∞ 写像 $f: M \to N$, $g: N \to P$ の合成写像 $g \circ f: M \to P$ の微分に関しては,$(g \circ f)_* = g_* \circ f_*: T_pM \to T_{g \circ f(p)}P$ となることが簡単にわかる.すなわち合成写像の微分は,それぞれの写像の微分の合成となるのである.

写像の微分を局所座標によって具体的に表わしてみよう.$f: M \to N$ を C^∞ 写像とし,$f(p) = q$ $(p \in M)$ とする.$(U; x_1, \cdots, x_m)$ を p のまわりの局所座標系,$(V; y_1, \cdots, y_n)$ を q のまわりの局所座標系とする.このとき

(1.6) $$f_*\left(\frac{\partial}{\partial x_i}\right) = \sum_{j=1}^{n} \frac{\partial y_j}{\partial x_i} \frac{\partial}{\partial y_j}$$

となることが容易に確かめられる.(1.6)と合成関数の微分の公式を使うことにより,つぎの命題が得られる.詳しい証明は演習問題 1.8 とする.

命題 1.35 M, N を C^∞ 多様体とし,$f: M \to N$ を C^∞ 写像とする.このとき M 上の点 p における任意の接ベクトル $v \in T_pM$ と,N 上の任意の関数 $h \in C^\infty(N)$ に対して等式
$$v(h \circ f) = f_*(v)h$$
が成立する.　　□

（f） はめ込みと埋め込み

C^∞ 写像 $f: M \to N$ に対し，その微分 $f_*: T_pM \to T_{f(p)}N$ は f の幾何学的性質をよく反映するものになっている．そこでつぎのような定義をする．

定義 1.36 $f: M \to N$ を C^∞ 写像とする．

（i） すべての点 $p \in M$ において f の微分 $f_*: T_pM \to T_{f(p)}N$ が単射であるとき，f を**はめ込み**(immersion)という．

（ii） $f: M \to N$ がはめ込みであって，さらに f が M から f の像 $f(M)$ の上への同相写像になっているとき，f を**埋め込み**(embedding)という．ここで $f(M)$ には N の部分集合としての相対位相を入れるものとする．

（iii） f が全射であって，さらにすべての点 $p \in M$ において f の微分 $f_*: T_pM \to T_{f(p)}N$ が全射であるとき，f を**沈め込み**(submersion)という． □

はめ込みと埋め込みの違いは，M がその像 $f(M)$ の中で自分自身と交わったり，または繰り返し何度でも自分自身に近付いたりすることがあるかどうかであり，大局的なものである．それらの概念図を図 1.16 に示しておく．沈め込みの典型的な例としては Hopf 写像（例 1.27）がある．

図 1.16 はめ込みと埋め込み

埋め込みは部分多様体の概念（定義 1.15）と密接に関連する．実際つぎの定理が成り立つ．

定理 1.37 $f: M \to N$ を C^∞ 多様体 M から N への埋め込みとする．このとき，$f(M)$ は N の部分多様体であり，f は M から $f(M)$ への微分同相写像を与える．逆に，M が N の部分多様体であるとき，包含写像 $i: M \to N$ は埋め込みである．

[証明] M, N の次元をそれぞれ m, n とする．仮定から $f(M)$ 上の任意の点 $q \in f(M)$ に対して，ただ一つの点 $p \in M$ が存在して $f(p) = q$ となる．さらに q のまわりの局所座標系 $(V; y_1, \cdots, y_n)$ を V が十分小さくなるように選ぶと，$U = f^{-1}(V)$ は p を含むある座標近傍となる．$x_1, \cdots, x_m$ を U 上定義された座標関数とする．簡単のため U, V をそれぞれ $\mathbb{R}^m, \mathbb{R}^n$ の開集合と同一視し，さらに $p, f(p)$ はそれぞれの原点であるとしよう．このとき f の U への制限は

$$y_i = f_i(x_1, \cdots, x_m) \quad (i = 1, \cdots, n)$$

のように，n 個の C^∞ 関数 f_i によって表わされる．f は埋め込みであるから，f の点 p における Jacobi 行列の階数は m である．もし $m = n$ ならば逆関数の定理 1.2 により f は p の近くで微分同相写像となり，これから定理の主張は簡単に従う．そこで $m < n$ としよう．このとき必要ならば変数 $y_1, \cdots, y_n$ の順序を変えることにより

$$\det\left(\frac{\partial f_i}{\partial x_j}(p)\right)_{i,j=1,\cdots,m} \neq 0$$

としてよい．そこで写像 $F = (F_1, \cdots, F_n): U \times \mathbb{R}^{n-m} \to \mathbb{R}^n$ を $(x, w) = (x_1, \cdots, x_m, w_1, \cdots, w_{n-m}) \in U \times \mathbb{R}^{n-m}$ に対し

$$F_i(x, w) = \begin{cases} f_i(x) & (i = 1, \cdots, m) \\ f_i(x) + w_{i-m} & (i = m+1, \cdots, n) \end{cases}$$

と定義すれば，F の原点におけるヤコビアンは消えないことが分かる．再び逆関数の定理により F は原点の近くで微分同相写像となる．したがって $q = f(p)$ の十分小さな近傍 $V' \subset V$ に対して，$F^{-1}: V' \to U \times \mathbb{R}^{n-m} \subset \mathbb{R}^n$ を考えれば，(V', F^{-1}) は q のまわりの局所座標系になる．このとき V' 上の座標関数は $x_1, \cdots, x_m, w_1, \cdots, w_{n-m}$ であるが，F の定義から明らかに $f(M) \cap V' = \{q' \in V'; w_1(q') = \cdots = w_{n-m}(q') = 0\}$ となる．これは $f(M)$ が N の部分多様体であることを示している．定理の残りの主張の証明は容易なので読者にまかせることにする． ∎

ここで任意のコンパクトな C^∞ 多様体は，ある十分大きな N に対して $\mathbb{R}^N$

の中に埋め込めることを証明しよう.これにより(ここではコンパクトという仮定はあるが),抽象的に定義された任意の多様体が,$\mathbb{R}^N$ の中の部分多様体として具体的に実現できることが示されることになる.

定理 1.38 任意のコンパクトな C^∞ 多様体は,十分大きな N に対して $\mathbb{R}^N$ の中に埋め込むことができる.

[証明] M をコンパクトな n 次元多様体とする.$\{U_i,\varphi_i\}_{i=1,\cdots,r}$ を有限個(r 個)の座標近傍系からなる M のアトラスで,つぎの条件をみたすものとする.すなわち,各 $\varphi_i: U \to \mathbb{R}^n$ の像 $\varphi_i(U_i)$ は原点を中心とする半径 2 の開円板 $D(2)$ であり,$V_i = \varphi_i^{-1}(D(1))$ とするとき $\{V_i\}$ がすでに M を覆っているものとする.このようなアトラスの存在は M のコンパクト性からただちにわかる(命題 1.29 の証明参照).そこで,M から n 次元球面 S^n への C^∞ 写像 $f_i: M \to S^n \subset \mathbb{R}^{n+1}$ を,(i) f の V_i への制限は V_i から S^n の南半球 $\{x \in S^n; x_{n+1} < 0\}$ への微分同相であり,(ii) f は V_i の補集合を S^n の北半球に移す,という二つの条件をみたすように作る.直観的にはこのような写像の存在は明らかであろう.証明もそれほど難しくないので読者は試みてほしい.さてこのとき写像 $f: M \to \mathbb{R}^{r(n+1)}$ を
$$f(p) = (f_1(p), \cdots, f_r(p)) \quad (p \in M)$$
と定義すれば,f が埋め込みであることは容易に確かめられる.

実はもっと一般に,任意の n 次元の C^∞ 多様体が,$\mathbb{R}^{2n+1}$ の中に閉部分多様体として埋め込むことができることが知られている(Whitney の埋め込み定理).

§1.4 ベクトル場

(a) ベクトル場

§1.1(d)においてすでに $\mathbb{R}^n$ 上のベクトル場の定義は与えられている.この節では一般の多様体上のベクトル場について考察しよう.

M を C^∞ 多様体とする.M 上の**ベクトル場**(vector field) X とは,各点 $p \in M$ においてその点における接ベクトル $X_p \in T_pM$ を対応させ,X_p が p に

§1.4 ベクトル場 ── 41

関して C^∞ 級に動くもののことである．$(U; x_1, \cdots, x_n)$ を M の局所座標系とすると，各点 $p \in U$ において X は

(1.7) $$X_p = \sum_{i=1}^n a_i(p) \frac{\partial}{\partial x_i}$$

と表示される．a_i は U 上定義された関数である．これを X の局所表示という．X_p が p に関して C^∞ 級とは，各係数 a_i が C^∞ 関数のときをいう．$y_1, \cdots, y_n$ を p のまわりで定義された別の座標関数とすると，命題 1.34 により

$$X_p = \sum_{j=1}^n \left(\sum_{i=1}^n a_i(p) \frac{\partial y_j}{\partial x_i}(p) \right) \frac{\partial}{\partial y_j}$$

となる．したがって各係数 a_i が C^∞ 関数という条件は，局所座標のとり方によらないことになる．

M 上のベクトル場全体を $\mathfrak{X}(M)$ と書くことにする．二つのベクトル場 $X, Y \in \mathfrak{X}(M)$ が与えられると，$(X+Y)_p = X_p + Y_p$ とおくことにより X と Y との和 $X+Y \in \mathfrak{X}(M)$ が定義される．また任意の実数 $a \in \mathbb{R}$ に対して $(aX)_p = a(X_p)$ とおくことにより X の a 倍 $aX \in \mathfrak{X}(M)$ も定義される．簡単に確かめられるように，これら二つの演算により $\mathfrak{X}(M)$ は $\mathbb{R}$ 上のベクトル空間になる．さらに $f \in C^\infty(M)$ を M 上の任意の C^∞ 関数とするとき，$fX \in \mathfrak{X}(M)$ が $(fX)_p = f(p) X_p$ により定義される．これにより $\mathfrak{X}(M)$ は，$\mathbb{R}$ 上ばかりではなく $C^\infty(M)$ 上の加群の構造をも持つことになる．簡単にいえば，ベクトル場は，関数倍したり足したり引いたりする演算が自由にできるということである．

さて接ベクトルの一つの重要な役割は，関数の方向微分をするということであった．この役割を使って，ベクトル場 X を関数 $f \in C^\infty(M)$ に働かせることができる．すなわち

$$(Xf)(p) = X_p(f) \quad (p \in M)$$

とおけば M 上の関数 Xf が得られる．X を (1.7) のように局所表示しておけば

$$(Xf)(p) = \sum_{i=1}^n a_i(p) \frac{\partial f}{\partial x_i}(p)$$

であるから，Xf はまた M 上の C^∞ 関数になる．Xf を関数 f のベクトル場 X による微分という．こうして写像

$$\mathfrak{X}(M) \times C^\infty(M) \ni (X, f) \longmapsto Xf \in C^\infty(M)$$

が得られたことになる．この写像は X について明らかに線形であるが，f については

 (i) $X(af+bg) = aXf+bXg$ $(a, b \in \mathbb{R}, \ f, g \in C^\infty(M))$
 (ii) $X(fg) = (Xf)g + f(Xg)$

という二つの性質をみたすことが簡単にわかる．この二つの性質をみたす写像 $C^\infty(M) \to C^\infty(M)$ を一般に $\mathbb{R}$ 上の代数 $C^\infty(M)$ の**微分**(derivation)という．

ベクトル場による関数の微分はそのベクトル場を完全に特徴付ける．すなわちつぎの命題が成り立つ．

命題 1.39 M を C^∞ 多様体とし，X, Y を M 上のベクトル場とする．もし M 上の任意の C^∞ 関数 f に対し，$Xf = Yf$ ならば $X = Y$ である．

[証明] M 上の任意の点 p において $X_p = Y_p$ となることを示せばよい．p のまわりの局所座標系 $(U; x_1, \cdots, x_n)$ を一つ選ぶ．この局所座標系に関する X, Y の局所表示をそれぞれ

$$X = \sum_{i=1}^n a_i \frac{\partial}{\partial x_i}, \quad Y = \sum_{i=1}^n b_i \frac{\partial}{\partial x_i}$$

とする．ところで補題 1.28 により M 全体で定義された C^∞ 関数 $\tilde{x}_i$ であって，p の近くでは各座標関数 x_i に一致するものが存在する．このとき $a_i(p) = X_p \tilde{x}_i = Y_p \tilde{x}_i = b_i(p)$ より $X_p = Y_p$ が得られ証明が終わる．∎

(b) ベクトル場のかっこ積

$X, Y \in \mathfrak{X}(M)$ を C^∞ 多様体 M 上の二つのベクトル場とする．このとき X, Y はともに $C^\infty(M)$ に微分として作用している．そこで

 (1.8) $C^\infty(M) \ni f \longmapsto X(Yf) - Y(Xf) \in C^\infty(M)$

という写像を考えてみよう．簡単な計算により，この写像もまた微分のみたすべき二つの性質を持っていることが確かめられる．ここで $X(Yf) - Y(Xf) =$

$(XY-YX)f$ と書き換えてみれば，$XY-YX$ が M 上の一つのベクトル場を表わしていることが示唆されている．実際 $XY-YX$ の代わりに $[X,Y]$ という記号を使い，各点 $p \in M$ において

(1.9) $\qquad C^\infty(M) \ni f \longmapsto [X,Y]_p f = X_p(Yf) - Y_p(Xf) \in \mathbb{R}$

という対応を考えてみる．(1.8)が微分の性質をみたすことからただちに，対応(1.9)が点 p における接ベクトルの条件(定義 1.32 参照)をみたしていることがわかる．すなわち $[X,Y]_p$ は p における M への接ベクトルと思えるのである．もし $[X,Y]_p$ が p について C^∞ 級であることがわかれば，$[X,Y]$ が M 上のベクトル場であることが結論できることになる．そこでこのことを検証するために，X,Y を

$$X = \sum_{i=1}^n a_i \frac{\partial}{\partial x_i}, \quad Y = \sum_{i=1}^n b_i \frac{\partial}{\partial x_i}$$

と局所表示してみよう．このとき簡単な計算から

$$[X,Y]_p f = \sum_{i,j=1}^n \left(a_i(p) \frac{\partial b_j}{\partial x_i}(p) - b_i(p) \frac{\partial a_j}{\partial x_i}(p) \right) \frac{\partial f}{\partial x_j}(p)$$

となることがわかる．これから $[X,Y]$ が M 上のベクトル場であることがわかり，同時にその局所表示が

(1.10) $\qquad [X,Y] = \sum_{i,j=1}^n \left(a_i \frac{\partial b_j}{\partial x_i} - b_i \frac{\partial a_j}{\partial x_i} \right) \frac{\partial}{\partial x_j}$

で与えられることもわかる．このようにして定義されたベクトル場 $[X,Y]$ を，X と Y との**かっこ積**(bracket)という．かっこ積のいくつかの性質を挙げよう．

命題 1.40 ベクトル場のかっこ積はつぎの性質を持っている．
（ i ）$[aX+bX',Y] = a[X,Y]+b[X',Y] \quad (a,b \in \mathbb{R})$，$Y$ についても同様．
（ii）$[Y,X] = -[X,Y]$．
（iii）（**Jacobi の恒等式**） $[[X,Y],Z]+[[Y,Z],X]+[[Z,X],Y] = 0$．
（iv）$[fX,gY] = fg[X,Y]+f(Xg)Y-g(Yf)X \quad (f,g \in C^\infty(M))$． □

注意深く計算すれば証明はそれほど難しくない．演習問題 1.7 とする．

上記の条件(i)–(iii)をみたす演算 $[\ ,\ ]$ を持つベクトル空間を **Lie 代数**(Lie

algebra)という.したがって M 上のベクトル場全体 $\mathfrak{X}(M)$ は,上に定義したかっこ積という演算に関して $\mathbb{R}$ 上の Lie 代数になっている.実は $\mathfrak{X}(M)$ は,$C^\infty(M)$ の微分全体(これにも自然な Lie 代数の構造が入るのだが)と Lie 代数として自然に同型であることがわかる.興味のある読者はその証明を考えてみるとよい.

(c) ベクトル場の積分曲線と1パラメーター局所変換群

M を C^∞ 多様体とし,X を M 上のベクトル場とする.M の中の曲線 $c\colon (a,b) \to M$ は,各点における速度ベクトル $\dot{c}(t) \in T_{c(t)}M$ ($t \in (a,b)$) がその点における X の値 $X_{c(t)}$ に一致するとき,X の**積分曲線**(integral curve)という.もし X が M 上の"滑らかな水の流れ"の速度ベクトルを表わしていると想定すると,M 上の1点 p に小さな粒を浮かべれば,その粒は流れに乗って M 上にある曲線を描くだろう.このような曲線が積分曲線である.粒を浮かべる点を変えれば,描く曲線は一般に異なるものになるが,そのような二つの曲線をどのように選んでも,それらが互いに他を横切るように交差することはない(図1.17).

図1.17　積分曲線

M 上の任意の点 p を通る積分曲線のみたすべき方程式を求めてみよう.$(U; x_1, \cdots, x_n)$ を p のまわりの局所座標系とする.このとき X は U 上では

$$X = \sum_{i=1}^n a_i(x) \frac{\partial}{\partial x_i}$$

と局所表示される.$c\colon (a,b) \to M$ を求める積分曲線として,簡単のために $c(0) = p$ となるようにパラメーターを選ぼう.$c(t) = (x_1(t), \cdots, x_n(t))$ と局所座標によって $c(t)$ の位置を表わせば

$$\dot{c}(t) = \sum_{i=1}^{n} \frac{dx_i}{dt}(t) \frac{\partial}{\partial x_i}$$

となる．したがって求める方程式は

(1.11) $\qquad \dfrac{dx_i}{dt}(t) = a_i(x_1(t), \cdots, x_n(t)) \quad (i=1, \cdots, n)$

となる．$t=0$ のとき点 p を通るという条件は，$x_i(0) = x_i(p)$ という初期条件として表わされる．p を別の点にしても初期条件が変わるだけで，方程式そのものはまったく同じであることに注意しよう．

ところで，(1.11)は1階の常微分方程式系と呼ばれるものになるが，よく知られているようにこの形の微分方程式に対しては，つぎのような解の存在と一意性の定理が成り立つ．

定理 1.41（常微分方程式の解の存在と一意性） 常微分方程式(1.11)に関しては，つぎのことが成り立つ．

（ⅰ）（存在） (1.11)は，任意の初期条件 $x_i(0) = x_i(q)$ $(q \in U)$ に対して，$\varepsilon > 0$ を十分小さくとれば $-\varepsilon < t < \varepsilon$ で定義された C^∞ 級の解を持つ．

（ⅱ）（一意性） (1.11)の二つの解が定義域上のある1点 $t=t_0$ において同じ値を持つならば，定義域の共通部分全体の上でそれらは完全に一致する．

（ⅲ）（解の初期条件に関する微分可能性） 任意の点 $p \in U$ に対し，p の近傍 $V(\subset U)$ を十分小さくとれば，ある $\varepsilon > 0$ が存在して初期条件 $x_i(t_0) = x_i(q)$ をみたす解が，すべての $q \in V$ に対して $t_0 - \varepsilon < t < t_0 + \varepsilon$ で定義される．さらに，これらの解の族を t と $x_1, \cdots, x_n$ の関数と見たとき，それは C^∞ 級である． □

定理 1.41 の(ⅰ)より，M 上の任意の点 p を $t=0$ のとき通る積分曲線がとにかく存在することがわかる．この積分曲線(の定義域)をできるだけ延ばすことを考えよう．定理 1.41 の(ⅱ)より，二つの積分曲線が同じ時刻に同じ点を通るとすると，それらはただ一つの積分曲線としてつながってしまうのだから，延ばし方は一意的である．もし座標近傍 U から飛び出しそうになった場合は，新しい座標近傍をとり議論を続けることができる．座標近傍をと

り替えても方程式の形は変わらないからである．こうして各点 $p \in M$ に対してその点を $t=0$ のとき通り，もうこれ以上延ばすことのできない積分曲線 $c(p)$ が存在する．この積分曲線を p を通る**極大積分曲線**という．定理 1.41 (i)により $c(p)$ は C^∞ 級の曲線である．$c(p)$ の定義域を (a_p, b_p) としよう．もちろん $-\infty \leqq a_p < 0$ かつ $0 < b_p \leqq +\infty$ である．$c(p)$ 上の任意の点 q に対して $c(q)$ は，$c(p)$ とパラメーターがある平行移動の分だけ違うだけで同じ曲線である．すなわち，p を出発して時間 s のときに q に到達したとすれば，

(1.12) $\qquad c(q)(t) = c(p)(t+s) \quad (q = c(p)(s))$

である．このことは s を固定して $c(p)(t+s)$ の速度ベクトルを計算し，定理 1.41(ii)を適用することによりわかる（図 1.18 参照）．

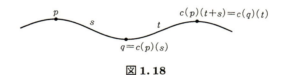

図 1.18

こうして M は互いに共通部分のない極大積分曲線の全体によって，きれいに敷き詰められていることになる．ただし積分曲線といっても，ベクトル場の値が零ベクトルになる所（ベクトル場の**特異点**という）の積分曲線は，1 点だけからなっている．

さて
$$W = \{(t, p) \in \mathbb{R} \times M ; a_p < t < b_p\}$$
とおき，写像 $\Phi: W \to M$ を $\Phi(t, p) = c(p)(t)$ $((t, p) \in W)$ と定義しよう．すなわち，$\Phi(t, p)$ は点 p から出発して，そこを通る積分曲線上を時間 t だけ行った点である．定理 1.41(i),(iii)から W は $0 \times M$ を含む $\mathbb{R} \times M$ の開集合であり，また写像 Φ は C^∞ 級であることがわかる．任意の t に対して $M_t = \{p \in M ; a_p < t < b_p\}$ とおけば，M_t は M の開集合である（空集合になってしまう場合もある）．C^∞ 写像 $\varphi_t : M_t \to M$ を，$\varphi_t(p) = \Phi(t, p)$ $(p \in M)$ と定義する．もちろん $M_0 = M$ であり，$\varphi_0 = \mathrm{id}_M$ である．

命題 1.42 任意の t に対して写像 $\varphi_t : M_t \to M$ は，M のある開部分多様

体の上への微分同相写像である．さらに，任意の $t, s \in \mathbb{R}$ と $p \in M$ に対して等式

(1.13) $$\varphi_t \circ \varphi_s(p) = \varphi_{t+s}(p)$$

が，両辺が定義されている限り（すなわち $p \in M_s$, $\varphi_s(p) \in M_t$, $p \in M_{t+s}$ のとき）成立する．

[証明] 後半から先に証明する．定義から $\varphi_{t+s}(p) = c(p)(t+s)$ であり，一方 $\varphi_s(p) = c(p)(s) = q$ と書けば，(1.13)の左辺は $c(q)(t)$ となる．したがって(1.12)により等式(1.13)が成り立つ．

前半はつぎのようにすればよい．まず M_t の定義から $M_{-t} = \varphi_t(M_t)$ であることがわかる．つぎに，上に示したことから $\varphi_t \circ \varphi_{-t} = \varphi_{-t} \circ \varphi_t = \mathrm{id}$ となるから，φ_t は M_t から M_{-t} の上への微分同相写像となり，φ_{-t} がその逆写像を与える． ∎

定義 1.43 X を C^∞ 多様体 M 上のベクトル場とする．上のようにして構成した微分同相写像全体 $\{\varphi_t ; t \in \mathbb{R}\}$ を，X の生成する**1パラメーター局所変換群**という． □

上記で局所変換群となっているのは，φ_t が必ずしも M 全体で定義されているとは限らないからである．

定義 1.44 C^∞ 多様体 M 上のベクトル場 X は，それが生成する1パラメーター局所変換群 $\{\varphi_t\}$ の任意の元 φ_t が M 全体で定義されている（すなわち $M_t = M$ あるいは同じことだが $W = \mathbb{R} \times M$ となっている）とき，**完備**(complete)なベクトル場という．言い換えると，X が完備とは M 上の任意の点を通る積分曲線が $\mathbb{R}$ 全体で定義されているときをいう． □

ここで M の微分同相全体の作る群を $\mathrm{Diff}\, M$ と表わそう．積の演算は微分同相写像の合成によって定義する．この群は M の**微分同相群**(diffeomorphism group)と呼ばれる無限次元の群であるが，まだまだわからないことの多い非常に重要な群である．

さて M 上のベクトル場 X が完備であるときに，命題1.42により，対応 $\mathbb{R} \ni t \mapsto \varphi_t \in \mathrm{Diff}\, M$ は群の準同型写像になる．すなわち，ベクトル場 X は $\mathrm{Diff}\, M$ の中に1パラメーターの可換な部分群を生成するのである．そこでこ

の場合，$\{\varphi_t; t\in\mathbb{R}\}$ を X の生成する **1パラメーター変換群**(one-parameter group of transformations)という．また，φ_t のことを $\mathrm{Exp}\, tX$ と書く場合がある．

つぎの定理は X が完備になるための一つの十分条件を与えるものである．

定理 1.45 M をコンパクトな C^∞ 多様体とする．このとき M 上の任意のベクトル場 X は完備である．

［証明］ $W=\{(t,p)\in\mathbb{R}\times M; a_p<t<b_p\}$ を考える．上に見たように W は $0\times M$ を含む開集合である．仮定により M はコンパクトであるから，$\varepsilon>0$ を十分小さくとって $(-\varepsilon,\varepsilon)\times M\subset W$ となるようにできる．すなわち M 上の任意の点 p に対し，p を $t=0$ のとき通る積分曲線 $c(p)$ は $-\varepsilon<t<\varepsilon$ に対して定義されていることになる．このとき実は，$c(p)$ の定義域は任意の p に対して $-\frac{3}{2}\varepsilon<t<\frac{3}{2}\varepsilon$ まで延長できることがわかる．なぜなら，p を出発して時間 $|t|=\frac{1}{2}\varepsilon$ まで $c(p)$ 上を行き(その点を q とする)，続いて q から $c(q)(=c(p))$ 上を $|t|<\varepsilon$ だけ進むことができるが，(1.12)の議論から，このとき結局，p から $c(p)$ 上を時間 $|t|<\frac{3}{2}\varepsilon$ だけ進んだことになるからである．この議論を繰り返せば，任意の時間だけ $c(p)$ 上を進めることになり，定理が証明されたことになる． ∎

例 1.46 完備でないベクトル場の簡単な例として，$M=\mathbb{R}^2-\{0\}$，$X=\frac{\partial}{\partial x}$ がある．この場合たとえば点 $(1,0)\in M$ を通る積分曲線は $-1<t<\infty$ に対してだけ定義されている． □

(d) 微分同相写像によるベクトル場の変換

M, N を C^∞ 多様体とし，$f: M\to N$ を M から N への微分同相写像とする．このとき，M 上の任意のベクトル場 X に対して，N 上のベクトル場 f_*X が

$$(f_*X)_q = f_*(X_{f^{-1}(q)}) \quad (q\in N)$$

とおくことにより定義される．あるいは $f_*(X_p)=(f_*X)_{f(p)}$ $(p\in M)$ といっても同じことである．このとき，N 上の任意の関数 $h\in C^\infty(N)$ に対して

(1.14) $$(f_*X)h = X(h\circ f)\circ f^{-1}$$

となる. なぜならば点 $q \in N$ に対して $((f_*X)h)(q) = (f_*X)_q h = f_*(X_{f^{-1}(q)})h$ であるが, 一方, 命題 1.35 により $f_*(X_{f^{-1}(q)})h = X_{f^{-1}(q)}(h \circ f) = (X(h \circ f) \circ f^{-1})(q)$ となるからである.

§1.5 多様体に関する基本的事項

(a) 境界のある多様体

これまで多様体とは, 局所的に $\mathbb{R}^n$ の開集合と同相な図形として定義してきた. したがって, 多様体上の点はどの点をとっても, そのまわりはいつも同じように見えている. しかし, たとえばいくつかの紙片を糊付けして曲面 ($=2$次元多様体)を作るとしても, 途中の段階では必ずしも多様体にはなっていない. そもそも紙片には角や境界があるし, 円板や円柱にも境界がある. 実際に多様体を研究する際にも, 角や境界のある多様体が重要な役割を果たすことも多い. ここでは境界のある多様体を導入することにしよう.

まず $\mathbb{R}^n$ の"上半空間" $\mathbb{H}^n$ を
$$\mathbb{H}^n = \{x = (x_1, \cdots, x_n) \in \mathbb{R}^n ; x_n \geqq 0\}$$
と定義する. そしてその部分集合
$$\partial \mathbb{H}^n = \{x \in \mathbb{H}^n ; x_n = 0\}$$
を $\mathbb{H}^n$ の境界と呼ぶ. それは自然に $\mathbb{R}^{n-1}$ と同一視することができる. ここで $\mathbb{H}^n \setminus \partial \mathbb{H}^n$ を $\mathbb{H}^n$ の内部と呼ぶ. $n=2$ の場合を図示しておこう(図1.19).

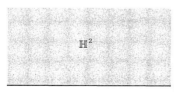

図 1.19 上半平面 $\mathbb{H}^2$

$\mathbb{H}^n$ の開集合 U から V への連続写像 $\varphi: U \to V$ は, U を含む $\mathbb{R}^n$ の開集合 U' から V を含む $\mathbb{R}^n$ の開集合 V' への C^∞ 写像に拡張することができるとき, U から V への C^∞ 写像という. $\varphi: U \to V$ が同相写像であり, φ も φ^{-1} もと

もに C^∞ 写像であるとき，微分同相という．このとき φ の $U \cap \partial \mathbb{H}^n$ への制限は，$U \cap \partial \mathbb{H}^n$ から $V \cap \partial \mathbb{H}^n$ への微分同相を与えることが簡単にわかる．

さて C^∞ 多様体の定義(1.4 および 1.7)において，$\mathbb{R}^n$ のところをすべて $\mathbb{H}^n$ で置き換えてみよう．すなわち，第二可算公理をみたす Hausdorff 空間 M に対して，そのある開被覆 $\{U_\alpha\}_{\alpha \in A}$ と，U_α から $\mathbb{H}^n$ の開集合 V_α の上への同相写像 $\varphi_\alpha : U_\alpha \to V_\alpha$ が与えられており，すべての α, β に対して
$$f_{\beta\alpha} = \varphi_\beta \circ \varphi_\alpha^{-1} : \varphi_\alpha(U_\alpha \cap U_\beta) \longrightarrow \varphi_\beta(U_\alpha \cap U_\beta)$$
が C^∞ 写像であるとしよう．$\mathcal{S} = \{(U_\alpha, \varphi_\alpha)\}_{\alpha \in A}$ とおく．U_α の点 p で φ_α により $\partial \mathbb{H}^n$ に移るようなものの，α も動かしたときの全体を ∂M と書く．$\partial M \neq \emptyset$ であるとき，$\mathcal{S}$ は M の上の**境界のある C^∞ 多様体**の構造を定めるという．このとき ∂M を M の**境界**(boundary)と呼ぶ．∂M は自然に $n-1$ 次元の C^∞ 多様体の構造を持つことがわかる．局所座標系，アトラス，極大アトラスなども，境界のない場合と同様に定義される．円板や円柱，そして次項に出てくる Möbius の帯(図 1.20)などはすべて，境界のある2次元多様体である．

例 1.47 n 次元円板 $D^n = \{x \in \mathbb{R}^n ; x_1^2 + \cdots + x_n^2 \leqq 1\}$ は境界のある多様体で，$\partial D^n = S^{n-1}$ となる． □

コンパクトで境界のない C^∞ 多様体は**閉多様体**(closed manifold)と呼ばれる．閉多様体は多様体の研究において最も重要な対象である．

(b) 多様体の向き

表と裏を区別することのできない曲面として有名な Möbius の帯と，それらを区別できる円柱とを見比べてみよう．

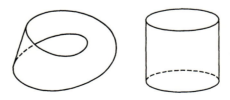

図 1.20 Möbius の帯と円柱

この二つの曲面の性質の差を数学的にどのように定式化したらよいだろうか．どちらも 2 次元の多様体であるから，$\mathbb{R}^2$ の開集合と同相な小片を次々と張り合わせて作ることができる．各小片にあらかじめ表と裏を指定しておき，表は表，裏は裏に張り合わされるような同一視だけを用いて曲面を作ることを考える．円柱や球面，トーラスなどはこのようにして作ることができるが，Möbius の帯は作ることができない．しかしここで表・裏といったのはあくまで便宜上のことで，たとえばいくつかの小片で円柱ができあがったときに，一つだけ表裏が反対になっているものがあったとしても，その小片の表裏を反対にしてしまえば問題はない．肝心なことは，いくつかの小片を張り合わせて曲面ができたときに，各小片に表裏の区別をしてそれらが全体としてうまくつながっているようにできるかどうかということである．そのようにできる曲面を**向き付け可能な曲面**という．向き付け可能でない曲面としては，Möbius の帯のほかに射影平面 $\mathbb{R}P^2$ や Klein の壺がある．

ここで向きという言葉を使ったが，これを表裏の区別とは少し違った方法で表わしてみよう．向きは曲面上の各点において定義することができ，それはちょうど二つある．これらを時計回りと時計と反対回りの 2 種類の矢印で表わそう．これらを互いに逆の向きという．ある点で向きを一つ指定すると，その点の近くの任意の点でそれと "同じ" 向きが定まる．これを互いに**同調する向き**という（図 1.21）．曲面上の 1 点である向きを指定し，その点を出発する曲線上の各点に同調する向きを次々と入れていく．曲線が出発点に戻っ

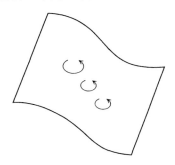

図 **1.21**　曲面上の向き

たとき，そこにあらかじめ指定されていた向きと，曲線とともに伝播されてきた向きとは同じか同じでないかのどちらかである．さて，ある曲面が向き付け可能とは，その上のどんな閉曲線に沿って向きを伝播させていっても，必ずもとの向きに戻るときをいう．このとき曲面上のすべての点に，近くの点は互いに同調するように向きを指定することができる．

以上のことを n 次元の多様体 M^n に対して一般化しよう．曲面の場合と同じように，M 上の各点 $p \in M$ においてちょうど二つの向きを定義したい．一般の n に対しては矢印を使うことはできないが，その役割を p における接空間 T_pM の**順序付けられた基底**が果たすのである．$u_1, \cdots, u_n$ と $v_1, \cdots, v_n$ を T_pM の二つの順序付けられた基底としよう．それらは T_pM のある正則な1次変換 T により移りうるが，T の行列式が正のときに二つの順序付けられた基底は互いに同値であると定義しよう．実際これが同値関係であることは簡単にわかる．そして T_pM の順序付けられた基底の同値類を，点 p における**向き**と呼ぶのである．

この定義はやや抽象的なので $\mathbb{R}^3$ の場合にどうなっているかを調べてみよう．$\mathbb{R}^3$ の通常の座標 x, y, z を使えば，各点 $p \in \mathbb{R}^3$ における接空間 $T_p\mathbb{R}^3$ の基底として $\frac{\partial}{\partial x}, \frac{\partial}{\partial y}, \frac{\partial}{\partial z}$ がとれる．これを順序付けられた基底と見たとき，その定める向きを右手系と称する．通常のように各座標軸をとると，右手の親指，人さし指をそれぞれ x 軸の正の方向，y 軸の正の方向に向けたとき，中指がちょうど z 軸の正の方向を向くからである．これに対してたとえば，$\frac{\partial}{\partial z}, \frac{\partial}{\partial y}, \frac{\partial}{\partial x}$ や $-\frac{\partial}{\partial x}, \frac{\partial}{\partial y}, \frac{\partial}{\partial z}$ などは逆の向き（左手系という）を定める．鏡の中に映された自分の姿を観察すると，右手と左手はそれぞれ逆の手に移されていることがわかるだろう．これは数学的にいうと，$\mathbb{R}^3$ の中の任意の平面に関する対称変換は向きを逆にする変換だということである．

M 上の点 p においてある向きが指定されると，p と十分近くの任意の点でそれと同調する向きが定まる．そしてつぎのように定義するのは自然であろう．

定義 1.48 多様体 M 上の各点において向きを指定し，M 上の十分近くの任意の2点の向きが互いに同調しているようにできるとき，M を**向き付**

け可能(orientable)という．そのような向きが一つ指定されているとき，それを M の**向き**(orientation)といい，M を**向き付けられた多様体**(oriented manifold)という．□

連結で向き付け可能な多様体上には向きがちょうど二つ入ることがわかる．これらを互いに逆の向きという．向き付けられた多様体 M に逆の向きを入れたものを $-M$ と表わす場合がある．

さて微分可能多様体の場合には，張り合わせ写像によって向き付け可能性を判定する簡単な方法がある．$\mathbb{R}^n$ にその座標から定まる自然な向きを入れておく．すなわち，順序付けられた基底 $\dfrac{\partial}{\partial x_1}, \cdots, \dfrac{\partial}{\partial x_n}$ の定める向きである．これを正の向きと呼ぼう．U, V を $\mathbb{R}^n$ の開集合とし，$\varphi: U \to V$ を微分同相としよう．φ は向きをどのように移すだろうか．点 $p \in U$ における φ の微分

$$\varphi_*: T_p\mathbb{R}^n \longrightarrow T_{\varphi(p)}\mathbb{R}^n$$

により，$T_p\mathbb{R}^n$ における上の標準的な基底は $T_{\varphi(p)}\mathbb{R}^n$ の基底

$$\varphi_*\frac{\partial}{\partial x_1}, \cdots, \varphi_*\frac{\partial}{\partial x_n}$$

に移るが，$T_{\varphi(p)}\mathbb{R}^n$ の標準的な基底から上の基底への変換の行列はちょうど φ の p における Jacobi 行列にほかならない．したがって φ の p におけるヤコビアンの正負によって，p における正の向きは φ_* によって $\varphi(p)$ における正または負の向きに移されることになる．この考察と定義 1.48 からつぎの命題が成り立つことが簡単にわかる．

命題 1.49 M を C^∞ 多様体とする．このとき M が向き付け可能であるための必要十分条件は，M のアトラス $\mathcal{S} = \{(U_\alpha, \varphi_\alpha)\}_{\alpha \in A}$ であって，すべての座標変換 $f_{\beta\alpha} = \varphi_\beta \circ \varphi_\alpha^{-1}$ のヤコビアンが，$\varphi_\alpha(U_\alpha \cap U_\beta)$ 上のすべての点で正になるようなものが存在することである．□

通常 C^∞ 多様体上には，上の条件をみたすようなアトラス $\mathcal{S}$ により向きが与えられる場合が多い．このとき，この多様体の局所座標系 (U, φ) は，それが $\mathcal{S}$ に属するか，またはそれを $\mathcal{S}$ に付け加えても同じ条件がみたされるとき**正の局所座標系**と呼ぶ．

M, N を連結で向き付けられた C^∞ 多様体とし，$f: M \to N$ を C^∞ 微分同

相とする．M の点 p における与えられた向きは，f の微分により N の点 $f(p)$ におけるある向きに移されるが，それは N の指定された向きに一致するか逆になるかのいずれかである．M が連結であることより，これは点 p のとり方によらずに定まる．前者が成立するとき，f を**向きを保つ**(orientation preserving)微分同相という．

つぎに境界のある n 次元 C^∞ 多様体 M を考えよう．このとき M の境界 ∂M は $n-1$ 次元 C^∞ 多様体になっている．M の向き付け可能性は境界のない場合とほとんど同じように定義される．M を向き付け可能とし，一つ向きを指定しよう．このとき ∂M につぎのようにして向きが誘導される．$p \in \partial M$ とし，$x_1, \cdots, x_n$ を p の近くで定義された正の局所座標とする．∂M 上の点に対しては $x_n = 0$ である．このとき $x_1, \cdots, x_{n-1}$ は p の近くで定義された ∂M の局所座標となるが，∂M の (p における) 向きは $T_p(\partial M)$ の順序付けられた基底

$$(-1)^n \frac{\partial}{\partial x_1}, \ \frac{\partial}{\partial x_2}, \ \cdots, \ \frac{\partial}{\partial x_{n-1}}$$

の定めるものとする．この定義により，点 p のとり方によらずに ∂M に向きが定まることは比較的簡単にわかる．読者自ら試みてほしい (演習問題 1.9)．ここで符号 $(-1)^n$ は人為的に感じられるかも知れないが，それは向き付けられた単体の境界の定義 (§3.1 参照) に合わせるためであり，これにより Stokes の定理 (定理 3.6) がすっきりした形になる利点がある．より幾何学的にはつぎのようにしても同値な定義が得られる．点 $p \in \partial M$ における "外向きの" 法線ベクトルを v としよう．上記の局所座標 $x_1, \cdots, x_n$ で表わせば $v = -\dfrac{\partial}{\partial x_n}$ である．このとき $T_p(\partial M)$ の順序付けられた基底 $v_1, \cdots, v_{n-1}$ が ∂M の誘導された向きとなるのは，$v, v_1, \cdots, v_{n-1}$ が M の p における向きに一致するときと定めるのである．

(c) 群の作用

ある集合または図形 X の上に，ある種の構造が与えられているとしよう．たとえば X は C^∞ 多様体で，構造としては後に §4.1 で定義する Riemann

計量や，あるいは複素構造などが考えられる．このとき X の変換であって，この構造を保つもの全体を G と書くことにすると，G は一般に群となる．これをこの構造に関する X の**自己同型群**(automorphism group)と呼ぼう．逆に，ある群 G が X 上につぎの意味で左から**作用**しているとしよう．すなわち，写像

$$f: G \times X \longrightarrow X$$

が与えられていて，$f(g,x)$ $(g \in G, x \in X)$ を簡単に gx と書くときつぎの二つの条件

（ⅰ）　$ex = x$　（e は G の単位元）

（ⅱ）　$(gh)x = g(hx)$　$(g, h \in G)$

がみたされているとするのである．このとき，任意の元 $g \in G$ に対して $f_g: X \to X$ を $f_g(x) = gx$ と定義すれば，これが X から X の上への 1 対 1 対応となることがわかる．そこで，G のこの作用によって不変な X の構造は何か？という問が自然にでてくる．$x \in X$ に対して $G_x = \{g \in G; gx = x\}$ とおくと，G_x は G の部分群になる．これを x における**固定部分群**(stabilizer)という．すべての x に対して G_x が単位元だけからなるような作用を**自由**(free)な作用という．また，$Gx = \{gx; g \in G\}$ を x を通る**軌道**(orbit)という．X 上の 2 点 x, y は，それらが同じ軌道上にあるとき同値であると定義すれば，これは X に同値関係を与える．この同値関係による X の商集合を X/G と書き，これをこの作用の**軌道空間**(orbit space)または**商空間**(quotient space)という．ここでは，左からの作用について述べたが，右からの作用 $X \times G \to X$ についても同様である．

X が C^∞ 多様体 M の場合には，ふつう群の作用も微分可能なものを考える．そのような群で最大のものが，すでに §1.4(c) で定義した M の微分同相全体のなす群 $\text{Diff}\, M$ である．M 上の様々な幾何学的構造に応じて $\text{Diff}\, M$ のいろいろな部分群が登場する．とくに重要なのが Lie 群 G の M への微分可能な作用，すなわち $f: G \times M \to M$ が C^∞ 写像となっているような作用である．この場合，軌道空間にはふつう商位相をいれる．Lie 群の特別な場合として**離散群**(discrete group)の作用がある．

定義1.50 群 Γ が C^∞ 多様体 M に微分可能に作用しているとする．もし任意のコンパクト集合 $K \subset M$ に対して，$\gamma K \cap K \neq \emptyset$ となるような $\gamma \in \Gamma$ が有限個しかないとき，この作用は**真性不連続**(properly discontinuous)であるという． □

真性不連続な作用の自明な例として有限群の作用がある．

(d) 基本群と被覆多様体

M を C^∞ 多様体とする．M から新しい多様体を作る一つの方法に，その被覆多様体をとるというものがある．

定義1.51 M, N を連結な C^∞ 多様体とし，$\pi: N \to M$ を C^∞ 写像とする．任意の点 $p \in M$ に対して p のある開近傍 U が存在して，$\pi^{-1}(U)$ の各連結成分は π により U 上へ微分同相で移されるとき，π を**被覆写像**(covering map)という．また，このとき N を M の**被覆多様体**(covering manifold)という． □

明らかに被覆多様体の次元はもとの多様体の次元と同じである．

一般の位相空間に対して定義される広い意味での被覆写像の一般論から，$\pi: N \to M$ が基本群に誘導する準同型写像

$$\pi_*: \pi_1 N \longrightarrow \pi_1 M$$

は単射であり，したがって $\pi_1 N$ は $\pi_1 M$ の部分群と思うことができる．逆に，$\pi_1 M$ の任意の部分群を指定すると，対応する M 上の被覆空間が定まるが，これは自然に C^∞ 多様体の構造を持つことが簡単にわかる．こうして結局，$\pi_1 M$ の部分群の共役類全体の集合と，M の被覆多様体の同型類全体の集合とが，上記の対応で自然に同一視できることになる．

連結な C^∞ 多様体 M の被覆多様体の中で最も重要なものが，**普遍被覆多様体**(universal covering manifold)と呼ばれる多様体 $\widetilde{M}$ である．普遍被覆多様体は，被覆多様体の中で単連結なものとして特徴づけられるが，つぎのようにして具体的に構成することができる．M の基点 p_0 を固定する．p_0 を終点とし始点が同じ M 上の二つの C^∞ 曲線 $c_i: [0,1] \to M$ $(i=0,1)$ は，もしそれらが同じ始点・終点を持つ M 上の C^∞ 曲線の族 $c_s: [0,1] \to M$ $(s \in [0,1])$

で結べるならば,(始点と終点を止めて)互いにホモトープであるという.

さてM上のp_0を終点とするC^∞曲線の,始点と終点を止めたホモトピー類の全体を$\widetilde{M}$と書こう.射影$\pi\colon \widetilde{M}\to M$が,$\pi([c])=c(0)$とおくことにより定義される.ここで$[c]$は$C^\infty$曲線$c$の属するホモトピー類を表わす.さて$\mathcal{S}=\{(U_\alpha,\varphi_\alpha)\}_{\alpha\in A}$を$M$の一つのアトラスで,各座標近傍$U_\alpha$はすべて可縮なものとしよう.$p_\alpha\in U_\alpha$を座標近傍$U_\alpha$上の点とし,$c_\alpha$を$p_\alpha$と基点$p_0\in M$とを結ぶ曲線とする.このとき$U_\alpha$上の任意の点$p$に対し,$p$と$p_\alpha$とを$U_\alpha$内で結ぶ曲線$c_p$を選び
$$\widetilde{U}_\alpha(c_\alpha)=\{[c_p\cdot c_\alpha];\ p\in U_\alpha\}$$
とおく(図1.22参照).ここで$c_p\cdot c_\alpha$は二つの曲線c_p,c_αをこの順序でつなぐ道を表わす.このとき$\widetilde{U}_\alpha$は$\widetilde{M}$の部分集合であるが,射影πを$\widetilde{U}_\alpha(c_\alpha)$に制限したものは,明らかに1対1写像$\pi\colon \widetilde{U}_\alpha(c_\alpha)\to U_\alpha$を誘導する.

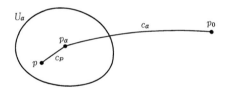

図1.22 普遍被覆多様体の構成

そこで
$$\widetilde{\mathcal{S}}=\{(\widetilde{U}_\alpha(c_\alpha),\varphi_\alpha\circ\pi);\ \alpha\in A,\ c_\alpha\in P(p_\alpha,p_0)\}$$
とおけば,これが$\widetilde{M}$上のアトラスになることが検証でき,さらに$\pi\colon \widetilde{M}\to M$は被覆写像になることがわかる.ここで$P(p_\alpha,p_0)$は$p_\alpha$と$p_0$とを結ぶ道(のホモトピー類)全体を表わす.

さてMの普遍被覆多様体$\widetilde{M}$は単連結であり,またMの基本群$\pi_1 M$は$\widetilde{M}$上につぎのように(右から)自然に作用する.すなわち
$$\widetilde{M}\times\pi_1 M\ni([c],\gamma)\longmapsto [c\cdot\gamma]\in\widetilde{M}\quad ([c]\in\widetilde{M},\ \gamma\in\pi_1 M).$$
この作用は,容易にわかるように真性不連続かつ自由な作用であり,その商空間は自然にMと同一視される.したがって,より一般に$\pi_1 M$の任意の部分群Γが$\widetilde{M}$に真性不連続かつ自由に作用する.ここでつぎの一般的な命題

を証明しておこう.

命題 1.52 群 Γ が連結な C^∞ 多様体 M に微分可能に作用し, それは真性不連続かつ自由な作用であるとする. このとき, 商空間 M/Γ には自然な C^∞ 多様体の構造が入り, 射影 $\pi\colon M\to M/\Gamma$ は C^∞ 級の被覆写像となる.

[証明] まず商空間が Hausdorff 空間となることを示そう. p,q を M の 2 点で, 異なる軌道に乗っているものとする. p,q のコンパクトな近傍 F,G で, $F\cap G=\emptyset$ かつ F,G はそれぞれ q,p の軌道と交わらないようなものを選ぶ. このとき $K=F\cup G$ はコンパクトであるから, 仮定により $K\cap\gamma K\neq\emptyset$ となるような $\gamma\in\Gamma$ は有限個しかない. そこで

$$F'=F\setminus\bigcup_{\gamma\neq\mathrm{id}}\gamma K,\quad G'=G\setminus\bigcup_{\gamma\neq\mathrm{id}}\gamma K$$

とおけば, これらはそれぞれ p,q の近傍であることがわかる. そして F',G' の商空間への射影は p,q の π による像の互いに交わらない近傍となる.

つぎに仮定から, 任意の点 $p\in M$ に対しその開近傍 U を十分小さくとれば, γU $(\gamma\in\Gamma)$ はすべて互いに交わらないようにできることがわかる. したがって各 γU は U の商空間への射影に位相同型で移されることになる. このことから, 商空間には自然に C^∞ 多様体の構造が入り, 射影 $\pi\colon M\to M/\Gamma$ が被覆写像になることが簡単に従う. ∎

こうして多様体上への真性不連続かつ自由な作用と, 被覆多様体の概念は本質的に同じものであることがわかった.

例 1.53 $\mathbb{C}^{n+1}$ の中の単位球面

$$S^{2n+1}=\{(z_0,\cdots,z_n)\in\mathbb{C}^{n+1};\ |z_0|^2+\cdots+|z_n|^2=1\}$$

を考える. p を任意の自然数, $q_1,\cdots,q_n$ を p と互いに素な n 個の整数とする. 位数 p の巡回群 $\mathbb{Z}_p$ の S^{2n+1} への作用を, その生成元を ι とするとき

$$\iota(z_0,\cdots,z_n)=(\zeta z_0,\zeta^{q_1}z_1,\cdots,\zeta^{q_n}z_n)$$

とおくことにより定義する. ただし $\zeta=\exp(2\pi i/p)$ とする. この作用は(明らかに真性不連続かつ)自由であることが簡単にわかる. その商多様体 $S^{2n+1}/\mathbb{Z}_p=L(p;q_1,\cdots,q_n)$ を**レンズ空間**(lens space)という. □

例 1.54 ベクトルの加法あるいは同じことだが平行移動により, Abel 群

$\mathbb{R}^n$ は自分自身に作用する．この作用を $\mathbb{R}^n$ の部分群
$$\mathbb{Z}^n = \{(m_1, \cdots, m_n) ; \ m_i \in \mathbb{Z}\}$$
に制限することにより，階数 n の自由 Abel 群 $\mathbb{Z}^n$ は $\mathbb{R}^n$ に作用する．この作用は真性不連続かつ自由であることが簡単にわかる．そして，商多様体 $\mathbb{R}^n/\mathbb{Z}^n$ は自然に n 次元トーラス T^n と同一視できる．$\mathbb{R}^n$ は単連結であるから，T^n の普遍被覆多様体は $\mathbb{R}^n$ であり，$\pi_1 T^n \cong \mathbb{Z}^n$ ということになる． □

2次元トーラス T^2 は，理論の概要と目標の中で述べた種数 1 の向き付け可能な閉曲面 Σ_1 である．したがって Σ_1 の普遍被覆多様体は $\mathbb{R}^2$ ということになるが，$g \geqq 2$ に対しても Σ_g の普遍被覆多様体は $\mathbb{R}^2$ であることが知られている．この場合，$\pi_1 \Sigma_g$ はもはや Abel 群ではないが，$\mathbb{R}^2$ に真性不連続かつ自由に作用することになる．

《 要 約 》

1.1 第二可算公理をみたす Hausdorff 空間で，局所的に $\mathbb{R}^n$ の開集合と同相なものを n 次元位相多様体という．

1.2 位相多様体の開集合 U から $\mathbb{R}^n$ の中への位相同型 $\varphi : U \to \mathbb{R}^n$ が与えられたとき，組 (U, φ) を局所座標系，U を座標近傍という．

1.3 位相多様体 M の座標近傍系の族は，それに属する座標近傍が M 全体を覆うとき，アトラスという．

1.4 座標変換がすべて C^∞ 級であるようなアトラスの与えられた位相多様体を，C^∞ 多様体という．

1.5 C^∞ 多様体上に群の構造が定義され，積の演算と逆元をとる演算がともに C^∞ 級であるとき，これを Lie 群という．

1.6 n 次元 C^∞ 多様体上のある点における接ベクトルとは，その点のまわりで定義された関数をその点において "偏微分する方向" を与えるものである．各点における接ベクトル全体は n 次元ベクトル空間をなす．これをその点における接空間という．

1.7 C^∞ 多様体から C^∞ 多様体への C^∞ 写像は，その微分がすべての点で単射であるときはめ込みという．

1.8 はめ込みであって，さらに像の上への位相同型であるような C^∞ 写像を埋め込みという．

1.9 C^∞ 多様体上の各点において，その点における接ベクトルが与えられ，それが点とともに C^∞ 級に動くとき，これをベクトル場という．

1.10 ベクトル場は C^∞ 関数全体の作る可換な代数に，微分 (derivation) として作用する．

1.11 多様体上に向きを与えるとは，各点の接空間に順序付けられた基底を対応させ，それらがすべての道に沿って同調しているようにすることである．

―――――― 演習問題 ――――――

1.1 自然数 m に対して，複素平面 $\mathbb{C}$ から $\mathbb{C}$ への写像 $f_m: \mathbb{C} \to \mathbb{C}$ を $f_m(z) = z^m$ $(z \in \mathbb{C})$ と定義する．$z = x+iy$ $(x, y \in \mathbb{R})$ とし，f_m を x, y の関数と思ったときの Jacobi 行列を計算せよ．

1.2 2次直交行列の全体 $O(2)$（2次直交群）は自然に C^∞ 多様体になることを証明せよ（例 1.20）．

1.3 1次元複素射影空間 $\mathbb{C}P^1$ は S^2 と微分同相であることを示せ．

1.4 $SO(3)$ は3次元実射影空間 $\mathbb{R}P^3$ と微分同相であることを示せ．

1.5 M, N を C^∞ 多様体とし，$f: M \to N$ を C^∞ 写像とする．このとき $\Gamma_f = \{(p, f(p)); p \in M\}$ は自然に積多様体 $M \times N$ の部分多様体となることを示せ．Γ_f を f のグラフという．

1.6 $\mathbb{R}^m$ から $\mathbb{R}^n$ への線形写像 $L: \mathbb{R}^m \to \mathbb{R}^n$ は C^∞ 級であることを示せ．また $\mathbb{R}^m$ 上の任意の点における接空間を $\mathbb{R}^m$ と自然に同一視し，$\mathbb{R}^n$ についても同様にするとき，L の $\mathbb{R}^m$ 上の任意の点における微分 L_* は L 自身と一致することを証明せよ．

1.7 命題 1.40 を証明せよ．

1.8 命題 1.35 を証明せよ．

1.9 M を境界のある向き付け可能な多様体とするとき，その境界 ∂M もまた向き付け可能であることを証明せよ．

1.10 実射影空間 $\mathbb{R}P^n$ は n が奇数のとき向き付け可能，偶数のとき向き付け不可能であることを証明せよ．

2 微分形式

　この章では本書の主役である微分可能多様体上の微分形式を定義する.

　微分形式には大きくいって二つの役割がある. 一つは, 多様体上の種々の偏微分方程式系を記述するものであり, 18, 19 世紀の Pfaff の先駆的な仕事に始まり現在に至るまで, 解析学において重要な役割を果たしてきた. もう一つは, 多様体上のいろいろな幾何学的構造を表現するために使われるものである. そのような微分形式からは, さらに適当な演算をほどこすことにより種々の微分形式が導きだされ, それらを多様体の上で積分することにより幾何学的な "不変量" が得られる. これら不変量は, 多様体の大局的な構造を反映する量であり, 多様体の研究にとって欠かすことのできないきわめて重要なものである.

　微分形式の以上二つの役割は, 独立なものではなく互いに密接に関係している. しかしここでは主として第二の役割を念頭において, 微分形式を導入していくことにする. すなわち, 微分形式とはまず "多様体上で積分されるべきもの" と考えるのである.

§2.1　微分形式の定義

(a)　$\mathbb{R}^n$ 上の微分形式

まず簡単のために $\mathbb{R}^n$ 上の微分形式から始めよう.

実数体 $\mathbb{R}$ 上のあるベクトル空間 Λ に，結合的な積が定義されて環の構造が与えられており，任意の $a \in \mathbb{R}$ と任意の $\lambda, \mu \in \Lambda$ に対して，条件
$$a(\lambda\mu) = (a\lambda)\mu = \lambda(a\mu)$$
がみたされているとき，Λ を $\mathbb{R}$ 上の**代数**(algebra)と呼ぶのであった(定義1.23)．$\mathbb{R}$ 上 $dx_1, \cdots, dx_n$ によって生成される単位元 1 を持つ代数で，任意の i, j に対して関係式

(2.1) $$dx_i \wedge dx_j = -dx_j \wedge dx_i$$

をみたすものを Λ_n^* と書く．ここに $\wedge$ はこの代数の積を表わす記号である．Λ_n^* を $dx_1, \cdots, dx_n$ によって生成される**外積代数**(exterior algebra)という．(2.1)から任意の i に対して $dx_i \wedge dx_i = 0$ であることがわかる．dx_i の次数を 1 とおくことにより，Λ_n^* の各単項式には次数が定義される．たとえば $dx_1 \wedge dx_2 \wedge dx_3$ の次数は 3 である．次数が k の単項式の 1 次結合全体を Λ_n^k と書くと，直和分解

$$\Lambda_n^* = \bigoplus_{k=0}^n \Lambda_n^k = \Lambda_n^0 \oplus \Lambda_n^1 \oplus \cdots \oplus \Lambda_n^n$$

が成立する．また簡単な考察から，Λ_n^k の基底として

(2.2) $$dx_{i_1} \wedge \cdots \wedge dx_{i_k}, \quad 1 \leq i_1 < \cdots < i_k \leq n$$

の全体が取れることがわかり，したがって $\dim \Lambda_n^k = \binom{n}{k}$ である．また $k > n$ のとき $\Lambda_n^k = 0$ であり，$\dim \Lambda_n^* = 2^n$ である．

$\mathbb{R}^n$ 上の C^∞ 関数を係数とする(2.2)の各元の 1 次結合

$$\omega = \sum_{i_1 < \cdots < i_k} f_{i_1 \cdots i_k}(x_1, \cdots, x_n) \, dx_{i_1} \wedge \cdots \wedge dx_{i_k}$$

を $\mathbb{R}^n$ 上の k 次の**微分形式**(differential form)，あるいは単に **k 形式**(k-form)という．上記を簡単に，$\sum_I f_I(x) \, dx_{i_1} \wedge \cdots \wedge dx_{i_k}$ と記す場合もある．微分形式はふつうギリシャ文字で表わすことが多い．$\mathbb{R}^n$ 上の k 形式全体を $A^k(\mathbb{R}^n)$ と書こう．より厳密にいえば

$$A^k(\mathbb{R}^n) = \{\omega : \mathbb{R}^n \to \Lambda_n^k; \, C^\infty \text{写像}\}$$

あるいは

$$A^k(\mathbb{R}^n) = C^\infty(\mathbb{R}^n) \otimes \Lambda_n^k$$

となる.各次数の微分形式を集めれば,$\mathbb{R}^n$ 上の微分形式全体の作る代数

$$A^*(\mathbb{R}^n) = \bigoplus_{k=0}^{n} A^k(\mathbb{R}^n)$$

が考えられる.とくに $A^0(\mathbb{R}^n) = C^\infty(\mathbb{R}^n)$ である.すなわち,0 次の微分形式とは単に C^∞ 関数のことである.k 形式 $\omega \in A^k(\mathbb{R}^n)$ と ℓ 形式 $\eta \in A^\ell(\mathbb{R}^n)$ の積 $\omega \wedge \eta \in A^{k+\ell}(\mathbb{R}^n)$ が

$$\omega = \sum_I f_I(x)\, dx_{i_1} \wedge \cdots \wedge dx_{i_k}, \quad \eta = \sum_J g_J(x)\, dx_{j_1} \wedge \cdots \wedge dx_{j_\ell}$$

と表わされているとき

$$\omega \wedge \eta = \sum_{I,J} f_I g_J\, dx_{i_1} \wedge \cdots \wedge dx_{i_k} \wedge dx_{j_1} \wedge \cdots \wedge dx_{j_\ell}$$

とおくことにより定義される.これを ω と η との**外積**(exterior product)という.

上記で $\mathbb{R}^n$ のところを $\mathbb{R}^n$ の開集合 U で置き換えれば,U 上の微分形式全体の作る代数 $A^*(U)$ が考えられる.

例 2.1 $U = \mathbb{R}^2 - \{0\}$ とおく.このとき

$$\frac{-y}{x^2+y^2}dx + \frac{x}{x^2+y^2}dy$$

は U 上の 1 形式であるが,$\mathbb{R}^2$ 上の 1 形式ではない.原点で定義されていないからである. □

微分形式にほどこされる重要な演算である**外微分**(exterior differentiation)とは,つぎのように定義される線形写像

$$d: A^k(\mathbb{R}^n) \longrightarrow A^{k+1}(\mathbb{R}^n)$$

のことである.すなわち $\omega = f(x_1, \cdots, x_n)\, dx_{i_1} \wedge \cdots \wedge dx_{i_k}$ に対して

(2.3) $$d\omega = \sum_{j=1}^{n} \frac{\partial f}{\partial x_j}(x)\, dx_j \wedge dx_{i_1} \wedge \cdots \wedge dx_{i_k}$$

とおく.$\mathbb{R}^n$ 上の関数 $f \in A^0(\mathbb{R}^n)$ に対しては,その外微分 $df \in A^1(\mathbb{R}^n)$ は $df =$

$\sum_i \dfrac{\partial f}{\partial x_i} dx_i$ となり,いわゆる f の全微分と呼ばれるものに等しい.

練習のために例 2.1 の 1 形式を ω として,その外微分 $d\omega$ を定義に従って計算してみると

$$d\omega = \frac{y^2-x^2}{(x^2+y^2)^2} dy \wedge dx + \frac{y^2-x^2}{(x^2+y^2)^2} dx \wedge dy = 0$$

となる.

補題 2.2 外微分の操作は 2 回繰り返してほどこすと,恒等的に 0 になる.すなわち $d\circ d=0$ である.

[証明] 上記(2.3)の $d\omega$ にもう一度 d をほどこすと,

$$d(d\omega) = \sum_{j=1}^n \sum_{\ell=1}^n \frac{\partial^2 f}{\partial x_\ell \partial x_j} \, dx_\ell \wedge dx_j \wedge dx_{i_1} \wedge \cdots \wedge dx_{i_k}$$

となるが,x_j と x_ℓ に関する 2 回の偏微分は順序によらないことと,$dx_\ell \wedge dx_j = -dx_j \wedge dx_\ell$ からただちに $d(d\omega)=0$ となる. ■

$d\omega=0$ となる微分形式 ω を**閉形式**(closed form),ある微分形式 ω によって $\eta=d\omega$ と書くことのできる微分形式 η を**完全形式**(exact form)という.上記補題 2.2 は,完全形式はつねに閉形式であることを主張している.逆に,次数 k の閉形式はつねに完全形式か,という問題が自然に生じるが,いま考えている $\mathbb{R}^n$ の場合には $k>0$ のときこれは正しいことが後にわかる(§3.3,Poincaré の補題(系 3.14)).しかし一般の C^∞ 多様体の場合には,閉形式は必ずしも完全形式となるとは限らない.そしてその"差"が多様体の大域的な幾何構造を反映することになるのである.これが第 3 章の主題である de Rham コホモロジー論の内容である.

つぎの命題の証明は簡単にできるので,読者にまかせる(演習問題 2.1).

命題 2.3 $\omega \in A^k(\mathbb{R}^n)$, $\eta \in A^\ell(\mathbb{R}^n)$ に対して

(i) $\eta \wedge \omega = (-1)^{k\ell} \omega \wedge \eta$

(ii) $d(\omega \wedge \eta) = d\omega \wedge \eta + (-1)^k \omega \wedge d\eta$

である. □

さて U,U' を $\mathbb{R}^n$ の開集合とし,$\varphi: U \to U'$ を微分同相とする.このとき

§2.1 微分形式の定義──── 65

U' 上の微分形式全体 $A^*(U')$ から U 上の微分形式全体 $A^*(U)$ への準同型写像

$$\varphi^* : A^*(U') \longrightarrow A^*(U)$$

がつぎのように定義される．まず任意の関数 $f \in A^0(U')$ に対しては，$\varphi^*(f) = f \circ \varphi \in A^0(U)$ とおき，また $\varphi^*(dx_i) = d(\varphi^*(x_i))$ とする．そして二つの微分形式の外積 $\omega \wedge \eta$ に対しては，$\varphi^*(\omega \wedge \eta) = \varphi^*(\omega) \wedge \varphi^*(\eta)$ となるように一般の次数の微分形式に拡張する．具体的にはつぎのようにする．U' の座標を $x_1, \cdots, x_n$，U の座標を（U' の座標と区別するために）$y_1, \cdots, y_n$ とすれば，各 x_i は $x_i = x_i(y_1, \cdots, y_n)$ と $y_1, \cdots, y_n$ の関数として表わされる．このとき $\varphi^*(dx_i) = \sum_j \dfrac{\partial x_i}{\partial y_j} dy_j$ であり，これから

$$(2.4) \quad \varphi^*(dx_{i_1} \wedge \cdots \wedge dx_{i_k}) = \sum_{j_1 < \cdots < j_k} \frac{D(x_{i_1}, \cdots, x_{i_k})}{D(y_{j_1}, \cdots, y_{j_k})} dy_{j_1} \wedge \cdots \wedge dy_{j_k}$$

となることがわかる．ここに $\dfrac{D(x_{i_1}, \cdots, x_{i_k})}{D(y_{j_1}, \cdots, y_{j_k})}$ は $x_{i_1}, \cdots, x_{i_k}$ の $y_{j_1}, \cdots, y_{j_k}$ に関するヤコビアンを表わす．このとき

$$d \circ \varphi^* = \varphi^* \circ d$$

であることがわかり（検証は演習問題 2.2），また，φ^{-1} を考えることにより φ^* が実は同型写像であることが確かめられる．

以後，$\varphi^*(\omega)$ を簡単に $\varphi^* \omega$ と記す場合もある．

(b) 一般の多様体上の微分形式

M を n 次元 C^∞ 多様体とし $\{(U_\alpha, \varphi_\alpha)\}$ をその一つのアトラスとする．簡単にいえば，M 上の k 次の微分形式とは，各座標近傍 U_α（それは $\mathbb{R}^n$ の開集合と思えるのだが）上の k 形式 ω_α の族 $\{\omega_\alpha\}$ であって，$U_\alpha \cap U_\beta \neq \emptyset$ となる任意の α, β に対して，ω_α と ω_β が座標変換により (2.4) の意味で互いに移り合うようなものをいう．M 上の k 形式全体を $A^k(M)$ と書き，

$$A^*(M) = \bigoplus_{k=0}^{n} A^k(M)$$

とおく．前(a)項で見たように，座標変換が誘導する微分形式全体の作る

代数の準同型写像 $\varphi^*: A^*(U') \to A^*(U)$ は,外積を保ちかつ外微分をとる操作と交換可能である.このことから $A^*(M)$ にも外積と外微分 $d: A^k(M) \to A^{k+1}(M)$ が定義され,$d \circ d = 0$ であることがわかる.また,命題 2.3 は M 上の微分形式に対しても成立することになる.

定義はこれでよいのだが,公式(2.4)はかなり複雑であり,M 全体を調べる立場からすれば,あまり見通しのよい定義とはいえないかも知れない.そこで,これから微分形式の局所座標によらない定義をすることにする.そのためには多少抽象的なことがらの準備が必要になる.これら二つの定義はどちらがよりよいということはなく,全体として微分形式とは何かということを体得することが肝要である.

(c) 外積代数

まず $dx_1, \cdots, dx_n$ によって生成された外積代数 Λ_n^* と,$\mathbb{R}^n$ の原点における接空間 $T_0\mathbb{R}^n$ とを関係付けることから始める.$T_0\mathbb{R}^n$ は $\dfrac{\partial}{\partial x_1}, \cdots, \dfrac{\partial}{\partial x_n}$ を基底とする n 次元のベクトル空間であった.一方,各 dx_i は $T_0\mathbb{R}^n$ の双対空間
$$T_0^*\mathbb{R}^n = \{\alpha: T_0\mathbb{R}^n \to \mathbb{R}; \alpha \text{ は線形写像}\}$$
の元と思うことができる.なぜならば x_i は C^∞ 関数 $x_i: \mathbb{R}^n \to \mathbb{R}$ と思えるが,この関数の原点における微分 $dx_i: T_0\mathbb{R}^n \to T_0\mathbb{R} = \mathbb{R}$ を考えれば,それは線形だからである.このとき明らかに

$$(2.5) \qquad dx_i\left(\frac{\partial}{\partial x_j}\right) = \delta_{ij}$$

となる.別の観点からいえば $\dfrac{\partial}{\partial x_j}$ は x_j 方向の長さ 1 の接ベクトルであったから,(2.5)は恒等的に 1 という関数を x_j 軸上 0 から 1 まで x_i に関して積分すれば,値は δ_{ij} になることを反映していると思ってもよい.これにより Λ_n^1 は $T_0^*\mathbb{R}^n$ と同一視される:
$$\Lambda_n^1 = T_0^*\mathbb{R}^n.$$

一般に Λ_n^k の任意の元は,$\omega = \alpha_1 \wedge \cdots \wedge \alpha_k$ ($\alpha_i \in \Lambda_n^1$) の形の元の 1 次結合として書けるが,この形の ω はつぎのようにして写像

$$\omega : \underbrace{T_0\mathbb{R}^n \times \cdots \times T_0\mathbb{R}^n}_{k\text{個}} \longrightarrow \mathbb{R} \tag{2.6}$$

を定義する．すなわち，$X_i \in T_0\mathbb{R}^n$ $(i=1,\cdots,k)$ に対して

$$\omega(X_1,\cdots,X_k) = \frac{1}{k!}\det\bigl(\alpha_i(X_j)\bigr) \tag{2.7}$$

とおくのである．ここに $\bigl(\alpha_i(X_j)\bigr)$ は (i,j) 成分が $\alpha_i(X_j)$ であるような行列を表わす．この定義が ω の表示の仕方によらずに一意的に定まることは，行列式の性質を使うことにより簡単にわかる．たとえば，$\omega = -\alpha_2 \wedge \alpha_1 \wedge \alpha_3 \wedge \cdots \wedge \alpha_k$ と表示しても値は変わらない．この値の幾何学的意味は大体つぎの通りである．たとえば，$dx_1 \wedge dx_2(X_1, X_2)$ は $T_0\mathbb{R}^n$ の中で，二つの接ベクトル X_1, X_2 の張る三角形を (x_1, x_2) 方向に正射影したものの（符号付き）面積であり，一般には(2.7)は $X_1,\cdots,X_k$ の張る k 次元の単体（三角形の一般化，§3.1 参照）の "$(\alpha_1,\cdots,\alpha_k)$ 方向の（符号付き）体積" を表わしているといえる．これらのことがらを，後に第3章で微分形式の多様体上での積分を定義する際に思い出せば，いくらか理解の助けになるかも知れない．一般の元 $\omega \in \Lambda_n^k$ に対しては，以上の定義を線形に拡張することによりやはり写像(2.6)が定義される．

(2.6)の写像 ω は，つぎの二つの性質を持っていることがわかる．証明は行列式の性質を使えば容易にできるので，読者にまかせることにする．

(i) ω は**多重線形**(multilinear)である．すなわち，任意の X_i について線形性の条件

$$\omega(X_1,\cdots,X_{i-1},aX_i+bX_i',X_{i+1},\cdots,X_k)$$
$$= a\,\omega(X_1,\cdots,X_i,\cdots,X_k) + b\,\omega(X_1,\cdots,X_i',\cdots,X_k)$$

をみたす．

(ii) ω は**交代的**(alternating)である．すなわち，任意の $i<j$ について X_i と X_j とを入れ替えると，符号が変わる．したがって任意の n 文字の置換 $\sigma \in \mathfrak{S}_n$ に対して

$$\omega(X_{\sigma(1)},\cdots,X_{\sigma(n)}) = \operatorname{sgn}\sigma\,\omega(X_1,\cdots,X_n)$$

となる．ここに $\operatorname{sgn}\sigma$ は σ の符号を表わす．

上記二つの条件をみたす写像 $T_0\mathbb{R}^n \times \cdots \times T_0\mathbb{R}^n$ (n 個の直積) $\to \mathbb{R}$ を $T_0\mathbb{R}^n$ 上の k 次の**交代形式**(alternating form)と呼ぶことにする．結局，対応(2.6)により写像

(2.8) $\qquad \Lambda_n^k \cong T_0\mathbb{R}^n$ 上の k 次の交代形式の全体

が定義され，これは結局1対1対応になることがわかるのである．ここで，(2.8)の右辺には $\mathbb{R}^n$ の座標 x_i が含まれておらず，純粋に線形代数の言葉だけで表現されている．このことを手がかりに，一般の多様体上の微分形式の**局所座標によらない定義**を与えよう．多少の繰り返しはいとわずに記すことにする．

V を $\mathbb{R}$ 上のベクトル空間とする．後で使うのは C^∞ 多様体 M のある点 p における接空間 T_pM の場合だけなので，$V=T_pM$ として読んでも差し支えない．V の**双対空間**(dual space)V^* とは

$$V^* = \{\alpha: V \to \mathbb{R};\ \alpha \text{ は線形写像}\}$$

と定義されるベクトル空間である．

定義 2.4 V を $\mathbb{R}$ 上のベクトル空間とする．$\mathbb{R}$ 上 V の元によって生成される単位元 1 を持つ代数で，任意の $X, Y \in V$ に対し関係式

(2.9) $\qquad\qquad X \wedge Y = -Y \wedge X$

をみたすものを Λ^*V と書き，これを V の**外積代数**(exterior algebra)または **Grassmann 代数**(Grassmann algebra)という．ここに $\wedge$ はこの代数の積を表わす記号である． □

条件(2.9)より任意の $X \in V$ に対し，$X \wedge X = 0$ となる．逆に，この条件から(2.9)が出てくることが簡単にわかる．前に出てきた Λ_n^* は $\Lambda^*T_0^*\mathbb{R}^n$ のことに他ならない．Λ_n^* のときと同様にして，$\dim V = n$ とするとき直和分解

$$\Lambda^*V = \bigoplus_{k=0}^n \Lambda^kV$$

が成立する．ここに Λ^kV は次数が k の元全体からなる Λ^*V の部分空間である．$e_1, \cdots, e_n$ を V の基底とすれば，Λ^kV の基底として

(2.10) $\qquad\qquad e_{i_1} \wedge \cdots \wedge e_{i_k}, \quad 1 \leq i_1 < \cdots < i_k \leq n$

の全体がとれ，したがって $\dim \Lambda^k V = \binom{n}{k}$ である．また $\Lambda^0 V = \mathbb{R}$ であり，$\Lambda^1 V$ は自然に V と同一視できる．以上 V の外積代数を定義したが，もちろん V^* の外積代数 $\Lambda^* V^*$ も同様に定義される．以後使うのはこの場合である．

つぎに V 上の交代形式を定義しよう．

定義 2.5 V を $\mathbb{R}$ 上のベクトル空間とする．V の k 個の直積から $\mathbb{R}$ への多重線形な写像

$$\omega : \underbrace{V \times \cdots \times V}_{k \text{個}} \longrightarrow \mathbb{R}$$

で交代的なもの，すなわち任意の k 文字の置換 σ に対して

$$\omega(X_{\sigma(1)}, \cdots, X_{\sigma(k)}) = \operatorname{sgn} \sigma \, \omega(X_1, \cdots, X_k) \quad (X_i \in V)$$

となるものを V 上の k 次の交代形式という． □

V 上の k 次の交代形式全体を $A^k(V)$ と書くことにする．交代形式の自然な和と実数倍に関して，$A^k(V)$ はベクトル空間になる．V 上の異なる次数にわたる交代形式全体

$$A^*(V) = \bigoplus_{k=0}^{\infty} A^k(V)$$

を考える．ここで $A^0(V) = \mathbb{R}$ と定義し，また $k > \dim V$ に対しては $A^k(V) = 0$ となることが交代性の条件から簡単にわかる．

V の双対空間 V^* の外積代数 $\Lambda^* V^*$ から，V 上の交代形式全体の作るベクトル空間 $A^*(V)$ への次数を保つ線形写像

$$\iota : \Lambda^* V^* \longrightarrow A^*(V)$$

がつぎのように定義される．各 k に対して

$$\iota_k : \Lambda^k V^* \longrightarrow A^k(V)$$

を定義すればよいが，$\omega = \alpha_1 \wedge \cdots \wedge \alpha_k \in \Lambda^k V^*$ $(\alpha_i \in V^*)$ の形の元に対しては

$$\iota_k(\omega)(X_1, \cdots, X_k) = \frac{1}{k!} \det\bigl(\alpha_i(X_j)\bigr)$$

とおき，一般の形の元に対してはそれを線形に拡張するのである．ι_k が ω の表示によらずに一意的に定まることは，前と同様に行列式の性質を使うこと

により簡単にわかる.

命題 2.6 写像 $\iota: \Lambda^* V^* \to A^*(V)$ は同型写像である.すなわち,V^* の外積代数 $\Lambda^* V^*$ と V 上の交代形式全体の作るベクトル空間 $A^*(V)$ とは,ι により互いに同一視することができる.これにより $A^*(V)$ に積が定義されるが,それはつぎのように記述される.$\omega \in \Lambda^k V^*$, $\eta \in \Lambda^\ell V^*$ に対して,それらの外積 $\omega \wedge \eta$ を ι による同一視により $A^{k+\ell}(V)$ の元とみなすとき

(2.11)
$$\omega \wedge \eta(X_1, \cdots, X_{k+\ell})$$
$$= \frac{1}{(k+\ell)!} \sum_\sigma \mathrm{sgn}\,\sigma\, \omega(X_{\sigma(1)}, \cdots, X_{\sigma(k)}) \eta(X_{\sigma(k+1)}, \cdots, X_{\sigma(k+\ell)}) \quad (X_i \in V)$$

となる.ここに σ は $k+\ell$ 個の文字 $1, 2, \cdots, k+\ell$ の置換全体 $\mathfrak{S}_{k+\ell}$ を動くものとする.

[証明] まず各 ι_k が同型写像であることを示す.$e_1, \cdots, e_n$ を V の基底とし,$\alpha_1, \cdots, \alpha_n$ を V^* の双対基底とする.すなわち $\alpha_i(e_j) = \delta_{ij}$ となる基底である.このとき $\Lambda^k V^*$ の基底としては (2.10) より

$$\alpha_{i_1} \wedge \cdots \wedge \alpha_{i_k}, \quad 1 \leq i_1 < \cdots < i_k \leq n$$

の全体がとれる.この基底の元を ι_k で移したものが,$A^k(V)$ の元として 1 次独立なことはそれらを

$$(e_{j_1}, \cdots, e_{j_k}) \in V \times \cdots \times V, \quad j_1 < \cdots < j_k$$

にほどこしてみればわかる.つぎに $\omega \in A^k(V)$ を任意の元としよう.このとき $\omega(e_{i_1}, \cdots, e_{i_k}) = a_{i_1 \cdots i_k}$ とおき,これらの定数を使って

$$\widetilde{\omega} = k! \sum_{i_1 < \cdots < i_k} a_{i_1 \cdots i_k} \alpha_{i_1} \wedge \cdots \wedge \alpha_{i_k} \in \Lambda^k V^*$$

とおけば,$\iota_k(\widetilde{\omega}) = \omega$ となることがわかる.したがって ι_k は全射となり,結局同型となる.

つぎに後半の主張を証明する.ι_k の線形性から

$$\omega = \alpha_{i_1} \wedge \cdots \wedge \alpha_{i_k}, \quad \eta = \alpha_{j_1} \wedge \cdots \wedge \alpha_{j_\ell}$$

の形の元 ω, η に対して証明すれば十分である.さらに $i_1, \cdots, i_k, j_1, \cdots, j_\ell$ はすべて異なると仮定してよい.そうでなければ $\omega \wedge \eta = 0$ となるからである.そ

こでこれらの数を大きさの順に並べ変えて $m_1 < \cdots < m_{k+\ell}$ としよう．並べ変えの置換を τ とすれば
$$\omega \wedge \eta = \mathrm{sgn}\,\tau\, \alpha_{m_1} \wedge \cdots \wedge \alpha_{m_{k+\ell}}$$
となる．したがって
$$\iota_{k+\ell}(\omega \wedge \eta)(e_{m_1}, \cdots, e_{m_{k+\ell}}) = \frac{1}{(k+\ell)!}\mathrm{sgn}\,\tau$$
となる．一方
$$\sum_\sigma \mathrm{sgn}\,\sigma\, \iota_k(\omega)(e_{m_{\sigma(1)}}, \cdots, e_{m_{\sigma(k)}})\, \iota_\ell(\eta)(e_{m_{\sigma(k+1)}}, \cdots, e_{m_{\sigma(k+\ell)}})$$
を計算すると，$\mathrm{sgn}\,\tau$ になることがわかる．こうして $(e_{m_1}, \cdots, e_{m_{k+\ell}})$ に対しては主張が正しいことがわかった．ところで，これ以外の $(e_{n_1}, \cdots, e_{n_{k+\ell}})$ の形の元に対しては値はいずれも 0 であるから，これで証明が終わったことになる． ∎

上記の同型 $\iota: \Lambda^* V^* \cong A^*(V)$ は，自然なただ一通りのものではない．実際 $\iota'_k = k!\,\iota_k$ とすると別の同型 $\iota': \Lambda^* V^* \cong A^*(V)$ が得られ，これは $A^*(V)$ に別の積を定義する(ただし二つの積の差は定数の差だけで本質的なものではない)．これは(2.7)に続く記述において，原点と各ベクトルの終点が定義する k 次元の単体の体積の代わりに，各ベクトルの張る平行体の体積を考えることに相当する．この二つの方式はそれぞれよいところがあるが，本書で ι のほうを採用したのは，第 6 章で特性類の一般論の記述をするとき ι' 方式では不都合が生じるからである．しかし ι' 方式は $\mathbb{Z}$ 上定義されており，これにより種々の式から分数の定数を除くことができるという利点がある．たとえば，外微分に関する公式(定理 2.9)に現われる係数 $\dfrac{1}{k+1}$ は ι' 方式のとき必要なくなる．

(d) 微分形式の種々の定義

(b)項ですでに一般の C^∞ 多様体 M 上の微分形式の定義はしたが，この項では局所座標を使わない，より内在的(intrinsic)な定義を与えることにする．

M 上の点 p における接空間 $T_p M$ の双対空間 $T_p^* M$ を，p における**余接空**

間(cotangent space)という．前項により，その外積代数 $\Lambda^* T_p^* M$ が考えられる．

定義 2.7 M を C^∞ 多様体とする．ω が M 上の k 形式であるとは，各点 $p \in M$ において，$\omega_p \in \Lambda^k T_p^* M$ を対応させ，ω_p が p に関して C^∞ 級であるときをいう． □

U を任意の座標近傍とし，$x_1, \cdots, x_n$ を U 上定義された座標関数とする．このとき任意の点 $p \in U$ に対して

$$\left(\frac{\partial}{\partial x_1}\right)_p, \cdots, \left(\frac{\partial}{\partial x_n}\right)_p$$

は接空間 $T_p M$ の基底となる．この基底に関する双対空間 $T_p^* M$ の双対基底を求めよう．各 x_i は C^∞ 関数 $x_i : U \to \mathbb{R}$ と思える．この写像の p における微分 $(dx_i)_p : T_p M \to T_{x_i(p)}\mathbb{R}$ を考える．$T_{x_i(p)}\mathbb{R}$ は自然に $\mathbb{R}$ と同一視することができるので，$(dx_i)_p$ は $T_p^* M$ の元と思うことができる．このとき明らかに

$$dx_i\left(\frac{\partial}{\partial x_j}\right) = \delta_{ij}$$

である((2.5)参照)．したがって

$$(dx_1)_p, \cdots, (dx_n)_p$$

は $T_p^* M$ の双対基底となる．このことから上記定義 2.7 の中の ω_p は

$$(2.12) \qquad \omega_p = \sum_{i_1 < \cdots < i_k} f_{i_1 \cdots i_k}(p)\, dx_{i_1} \wedge \cdots \wedge dx_{i_k}$$

と表示されることになる．ω_p が p に関して C^∞ 級であるとは，各係数 $f_{i_1 \cdots i_k}(p)$ が p の関数として C^∞ 級のときをいう．表示(2.12)を M 上の k 形式 ω の局所表示という．これにより定義 2.7 と (b) 項の定義との関連がついたことになる．

第 5 章に出てくるベクトルバンドルの言葉を使えばつぎのようになる．

$$T^* M = \bigcup_p T_p^* M$$

とおけば，これは M 上のベクトルバンドルになることが簡単にわかる．これを M の **余接バンドル**(cotangent bundle)という．同様にして

$$\Lambda^k T^* M = \bigcup_p \Lambda^k T_p^* M$$

とおけば，これも M 上のベクトルバンドルになる．$\Lambda^1 T^* M = T^* M$ である．これらの言葉を使えば，M 上の k 形式とは $\Lambda^k T^* M$ の C^∞ 級の切断に他ならない．すなわち

$$A^k(M) = \Lambda^k T^* M \text{ の } C^\infty \text{ 級の切断の全体}$$

となる．

最後に微分形式のもう一つの見方をあげておこう．ω を M 上の k 形式とすれば，各点 $p \in M$ において ω の p における値 ω_p は，k 次の交代形式 $T_p M \times \cdots \times T_p M \to \mathbb{R}$ を定めるのであった．これらを p についてまとめて書けば，ω は多重線形かつ交代的な写像

(2.13) $\quad \omega: \mathfrak{X}(M) \times \cdots \times \mathfrak{X}(M) \longrightarrow C^\infty(M)$

を誘導する．ここに $\mathfrak{X}(M)$ は以前に出たように M 上のベクトル場全体を表わし，$C^\infty(M)$ は M 上の C^∞ 関数全体の作る代数を表わす．ここで大切なことは，$\mathfrak{X}(M)$ が単に $\mathbb{R}$ 上のベクトル空間であるばかりではなく，$C^\infty(M)$ 上の加群でもあるということである．すなわち $f \in C^\infty(M)$ と $X \in \mathfrak{X}(M)$ に対して fX もまた M 上のベクトル場になる．そして(2.13)が多重線形というのは，ベクトル場を関数倍することに関しても線形だということである．すなわち

$$\omega(X_1, \cdots, fX_i + gX_i', \cdots, X_k)$$
$$= f\omega(X_1, \cdots, X_i, \cdots, X_k) + g\omega(X_1, \cdots, X_i', \cdots, X_k)$$

が任意の $X_i \in \mathfrak{X}(M)$ と $f, g \in C^\infty(M)$ に対して成立するのである．

逆にこの二つの性質，すなわち $C^\infty(M)$ 加群としての多重線形性と交代性をもつ写像(2.13)は，すべて微分形式を定義することがわかる．すなわちつぎの定理が成立する．

定理 2.8 M を C^∞ 多様体とする．このとき，M 上の k 形式全体 $A^k(M)$ は，$\mathfrak{X}(M)$ の k 個の直積から $C^\infty(M)$ への，$C^\infty(M)$ 加群として多重線形かつ交代的な写像全体と自然に同一視できる．

[証明] 上記の条件をみたす写像 $\tilde{\omega}: \mathfrak{X}(M) \times \cdots \times \mathfrak{X}(M) \to C^\infty(M)$ が与え

られたとしよう．まず任意のベクトル場 $X_i \in \mathfrak{X}(M)$ について，点 p における値 $\widetilde{\omega}(X_1, \cdots, X_k)(p)$ が，各ベクトル場 X_i の p における値 $X_i(p)$ のみによって定まることを見よう．そのためには，線形性からある i について $X_i(p)=0$ のとき上記の値が 0 になることを示せば十分である．簡単のため $i=1$ とし，$(U; x_1, \cdots, x_n)$ を p のまわりで定義された局所座標系とする．このとき U 上では $X_1 = \sum_i f_i \dfrac{\partial}{\partial x_i}$ と書け，$f_i(p) = 0$ である．$\overline{V} \subset U$ となる p の開近傍 V と，V 上恒等的に 1 であり U の外側では 0 であるような C^∞ 関数 $h \in C^\infty(M)$ を選ぶ（補題 1.28 参照）．$Y_i = h\dfrac{\partial}{\partial x_i}$ とおくと $Y_i \in \mathfrak{X}(M)$ となり，また $\widetilde{f}_i = hf_i$ とおくと $\widetilde{f}_i \in C^\infty(M)$ である．このとき

$$X_1 = \sum_i \widetilde{f}_i Y_i + (1 - h^2) X_1$$

となることが簡単にわかる．したがって

$$\widetilde{\omega}(X_1, \cdots, X_k)(p)$$
$$= \sum_i \widetilde{f}_i(p) \widetilde{\omega}(Y_i, X_2, \cdots, X_k)(p) + (1 - h(p)^2) \widetilde{\omega}(X_1, \cdots, X_k)(p) = 0$$

となり主張が証明された．

そこで，k 形式 ω をつぎのように定義する．各点 $p \in M$ において，接ベクトル $X_1, \cdots, X_k \in T_pM$ が与えられたとき，M 上のベクトル場 $\widetilde{X}_i$ で $\widetilde{X}_i(p) = X_i$ となるものを選ぶ．そして $\omega_p(X_1, \cdots, X_k) = \widetilde{\omega}(\widetilde{X}_1, \cdots, \widetilde{X}_k)(p)$ とおけば，これが $\widetilde{X}_i$ のとり方によらず定まることは上に見た通りである．ω_p が p について C^∞ 級であることは容易にわかるので，ω が求める微分形式である．∎

§2.2 微分形式の種々の演算

M を n 次元 C^∞ 多様体とする．M 上の k 形式全体を $A^k(M)$ と書き，それらの k に関する直和

$$A^*(M) = \bigoplus_{k=0}^{n} A^k(M)$$

すなわち M 上の微分形式全体を考える．この節では $A^*(M)$ に種々の演算を定義していこう．

(a) 外　積

M 上の k 形式 $\omega \in A^k(M)$ と ℓ 形式 $\eta \in A^\ell(M)$ との**外積**(exterior product) $\omega \wedge \eta \in A^{k+\ell}(M)$ がつぎのように定義される．各点 $p \in M$ において，$\omega_p \in \Lambda^k T_p^* M$, $\eta_p \in \Lambda^\ell T_p^* M$ であるから，それらの積 $\omega_p \wedge \eta_p \in \Lambda^{k+\ell} T_p^* M$ が定義される．そこで
$$(\omega \wedge \eta)_p = \omega_p \wedge \eta_p$$
とおくのである．定義から明らかに外積は結合的である．すなわち，$\tau \in A^m(M)$ とするとき，$(\omega \wedge \eta) \wedge \tau = \omega \wedge (\eta \wedge \tau)$ となる．したがって，かっこをつける必要がなくなる．$\omega = f dx_{i_1} \wedge \cdots \wedge dx_{i_k}$, $\eta = g dx_{j_1} \wedge \cdots \wedge dx_{j_\ell}$ と局所表示されている場合には，
$$\omega \wedge \eta = fg\, dx_{i_1} \wedge \cdots \wedge dx_{i_k} \wedge dx_{j_1} \wedge \cdots \wedge dx_{j_\ell}$$
である．外積は双線形写像
$$A^k(M) \times A^\ell(M) \ni (\omega, \eta) \longmapsto \omega \wedge \eta \in A^{k+\ell}(M)$$
を誘導し，それはつぎの性質を持つ．

（i）　$\eta \wedge \omega = (-1)^{k\ell} \omega \wedge \eta$.

（ii）　任意のベクトル場 $X_1, \cdots, X_{k+\ell} \in \mathfrak{X}(M)$ に対して

(2.14)
$$\omega \wedge \eta(X_1, \cdots, X_{k+\ell})$$
$$= \frac{1}{(k+\ell)!} \sum_{\sigma \in \mathfrak{S}_{k+\ell}} \operatorname{sgn} \sigma\, \omega(X_{\sigma(1)}, \cdots, X_{\sigma(k)})\, \eta(X_{\sigma(k+1)}, \cdots, X_{\sigma(k+\ell)}).$$

性質(i)はこれまでの記述から明らかであり，(ii)は(2.11)から従う．

(b) 外微分

M 上の k 形式 $\omega \in A^k(M)$ に対して，その**外微分**(exterior differentiation) $d\omega \in A^{k+1}(M)$ とは，$\omega = f dx_{i_1} \wedge \cdots \wedge dx_{i_k}$ と ω が局所表示されているときには

$$d\omega = \sum_j \frac{\partial f}{\partial x_j} dx_j \wedge dx_{i_1} \wedge \cdots \wedge dx_{i_k}$$

と定義される演算である．$\mathbb{R}^n$ の二つの開集合 U, U' の間の任意の微分同相写像 $\varphi: U \to U'$ の誘導する同型写像 $\varphi^*: A^*(U') \to A^*(U)$ に対して，等式 $d \circ \varphi^* = \varphi^* \circ d$ が成立することから（(2.4)に続く記述参照），上記 d が局所表示によらないことがわかる．したがって外微分をとる演算は，次数 1 の（すなわち次数を 1 だけ上げる）線形写像

$$d: A^k(M) \longrightarrow A^{k+1}(M)$$

を定義し，補題 2.2, 命題 2.3 から，それはつぎの性質を持っていることがわかる．

（i） $d \circ d = 0$.

（ii） $\omega \in A^k(M)$ に対して，$d(\omega \wedge \eta) = d\omega \wedge \eta + (-1)^k \omega \wedge d\eta$.

つぎに外微分を局所表示によらない形で特徴付けることにしよう．つぎの定理がそれである．

定理 2.9 M を C^∞ 多様体とし，$\omega \in A^k(M)$ を M 上の任意の k 形式とする．このとき，任意のベクトル場 $X_1, \cdots, X_{k+1} \in \mathfrak{X}(M)$ に対し

$$d\omega(X_1, \cdots, X_{k+1}) = \frac{1}{k+1}\left\{\sum_{i=1}^{k+1}(-1)^{i+1} X_i(\omega(X_1, \cdots, \widehat{X_i}, \cdots, X_{k+1})) \right. $$
$$\left. + \sum_{i<j}(-1)^{i+j}\omega([X_i, X_j], X_1, \cdots, \widehat{X_i}, \cdots, \widehat{X_j}, \cdots, X_{k+1})\right\}$$

となる．ここで記号 $\widehat{X_i}$ は X_i を省くことを表わす．とくによく使う $k=1$ の場合を書いておこう．

$$d\omega(X, Y) = \frac{1}{2}\{X\omega(Y) - Y\omega(X) - \omega([X, Y])\} \quad (\omega \in A^1(M)).$$

［証明］ まず証明すべき公式の右辺を $\mathfrak{X}(M)$ の $k+1$ 個の直積から $C^\infty(M)$ への写像とみたとき，それは $C^\infty(M)$ 上の加群としての $k+1$ 次の交代形式の条件をみたしていることがわかる．このことは命題 1.40(iv) を使えば簡単に確かめられるので読者にまかせることにする．したがって定理 2.8 から，右辺は M 上の $k+1$ 形式を表わしていることがわかる．

二つの微分形式は任意の点のある近傍で一致することがいえれば，全体として一致することになる．そこで任意の点 $p \in M$ のまわりの局所座標系 $(U; x_1, \cdots, x_n)$ で考えよう．この局所座標系に関する ω の局所表示を $\omega = \sum_{i_1 < \cdots < i_k} f_{i_1 \cdots i_k} dx_{i_1} \wedge \cdots \wedge dx_{i_k}$ とする．このとき

(2.15) $$d\omega = \sum_{i_1 \cdots i_k} df_{i_1 \cdots i_k} \wedge dx_{i_1} \wedge \cdots \wedge dx_{i_k}$$

である．微分形式の M 上の関数に関する線形性から，p の近くでは $X_i = \frac{\partial}{\partial x_{j_i}}$ $(i=1,\cdots,k+1)$ となっているようなベクトル場 X_i だけを考えればよい．このとき p の近くでは $[X_i, X_j] = 0$ である．さらに微分形式の交代性から $j_1 < \cdots < j_{k+1}$ と仮定してよい．このとき (2.15) を $(X_1, \cdots, X_{k+1})$ に作用させれば

$$d\omega(X_1, \cdots, X_{k+1}) = \frac{1}{(k+1)!} \left\{ \sum_{s=1}^{k+1} (-1)^{s-1} \frac{\partial}{\partial x_{j_s}} f_{j_1 \cdots \hat{j}_s \cdots j_{k+1}} \right\}$$

となる．一方 $[X_i, X_j] = 0$ を使って公式の右辺を計算すると，やはり同じ値が得られる．これで証明が終わる． ∎

定理 2.9 を外微分の局所座標によらない定義と思うこともできる．

(c) 写像による引き戻し

微分形式と C^∞ 写像との関係を調べよう．

$$f: M \longrightarrow N$$

を C^∞ 多様体 M から N への C^∞ 写像とする．各点 $p \in M$ における f の微分 $f_*: T_p M \to T_{f(p)} N$ を考える．f_* はその双対写像 $f^*: T_{f(p)}^* N \to T_p^* M$ を誘導する．すなわち，$\alpha \in T_{f(p)}^* N$，$X \in T_p M$ に対して，$f^*(\alpha)(X) = \alpha(f_*(X))$ と定義される写像である．f^* はさらに任意の k に対して線形写像 $f^*: \Lambda^k T_{f(p)}^* N \to \Lambda^k T_p^* M$ を定義し，それは代数としての準同型写像

$$f^*: A^*(N) \longrightarrow A^*(M)$$

を誘導する．N 上の微分形式 $\omega \in A^k(N)$ に対し，$f^*\omega \in A^k(M)$ を f による**引き戻し**(pull back)という．具体的には $X_1, \cdots, X_k \in T_p M$ に対し

$$f^*\omega(X_1,\cdots,X_k) = \omega(f_*X_1,\cdots,f_*X_k)$$

である.

命題 2.10 M,N を C^∞ 多様体とする.$f\colon M\to N$ を C^∞ 写像とし,$f^*\colon A^*(N)\to A^*(M)$ を f の誘導する写像とする.このとき,f^* は線形であり,つぎの性質をみたす.

 (i) $f^*(\omega\wedge\eta) = f^*\omega \wedge f^*\eta$ $(\omega\in A^k(N), \eta\in A^\ell(N))$.

 (ii) $d(f^*\omega) = f^*(d\omega)$ $(\omega\in A^k(M))$. □

これまでの結果を用いれば証明は容易であり,読者にまかせることにする.

(d)　内部積と Lie 微分

M を C^∞ 多様体とし,$X\in\mathfrak{X}(M)$ を M 上のベクトル場とする.このとき,線形写像
$$i(X)\colon A^k(M) \longrightarrow A^{k-1}(M)$$
が,$\omega\in A^k(M)$, $X_1,\cdots,X_{k-1}\in\mathfrak{X}(M)$ に対して
$$(i(X)\omega)(X_1,\cdots,X_{k-1}) = k\omega(X,X_1,\cdots,X_{k-1})$$
とおくことにより定義される.ただし $k=0$ のときは $i(X)=0$ と定義する.$i(X)\omega$ を ω の X による**内部積**(interior product)という.定義から明らかに $i(X)$ は関数に関しても線形である.すなわち $i(X)(f\omega)=fi(X)\omega$ となる.命題 2.6 を使うことにより,$i(X)$ は次数 -1 の**反微分**(anti-derivation)であること,すなわち

(2.16)
$$i(X)(\omega\wedge\eta) = i(X)\omega\wedge\eta + (-1)^k\omega\wedge i(X)\eta \quad (\omega\in A^k(M), \eta\in A^\ell(M))$$

となることがわかる.

つぎに同じくベクトル場 $X\in\mathfrak{X}(M)$ が関わる **Lie 微分**(Lie derivative)と呼ばれる線形作用素
$$L_X\colon A^k(M) \longrightarrow A^k(M)$$
を定義しよう.これは,$\omega\in A^k(M)$, $X_1,\cdots,X_k\in\mathfrak{X}(M)$ に対して

(2.17)
$$(L_X\omega)(X_1,\cdots,X_k) = X\omega(X_1,\cdots,X_k) - \sum_{i=1}^{k}\omega(X_1,\cdots,[X,X_i],\cdots,X_k)$$

とおくことにより定義される．この式の右辺は定理 2.8 の条件をみたしていることが容易にわかり，したがって $L_X\omega$ は確かに微分形式になっている．L_X が線形であることは明らかであろう．この定義(2.17)はきわめて代数的である．式の形は整っていて美しいといえるかも知れないが，幾何学的に何を表わしているのか判然としない．もう少し意味のはっきりする定義をつぎの項で与えることにする．

同様のことは外積や外微分についてもいえる．われわれは外積，外微分とも局所表示による幾何学的な定義から出発した．しかしそれとは別に，外積は式(2.14)を，そして外微分は定理 2.9 をそれぞれ代数的な定義として採用することもできるのである．

Lie 微分については，当面は(2.17)をその定義として先に進むことにする．

(e) Cartan の公式と Lie 微分の性質

つぎの定理はベクトル場 X に関わる二つの作用素，すなわち内部積 $i(X)$ と Lie 微分 L_X の間の関係を表わすもので，Cartan の公式と呼ばれる場合がある．

定理 2.11 (Cartan の公式)
(i) $L_X i(Y) - i(Y) L_X = i([X,Y])$.
(ii) $L_X = i(X)d + di(X)$.

[証明] まず(i)を証明する．$k=0$ の場合は明らかである．そこで $k>0$ として ω を任意の k 形式とする．このとき任意の $X_1,\cdots,X_{k-1} \in \mathfrak{X}(M)$ に対して

(2.18)
$$(L_X i(Y)\omega)(X_1,\cdots,X_{k-1})$$
$$= X((i(Y)\omega)(X_1,\cdots,X_{k-1})) - \sum_{i=1}^{k-1}(i(Y)\omega)(X_1,\cdots,[X,X_i],\cdots,X_{k-1})$$

$$= k\Big\{X(\omega(Y, X_1, \cdots, X_{k-1})) - \sum_{i=1}^{k-1} \omega(Y, X_1, \cdots, [X, X_i], \cdots, X_{k-1})\Big\}$$

となる．一方

(2.19) $\quad (i(Y)L_X\omega)(X_1, \cdots, X_{k-1})$
$$= k\, L_X\omega(Y, X_1, \cdots, X_{k-1})$$
$$= k\Big\{X(\omega(Y, X_1, \cdots, X_{k-1})) - \omega([X, Y], X_1, \cdots, X_{k-1})$$
$$- \sum_{i=1}^{k-1} \omega(Y, X_1, \cdots, [X, X_i], \cdots, X_{k-1})\Big\}$$

となる．(2.18)から(2.19)を引けば
$$L_X i(Y)\omega - i(Y)L_X\omega = i([X, Y])\omega$$
となり証明が終わる．

つぎに(ii)を証明する．$k=0$ のときは関数 f に対して $L_X f = Xf$ であるが，他方 $i(X)f = 0$, $i(X)df = df(X) = Xf$ であるから(ii)が成立する．そこで $k > 0$ とし，ω を k 形式，$X_1, \cdots, X_k$ をベクトル場とする．このとき

(2.20) $\quad (i(X)d\omega)(X_1, \cdots, X_k)$
$$= (k+1)d\omega(X, X_1, \cdots, X_k)$$
$$= X(\omega(X_1, \cdots, X_k)) + \sum_{i=1}^{k} (-1)^i X_i(\omega(X, X_1, \cdots, \widehat{X_i}, \cdots, X_k))$$
$$+ \sum_{j=1}^{k} (-1)^j \omega([X, X_j], X_1, \cdots, \widehat{X_j}, \cdots, X_k)$$
$$+ \sum_{i<j} (-1)^{i+j} \omega([X_i, X_j], X, \cdots, \widehat{X_i}, \cdots, \widehat{X_j}, \cdots, X_k)$$

であり，一方

(2.21) $\quad (di(X)\omega)(X_1, \cdots, X_k)$
$$= \sum_{i=1}^{k} (-1)^{i+1} X_i(\omega(X, X_1, \cdots, \widehat{X_i}, \cdots, X_k))$$
$$+ \sum_{i<j} (-1)^{i+j} \omega(X, [X_i, X_j], X_1, \cdots, \widehat{X_i}, \cdots, \widehat{X_j}, \cdots, X_k)$$

となる．(2.20)と(2.21)を加えれば

$$(i(X)d+di(X))\omega(X_1,\cdots,X_k)$$
$$= X(\omega(X_1,\cdots,X_k)) + \sum_{j=1}^{k}(-1)^j\omega([X,X_j],X_1,\cdots,\widehat{X_j},\cdots,X_k)$$
$$= (L_X\omega)(X_1,\cdots,X_k)$$

となり(ii)が証明された. ∎

Cartan の公式(定理 2.11)を使うと，Lie 微分 L_X に関するいくつかの性質を証明することができる．

命題 2.12

(ⅰ) $L_X(\omega\wedge\eta) = L_X\omega\wedge\eta+\omega\wedge L_X\eta$ $(\omega\in A^k(M),\ \eta\in A^\ell(M))$.

(ⅱ) $L_Xd\omega = dL_X\omega$ $(\omega\in A^k(M))$.

(ⅲ) $L_XL_Y - L_YL_X = L_{[X,Y]}$ $(X,Y\in\mathfrak{X}(M))$.

[証明] (i),(ii) の証明は Cartan の公式を用いれば容易にできるので，演習問題 2.3 にする．(iii) を証明しよう．k に関する帰納法を使う．まず $k=0$ のときは，関数 f に対して $L_{[X,Y]}f = [X,Y]f = (L_XL_Y-L_YL_X)f$ であるから，確かに成立する．つぎに $k(\geqq 0)$ まで正しいとして $k+1$ の場合を証明しよう．ω を任意の $k+1$ 形式とする．このとき任意のベクトル場 Z に対して $i(Z)\omega$ は k 形式であるから，帰納法の仮定により

(2.22) $$L_{[X,Y]}i(Z)\omega = (L_XL_Y - L_YL_X)i(Z)\omega$$

となる．一方 Cartan の公式(i)から

(2.23) $$L_{[X,Y]}i(Z) = i(Z)L_{[X,Y]} + i([[X,Y],Z]).$$

(i) をさらに二度使うことにより

(2.24) $L_XL_Yi(Z)$
$$= L_X(i(Z)L_Y + i([Y,Z]))$$
$$= i(Z)L_XL_Y + i([X,Z])L_Y + i([Y,Z])L_X + i([X,[Y,Z]])$$

と，同様にして

(2.25) $L_YL_Xi(Z)$
$$= i(Z)L_YL_X + i([Y,Z])L_X + i([X,Z])L_Y + i([Y,[X,Z]]).$$

を得る．(2.24) から (2.25) を引けば

(2.26) $\quad L_X L_Y i(Z) - L_Y L_X i(Z)$
$$= i(Z)(L_X L_Y - L_Y L_X) + i([X,[Y,Z]]) - i([Y,[X,Z]])$$

となる．(2.23)から(2.26)を引けば

(2.27) $\quad (L_{[X,Y]} - L_X L_Y + L_Y L_X)i(Z) = i(Z)(L_{[X,Y]} - L_X L_Y + L_Y L_X)$

を得る．ここでJacobiの恒等式 $[[X,Y],Z]+[[Y,Z],X]+[[Z,X],Y]=0$ を使った．(2.27)を(2.22)に代入すれば

$$i(Z)(L_{[X,Y]} - L_X L_Y + L_Y L_X)\omega = 0$$

となる．ここで Z は任意のベクトル場でよかったわけだから，結局

$$(L_{[X,Y]} - L_X L_Y + L_Y L_X)\omega = 0$$

となり，証明が終わる．∎

(f) Lie微分と1パラメーター局所変換群

ここでは前の項で約束した，Lie微分のより幾何学的な定義を与えることにしよう．

C^∞ 多様体 M 上にベクトル場 X が与えられたとする．X は M 上の各点 p において，ある方向 $X_p \in T_p M$ を指定しているものと思える．したがって，たとえば M 上の C^∞ 関数 $f \in C^\infty(M)$ が与えられると，f を "X 方向に微分する" ことができる．これがすなわち Xf である．それでは M 上に関数ではなく，微分形式 ω が与えられたらどうだろうか．関数は微分形式の特別な場合(次数が0)であるから，一般の微分形式 ω も X 方向に "微分" してみよう，と試みることは自然であろう．実際そのような自然な演算が定義され，それはさらに微分形式だけではなくベクトル場も含む概念である多様体上のテンソルと呼ばれるものに作用する．これを(一般の)**Lie微分**(Lie derivative)という．Lie微分の幾何学的な定義は，ベクトル場 X そのものよりは，X が生成する M 上の1パラメーター局所変換群 $\{\varphi_t\}$ (§1.4(c)参照)を使って定義される．

まず関数 $f \in C^\infty(M)$ の X による微分 Xf と，1パラメーター局所変換群の関係を調べてみよう．結論をいうと

§2.2 微分形式の種々の演算 —— 83

(2.28) $\quad (Xf)(p) = \lim_{t \to 0} \dfrac{(\varphi_t^* f)(p) - f(p)}{t} \quad (p \in M)$

となる（ここで $\varphi_t^* f$ は $f \circ \varphi_t$ を表わすものとする）．なぜならば§1.4(c)の記法で，$\varphi_t(p) = c(p)(t)$ であり，また $\dot{c}(p)(0) = X_p$ であるから

$$\lim_{t \to 0} \frac{(\varphi_t^* f)(p) - f(p)}{t} = \lim_{t \to 0} \frac{f(\varphi_t(p)) - f(p)}{t} = X_p f$$

となるからである．φ_t は M 全体で定義されているとは限らないが，任意の点 $p \in M$ に対し，t が十分小さい範囲では φ_t は p の近傍で定義されており，上の計算に支障はない．

つぎにベクトル場のかっこ積 $[X, Y]$ が，Y の X による Lie 微分（$L_X Y$ という記号が使われる）として解釈できることを見る．すなわち

(2.29) $\quad [X, Y] = \lim_{t \to 0} \dfrac{(\varphi_{-t})_* Y - Y}{t}$

が成立する．ここで等式(2.29)は M 上の各点 $p \in M$ において両辺が等しいことを意味しており，そのとき右辺の極限は $T_p M$ のベクトル空間としてのふつうの位相に関するものである．(2.29)を証明しよう．命題 1.39 により，M 上の任意の C^∞ 関数 $f \in C^\infty(M)$ に(2.29)の両辺を作用させたものが互いに一致することを示せばよい．右辺を f に作用させたものを計算してみよう．(1.14)より $((\varphi_{-t})_* Y) f = Y(f \circ \varphi_{-t}) \circ \varphi_t = \varphi_t^*(Y(f \circ \varphi_{-t}))$ であるから

$$\begin{aligned}
\lim_{t \to 0} \frac{(\varphi_{-t})_* Y - Y}{t} f &= \lim_{t \to 0} \frac{\varphi_t^*(Y(f \circ \varphi_{-t})) - \varphi_t^*(Yf) + \varphi_t^*(Yf) - Yf}{t} \\
&= \lim_{t \to 0} \varphi_t^* \left\{ Y\left(\frac{f \circ \varphi_{-t} - f}{t}\right) \right\} + \lim_{t \to 0} \frac{\varphi_t^*(Yf) - Yf}{t} \\
&= \lim_{t \to 0} \varphi_t^* Y \left\{ \left(\frac{\varphi_{-t}^* f - f}{t}\right) \right\} + \lim_{t \to 0} \frac{\varphi_t^*(Yf) - Yf}{t} \\
&= Y(-Xf) + X(Yf) = [X, Y] f
\end{aligned}$$

となる．ここで使った事実は上記の(2.28)と，計算にでてくる関数はすべて C^∞ 級であり，したがって微分の順序は任意に変えてよいこと，そして $\{\varphi_{-t}\}$ が $-X$ の生成する 1 パラメーター局所変換群だということである．こ

れで(2.29)が証明された.

微分形式の Lie 微分についてはつぎの命題が成り立つ.

命題 2.13 X を C^∞ 多様体 M 上のベクトル場とし,$\{\varphi_t\}$ を X の生成する 1 パラメーター局所変換群とする.このとき,任意の k 形式 $\omega \in A^k(M)$ に対して

$$L_X \omega = \lim_{t \to 0} \frac{\varphi_t^* \omega - \omega}{t}$$

となる.

[証明] まず $\varphi: M \to M$ を任意の微分同相写像とするとき,M 上のベクトル場 $X_1, \cdots, X_k$ に対して

(2.30) $\qquad (\varphi^* \omega)(X_1, \cdots, X_k) = \varphi^*(\omega(\varphi_* X_1, \cdots, \varphi_* X_k))$

となることを示そう.微分形式の引き戻しの定義から,任意の点 $p \in M$ に対して

$$(\varphi^* \omega)_p(X_1, \cdots, X_k) = \omega_{\varphi(p)}(\varphi_* X_1, \cdots, \varphi_* X_k)$$

である.(2.30)はこれからただちに従う.定理の等式の右辺を $X_1, \cdots, X_k$ に作用させ,(2.30)を使うと

$$\lim_{t \to 0} \frac{(\varphi_t^* \omega)(X_1, \cdots, X_k) - \omega(X_1, \cdots, X_k)}{t}$$
$$= \lim_{t \to 0} \frac{\varphi_t^*(\omega((\varphi_t)_* X_1, \cdots, (\varphi_t)_* X_k)) - \omega(X_1, \cdots, X_k)}{t}$$
$$= \lim_{t \to 0} \frac{\varphi_t^*(\omega((\varphi_t)_* X_1, \cdots, (\varphi_t)_* X_k)) - \varphi_t^*(\omega(X_1, \cdots, X_k))}{t}$$
$$+ \lim_{t \to 0} \frac{\varphi_t^*(\omega(X_1, \cdots, X_k)) - \omega(X_1, \cdots, X_k)}{t}$$

となる.この最後の式の第一項を A,第二項を B とすると,まず(2.28)から

(2.31) $\qquad B = X\omega(X_1, \cdots, X_k)$

となる.一方

$$A = \lim_{t \to 0} \varphi_t^* \left(\frac{\omega((\varphi_t)_* X_1, \cdots, (\varphi_t)_* X_k) - \omega(X_1, \cdots, X_k)}{t} \right)$$

$$= \lim_{t \to 0} \varphi_t^* \left(\frac{\omega((\varphi_t)_* X_1, \cdots, (\varphi_t)_* X_k) - \omega(X_1, (\varphi_t)_* X_2, \cdots, (\varphi_t)_* X_k)}{t} \right)$$

$$+ \lim_{t \to 0} \varphi_t^* \left(\frac{\omega(X_1, (\varphi_t)_* X_2, \cdots, (\varphi_t)_* X_k) - \omega(X_1, X_2, (\varphi_t)_* X_3, \cdots, (\varphi_t)_* X_k)}{t} \right)$$

$$+ \cdots + \lim_{t \to 0} \varphi_t^* \left(\frac{\omega(X_1, X_2, \cdots, X_{k-1}, (\varphi_t)_* X_k) - \omega(X_1, \cdots, X_k)}{t} \right)$$

$$= \sum_{i=1}^{k} \omega(X_1, \cdots, [-X, X_i], \cdots, X_k)$$

となる.したがって

$$A + B = X\omega(X_1, \cdots, X_k) - \sum_{i=1}^{k} \omega(X_1, \cdots, [X, X_i], \cdots, X_k)$$
$$= (L_X \omega)(X_1, \cdots, X_k)$$

となり証明が完了する. ∎

§2.3 Frobeniusの定理

(a) Frobeniusの定理——ベクトル場による表現

M を C^∞ 多様体とする.M 上にベクトル場 X が与えられると,各点 $p \in M$ を通る X の積分曲線が定まる.積分曲線の定義域を最大に延ばしたもの,すなわち極大積分曲線たちは互いに共通部分を持たず,M 全体をきれいに覆っているのであった(§1.4(c)).それでは,M 上にベクトル場が二つ与えられた場合はどうであろうか.それらを積分していわば"積分曲面"を構成することができるだろうか.ベクトル場の個数が $3, 4, \cdots$ となった場合はどうだろうか.このような疑問を考察すると自然につぎの定義が生まれる.

定義 2.14 M を C^∞ 多様体とする.$\mathcal{D}$ が M 上の r 次元の**分布**(distribution)であるとは,M の各点 p において T_pM の r 次元の部分空間 $\mathcal{D}_p$ を対応させるもので,$\mathcal{D}_p$ が p について C^∞ 級のときをいう.ここで $\mathcal{D}_p$ が p について C^∞ 級であるとは,各点の近傍で定義された(もちろん C^∞ 級の)ベクトル場 $X_1, \cdots, X_r$ が存在して,その近傍上のすべての点 q において $X_1, \cdots, X_r$ が

$\mathcal{D}_q$ の基底となっているときをいう. M の部分多様体 N は, N 上の任意の点 p に対し $T_pN = \mathcal{D}_p$ となっているとき, $\mathcal{D}$ の**積分多様体**(integral manifold) という. M 上のすべての点においてその点を通る積分多様体が存在するとき, $\mathcal{D}$ は**完全積分可能**(completely integrable)であるという. □

ベクトル場の積分曲線を使えば簡単にわかるように, 1次元の分布はつねに完全積分可能である. 一般の次元の分布を考えるために, 一つ言葉を用意しよう. M 上のベクトル場 X は, すべての点 $p \in M$ において $X_p \in \mathcal{D}_p$ となっているとき, $\mathcal{D}$ に属するという.

命題 2.15 $\mathcal{D}$ を C^∞ 多様体 M 上の分布とする. もし $\mathcal{D}$ が完全積分可能ならば, $\mathcal{D}$ に属する任意の二つのベクトル場 X, Y に対して, そのかっこ積 $[X, Y]$ もまた $\mathcal{D}$ に属する.

[証明] M 上の任意の点 p において $[X, Y]_p \in \mathcal{D}_p$ となることを示せばよい. 仮定から p を通る積分多様体 N が存在する. $M, \mathcal{D}$ の次元をそれぞれ n, r としよう. p のまわりの局所座標系 $(U; x_1, \cdots, x_n)$ を選んで, p は原点に対応し, 部分多様体 N は $x_{r+1} = \cdots = x_n = 0$ で与えられるようにする. このとき N 上の任意の点 $q \in N$ に対し $\mathcal{D}_q$ は $\dfrac{\partial}{\partial x_1}, \cdots, \dfrac{\partial}{\partial x_r}$ で張られていることになる. X, Y のこの局所座標系に関する局所表示を

$$X = \sum_{i=1}^{n} a_i \frac{\partial}{\partial x_i}, \quad Y = \sum_{i=1}^{n} b_i \frac{\partial}{\partial x_i}$$

とすれば, X, Y が $\mathcal{D}$ に属することから

(2.32) $\quad a_i(x_1, \cdots, x_r, 0, \cdots, 0) = b_i(x_1, \cdots, x_r, 0, \cdots, 0) = 0 \quad (i > r)$

となる. これからただちに

(2.33) $\quad \dfrac{\partial a_j}{\partial x_i}(0) = \dfrac{\partial b_j}{\partial x_i}(0) = 0 \quad (i \leq r, \ j > r)$

が得られる. 一方, かっこ積 $[X, Y]$ の局所表示を $[X, Y] = \sum_j c_j \dfrac{\partial}{\partial x_j}$ とすれば, (1.10)により

$$c_j = \sum_{i=1}^{n} \left(a_i \frac{\partial b_j}{\partial x_i} - b_i \frac{\partial a_j}{\partial x_i} \right)$$

となるが，(2.32), (2.33)から任意の $j > r$ に対して $c_j(0) = 0$ となることがわかる．したがって，$[X, Y]_p \in \mathcal{D}_p$ となり証明が終わる．　■

命題 2.15 をもとにつぎのように定義する．

定義 2.16　C^∞ 多様体上の分布 $\mathcal{D}$ は，$\mathcal{D}$ に属する任意の二つのベクトル場 X, Y のかっこ積 $[X, Y]$ がまた $\mathcal{D}$ に属するとき，**包合的**(involutive)であるという．　□

C^∞ 多様体 M 上の分布 $\mathcal{D}$ が包合的ならば，M の任意の開部分多様体 U に対し，$\mathcal{D}$ を U に制限したもの $\mathcal{D}|_U$ もまた包合的であることが簡単にわかる．

定理 2.17（Frobenius の定理）　C^∞ 多様体上の分布 $\mathcal{D}$ が完全積分可能であるための必要十分条件は，$\mathcal{D}$ が包合的であることである．　□

この Frobenius の定理は，理論的にもまた応用上もきわめて重要な定理である．この定理の証明はつぎの項で可換なベクトル場について考察した後，(c)項で行なうことにする．

(b)　可換なベクトル場

M を C^∞ 多様体とする．M 上の二つのベクトル場 X, Y はそれらのかっこ積 $[X, Y]$ が 0 になるとき，互いに**可換**(commutative)**なベクトル場**という．たとえば，$\mathbb{R}^2$ 上で，$\dfrac{\partial}{\partial x}$ と $\dfrac{\partial}{\partial y}$ とは可換であるが，$\dfrac{\partial}{\partial x}$ と $x\dfrac{\partial}{\partial y}$ とは可換ではない．互いに可換なベクトル場は，幾何学的によい性質を持っている．その一つの例をあげよう．X の生成する 1 パラメーター局所変換群を $\{\varphi_t\}$，Y の生成する 1 パラメーター局所変換群を $\{\psi_t\}$ とする．このときつぎの命題が成立する．

命題 2.18　C^∞ 多様体 M 上の二つのベクトル場 X, Y について，つぎの三つの条件は同値である．

(ⅰ)　X と Y は可換である．すなわち $[X, Y] = 0$．

(ⅱ)　Y は φ_t によって不変である．すなわち，任意の t に対し，定義されている範囲で $(\varphi_t)_* Y = Y$ となる．

(ⅲ)　φ_t と ψ_s とは互いに可換である．すなわち，任意の t, s に対し，定義されている範囲で等式 $\varphi_t \circ \psi_s = \psi_s \circ \varphi_t$ が成立する．

[証明] まず(i)から(ii)が従うことを示す.tを動かしたときのM上のベクトル場の族$(\varphi_t)_*Y$を, $t=t_0$において微分すると

$$\left.\frac{d}{dt}((\varphi_t)_*Y)\right|_{t=t_0} = \lim_{t\to 0}\frac{(\varphi_{t_0+t})_*Y-(\varphi_{t_0})_*Y}{t}$$
$$= \lim_{t\to 0}(\varphi_{t_0})_*\frac{(\varphi_t)_*Y-Y}{t}$$
$$= (\varphi_{t_0})_*[-X,Y]=0$$

となる.ここで最後の等式は(2.29)による.これは$(\varphi_t)_*Y$がtによらないことを示しており,したがって$(\varphi_t)_*Y=(\varphi_0)_*Y=Y$となる.

つぎに(ii)から(iii)を証明する.一般にφをMの(局所)微分同相写像とするとき,Yをφによって変換したM上のベクトル場φ_*Yが定義されるが(§1.4(d)),M上の点pを通るφ_*Yの積分曲線は,$\varphi^{-1}(p)$を通るYの積分曲線をcとするとき,$\varphi\circ c$の形であることが簡単にわかる.このことから,φ_*Yの生成する1パラメーター局所変換群は$\{\varphi\circ\psi_t\circ\varphi^{-1}\}$であることがわかる.

以上のことを各tに対する$(\varphi_t)_*Y$に適用すると,ベクトル場$(\varphi_t)_*Y$の生成する1パラメーター局所変換群は,sをパラメーターとして$\varphi_t\circ\psi_s\circ\varphi_t^{-1}$で与えられることになる.したがって(ii)を仮定すれば,$\varphi_t\circ\psi_s\circ\varphi_t^{-1}=\psi_s$となり,結局,$\varphi_t\circ\psi_s=\psi_s\circ\varphi_t$となる.

最後に(iii)から(i)を証明する.仮定から$\varphi_t\circ\psi_s\circ\varphi_t^{-1}=\psi_s$となる.$M$上の各点$p$に対し,$\psi_s(p)$は$p$を通る$Y$の積分曲線であるから,もちろん

$$\left.\frac{d}{ds}\psi_s(p)\right|_{s=0}=Y_p$$

である.一方tを止めたとき,$\varphi_t\circ\psi_s\circ\varphi_t^{-1}(p)$はベクトル場$(\varphi_t)_*Y$の$p$を通る積分曲線であるから

$$\left.\frac{d}{ds}\varphi_t\circ\psi_s\circ\varphi_t^{-1}(p)\right|_{s=0}=((\varphi_t)_*Y)_p$$

となる.したがって(iii)の条件を仮定すれば,$(\varphi_t)_*Y=Y$となる.このとき(2.29)から

$$[X,Y] = \lim_{t\to 0} -\frac{(\varphi_{-t})_* Y - Y}{t} = 0$$

が得られ証明が終わる. ∎

(c) Frobenius の定理の証明

Frobenius の定理 2.17, すなわち C^∞ 多様体上の分布が完全積分可能であるためには, それが包合的であることが必要十分であることを証明しよう. 必要条件であることは, すでに命題 2.15 で示した通りである. そこで分布が包合的ならば完全積分可能であることを示す.

[証明] $\mathcal{D}$ を n 次元 C^∞ 多様体 M 上の r 次元の分布で, 包合的なものとする. このとき M 上の任意の点 p を通る積分多様体を構成すればよい. p の座標近傍 U を十分小さく選べば, U 上の各点で 1 次独立なベクトル場 $Y_1, \cdots, Y_r$ であって, 各 Y_i が $\mathcal{D}$ に属するようなものがとれる. U 上定義された座標関数 $x_1, \cdots, x_n$ に関する Y_i の局所表示を

$$Y_i = \sum_{j=1}^{n} a_{ij} \frac{\partial}{\partial x_j} \quad (i = 1, \cdots, r)$$

とする. このとき Y_i $(i=1,\cdots,r)$ は 1 次独立であるから, 必要ならば x_i の順序を変えることにより

$$\det\bigl(a_{ij}(q)\bigr)_{i,j=1,\cdots,r} \neq 0 \quad (q \in U)$$

と仮定してよい. U 上の関数 b_{ij} を

$$\bigl(b_{ij}(q)\bigr) = \bigl(a_{ij}(q)\bigr)^{-1} \quad (q \in U)$$

と定義し

$$X_i = \sum_{j=1}^{r} b_{ij} Y_j \quad (i = 1, \cdots, r)$$

とおくと,

(2.34) $$X_i = \frac{\partial}{\partial x_i} + \sum_{j=r+1}^{n} c_{ij} \frac{\partial}{\partial x_j}$$

の形になる．ここで c_{ij} は U 上のある関数である．$X_1, \cdots, X_r$ はもちろん1次独立であり，U 上の任意の点で $\mathcal{D}$ の基底をなしている．$\mathcal{D}$ は仮定により包合的であるから，U 上の関数 f_k が存在して

$$[X_i, X_j] = \sum_{k=1}^{r} f_k X_k$$

と書ける．一方，(2.34) から $[X_i, X_j]$ は $\dfrac{\partial}{\partial x_{r+1}}, \cdots, \dfrac{\partial}{\partial x_n}$ の1次結合となっている．したがって $f_k = 0$ $(k=1, \cdots, r)$，つまり $[X_i, X_j] = 0$ となる．これはベクトル場 $X_1, \cdots, X_r$ が互いに可換であることを示している．

そこで X_i の生成する U の1パラメーター局所変換群を $\{\varphi_t^i\}$ としよう．命題 2.18 から，各 φ_t^i は互いに可換であることがわかる．すなわち任意の t, s に対して，定義されている範囲で

$$\varphi_t^i \circ \varphi_s^j = \varphi_s^j \circ \varphi_t^i \quad (i, j = 1, \cdots, r)$$

となる．そこで V を $\mathbb{R}^r$ の原点の十分小さな開近傍とし，写像

$$\varphi : V \longrightarrow U \subset M$$

を

$$\varphi(t_1, \cdots, t_r) = \varphi_{t_1}^1 \circ \cdots \circ \varphi_{t_r}^r(p)$$

と定義する．明らかに φ は C^∞ 写像であり，また φ の $\mathbb{R}^r$ の原点における微分を考えれば

$$\varphi_*\left(\frac{\partial}{\partial t_i}\right) = X_i(p)$$

となる．$X_1, \cdots, X_r$ は1次独立であるから，$\varphi_* : T_0 \mathbb{R}^r \to T_p M$ は単射となる．したがって，必要ならば V を小さくすることにより，$\varphi : V \to M$ は埋め込みであるとしてよい．このとき φ の像 $N = \mathrm{Im}\, \varphi$ は M の部分多様体となる．N が $\mathcal{D}$ の積分多様体であることを証明しよう．明らかに $T_p N = \mathcal{D}_p$ である．N 上の任意の点 q においても，$T_q N = \mathcal{D}_q$ となることを示せばよい．φ の定義により，適当な $(t_1, \cdots, t_r) \in V$ に対し

$$q = \varphi(t_1, \cdots, t_r) = \varphi_{t_1}^1 \circ \cdots \circ \varphi_{t_r}^r(p)$$

と書ける．各 φ_t^i は互いに可換であるから，任意の $i = 1, \cdots, r$ に対して

$$(2.35) \qquad q = \varphi_{t_i}^i \circ \varphi_{t_1}^1 \circ \cdots \circ \varphi_{t_{i-1}}^{i-1} \circ \varphi_{t_{i+1}}^{i+1} \circ \cdots \circ \varphi_{t_r}^r(p)$$

と書き直せる(ここが全体の議論で最も本質的な部分である).(2.35)で t_i 以外の t_j を止め t_i を少し動かせば,点 q を通る N 上の曲線が定義されるが,それは q を通る φ_t^i の軌道すなわち X_i の積分曲線に他ならない.したがって,この曲線の q における速度ベクトルは $X_i(q)$ であり,$X_i(q) \in T_q N$ となることがわかる.このことがすべての i についていえるのであるから,結局 $T_q N = \mathcal{D}_q$ となる.すなわち,N は $\mathcal{D}$ の積分多様体である.

以上で M 上の任意の点を通る $\mathcal{D}$ の積分多様体の存在が証明されたことになり,Frobenius の定理の証明が終わる.∎

証明はこれで終わったのであるが,上記の最後の部分の議論をもう少し精密にして,より強いことがいえることを示しておこう.まず点 p は局所座標系 $x_1, \cdots, x_n$ に関し原点に対応しているものとし,$W = \{q \in U; x_1(q) = \cdots = x_r(q) = 0\}$ とおけば,W は点 p において N と横断的に交わる U の $n-r$ 次元の部分多様体になる.写像 $\widetilde{\varphi}: V \times W \to M$ を
$$\widetilde{\varphi}(t_1, \cdots, t_r, q) = \varphi_{t_1}^1 \circ \cdots \circ \varphi_{t_r}^r(q) \quad (q \in W)$$
と定義しよう.このとき上と同様にして $\widetilde{\varphi}$ は埋め込みになり,しかも任意の $q \in W$ に対して,$\widetilde{\varphi}(V \times q) \subset U$ がちょうど q を通る積分多様体になることがわかる(図 2.1).

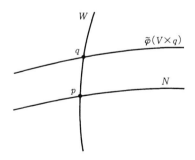

図 2.1 包合的な分布の積分多様体

積分曲線の場合と同じように,一般の次元の包合的な分布の場合でも,ある点を通るすべての連結な積分多様体の合併集合を考えることにより,極大積分多様体の概念が得られる.そして極大積分多様体には,自然に C^∞ 多様

体の構造が入り，もとの多様体への包含写像は1対1のはめ込みであることが証明できる．（詳細は省略するが，それほど難しい議論ではないので興味ある読者は証明を試みるとよい．）しかし一般にはこの写像は埋め込みではなく，したがって極大積分多様体は（本書の定義では）部分多様体になるとは限らない．（著者によっては埋め込みおよび部分多様体の定義を本書より弱く，1対1のはめ込みおよびその像とする場合もある．）

(d) Frobeniusの定理——微分形式による表現

ここでは Frobenius の定理をベクトル場や分布ではなく，微分形式の言葉で表わすことにする．Frobenius の定理のこの二つの表現は互いに同値なものであるが，いずれも重要なものである．

n 次元 C^∞ 多様体 M 上に r 次元の分布 $\mathcal{D}$ が与えられたとしよう．すなわち，各点 $p \in M$ において，T_pM の r 次元の部分空間 $\mathcal{D}_p$ が指定されているのである．$\mathcal{D}$ を微分形式で表わすためには，つぎのようなことが考えられる．任意の $k \geq 1$ に対して
$$I^k(\mathcal{D}) = \{\omega \in A^k(M); \mathcal{D} \text{に属する任意の} X_i \text{に対し} \omega(X_1,\cdots,X_k)=0\}$$
とおき，さらに
$$I(\mathcal{D}) = \bigoplus_{k=1}^n I^k(\mathcal{D})$$
とおこう．$I(\mathcal{D})$ はいわば "$\mathcal{D}$ 上で消える" M の微分形式の全体である．

補題 2.19

（ⅰ） $I(\mathcal{D})$ は $A^*(M)$ のイデアルである．すなわち $I(\mathcal{D})$ は $A^*(M)$ の線形部分空間であり，かつ任意の $\theta \in A^*(M)$ と $\omega \in I(\mathcal{D})$ に対し $\theta \wedge \omega \in I(\mathcal{D})$ となる．

（ⅱ） $I(\mathcal{D})$ は局所的には1次独立な $s=n-r$ 個の1形式により生成される．すなわち，任意の点 $p \in M$ に対し，p のある開近傍 U と U 上の各点で1次独立な1形式 $\omega_1,\cdots,\omega_s$ が存在して，任意の $\omega \in I(\mathcal{D})$ は
$$\omega = \sum_{i=1}^s \theta_i \wedge \omega_i$$

と書ける．ここに θ_i は U 上の適当な微分形式である．このときもちろん任意の点 $q\in U$ に対し
$$\mathcal{D}_q = \{X \in T_qM\,;\,\omega_1(X) = \cdots = \omega_s(X) = 0\}$$
となる．

[証明] (i) は外積の性質 (2.14) から明らかである．(ii) を証明しよう．p の十分小さな開近傍 U を選べば，U 上の各点で 1 次独立なベクトル場 $X_{s+1},\cdots,X_n$ が存在して，$\mathcal{D}$ は U 上 X_i ($i=s+1,\cdots,n$) たちで張られているようにできる．U 上のベクトル場 $X_1,\cdots,X_s$ をつけ加えて，$X_1,\cdots,X_n$ が各点での接空間の基底となるようにしよう．$\omega_1,\cdots,\omega_n$ を $X_1,\cdots,X_n$ に双対な 1 形式とする．すなわち $\omega_i(X_j)=\delta_{ij}$ となっているものとする．U 上の任意の k 形式 ω は
$$\omega_{i_1}\wedge\cdots\wedge\omega_{i_k}\quad (i_1<\cdots<i_k)$$
の形の k 形式の関数を係数とする 1 次結合として一意的に書けるが，ω が $I^k(\mathcal{D})$ に属するためには，上記で $i_1,\cdots,i_k$ がすべて $1,\cdots,s$ と異なるようなものに対する係数がすべて 0 になることが必要十分である．これは言い換えると，ω が $\omega_1,\cdots,\omega_s$ が生成するイデアルに属するということに他ならない．これが証明すべきことであった． ■

命題 2.20 $\mathcal{D}$ を C^∞ 多様体 M 上の分布とし，$I(\mathcal{D})$ を $\mathcal{D}$ 上で消える微分形式全体の作る $A^*(M)$ のイデアルとする．このとき，$\mathcal{D}$ が包合的であるための必要十分条件は，$I(\mathcal{D})$ がつぎの意味で**微分イデアル**(differential ideal) となること，すなわち外微分をとる操作に関して閉じていること：
$$dI(\mathcal{D}) \subset I(\mathcal{D})$$
である．

[証明] まず必要条件であることを示す．$\omega \in I^k(\mathcal{D})$ を任意の元としよう．このとき $\mathcal{D}$ に属するベクトル場 $X_1,\cdots,X_{k+1}$ に対し，$\mathcal{D}$ が包合的であることから $[X_i,X_j]$ もまた $\mathcal{D}$ に属する．このとき定理 2.9 から $d\omega(X_1,\cdots,X_{k+1})=0$ となる．したがって $d\omega\in I^{k+1}(\mathcal{D})$ であり，$I(\mathcal{D})$ が外微分について閉じていること，すなわち微分イデアルをなすことがわかった．

つぎに $I(\mathcal{D})$ が微分イデアルであると仮定して，$\mathcal{D}$ に属する任意のベクト

ル場 X, Y に対して，$[X, Y]$ がまた $\mathcal{D}$ に属することを示そう．このためには任意の元 $\omega \in I^1(\mathcal{D})$ に対して $\omega([X, Y]) = 0$ であることを示せば十分である．仮定から $d\omega(X, Y) = 0$ であるが，再び定理 2.9 により

$$d\omega(X, Y) = \frac{1}{2}\{X(\omega(Y)) - Y(\omega(X)) - \omega([X, Y])\}$$

である．ここで $\omega(X) = \omega(Y) = 0$ であるから結局，$\omega([X, Y]) = 0$ となり，証明が終わる． ∎

以上の結果を局所的にもう少し具体的に書いてみよう．n 次元多様体 M 上の任意の r 次元の分布 $\mathcal{D}$ は，各点 $p \in M$ のある近傍 U 上では 1 次独立な $s = n - r$ 個の 1 形式 $\omega_1, \cdots, \omega_s$ により

(2.36) $$\omega_1 = \cdots = \omega_s = 0$$

と表わされる．すなわち，任意の点 $q \in U$ において $\mathcal{D}_q = \{X \in T_q M ; \omega_1(X) = \cdots = \omega_s(X) = 0\}$ となる．(2.36) を Pfaff 方程式系という場合がある．このとき命題 2.20 を言い換えると，$\mathcal{D}$ が (U 上で) 包合的であるための必要十分条件は，U 上のある 1 形式 ω_{ij} が存在して

(2.37) $$d\omega_i = \sum_{j=1}^{s} \omega_{ij} \wedge \omega_j \quad (i = 1, \cdots, s)$$

となることとなる．この条件 (2.37) を**積分可能条件** (integrability condition) という．

以上のことから Frobenius の定理を微分形式の言葉で表現するとつぎのようになる．

定理 2.21 (Frobenius の定理) C^∞ 多様体 M 上の分布 $\mathcal{D}$ が完全積分可能であるための必要十分条件は，$\mathcal{D}$ を M 上の各点の開近傍上で 1 次独立な 1 形式 $\omega_1, \cdots, \omega_s$ により

$$\mathcal{D}_q = \{X \in T_q M ; \omega_1(X) = \cdots = \omega_s(X) = 0\}$$

と表わしたとき，それらが積分可能条件 (2.37) をみたすことである． □

§2.4 二, 三の事項

(a) ベクトル空間に値をとる微分形式

M を C^∞ 多様体とするとき,M 上の k 形式 $\omega \in A^k(M)$ とは,各点 $p \in M$ において $\Lambda^k T_p^* M$ の元 ω_p,すなわち交代的な多重線形写像

(2.38) $$\omega_p: T_pM \times \cdots \times T_pM \longrightarrow \mathbb{R}$$

を対応させ,それが p について微分可能に変化するもののことであった.これを一般化して,ベクトル空間 V に対して V に値をとる M 上の k 形式が,上記(2.38)において $\mathbb{R}$ のところに V をおくことにより定義される.V に値をとる M 上の k 形式全体の作るベクトル空間を $A^k(M;V)$ と書くことにする.V の基底 $v_1,\cdots,v_r$ を一つ選ぶと,任意の元 $\omega \in A^k(M;V)$ は通常の k 形式 $\omega_1,\cdots,\omega_r$ により

$$\omega = \sum_{i=1}^r \omega_i v_i$$

と表わされる.ω の外微分 $d\omega \in A^{k+1}(M;V)$ が自然に定義され,$d\omega = \sum_i d\omega_i v_i$ となる.V に値をとる M 上の k 形式 $\omega \in A^k(M;V)$ と,別のベクトル空間 W に値をとる M 上の ℓ 形式 $\eta \in A^\ell(M;W)$ に対し,それらの外積 $\omega \wedge \eta \in A^{k+\ell}(M;V \otimes W)$ が

$$\omega \wedge \eta(X_1,\cdots,X_{k+\ell})$$
$$= \frac{1}{(k+\ell)!} \sum_{\sigma \in \mathfrak{S}_{k+\ell}} \operatorname{sgn}\sigma\, \omega(X_{\sigma(1)},\cdots,X_{\sigma(k)}) \otimes \eta(X_{\sigma(k+1)},\cdots,X_{\sigma(k+\ell)})$$

により定義される((2.14)参照).W の基底 $w_1,\cdots,w_s$ に関して,η を $\eta = \sum_j \eta_j w_j$ と表わせば,$\omega \wedge \eta = \sum_{i,j} \omega_i \wedge \eta_j v_i \otimes w_j$ である.またこのとき命題2.3とその一般化を使えば

(2.39) $$d(\omega \wedge \eta) = d\omega \wedge \eta + (-1)^k \omega \wedge d\eta$$

となることが簡単にわかる.

つぎに V 上に双線形写像 $V \times V \to V$ が与えられており,これに関して V

が Lie 代数になっているものとしよう.とくに重要なのは,V がつぎの項に出てくる Lie 群 G の Lie 代数 $\mathfrak{g}$ の場合である.このとき $\omega \in A^k(M;V)$ と $\eta \in A^\ell(M;V)$ に対し,それらの積 $[\omega, \eta] \in A^{k+\ell}(M;V)$ がつぎの合成写像

$$A^k(M;V) \times A^\ell(M;V) \longrightarrow A^{k+\ell}(M;V \otimes V) \longrightarrow A^{k+\ell}(M;V)$$

により定義される.ここで第一の写像は上に定義した外積であり,第二の写像は Lie 代数 V のかっこ積 $V \otimes V \to V$ の誘導する写像である.V の基底 $v_1, \cdots, v_r$ に関し $\omega = \sum_i \omega_i v_i$,$\eta = \sum_j \eta_j v_j$ と表わされている場合には,$[\omega, \eta] = \sum_{i,j} \omega_i \wedge \eta_j [v_i, v_j]$ となる.したがって

$$[\eta, \omega] = (-1)^{k\ell+1}[\omega, \eta]$$

となる.具体的には,たとえば $\omega \in A^1(M;V)$ に対しては

(2.40)
$$[\omega, \omega](X, Y) = \frac{1}{2}\{[\omega(X), \omega(Y)] - [\omega(Y), \omega(X)]\} = [\omega(X), \omega(Y)]$$

となる ($X, Y \in \mathfrak{X}(M)$).また外微分に関しては (2.39) から

(2.41) $$d[\omega, \eta] = [d\omega, \eta] + (-1)^k[\omega, d\eta]$$

となることがわかる.さらに Lie 代数 V の Jacobi の恒等式を使えば,任意の $\omega \in A^1(M;V)$ に対して

(2.42) $$[[\omega, \omega], \omega] = 0$$

となることも簡単にわかる.

(b)　Lie 群の Maurer–Cartan 形式

G を Lie 群とする.Lie 群の一般論に慣れていない読者は,$G = GL(n;\mathbb{R})$,$GL(n;\mathbb{C})$,$O(n)$,$U(n)$ 等の行列の群と仮定してしまってよい.本書で使うのはこれらの場合だけである.

G の単位元 e における接空間 T_eG を G の **Lie 代数**(Lie algebra)といい,通常これを対応するドイツ文字 $\mathfrak{g}$ で表わす.G の元 g に対して,g の左からの作用を $L_g : G \to G$ と書こう.すなわち $L_g(h) = gh$ ($h \in G$) と定義される写像である.任意の元 $X \in \mathfrak{g}$ は $X(g) = (L_g)_* X$ とおくことにより,G 上のベク

トル場と思うことができる．ここに $(L_g)_*: T_eG \to T_gG$ は L_g の e における微分である．このようにして得られたベクトル場 X は左不変，すなわち任意の $g \in G$ に対して $(L_g)_*X = X$ である．明らかに G 上のすべての左不変なベクトル場はこのようにして得られるので，結局 $\mathfrak{g}$ は G 上の左不変なベクトル場全体と考えることができる．$X, Y \in \mathfrak{g}$ に対して，そのかっこ積 $[X, Y]$ もまた左不変であるから $\mathfrak{g}$ に属する．この積により $\mathfrak{g}$ は Lie 代数になる．

例 2.22 $G = GL(n;\mathbb{R})$ の場合，その Lie 代数 $\mathfrak{gl}(n;\mathbb{R})$ は，n 次実正方行列全体 $M(n;\mathbb{R})$ と自然に同一視することができる．具体的には $X \in M(n;\mathbb{R})$ に対して $\exp tX$ $(t \in \mathbb{R})$ は，$GL(n;\mathbb{R})$ の単位元を通る C^∞ 曲線になるので，その速度ベクトルを対応させるのである．この場合，かっこ積は $[X, Y] = XY - YX$ で与えられることがわかる．同様にして

$$\mathfrak{gl}(n;\mathbb{C}) = M(n;\mathbb{C}) \quad (n\text{次複素正方行列全体})$$
$$\mathfrak{o}(n) = \{X \in \mathfrak{gl}(n;\mathbb{R}); X + {}^tX = O\} \quad (n\text{次交代行列全体})$$
$$\mathfrak{u}(n) = \{X \in \mathfrak{gl}(n;\mathbb{C}); X + {}^t\overline{X} = O\} \quad (n\text{次歪 Hermite 行列全体})$$

となることが知られている． □

G を m 次元の Lie 群として $B_1, \cdots, B_m$ を $\mathfrak{g}$ の一つの基底とする．このとき，かっこ積 $[B_i, B_j]$ もまた左不変であるから

(2.43) $$[B_i, B_j] = \sum_k c_{ij}^k B_k$$

と一意的に表わすことができる．定数 c_{ij}^k を Lie 代数 $\mathfrak{g}$ の上の基底に関する**構造定数**(structure constant)という．

例 2.23 $\mathfrak{gl}(n;\mathbb{R})$ の基底として (i,j) 成分だけが 1 で他はすべて 0 となる行列 X_j^i $(i,j=1,\cdots,n)$ 全体をとろう．この基底に関する構造定数は $X_j^i X_\ell^k = \delta_{jk} X_\ell^i$ よりただちに求まる． □

G 上の微分形式 ω は任意の $g \in G$ に対して $L_g^*\omega = \omega$ であるとき，左不変な微分形式という．明らかに左不変な微分形式は，単位元 e における値だけで定まってしまう．さて Lie 代数 $\mathfrak{g}$ の双対空間 $\mathfrak{g}^*$ の任意の元 ω は，G 上の左不変な 1 形式と思える．具体的には $X \in T_gG$ に対して $\omega(X) = \omega((L_g^{-1})_*X)$

とおけばよい．さらにこれらが G 上のすべての左不変な 1 形式をつくしていることは明らかであろう．つまり
$$\mathfrak{g}^* = G \text{ 上の左不変な 1 形式全体}$$
となる．G 上の左不変な 1 形式のことを **Maurer–Cartan 形式**(Maurer–Cartan form)という．$\omega \in \mathfrak{g}^*$ とすると，任意の $X, Y \in \mathfrak{g}$ に対して，$\omega(X)$, $\omega(Y)$ は G 上の定数関数であるから $Y(\omega(X)) = X(\omega(Y)) = 0$ となる．したがって定理 2.9 より

$$(2.44) \qquad d\omega(X, Y) = -\frac{1}{2}\omega([X, Y])$$

となる．さて $\omega_1, \cdots, \omega_m$ を $\mathfrak{g}^*$ の(上記の $\mathfrak{g}$ の基底の)双対基底としよう．このとき，(2.43)と(2.44)を比較することによりつぎの **Maurer–Cartan 方程式**(Maurer–Cartan equation)

$$(2.45) \qquad d\omega_i = -\frac{1}{2}\sum_{j,k} c^i_{jk} \omega_j \wedge \omega_k$$

が得られる．以上のことを $\mathfrak{g}$ に値をとる微分形式で表わすとつぎのように簡明になる．すなわち，$\omega \in A^1(G; \mathfrak{g})$ を G 上の $\mathfrak{g}$ に値をとる 1 形式で，任意の $A \in \mathfrak{g}$ に対し $\omega(A) = A$ となるものとする．上記の基底で書けば

$$\omega = \sum_i \omega_i B_i$$

である．ω のことも G の Maurer–Cartan 形式という．このとき Maurer–Cartan 方程式はつぎの形になる．

$$(2.46) \qquad d\omega = -\frac{1}{2}[\omega, \omega].$$

ただし，$[\omega, \omega]$ は(2.40)にあるように，任意のベクトル場 X, Y に対して，
$$[\omega, \omega](X, Y) = [\omega(X), \omega(Y)]$$
と定義される $\mathfrak{g}$ に値をとる G 上の 2 形式を表わす．

例 2.24 $GL(n; \mathbb{R})$ の Maurer–Cartan 方程式を求めよう．例 2.23 で与えた $\mathfrak{gl}(n; \mathbb{R})$ の基底 $\{X^i_j\}$ の双対基底を ω^i_j とする．このとき，そこで決定した構造定数よりただちに求める方程式が

$$d\omega^i_j = -\sum_k \omega^i_k \wedge \omega^k_j$$

となることがわかる. □

《 要 約 》

2.1 C^∞ 多様体上の k 形式とは,各点における接空間の k 個の直積から $\mathbb{R}$ への交代形式を対応させ,それが点とともに C^∞ 級に動くもののことである.

2.2 別のいい方をすると,C^∞ 多様体 M 上の k 形式とは,M のベクトル場全体 $\mathfrak{X}(M)$ の k 個の直積から $C^\infty(M)$ への,$C^\infty(M)$ 加群としての多重線形かつ交代的な写像のことである.

2.3 外微分 d は微分形式全体に作用する次数 1 の線形写像で,$d \circ d = 0$ をみたす.

2.4 外微分をとると 0 になる微分形式を閉形式,別の微分形式の外微分になっているような微分形式を完全形式という.

2.5 C^∞ 多様体上のベクトル場は,微分形式全体に内部積および Lie 微分として作用する.内部積は次数 -1 の反微分であり,Lie 微分は次数 0 の微分である.

2.6 C^∞ 多様体上の分布とは,各点における接空間のある定まった次元の部分空間を対応させ,それが点とともに C^∞ 級に動くもののことである.

2.7 多様体上の分布 $\mathcal{D}$ が完全積分可能であるための必要十分条件は,それが包合的なこと,すなわち $\mathcal{D}$ に属するベクトル場のかっこ積がつねにまた $\mathcal{D}$ に属することである.これを Frobenius の定理という.

―――――― 演習問題 ――――――

2.1 $\omega \in A^k(\mathbb{R}^n),\ \eta \in A^\ell(\mathbb{R}^n)$ に対して
(1) $\eta \wedge \omega = (-1)^{k\ell} \omega \wedge \eta$
(2) $d(\omega \wedge \eta) = d\omega \wedge \eta + (-1)^k \omega \wedge d\eta$
であることを直接検証せよ.

2.2 U, U' を $\mathbb{R}^n$ の開集合,$\varphi: U \to U'$ を微分同相とする.このとき任意の

$\omega \in A^k(U')$ に対して，$d(\varphi^*\omega) = \varphi^*(d\omega)$ であることを直接確かめよ．

2.3 命題 2.12(i), (ii) を Cartan の公式（定理 2.11）を用いて証明せよ．

2.4 $\mathbb{R}^{2n}$ 上の 2 形式 ω を，$\omega = dx_1 \wedge dx_2 + dx_3 \wedge dx_4 + \cdots + dx_{2n-1} \wedge dx_{2n}$ により定義する．これを $\mathbb{R}^{2n}$ 上の標準的な**シンプレクティック形式**（symplectic form）という．このとき ω^n を計算せよ．

2.5 N を C^∞ 多様体 M の閉部分多様体とし，$i: N \to M$ を包含写像とする．このとき i の誘導する写像 $i^*: A^*(M) \to A^*(N)$ は全射であることを示せ．

2.6 $f: M \to N$ を沈め込みとする（定義 1.36 参照）．このとき f の誘導する写像 $f^*: A^*(N) \to A^*(M)$ は単射であることを示せ．

2.7 $\mathbb{R}^n$ から原点を除いた空間 $\mathbb{R}^n - \{0\}$ 上の $n-1$ 形式 ω を
$$\omega = \frac{1}{\|x\|^n} \sum_{i=1}^n (-1)^{i-1} x_i \, dx_1 \wedge \cdots \wedge \widehat{dx_i} \wedge \cdots \wedge dx_n$$
と定義する．このとき $d\omega = 0$ であることを証明せよ．

2.8 X を C^∞ 多様体 M 上のベクトル場，$\{\varphi_t\}$ を X の生成する 1 パラメーター局所変換群とする．M 上の微分形式 $\omega \in A^*(M)$ が $\{\varphi_t\}$ で不変，すなわちすべての t に対して $\varphi_t^* \omega = \omega$ となるための必要十分条件は，$L_X \omega = 0$ となることである．このことを証明せよ．

2.9 (r, θ) を $\mathbb{R}^2$ から原点を除いたところで定義される極座標とする．このとき 1 形式 $dr, d\theta$ を通常の座標 x, y を用いて表わせ．

2.10 3 次元 Lie 群 $SU(2) = \{A \in U(2);\ \det A = 1\}$ の Maurer–Cartan 方程式を求めよ．

3 de Rham の定理

　図形の大局的な構造を表わす量としてホモロジー群(homology group)がある．Poincaré によって創始され，ほぼ 100 年を経て現在では完全に整備されている理論である．大ざっぱにいえば，ホモロジーとは図形の中にサイクルと呼ばれる各次元の"穴"が本質的に何個あるかを計るものといえよう．多様体の研究にとっても，ホモロジー群の決定は重要な問題である．de Rham の定理は微分可能多様体のホモロジーが，微分形式によって"検出"することができることを保証するものである．より具体的には，閉じた微分形式をサイクル上で積分することにより，サイクルの非自明性やサイクル相互の関係を調べることができる．さらには微分形式の言葉だけでホモロジーを記述することもできるのである．微分形式による多様体のホモロジー，あるいはその双対としてのコホモロジーの記述は，多様体のより深い構造の解析的な方法による研究に道を開き，その後の多様体論の発展に与えた影響は計り知れない．

　de Rham の定理はその名が示す通り，de Rham により証明された．微分形式のなかでも 1 次微分形式の歴史は古く，Abel 積分のようにサイクル上の積分の値(周期)がすでに 19 世紀初めに考察されている．しかし，一般の高次の微分形式の大域的な考察は，1920 年代に始まる E. Cartan の膨大な研究の中で本格的に始まったといえよう．E. Cartan は 1928 年の論文の中で de Rham の定理を予想し，それを見た de Rham がほどなく一つの証明を与

えた.コホモロジー論の発展とともに証明も次第に洗練されたものが出るようになり,なかでも Weil による証明は,その後発展した層コホモロジー論ともよく適合する見通しのよいものである.

本書では Weil の方法を使いつつも,理論的な美しさは多少犠牲にして,幾何学的な意味をつかみやすい証明をつけることにする.

§3.1 多様体のホモロジー

(a) 単体複体のホモロジー

ここでは図形の大局的構造を計るための基本的な理論であるホモロジー論について,用語の設定もこめて簡単にまとめてみよう.

X を位相空間とする.X の ℓ 次元ホモロジー群 $H_\ell(X)$ とは,大ざっぱにいって,X の中に "ℓ 次元のサイクル" と呼ばれる構造が本質的に何個あるかを示すものである.ホモロジーを定義する方法としては,X の形状によっていくつかのものがある.歴史的に最も古くまた直観的にわかりやすい方法に,**単体複体のホモロジー論**がある.これは,X を点,線分,三角形,…,一般には ℓ 単体と称する基本的な部品に分割し(三角形分割という),この組み合わせ的な構造を利用して定義するものである.基本的な部品を単体から胞体(cell)に一般化したもの(簡単にいえば,三角形だけではなく n 角形も許したもの)が**胞体複体のホモロジー論**である.一方,単体の概念を極限にまで一般化した特異単体を用いるのが**特異ホモロジー論**(singular homology theory)である.これらホモロジー論はそれぞれ一長一短があるが,大切なことは X が通常の空間(微分可能多様体は含まれる)の場合にはすべて同値な理論だということである.

単体複体は抽象的に定義することもできるが,ここでは十分大きな N に対して $\mathbb{R}^N$ の中で考えることにする.$\mathbb{R}^N$ の $\ell+1$ 個の点 $v_0, v_1, \cdots, v_\ell$ は,ベクトル $v_1 - v_0, v_2 - v_0, \cdots, v_\ell - v_0$ が 1 次独立のとき,一般の位置にあるという.一般の位置にある $\ell+1$ 個の点の集合 $\sigma = \{v_0, v_1, \cdots, v_\ell\}$ に対して,それらの点を含む最小の凸集合

$$|\sigma| = \{a_0v_0 + \cdots + a_\ell v_\ell; \ a_i \geqq 0, \ a_0 + \cdots + a_\ell = 1\}$$

を ℓ **単体**(ℓ-simplex)という．$|\sigma| = |v_0v_1\cdots v_\ell|$ と書くこともある．各 v_i を単体の頂点，ℓ をその次元と呼ぶ．$\ell = 0, 1, 2, 3$ のとき ℓ 単体とはそれぞれ，点，線分，三角形，四面体のことである．ℓ 単体 $|\sigma|$ の頂点の集合 σ の任意の空でない部分集合 $\tau \subset \sigma$ に対して，$|\tau|$ はまた単体となるが，このような単体を $|\sigma|$ の**辺**(face)と呼ぶ．

定義 3.1 $\mathbb{R}^N$ の中の単体の集合 K は，つぎの条件をみたすとき(Euclid)**単体複体**(Euclidean simplicial complex)という．

(i) $|\sigma| \in K$ ならば，$|\sigma|$ の任意の辺はまた K に属する．

(ii) K の二つの単体 $|\sigma|, |\tau| \in K$ が交わるならば，それらの共通部分 $|\sigma| \cap |\tau| \neq \emptyset$ は $|\sigma|$ と $|\tau|$ の共通の辺である．

(iii) K に属する任意の単体 $|\sigma|$ 上の任意の点 x に対して，x のある開近傍 U を適当にとれば U と交わる K の単体は有限個しか存在しない． □

単体複体 K に対して K に属する単体すべての和集合を $|K|$ と表わす．このようにして得られる $\mathbb{R}^N$ の部分集合を**多面体**(polyhedron)と呼ぶ．位相空間 X に対して適当な単体複体 K を選び，同相写像 $t: |K| \to X$ が与えられたとき，これを X の**三角形分割**(triangulation)という．

上記の Euclid 単体複体に対し，その組み合わせ的な構造だけを取り出すと，抽象的単体複体の概念が得られる．すなわち，頂点と呼ばれる元の集合 V のベキ集合(V の部分集合全体からなる集合)2^V の部分集合 K は，つぎの二つの条件

(i) すべての $v \in V$ に対し $\{v\} \in K$ であり，また $\emptyset \notin K$,

(ii) $\sigma \in K$ ならば，すべての $\tau \subset \sigma, \tau \neq \emptyset$ に対し $\tau \in K$

がみたされるとき，抽象的単体複体であるという．Euclid 単体複体は明らかに抽象的単体複体である．逆に，たとえば V が有限集合ならば，それを頂点の集合とする任意の抽象的単体複体は，Euclid 単体複体として実現できることが証明できる．以後，Euclid 単体複体あるいは抽象的単体複体を，単に単体複体と呼ぶ．

単体複体 K に対してその**ホモロジー群** $H_*(K)$ はつぎのように定義される．

まず各 ℓ 単体 $|\sigma| = |v_0 v_1 \cdots v_\ell|$ の頂点 $v_0, v_1, \cdots, v_\ell$ に順序を付けることを考える．二つの順序付けはそれらが偶置換で移り合うとき，互いに同値であるという．頂点の順序付けの同値類を，その単体の**向き**(orientation)という．$\ell \geqq 1$ のとき各 ℓ 単体には向きがちょうど二つ入るが，それらは互いに他の逆の向きという．向きの指定された単体を向き付けられた単体といい，$\langle \sigma \rangle$ と表わす．頂点が $v_{i_0}, v_{i_1}, \cdots, v_{i_\ell}$ と順序付けられているときは，対応する向き付けられた単体を $\langle v_{i_0} v_{i_1} \cdots v_{i_\ell} \rangle$ と表わす．

さて単体複体 K の各 ℓ 単体 $|\sigma_i|$ に一つ向きを指定し，これを $\langle \sigma_i \rangle$ とする．$\langle \sigma_i \rangle$ の生成する自由 Abel 群を $C_\ell(K)$ と書き，この群の元を K の ℓ 次元**チェイン**(ℓ-chain)と呼ぶ．$|\sigma_i|$ に逆の向きを指定したものは $-\langle \sigma_i \rangle$ と同一視する．さて**境界作用素**と呼ばれる準同型写像
$$\partial \colon C_\ell(K) \longrightarrow C_{\ell-1}(K)$$
を向き付けられた各 ℓ 単体上
$$\partial \langle v_0 v_1 \cdots v_\ell \rangle = \sum_{i=0}^{\ell} (-1)^i \langle v_0 \cdots \widehat{v_i} \cdots v_\ell \rangle$$
とし，それを線形に拡張することにより定義する．ここで記号 $\widehat{v_i}$ は v_i を省くことを意味するものとする．このとき重要なことは，境界作用素 ∂ は 2 回繰り返すとつねに 0 になる，つまり $\partial \circ \partial = 0$ が成立するということである．これを標語的にいえば"境界には境界なし"ということになり，そもそも Poincaré がホモロジーの概念を創始する出発点であった．このことから
$$Z_\ell(K) = \{c \in C_\ell(K) ; \partial c = 0\},$$
$$B_\ell(K) = \{\partial c ; c \in C_{\ell+1}(K)\}$$
とおくと，$B_\ell(K) \subset Z_\ell(K)$ となることがわかる．そこで商群 $Z_\ell(K)/B_\ell(K)$ を $H_\ell(K)$ と書き，これを K の ℓ 次元ホモロジー群と呼ぶのである．$Z_\ell(K)$, $B_\ell(K)$ の元はそれぞれ K の ℓ 次元の**サイクル**，**バウンダリー**と呼ばれる．サイクル $z \in Z_\ell(K)$ の代表するホモロジー類はふつう $[z] \in H_\ell(K)$ と表わされる．また二つのサイクル $z, z' \in Z_\ell(K)$ は，それらが同じホモロジー類を表わすとき，言い換えると，$z' - z = \partial c$ となるようなチェイン $c \in C_{\ell+1}(K)$ が存

在するとき,互いに**ホモローグ**であるという.

以上のことを簡単に,K のホモロジー群 $H_*(K)$ とは**チェイン複体** $C_*(K) = \{C_\ell(K), \partial\}$ のホモロジー群のことであるということができる.

上記のホモロジー群 $H_*(K)$ は整数係数のホモロジー群であり,このことを強調する場合には $H_*(K; \mathbb{Z})$ と書く.一般の Abel 群 A を係数とするホモロジー群はチェイン複体 $C_*(K) \otimes A$ のホモロジーとして定義され,$H_*(K; A)$ と記される.L を K の部分複体とするとき,相対ホモロジー群 $H_*(K, L; A)$ がチェイン複体 $C_*(K) \otimes A / C_*(L) \otimes A$ のホモロジーとして定義される.

つぎに**コホモロジー**を簡単に記述しておこう.一言でいえば,コホモロジーとはホモロジーの双対の概念である.チェイン複体 $C_* = \{C_\ell, \partial\}$ が与えられると,その双対の**コチェイン複体** $C^* = \{C^\ell, \delta\}$($\mathrm{Hom}(C_*, \mathbb{Z})$ と書く場合が多いが,ここでは簡単に C^* と記す)がつぎのように定義される.まず

$$C^\ell = \mathrm{Hom}(C_\ell, \mathbb{Z})$$

すなわち,C_ℓ から $\mathbb{Z}$ への準同型写像全体を C^ℓ とし,双対の境界作用素

$$\delta: C^\ell \longrightarrow C^{\ell+1}$$

は,$f \in C^\ell = \mathrm{Hom}(C_\ell, \mathbb{Z})$ に対して $\delta f(c) = f(\partial c)$,$c \in C_{\ell+1}$ とおくのである.このとき $\delta \circ \delta = 0$ となることが簡単にわかる.そこで

$$Z^\ell(C^*) = \{f \in C^\ell \,;\, \delta f = 0\},$$
$$B^\ell(C^*) = \{\delta f \,;\, f \in C^{\ell-1}\}$$

とおけば,$B^\ell(C^*) \subset Z^\ell(C^*)$ となることがわかる.そこで商群 $Z^\ell(C^*)/B^\ell(C^*)$ を $H^\ell(C^*)$ と記し,これを C^* の ℓ 次元コホモロジー群と呼ぶのである.(上記のように $C_* = C_*(K)$ の場合には,$H^\ell(C^*(K))$ を単体複体 K の ℓ 次元コホモロジー群と呼ぶ.)$Z^\ell(C^*)$,$B^\ell(C^*)$ の元はそれぞれ C^* の ℓ 次元の**コサイクル**,**コバウンダリー**と呼ばれる.コサイクル $f \in Z^\ell(C^*)$ の代表するコホモロジー類はふつう $[f] \in H^\ell(C^*)$ と表わされる.また,二つのコサイクル $f, f' \in Z^\ell(C^*)$ は,それらが同じコホモロジー類を表わすとき,言い換えると,$f' - f = \delta g$ となるようなコチェイン $g \in C^{\ell-1}$ が存在するとき,互いに**コホモローグ**であるという.

チェイン複体 C_* のホモロジー群 $H_*(C_*)$ と，その双対コチェイン複体 C^* のコホモロジー群 $H^*(C^*)$ との間には **Kronecker 積**(Kronecker product)と呼ばれる双1次写像

$$H_\ell(C_*) \otimes H^\ell(C^*) \longrightarrow \mathbb{Z}$$

が，$([z],[f]) \mapsto f(z)$ により定義される．Kronecker 積はコホモロジー類がホモロジー類を検知する機能をもっていることを示している．

（b） 特異ホモロジー

一般の位相空間に対して定義される特異ホモロジーを簡単に思い出そう．すべての k 単体の代表選手として

$$\Delta^k = \{x = (x_1, \cdots, x_k) \in \mathbb{R}^k ; \ x_i \geqq 0, \ x_1 + \cdots + x_k \leqq 1\}$$

を考える．これを**標準的 k 単体**(standard k-simplex)という．（前項では単体複体の記号 K との混同を避けるため，添え字として ℓ を用いたが，これ以後は微分形式の添え字に合わせて k を用いることにする．）

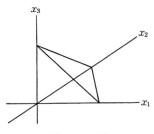

図 3.1 Δ^3

位相空間 X に対して任意の連続写像

$$\sigma: \Delta^k \longrightarrow X$$

のことを X の**特異 k 単体**(singular k-simplex)という．X の特異 k 単体全体によって生成される自由 Abel 群を $S_k(X)$ と書き，その元を X の特異 k チェインと呼ぶ．$i = 0, 1, \cdots, k$ に対して連続写像 $\varepsilon_i: \Delta^{k-1} \to \Delta^k$ を

$$(3.1) \qquad \varepsilon_0(x_1, \cdots, x_{k-1}) = \left(1 - \sum_{i=1}^{k-1} x_i, x_1, \cdots, x_{k-1}\right)$$

(3.2) $\quad \varepsilon_i(x_1, \cdots, x_{k-1}) = (x_1, \cdots, x_{i-1}, 0, x_i, \cdots, x_{k-1}) \quad (i = 1, \cdots, k)$

とおく．これを使って境界作用素
$$\partial \colon S_k(X) \longrightarrow S_{k-1}(X)$$
が $\partial\sigma = \sum_{i=0}^{k}(-1)^i \sigma \circ \varepsilon_i$ により定義される．ここでも $\partial \circ \partial = 0$ であることがわかり，したがって $S_*(X) = \{S_k(X), \partial\}$ はチェイン複体になる．これを X の特異チェイン複体という．そのホモロジー群を $H_*(X)$ と書き，これを X の**特異ホモロジー群**と呼ぶ．

X が単体複体 K の多面体 $|K|$ である場合には，K の単体的ホモロジー群 $H_*(K)$ と $X = |K|$ の特異ホモロジー群 $H_*(|K|)$ とは自然に同型になることが知られている．とくに単体的ホモロジー群は**位相不変**である．すなわち，多面体のホモロジー群は三角形分割のとり方によらずに定まる．

一般の Abel 群 A を係数とする特異ホモロジー群 $H_*(X; A)$ や X の部分空間 Y に相対的なホモロジー群 $H_*(X, Y; A)$ の定義は単体複体の場合と同様である．またコチェイン複体 $\mathrm{Hom}(S_*(X), \mathbb{Z})$ をふつう $S^*(X)$ と書き，そのコホモロジー群 $H^*(S^*(X))$ を X の特異コホモロジー群という．

(c) C^∞ 多様体の C^∞ 三角形分割

一般に与えられた図形を調べる際に，その図形を三角形分割してみると便利なことが多い．しかし，三角形分割ができるかどうかというのはそれほど簡単な問題ではなく，位相多様体の三角形分割の存在とその（組み合わせ的な意味での）一意性はトポロジーと呼ばれる分野の 1960 年代の一つの大きなテーマであった．しかし，微分可能多様体の場合には早くから（1930 年代）その存在が知られていた．

定義 3.2 M を n 次元 C^∞ 多様体とする．n 次元単体複体 K による M の三角形分割 $t\colon |K| \to M$ は，K の任意の n 単体 $|\sigma|$ に対して，t の $|\sigma|$ への制限 $t|_{|\sigma|}$ が C^∞ 埋め込みであるとき C^∞ **三角形分割**という．ここで，$t|_{|\sigma|}$ が C^∞ 埋め込みであるとは，それが（$|K|$ が入っている $\mathbb{R}^N$ の中で）$|\sigma|$ によって張られる n 次元の部分空間の中での，$|\sigma|$ のある開近傍 U から M への C^∞ 埋め込みに拡張できることをいう． □

定理 3.3(Cairns, J.H.C.Whitehead) すべての C^∞ 多様体は C^∞ 三角形分割を持つ.また境界のある C^∞ 多様体の境界の C^∞ 三角形分割は,全体の C^∞ 三角形分割に拡張できる. □

この定理の証明は技術的にやや複雑なためここで与えることはできない.しかし C^∞ 多様体の三角形分割を用いて組み合わせ的に定義される量と,微分形式を積分するなどして微分構造を本質的に使って定義される量との相互関係は,現在までの多様体の幾何学の主要なテーマの一つであった.最近の発展を見てみると,三角形分割を用いる組み合わせ的な観点の重要性は,今後さらに大きくなってくるものと思われる.

上記の定理を使うと,コンパクトな C^∞ 多様体のホモロジーについて重要な事実を証明することができる.以下にそのことを示そう.

M を n 次元の閉じた C^∞ 多様体とし,連結で向き付けられているものとする.$t:|K|\to M$ を C^∞ 三角形分割としよう.まず K の各 n 単体 $|\sigma_i|$ には M の向きから誘導される向きが入ることを見よう.$|\sigma_i|$ の頂点を $v_0,\cdots,v_n$ とし,M 上の点 $t(v_0)$ を p_0 と書こう.$i=1,\cdots,n$ に対して v_0 から v_i に向かう長さ 1 のベクトルを u_i とする.u_i は $|\sigma_i|$ の v_0 における接ベクトルと思える.そこで $w_i=t_*(u_i)$ とおけば,$w_1,\cdots,w_n$ は $T_{p_0}M$ の順序付けられた基底をなす.ここでもし必要ならばたとえば v_0 と v_1 を入れ替えることで,この順序付けられた基底の定める向きが,M の(p_0 における)向きに一致するようにできる.そこで $|\sigma_i|$ には頂点の順序付け $v_0,\cdots,v_n$ から定まる向きを入れ,このようにして得られた向き付けられた n 単体を $\langle\sigma_i\rangle$ と書こう(図 3.2).

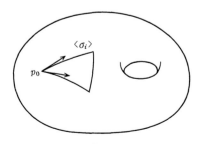

図 3.2

さて K の n 次元のチェイン $c_0 \in C_n(K)$ を
$$c_0 = \sum_i \langle \sigma_i \rangle$$
により定義する．このとき，c_0 はサイクルとなること，すなわち $\partial c_0 = 0$ であることがつぎのようにしてわかる．$\partial c_0 = \sum_i \partial \langle \sigma_i \rangle$ であるが，これは K の $n-1$ 単体に適当な向きを入れたものの1次結合である．そこで $|\tau|$ を K の任意の $n-1$ 単体としよう．C^∞ 三角形分割の定義から，$|\tau|$ を辺に持つ K の n 単体がちょうど2個あることがわかる．それらを $|\sigma_i|, |\sigma_j|$ としよう．向き付けられた n 単体 $\langle \sigma_i \rangle, \langle \sigma_j \rangle$ の境界 $\partial \langle \sigma_i \rangle, \partial \langle \sigma_j \rangle$ には，それぞれ $|\tau|$ にある向きを入れた項が現われる．$n=2$ の場合を表わした図3.3からわかるように，この向きは実は互いに逆になっていることが容易に確かめられる．したがって，$\partial c_0 = 0$ となる．

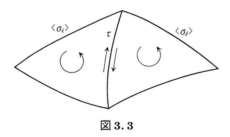

図 3.3

つぎに $c = \sum_i a_i \langle \sigma_i \rangle$ $(a_i \in \mathbb{Z})$ を K の任意の n 次元サイクルとしよう．このとき $\partial c = \sum_i a_i \partial \langle \sigma_i \rangle = 0$ であるが，上の議論から各係数 a_i は i によらず一定の値にならなければならないことがわかる．すなわち $c = ac_0$ の形となる．一方 K は n 次元の単体複体であるから，n 次元のバウンダリーは自明なものしかない．こうして結局，K の n 次元ホモロジー群 $H_n(K;\mathbb{Z})$ は c_0 の表わすホモロジー類が生成する無限巡回群であることがわかった．

$H_n(K;\mathbb{Z})$ と $H_n(M;\mathbb{Z})$ とを自然に同一視し，また c_0 の表わすホモロジー類を $[M] \in H_n(M;\mathbb{Z})$ と書こう．ホモロジー群の位相不変性と c_0 の定義から，$[M]$ が C^∞ 三角形分割のとり方によらず定まることがわかるからである．$[M]$ のことを M の**基本類**(fundamental class)という．M の向きを逆にすると基

本類も符号が変わり $[-M] = -[M]$ となる．以上のことをまとめておこう．

定理 3.4 M を n 次元の閉じた C^∞ 多様体とし，連結で向き付け可能なものとする．このとき
$$H_n(M; \mathbb{Z}) \cong \mathbb{Z}$$
である．また M に向きを指定すると定まる基本類 $[M]$ はこの群の生成元である． □

この定理は，任意の向き付け可能な閉多様体がそれ自身サイクルとなっているということをいっている．単純な事実には違いないが，これこそホモロジーという概念の原点ともいえるものであり，その意味するところはきわめて大きい．実際 1950 年代に Thom は，任意の図形の任意のホモロジー類は，何倍かすればある向き付けられた閉多様体の基本類の"像"として実現できるということを証明したのである．

(d) C^∞ 多様体の C^∞ 特異チェイン複体

M を C^∞ 多様体とする．M は位相空間でもあるからその特異チェイン複体 $S_*(M) = \{S_k(M), \partial\}$ が定義される．しかしチェイン上の微分形式の積分などを考える場合にはこれでは不都合であり，以下に導入する C^∞ 特異チェインを考える必要がでてくる．

標準的 k 単体 Δ^k から M への C^∞ 写像
$$\sigma : \Delta^k \longrightarrow M$$
のことを M の C^∞ **特異 k 単体**という．ここで σ が C^∞ 写像であるとは，それが Δ^k の $\mathbb{R}^k$ の中のある開近傍から M への C^∞ 写像に拡張できることをいう．M の C^∞ 特異 k 単体全体の生成する自由 Abel 群を $S_k^\infty(M)$ と書き，その元を M の C^∞ 特異 k チェインという．任意の元 $c \in S_k^\infty(M)$ に対し $\partial c \in S_{k-1}^\infty(M)$ となることがわかる．したがって
$$S_*^\infty(M) = \{S_k^\infty(M), \partial\}$$
は M の特異チェイン複体 $S_*(M)$ の部分複体になる．$S_*^\infty(M)$ を M の C^∞ 特異チェイン複体という．またその双対複体 $\mathrm{Hom}(S_*^\infty(M), \mathbb{R})$ を $S^*_\infty(M)$ と書き，これを M の $\mathbb{R}$ 係数の C^∞ 特異コチェイン複体という．

ここで大切なことは，包含写像 $S_*^\infty(M) \subset S_*(M)$ が自然な同型
$$H_*(S_*^\infty(M)) \cong H_*(S_*(M))$$
を誘導することである．この事実はここでは証明しないが，de Rham の定理の証明(§3.4)と同様の論法が使えることを指摘しておこう．

こうして C^∞ 多様体の場合にはそのホモロジー群を C^∞ 特異チェインだけを使って議論できることになった．

§3.2 微分形式の積分と Stokes の定理

(a) n 次元多様体上の n 形式の積分

第2章のはじめに，微分形式とは"多様体上で積分されるべきもの"と書いたが，この節でその意味をはっきりさせることにしよう．

$\mathbb{R}^n$ 上の台がコンパクトであるような C^∞ 関数 $f(x)$ に対しては，その Riemann 積分

$$(3.3) \qquad \int_{\mathbb{R}^n} f(x)\, dx_1 \cdots dx_n = \lim_{|\sigma_j| \to 0} \sum_j f(x_j) |\sigma_j|$$

が定義される．ここで各 σ_j は n 次元の小さな立方体で全体として $\mathrm{supp}\, f$ をきれいに覆うものであり，x_j は σ_j 上の点，$|\sigma_j|$ はその体積を表わす．通常このような式では積分される関数 $f(x)$ が主役であり，その後ろにある $dx_1 \cdots dx_n$ は単なる n 次元 Riemann 積分の記号，またはそれを逐次積分で計算する場合 n 重積分

$$\int_{-\infty}^{\infty} \cdots \int_{-\infty}^{\infty} f(x)\, dx_1 \cdots dx_n$$

の記号でもある．しかし，ここで少し見方を変えてそれらをひとかたまりにして(ついでに記号 $\wedge$ もつけて)

$$(3.4) \qquad \omega = f(x)\, dx_1 \wedge \cdots \wedge dx_n$$

とおいてみよう．するとこれは $\mathbb{R}^n$ 上の n 形式に他ならない．そこで ω の $\mathbb{R}^n$ 上の積分 $\int_{\mathbb{R}^n} \omega$ を(3.3)で定義することが考えられる．しかし二つ問題が生じる．一つは，ω の式でたとえば dx_1 と dx_2 の順序を交換すると符号が変わる

のに対して，(3.3)ではそうしても積分の結果は変わらないということである．もう一つは，$\int_{\mathbb{R}^n} \omega$ と書く以上は，その値は多様体 $\mathbb{R}^n$ の座標のとり方に依存しない量でなければならないが本当にそうだろうかということである．これらのことを検証してみよう．

$y_1, \cdots, y_n$ を $\mathbb{R}^n$ の別の座標系とする．詳しくは $y_1, \cdots, y_n$ を座標とする $\mathbb{R}^n$ から，もとの $x_1, \cdots, x_n$ を座標とする $\mathbb{R}^n$ へ C^∞ 微分同相 $\varphi: \mathbb{R}^n \to \mathbb{R}^n$ が与えられているということになるが，記号を簡単にするため，φ により二つの $\mathbb{R}^n$ を同一視してしまうことにする．このとき，もとの座標 x_i は $y_1, \cdots, y_n$ の C^∞ 関数として表わすことができる．すなわち

$$x_i = x_i(y_1, \cdots, y_n) \quad (i = 1, \cdots, n)$$

と書ける．これをまとめて $x = x(y)$ と書こう．この座標変換の Jacobi 行列を簡単に $\left(\dfrac{\partial x_i}{\partial y_j}\right)$ と表わすことにする．このとき，ω を新しい座標 $y_1, \cdots, y_n$ で表わすと(2.4)により

$$(3.5) \qquad \omega = f(x(y)) \det\left(\frac{\partial x_i}{\partial y_j}\right) dy_1 \wedge \cdots \wedge dy_n$$

となる．一方，積分の変数変換の公式から

$$(3.6) \qquad \int_{\mathbb{R}^n} f(x)\, dx_1 \cdots dx_n = \int_{\mathbb{R}^n} f(x(y)) \left|\det\left(\frac{\partial x_i}{\partial y_j}\right)\right| dy_1 \cdots dy_n$$

となる．ここで $\left|\det\left(\dfrac{\partial x_i}{\partial y_j}\right)\right|$ という項が出てくるのは，座標変換 φ で小区域を移すと体積が近似的にそれだけの割合で変わるからである．(3.3), (3.4), (3.5), (3.6)の四つの式を比べるとつぎのことがわかる．すなわち，座標変換として Jacobi 行列の行列式(ヤコビアン)が正のものだけを考えれば，上の二つの問題は同時に解決してしまうということである．

ここで，多様体の向きの定義(§1.5(b))を思い出すと結局つぎのことが結論される．すなわち，$\mathbb{R}^n$ に一つ向きを指定しておけば，ω の $\mathbb{R}^n$ 上の積分は座標のとり方によらずに一意的に定まるのである．また上記の議論では，座標変換 φ は $\mathbb{R}^n$ 全体で定義されていると仮定したが，実はその必要はなく，supp f を含むある開集合 U 上定義されていれば十分である．このことを確

かめることは読者の演習としよう.

準備が整ったので多様体 M 上の微分形式の積分を定義する. 一般に M 上の微分形式 ω に対し
$$\mathrm{supp}\,\omega = \overline{\{p \in M\,;\, \omega_p \neq 0\}}$$
を ω の**台**(support)という. すなわち, $\mathrm{supp}\,\omega$ とはその外側では ω が 0 になるような最小の閉集合のことである. さて M を向き付けられた n 次元 C^∞ 多様体とし, ω を M 上の n 形式で台がコンパクトなものとする. このとき ω の M 上の積分
$$\int_M \omega$$
をつぎのように定義する. 定理 1.31 により, M の座標近傍からなる局所有限な開被覆 $\{U_i\}$ と, それに従属する 1 の分割 $\{f_i\}$ がとれる. このとき
$$\int_M \omega = \sum_i \int_{U_i} f_i \omega$$
とおく. ここで右辺の意味はつぎの通りである. $f_i \omega$ はその台が座標近傍 U_i に含まれる. そこで U_i 上の正の座標関数 $x_1, \cdots, x_n$ を選べば積分
$$\int_{U_i} f_i \omega$$
が定まる. これが正の座標関数のとり方によらないことは, この項のはじめに考察した通りである. また ω の台はコンパクトで開被覆 $\{U_i\}$ は局所有限であるから, 有限個の i を除いて上記の積分は 0 であり, i についての総和の値が確定する.

命題 3.5 上記積分 $\int_M \omega$ の定義は, 座標近傍による開被覆 $\{U_i\}$ やそれに従属する 1 の分割 $\{f_i\}$ のとり方によらない.

[証明] $\{V_j\}$ を M の座標近傍による別の局所有限な開被覆, $\{g_j\}$ をそれに従属する 1 の分割とする. このとき $\sum_j g_j = 1$ であるから積分の線形性から
$$\int_{U_i} f_i \omega = \sum_j \int_{U_i} f_i g_j \omega.$$
一方 $f_i g_j \omega$ の台は $U_i \cap V_j$ に含まれる. したがって

第3章 de Rham の定理

$$\int_{U_i} f_i g_j \omega = \int_{V_j} f_i g_j \omega.$$

結局

$$\sum_i \int_{U_i} f_i \omega = \sum_{i,j} \int_{U_i} f_i g_j \omega = \sum_{i,j} \int_{V_j} f_i g_j \omega = \sum_j \int_{V_j} g_j \omega$$

となり証明が終わる. ∎

上記の $\int_M \omega$ の定義は，M が境界のある多様体の場合でもほとんどそのまま適用できる. また簡単にわかる性質として，積分の線形性

$$\int_M a\omega + b\eta = a\int_M \omega + b\int_M \eta \quad (a, b \in \mathbb{R},\ \omega, \eta \in A^n(M))$$

がある.

(b) Stokes の定理(多様体の場合)

Stokes の定理は，微分形式の積分に関する基本的な公式であり，de Rham の定理の基礎になるものである. まず多様体の場合を述べよう.

定理 3.6(Stokes の定理) M を向き付けられた n 次元 C^∞ 多様体，ω を M 上の台がコンパクトな $n-1$ 形式とする. このとき等式

$$\int_M d\omega = \int_{\partial M} \omega$$

が成立する. ここで右辺は，ω を M の境界 ∂M 上で積分したものであり，∂M には M から誘導された向きを入れるものとする.

[証明] M の座標近傍からなる局所有限な開被覆 $\{U_i\}$ と，それに従属する1の分割 $\{f_i\}$ をとると，$\omega = \sum_i f_i \omega$ である. Stokes の定理は明らかに ω について線形であるから，各 $f_i \omega$ について定理を証明すれば十分である. ところが $f_i \omega$ の台は一つの座標近傍 U_i に含まれている. したがって $M = \mathbb{R}^n$ または $\mathbb{H}^n$ として証明すればよい. このとき

$$\omega = \sum_{i=1}^n a_i(x)\, dx_1 \wedge \cdots \wedge dx_{i-1} \wedge dx_{i+1} \wedge \cdots \wedge dx_n$$

と書ける. したがって

$$d\omega = \Big(\sum_{i=1}^{n}(-1)^{i-1}\frac{\partial a_i}{\partial x_i}\Big)dx_1 \wedge \cdots \wedge dx_n$$

となる.

$M=\mathbb{R}^n$ のときは Fubini の定理により

$$\int_{\mathbb{R}^n} d\omega = \sum_{i=1}^{n}(-1)^{i-1}\int_{\mathbb{R}^n}\frac{\partial a_i}{\partial x_i}dx_1\cdots dx_n$$
$$= \sum_{i=1}^{n}(-1)^{i-1}\int\Big(\int_{-\infty}^{\infty}\frac{\partial a_i}{\partial x_i}dx_i\Big)dx_1\cdots dx_{i-1}dx_{i+1}\cdots dx_n$$

となるが, $a_i(x)$ はコンパクトな台を持つから

$$\int_{-\infty}^{\infty}\frac{\partial a_i}{\partial x_i}dx_i$$
$$= a_i(x_1,\cdots,x_{i-1},\infty,x_{i+1},\cdots,x_n) - a_i(x_1,\cdots,x_{i-1},-\infty,x_{i+1},\cdots,x_n)$$
$$= 0$$

であり, したがって

$$\int_{\mathbb{R}^n}d\omega = 0$$

となる. $\mathbb{R}^n$ に境界はないから $\mathbb{R}^n$ に対して Stokes の定理が成立することになる.

つぎに $M=\mathbb{H}^n$ としよう. この場合は上記の積分において x_n の積分範囲を 0 から ∞ までに置き換えればよいが, 簡単にわかるように $a_n(x)$ を含む項だけが残って

$$\int_{\mathbb{H}^n}d\omega = (-1)^n \int a_n(x_1,\cdots,x_{n-1},0)\,dx_1\cdots dx_{n-1}$$

となる. 一方 ω を $\partial\mathbb{H}^n$ に制限すると明らかに $a_n(x)$ を含む項だけが残る. $\partial\mathbb{H}^n$ 上に誘導される向きに注意すれば

$$\int_{\partial\mathbb{H}^n}\omega = (-1)^n \int a_n(x_1,\cdots,x_{n-1},0)\,dx_1\cdots dx_{n-1}$$

となり, この場合も証明が完了する. ∎

ここで読者は演習問題 3.2, 3.8 に挑戦してほしい.

つぎの系は Stokes の定理 3.6 からただちにしたがうものであるが，重要なのでここにあげておく．

系 3.7　M を向き付けられた n 次元 C^∞ 多様体で，境界を持たないものとする．このとき，M 上のコンパクトな台を持つ任意の $n-1$ 形式 ω に対し

$$\int_M d\omega = 0$$

となる． □

（c）　微分形式のチェイン上の積分と Stokes の定理

M を C^∞ 多様体とし，$S^\infty_*(M) = \{S^\infty_k(M), \partial\}$ を M の C^∞ 特異チェイン複体としよう（§3.1(d)参照）．M の C^∞ 特異 k 単体 $\sigma: \Delta^k \to M$ とは，$\mathbb{R}^k$ の中の標準的単体 Δ^k（のある開近傍）から M への C^∞ 写像のことであった．したがって M 上の k 形式 $\omega \in A^k(M)$ に対し，ω の σ による引き戻し $\sigma^*\omega$ が定義される．そこで ω の σ 上の積分を

$$\int_\sigma \omega = \int_{\Delta^k} \sigma^*\omega$$

により定義する．この定義を一般のチェイン $c \in S^\infty_k(M)$ に対して線形に拡張する．すなわち $c = \sum_i a_i \sigma_i$ と表わされているとき

$$\int_c \omega = \sum_i a_i \int_{\sigma_i} \omega$$

とおく．このチェイン上の積分に対してもつぎの形の Stokes の定理が成り立つ．

定理 3.8（チェイン上の Stokes の定理）　C^∞ 多様体 M の C^∞ 特異 k チェイン $c \in S^\infty_k(M)$ と，M 上の $k-1$ 形式 ω に対し，等式

$$\int_c d\omega = \int_{\partial c} \omega$$

が成り立つ．

［証明］　積分の線形性により，c がただ一つの特異 k 単体 σ の場合に証明すればよい．さらに $\sigma^*\omega$ は Δ^k 上の $k-1$ 形式だから

$$\sigma^*\omega = \sum_{i=1}^{k} a_i(x)\,dx_1 \wedge \cdots \wedge dx_{i-1} \wedge dx_{i+1} \wedge \cdots \wedge dx_k$$

と書くことができる．再び積分の線形性により

$$\sigma^*\omega = a(x)\,dx_1 \wedge \cdots \wedge dx_{j-1} \wedge dx_{j+1} \wedge \cdots \wedge dx_k$$

の場合に証明すれば十分である．このとき

$$\sigma^* d\omega = (-1)^{j-1}\frac{\partial a}{\partial x_j}dx_1 \wedge \cdots \wedge dx_k$$

であり，また

$$\partial\sigma = \sum_{i=0}^{k}(-1)^i\sigma\circ\varepsilon_i$$

であるから，証明すべき式は

(3.7) $$(-1)^{j-1}\int_{\Delta^k}\frac{\partial a}{\partial x_j}dx_1\cdots dx_k$$
$$= \sum_{i=0}^{k}(-1)^i\int_{\Delta^{k-1}}\varepsilon_i^*(a(x)\,dx_1\wedge\cdots\wedge dx_{j-1}\wedge dx_{j+1}\wedge\cdots\wedge dx_k)$$

となる．ところで ε_i の定義(3.1),(3.2)から $\varepsilon_i^*dx_i$ が簡単に求まる．これを代入すると $i=0, j$ のときだけが生き残って，(3.7)の右辺は

(3.8) $$(-1)^{j-1}\int_{\Delta^{k-1}}a\Big(1-\sum_{i=1}^{k-1}x_i, x_1,\cdots,x_{k-1}\Big)dx_1\cdots dx_{k-1}$$
$$+(-1)^j\int_{\Delta^{k-1}}a(x_1,\cdots,x_{j-1},0,x_j,\cdots,x_{k-1})dx_1\cdots dx_{k-1}$$

となることがわかる．ここで $\mathbb{R}^{k-1}$ の微分同相 $\varphi\colon\mathbb{R}^{k-1}\to\mathbb{R}^{k-1}$ を

$$\varphi(x_1,\cdots,x_{k-1}) = \Big(x_2,\cdots,x_{j-1}, 1-\sum_{i=1}^{k-1}x_i, x_j,\cdots,x_{k-1}\Big)$$

と定義すると，φ は Δ^{k-1} をそれ自身に移し，そのJacobi行列の行列式は $(-1)^{j-1}$ であるから，その絶対値は1である．したがって(3.8)の第一項の積分を φ による変数変換により計算すると

$$(-1)^{j-1}\int_{\Delta^{k-1}}a\Big(x_1,\cdots,x_{j-1}, 1-\sum_{i=1}^{k-1}x_i, x_j,\cdots,x_{k-1}\Big)dx_1\cdots dx_{k-1}$$

となる．結局，(3.7) の右辺は

$$(3.9) \quad (-1)^{j-1} \int_{\Delta^{k-1}} \Big\{ a\Big(x_1, \cdots, x_{j-1}, 1-\sum_{i=1}^{k-1} x_i, x_j, \cdots, x_{k-1}\Big) \\ - a(x_1, \cdots, x_{j-1}, 0, x_j, \cdots, x_{k-1}) \Big\} dx_1 \cdots dx_{k-1}$$

となる．一方，(3.7) の左辺の積分は

$$\int_{\Delta^k} \frac{\partial a}{\partial x_j} dx_1 \cdots dx_k$$
$$= \int_{(\Delta')^{k-1}} \left(\int_0^{1-\sum_{i \neq j} x_i} \frac{\partial a}{\partial x_j} dx_j \right) dx_1 \cdots dx_{j-1} dx_{j+1} \cdots dx_k$$
$$= \int_{(\Delta')^{k-1}} \Big\{ a\Big(x_1, \cdots, x_{j-1}, 1-\sum_{i \neq j} x_i, x_{j+1}, \cdots, x_k\Big) \\ - a(x_1, \cdots, x_{j-1}, 0, x_{j+1}, \cdots, x_k) \Big\} dx_1 \cdots dx_{j-1} dx_{j+1} \cdots dx_k$$

となる．ここで $(\Delta')^{k-1}$ は $\mathbb{R}^k$ から x_j 方向を除いた $k-1$ 次元空間の中での標準的 $k-1$ 単体である．ここで再び $(\Delta')^{k-1}$ と Δ^{k-1} とを同一視する適当な変数変換を施せば，上記積分は

$$(3.10) \quad \int_{\Delta^{k-1}} \Big\{ a\Big(x_1, \cdots, x_{j-1}, 1-\sum_{i=1}^{k-1} x_i, x_j, \cdots, x_{k-1}\Big) \\ - a(x_1, \cdots, x_{j-1}, 0, x_j, \cdots, x_{k-1}) \Big\} dx_1 \cdots dx_{k-1}$$

に等しいことがわかる．(3.7), (3.9), (3.10) を比較すれば証明が完了していることがわかる． ∎

§3.3 de Rham の定理

(a) de Rham コホモロジー

M を n 次元の C^∞ 多様体とする．M 上の k 形式全体を $A^k(M)$ と書くとき，外微分作用素と呼ばれる線形写像

$$d: A^k(M) \longrightarrow A^{k+1}(M)$$

が定義されているのであった. k 形式 $\omega \in A^k(M)$ は $d\omega = 0$ となるとき**閉形式**(closed form)といい, $\omega = d\eta$ となる $k-1$ 形式 η が存在するとき**完全形式**(exact form)という. $d \circ d = 0$ であるから, すべての完全形式は閉形式である. M 上の閉じた k 形式全体を $Z^k(M)$, 完全な k 形式全体を $B^k(M)$ と書こう. すなわち

$$Z^k(M) = \mathrm{Ker}\,(d\colon A^k(M) \to A^{k+1}(M))$$
$$B^k(M) = \mathrm{Im}\,(d\colon A^{k-1}(M) \to A^k(M))$$

である. ここに Ker, Im はそれぞれ線形写像の核と像を表わす記号である. $Z^k(M), B^k(M)$ はいずれも $A^k(M)$ の線形部分空間である.

定義 3.9 M を n 次元 C^∞ 多様体とする. M 上の k 次閉形式全体 $Z^k(M)$ の, k 次完全形式全体 $B^k(M)$ による商空間 $H_{DR}^k(M) = Z^k(M)/B^k(M)$ を M の k 次元 de Rham コホモロジー群という. 閉じた k 形式 $\omega \in A^k(M)$ に対し, それが de Rham コホモロジー群の中で代表する類を $[\omega] \in H_{DR}^k(M)$ と書き, これを ω の表わす de Rham コホモロジー類という. また, 直和

$$H_{DR}^*(M) = \bigoplus_{k=0}^{n} H_{DR}^k(M)$$

を M の **de Rham コホモロジー群**(de Rham cohomology group)という. □

別の言葉で言い換えると, M の de Rham コホモロジー群とはコチェイン複体

$$0 \longrightarrow A^0(M) \xrightarrow{d} A^1(M) \xrightarrow{d} A^2(M) \xrightarrow{d} \cdots \xrightarrow{d} A^n(M) \longrightarrow 0$$

のコホモロジーということになる. すなわち $A^*(M) = \bigoplus_{k=0}^{n} A^k(M)$ とするとき, $H_{DR}^*(M) = H^*(A^*(M); d)$ である. このコチェイン複体を **de Rham 複体**(de Rham complex)という.

一方, $A^*(M)$ には外積の定義する積構造が入っている. この積構造は $H_{DR}^*(M)$ につぎのようにして積構造を誘導する. すなわち, $x \in H_{DR}^k(M), y \in H_{DR}^\ell(M)$ がそれぞれ閉形式 $\omega \in Z^k(M), \eta \in Z^\ell(M)$ により表わされているとき

$$xy = [\omega \wedge \eta] \in H_{DR}^{k+\ell}(M)$$

とおくのである．ここで $d(\omega \wedge \eta) = d\omega \wedge \eta + (-1)^k \omega \wedge d\eta = 0$ であるから，確かに $\omega \wedge \eta$ は閉形式である．また $\omega' = \omega + d\xi$, $\eta' = \eta + d\tau$ とすれば

$$\begin{aligned} \omega' \wedge \eta' &= (\omega + d\xi) \wedge (\eta + d\tau) \\ &= \omega \wedge \eta + d((-1)^k \omega \wedge \tau + \xi \wedge \eta + \xi \wedge d\tau) \end{aligned}$$

であるから，積 xy は x, y を表わす閉形式のとり方によらずに定まる．また明らかに

$$yx = (-1)^{k\ell} xy$$

が成立する．積構造の入った $H_{DR}^*(M)$ を M の **de Rham** コホモロジー代数 (de Rham cohomology algebra) という．

M, N を C^∞ 多様体とし $f: M \to N$ を C^∞ 写像とする．このとき，f による微分形式の引き戻し $f^*: A^*(N) \to A^*(M)$ は，de Rham コホモロジー代数の準同型写像 $f^*: H_{DR}^*(N) \to H_{DR}^*(M)$ を誘導する．具体的には $x \in H_{DR}^k(N)$ が N 上の k 次の閉形式 ω により $x = [\omega]$ と表わされているとき，$f^*\omega$ は M 上の k 次の閉形式となるので $f^*(x) = [f^*\omega]$ とおくのである．これが ω のとり方によらずに定まることは，命題 2.10 により簡単にわかる．積に関しては，$x, y \in H_{DR}^*(N)$ に対して $f^*(xy) = f^*(x) f^*(y)$ となる．また，$g: N \to P$ を C^∞ 写像とすると，合成写像 $g \circ f: M \to P$ に対しては $(g \circ f)^* = f^* \circ g^*$ となる．

(b) de Rham の定理

C^∞ 多様体の de Rham コホモロジーは微分形式を用いて定義されているので，M の微分構造に本質的に依存するように見えるが，実際には M の位相空間としての構造のみによって定まってしまうのである．このことを具体的に主張するのが de Rham の定理である．

M を C^∞ 多様体とする．このとき M から二つのコチェイン複体が定義される．すなわち，de Rham 複体 $\{A^*(M), d\}$ と，C^∞ 特異コチェイン複体 $\{S_\infty^*(M), \delta\}$ である．この両者を関連づけるのが微分形式のチェイン上の積

分である．写像
(3.11) $$I: A^k(M) \longrightarrow S^k_\infty(M)$$
をつぎのように定義する．まず $\omega \in A^k(M)$ と，各 C^∞ 特異 k 単体 $\sigma: \Delta^k \to M \,(\in S^\infty_k(M))$ に対しては

$$I(\omega)(\sigma) = \int_{\Delta^k} \sigma^* \omega$$

とおき，これを線形に拡張することにより任意の特異 k チェイン $c \in S^\infty_k(M)$ に対して $I(\omega)(c)$ を定めるのである．各次数 k に対する写像(3.11)をまとめたものも同じ記号を用いて，$I: A^*(M) \to S^*_\infty(M)$ と書こう．

補題 3.10 写像 $I: A^*(M) \to S^*_\infty(M)$ はコチェイン写像である．すなわち，つぎの図式

$$\begin{array}{ccc} A^k(M) & \xrightarrow{d} & A^{k+1}(M) \\ {\scriptstyle I}\downarrow & & \downarrow{\scriptstyle I} \\ S^k_\infty(M) & \xrightarrow{\delta} & S^{k+1}_\infty(M) \end{array}$$

は可換である．

［証明］ $\omega \in A^k(M)$ を任意の k 形式，$c \in S^\infty_{k+1}(M)$ を任意の特異 $k+1$ チェインとする．このときチェイン上の Stokes の定理 3.8 により

$$I(d\omega)(c) = \int_c d\omega = \int_{\partial c} \omega = I(\omega)(\partial c)$$

となる．したがって $I \circ d = \delta \circ I$ である． ∎

補題 3.10 により写像 $I: A^*(M) \to S^*_\infty(M)$ は，準同型写像 $I: H^*_{DR}(M) \to H^*(S^*_\infty(M))$ を誘導する．

定理 3.11（de Rham の定理） M を C^∞ 多様体とする．このとき，コチェイン写像 $I: A^*(M) \to S^*_\infty(M)$ は，同型写像

$$I: H^*_{DR}(M) \cong H^*(S^*_\infty(M))$$

を誘導する． □

§3.1(d)で注意したように，自然な包含写像 $S^\infty_*(M) \subset S_*(M)$ は同型写像 $H_*(S^\infty_*(M)) \cong H_*(S_*(M)) = H_*(M; \mathbb{Z})$ を誘導し，したがって $H^*(S^*_\infty(M))$

は M の $\mathbb{R}$ 係数の特異コホモロジー群 $H^*(M;\mathbb{R})$ と自然に同型である．このことと上記の de Rham の定理を組み合わせれば，結局，自然な同型
$$H^*_{DR}(M) \cong H^*(M;\mathbb{R})$$
が得られたことになる．とくに de Rham コホモロジーは位相不変であること，すなわち互いに位相同型な二つの C^∞ 多様体の de Rham コホモロジー群は，互いに自然に同型であることがわかる．

上記の定理 3.11 は，任意の C^∞ 多様体に対して成立する一般の形をしているが，数限りなく存在する特異チェイン上の積分を経由しているため，いくぶんわかりにくいかもしれない．そこで，M に §3.1(c) で定義したような C^∞ 三角形分割 $t: |K| \to M$ が与えられている場合に，よりわかりやすい形の de Rham の定理を述べることにする．$\langle \sigma \rangle = \langle v_0 \cdots v_\ell \rangle$ を，K の任意の向き付けられた ℓ 単体とし，また $\omega \in A^\ell(M)$ を M 上の任意の ℓ 形式とする．このとき，$\langle \sigma \rangle$ 上の ω の積分

$$\int_{\langle \sigma \rangle} \omega$$

がつぎのように定義される．多面体 $|K|$ は十分大きな N に対して $\mathbb{R}^N$ の中に実現されているとし，$\mathbb{R}^N$ の中で $|\sigma|$ の張る ℓ 次元の部分空間を L としよう．L は $\mathbb{R}^\ell$ と微分同相であり，またそこには $\langle \sigma \rangle$ の向きが誘導する向きが入る．C^∞ 三角形分割の定義から，$t|_{|\sigma|}: |\sigma| \to M$ は $|\sigma|$ の L の中におけるある開近傍 U から M への C^∞ 写像に拡張することができるので，$t^*\omega$ は U 上の ℓ 形式と思える．したがって積分

$$\int_{|\sigma|} t^*\omega$$

が定義され，これを用いて

$$\int_{\langle \sigma \rangle} \omega = \int_{|\sigma|} t^*\omega$$

とおくのである．そこで，写像
$$I: A^*(M) \longrightarrow C^*(K;\mathbb{R})$$
を

$$I(\omega)(\langle\sigma\rangle) = \int_{\langle\sigma\rangle} \omega$$

によって定義すれば，補題 3.10 と同様にして I がコチェイン写像になることがわかる．このときつぎが成立する．

定理 3.12（三角形分割された多様体に対する de Rham の定理） M を C^∞ 多様体とし，C^∞ 三角形分割 $t: |K| \to M$ が与えられているものとする．このとき，コチェイン写像 $I: A^*(M) \to C^*(K; \mathbb{R})$ は同型写像
$$I: H^*_{DR}(M) \cong H^*(K; \mathbb{R})$$
を誘導する． □

三角形分割された多様体に対しては，一般的な形の定理 3.11（de Rham の定理）は，定理 3.12 からつぎのように導くことができる．すなわち，単体複体 K の頂点の集合に一つ全順序を定め，K の任意の ℓ 単体 $\sigma = \{v_0, \cdots, v_\ell\}$ の頂点の順序としては $v_0 < \cdots < v_\ell$ となるものだけを考えれば，チェイン写像 $C_*(K) \to S^\infty_*(M)$ が定義されるが，これはチェインホモトピー同値であることが知られている．このチェイン写像はコチェイン写像 $S^*_\infty(M) \to C^*(K; \mathbb{R})$ を誘導するが，これはコホモロジーに移れば，同型写像 $H^*(S^*_\infty(M)) \cong H^*(K; \mathbb{R})$ を与える．そして写像 I の定義から，つぎの図式は可換となることが簡単に確かめられる．

$$\begin{array}{ccc} H^*_{DR}(M) & \xrightarrow{I} & H^*(S^*_\infty(M)) \\ \| & & \downarrow \\ H^*_{DR}(M) & \xrightarrow{I} & H^*(K; \mathbb{R}) \end{array}$$

したがって定理 3.11 は定理 3.12 から従う．

ここで de Rham の定理の幾何学的な意味を少し説明しておこう．一般に $H_k(M; \mathbb{R})$ の次元を β_k と書き，これを M の k 次元の **Betti 数**という．この数は，M の中に k 次元のサイクルが本質的に何個あるかを表わすものであり，M の大局的な構造を反映する重要な量である．de Rham の定理は単にこの Betti 数を決定するばかりではなく，それに寄与する本質的なサイクルが M の中に分布している状況をも記述する場合がある．M の中のある k 次

元のサイクル z を"検知"するためには，M 上の閉じた k 形式 ω で $\int_z \omega \neq 0$ となるものを構成すればよい．ここで重要なことは，z をそれとホモローグな任意のサイクル z' に取り替えたり，または ω をそれとコホモローグな任意の閉形式 ω' に替えても，この積分の値は決して変わらないということである．そしてそのようにしてうまくとった ω の形から，z の占める場所がある程度推察できる場合がある．さて de Rham の定理はつぎのことを主張しているのである．すなわち $z_1, \cdots, z_r$ $(r = \beta_k)$ を $H_k(M; \mathbb{R})$ を生成する 1 次独立なサイクルとし，$a_1, \cdots, a_r$ を任意の r 個の実数とする．このとき任意の $i = 1, \cdots, r$ に対して $\int_{z_i} \omega = a_i$ となるような閉形式 ω が，完全形式を付け加える任意性を除き，ただ一通り存在するというのである．このように表現してみると，de Rham の定理がいかに基本的な定理かがわかる．

(c) Poincaré の補題

de Rham の定理 3.11 の証明はつぎの節で行なうが，この項ではその準備として $\mathbb{R}^n$ の場合を考察する．またこのあたりで演習問題 3.5, 3.6 を解いてみれば，一般の場合の理解が深まるだろう．

命題 3.13 M を C^∞ 多様体とする．$\pi: M \times \mathbb{R} \to M$ を第一成分への射影，$i: M \to M \times \mathbb{R}$ を $i(p) = (p, 0)$ $(p \in M)$ により定義される写像とする．このとき，π の誘導する写像
$$\pi^*: H^*_{DR}(M) \longrightarrow H^*_{DR}(M \times \mathbb{R})$$
は同型写像であり，$i^*: H^*_{DR}(M \times \mathbb{R}) \to H^*_{DR}(M)$ はその逆写像である．

［証明］　明らかに $\pi \circ i = \mathrm{id}_M$ であるから，$i^* \circ \pi^* = \mathrm{id}$ である．したがって $H^*_{DR}(M \times \mathbb{R})$ 上で $\pi^* \circ i^* = \mathrm{id}$ となることを示せば十分である．そのためには $A^*(M \times \mathbb{R})$ 上で $\mathrm{id} - \pi^* \circ i^* = (d\Phi + \Phi d)$ となるような，恒等写像 id と $\pi^* \circ i^*$ とを結ぶ線形写像
$$\Phi: A^k(M \times \mathbb{R}) \longrightarrow A^{k-1}(M \times \mathbb{R})$$
(このような写像をコチェインホモトピーという)を作ればよい．なぜならば $d\Phi + \Phi d$ は閉形式を完全形式に移し，したがってコホモロジー上では 0 写像

§3.3 de Rham の定理

となるからである．$\omega \in A^k(M \times \mathbb{R})$ を任意の k 形式としよう．ω は M の局所座標系 $(U; x_1, \cdots, x_n)$ と $\mathbb{R}$ の座標 t に関して

$$\omega = \sum_{i_1 < \cdots < i_k} a_{i_1 \cdots i_k}(x,t) \, dx_{i_1} \wedge \cdots \wedge dx_{i_k}$$
$$+ \sum_{j_1 < \cdots < j_{k-1}} b_{j_1 \cdots j_{k-1}}(x,t) \, dt \wedge dx_{j_1} \wedge \cdots \wedge dx_{j_{k-1}}$$

と，dt を含まない項と含む項とに分けて書くことができる．このとき第二項に注目して

$$\Phi\omega = \sum_{j_1 < \cdots < j_{k-1}} \left(\int_0^t b_{j_1 \cdots j_{k-1}}(x,t) dt\right) dx_{j_1} \wedge \cdots \wedge dx_{j_{k-1}}$$

と定義する．このとき任意の $\omega \in A^k(M \times \mathbb{R})$ に対して

(3.12) $\qquad d(\Phi\omega) + \Phi(d\omega) = \omega - \pi^* \circ i^* \omega$

となることを示せばよい．線形性から

(i) $\quad \omega = a(x,t) \, dx_{i_1} \wedge \cdots \wedge dx_{i_k}$
(ii) $\quad \omega = b(x,t) \, dt \wedge dx_{j_1} \wedge \cdots \wedge dx_{j_{k-1}}$

の二つの場合を確かめれば十分である．(i)の場合には $\Phi\omega = 0$ であり，また

$$\Phi(d\omega) = \int_0^t \frac{\partial a}{\partial t} dt \, dx_{i_1} \wedge \cdots \wedge dx_{i_k}$$
$$= (a(x,t) - a(x,0)) \, dx_{i_1} \wedge \cdots \wedge dx_{i_k}$$
$$= \omega - \pi^* \circ i^* \omega$$

となるから，(3.12)が成立する．つぎに(ii)の形の ω の場合には，$i^*\omega = 0$ であるから $(\mathrm{id} - \pi^* \circ i^*)\omega = \omega$ となる．一方

$$d(\Phi\omega) = d\left(\left(\int_0^t b(x,t) dt\right) dx_{j_1} \wedge \cdots \wedge dx_{j_{k-1}}\right)$$
$$= \omega + \sum_{m=1}^n \left(\int_0^t \frac{\partial b}{\partial x_m} dt\right) dx_m \wedge dx_{j_1} \wedge \cdots \wedge dx_{j_{k-1}},$$
$$\Phi(d\omega) = \Phi\left(-\sum_{m=1}^n \frac{\partial b}{\partial x_m} dt \wedge dx_m \wedge dx_{j_1} \wedge \cdots \wedge dx_{j_{k-1}}\right)$$
$$= -\sum_{m=1}^n \left(\int_0^t \frac{\partial b}{\partial x_m} dt\right) dx_m \wedge dx_{j_1} \wedge \cdots \wedge dx_{j_{k-1}}$$

である．したがって $d(\Phi\omega) + \Phi(d\omega) = \omega$ となり，この場合も(3.12)が成り立

つ．さて上記の計算は ω の局所表示を使っているが，実際には $\Phi\omega$ は局所座標のとり方によらずに定まることが簡単にわかる．したがって $\Phi\omega$ は M 全体で定義された微分形式となり，それに対して(3.12)が成立することになる．これで証明が完了する． ∎

n に関する帰納法によりつぎの系が得られる．

系 3.14（Poincaré の補題）　$\mathbb{R}^n$ の de Rham コホモロジーは自明である．すなわち

$$H^k(\mathbb{R}^n) = H^k(1\text{ 点}) = \begin{cases} \mathbb{R} & k = 0 \\ 0 & k > 0 \end{cases}$$

となる．言い換えると，$\omega \in A^k(\mathbb{R}^n)$ $(k>0)$ を任意の閉形式とするとき，$\omega = d\eta$ となるような $k-1$ 形式 η が存在する． ∎

系 3.15　M, N を C^∞ 多様体とする．M から N への二つの C^∞ 写像が互いにホモトープならば，それらが誘導する準同型写像 $H_{DR}^*(N) \to H_{DR}^*(M)$ は一致する．

［証明］　$f, g: M \to N$ を互いにホモトープな C^∞ 写像とする．このとき C^∞ 写像 $F: M \times \mathbb{R} \to N$ で

$$F(p, t) = \begin{cases} f(p) & t \leqq 0 \\ g(p) & t \geqq 1 \end{cases}$$

となるものが存在する．$i_0, i_1: M \to M \times \mathbb{R}$ をそれぞれ $i_0(p) = (p, 0)$, $i_1(p) = (p, 1)$ とおけば，明らかに $f = F \circ i_0$, $g = F \circ i_1$ となる．ところで命題 3.13 の証明から $i_0^* = i_1^* = (\pi^*)^{-1}$ であることがわかる．したがって

$$f^* = (F \circ i_0)^* = i_0^* \circ F^* = i_1^* \circ F^* = (F \circ i_1)^* = g^*$$

となり証明が終わる． ∎

二つの C^∞ 多様体 M, N は C^∞ 写像 $f: M \to N$ と $g: N \to M$ が存在して，$g \circ f$, $f \circ g$ がそれぞれ M, N の恒等写像にホモトープであるとき，互いに同じ**ホモトピー型**(homotopy type)を持つという．また1点と同じホモトピー型を持つ多様体を**可縮**(contractible)という．

系 3.16(de Rham コホモロジーのホモトピー不変性) 同じホモトピー型を持つ C^∞ 多様体の de Rham コホモロジーは互いに同型である.とくに可縮な多様体の de Rham コホモロジーは自明である. □

§3.4 de Rham の定理の証明

(a) Čech コホモロジー

de Rham の定理の証明の準備として,**Čech コホモロジー**(Čech cohomology)を導入しよう.X を位相空間とする.X の開被覆 $\mathcal{U}=\{U_\alpha\}_{\alpha \in A}$ に対して,X の $\mathcal{U}$ に関する Čech コホモロジー群 $\check{H}^*(X;\mathcal{U})$ がつぎのようにして定義される.まず開被覆 $\mathcal{U}$ の**脈体**(nerve)と呼ばれる単体複体 $N(\mathcal{U})$ を定める.$N(\mathcal{U})$ の頂点の集合としては開被覆 $\mathcal{U}$ の添え字の集合 A をとり,A の相異なる $k+1$ 個の元 $\alpha_0,\cdots,\alpha_k$ は,$U_{\alpha_0} \cap \cdots \cap U_{\alpha_k}$ が空集合でないとき k 単体を張るとするのである.すなわち

$$N(\mathcal{U})=\{\{\alpha_0,\cdots,\alpha_k\}\,;\,U_{\alpha_0}\cap\cdots\cap U_{\alpha_k}\neq \varnothing\}$$

とおく.$N(\mathcal{U})$ が実際(抽象的)単体複体になることは,ほとんど明らかであろう.このとき,Čech コホモロジー群は

$$\check{H}^*(X;\mathcal{U})=H^*(N(\mathcal{U}))$$

として定義される.ここでコホモロジーの係数は任意の Abel 群としてよいが,以下では実数体 $\mathbb{R}$ の場合のみを使う.

例 3.17 K を(Euclid)単体複体とし,V を K の頂点の集合とする.K の各単体 $\sigma \in K$ に対し,$|\sigma|$ からその境界の点を除いた集合を (σ) と書き,これを σ の**開単体**という.また,K の各頂点 $v\in V$ に対して

$$O(v)=\bigcup_{v\in\sigma\in K}(\sigma)$$

とおき,これを v の**開星状体**と呼ぶ.すなわち,$O(v)$ とは v を頂点に持つ K の単体 σ の開単体 (σ) すべての合併集合である.さてこのとき,$\mathcal{U}=\{O(v)\,;\,v\in V\}$ とおけば,明らかにこれは $|K|$ の開被覆になる.このとき簡単な考察から,自然に $N(\mathcal{U})=K$ となることがわかる.なぜならば $v_0,\cdots,v_\ell$

を K の相異なる $\ell+1$ 個の頂点とするとき，これらが K の単体を張るための必要十分条件は
$$O(v_0) \cap O(v_1) \cap \cdots \cap O(v_\ell) \neq \emptyset$$
であることが簡単にわかるからである(図 3.4 参照).したがってこの場合 $|K|$ の $\mathcal{U}$ に関する Čech コホモロジー群 $\check{H}^*(|K|;\mathcal{U})$ は，K の普通のコホモロジー群 $H^*(K)$ と同一視できることになる. □

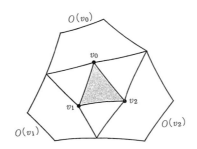

図 3.4 開星状体の交わり

脈体の言葉を使わずに，直接 Čech コホモロジー群を定義するためにはつぎのようにすればよい.すなわち，A の相異なる $k+1$ 個の元の順序付けられた組 $\alpha_0, \cdots, \alpha_k$ に対して，ある実数 $c(\alpha_0, \cdots, \alpha_k)$ を対応させるもので，$\alpha_0, \cdots, \alpha_k$ の任意の並べ替え $\alpha_{i_0}, \cdots, \alpha_{i_k}$ に対しては
$$c(\alpha_{i_0}, \cdots, \alpha_{i_k}) = \mathrm{sgn}\, i \; c(\alpha_0, \cdots, \alpha_k)$$
となるものを，X の $\mathcal{U}$ に関する k コチェインと呼ぶ.k コチェインの全体 $C^k(X;\mathcal{U})$ は自然にベクトル空間になる.境界作用素
$$\delta : C^k(X;\mathcal{U}) \longrightarrow C^{k+1}(X;\mathcal{U})$$
が $c \in C^k(X;\mathcal{U})$ に対して
$$\delta c(\alpha_0, \cdots, \alpha_{k+1}) = \sum_{i=0}^{k+1} (-1)^i c(\alpha_0, \cdots, \widehat{\alpha}_i, \cdots, \alpha_{k+1})$$
とおくことにより定義される.このとき $\delta \circ \delta = 0$ であることが簡単にわかり，したがって $C^*(X;\mathcal{U}) = \{C^k(X;\mathcal{U}), \delta\}$ はコチェイン複体となる.このコチェイン複体のコホモロジーが Čech コホモロジー群 $\check{H}^*(X;\mathcal{U})$ にほかならない.

(b) de Rham コホモロジーとČech コホモロジーの比較

この節では de Rham の定理の証明の第一段階として,つぎの定理 3.19 が成り立つことを Weil の方法によって示すことにする.一般に位相空間 X の開被覆 $\mathcal{U} = \{U_\alpha\}$ は,$\mathcal{U}$ に属する有限個の開集合の共通部分
$$U_{\alpha_0} \cap \cdots \cap U_{\alpha_k}$$
がすべて可縮のとき,**可縮な開被覆**と呼ぶ.

命題 3.18 任意の C^∞ 多様体 M は可縮な開被覆を持つ.

[証明] 可縮な開被覆の二つの異なる構成法を与えよう.まず $t: |K| \to M$ を M の C^∞ 三角形分割とし,$|K|$ と M とを t により同一視する.このとき K の各頂点の開星状体の全体 $\{O(v); v \in V\}$ は,M の可縮な開被覆となることが簡単にわかる.第二の方法は,初等的な Riemann 幾何学を用いるものである.M に Riemann 計量(§4.1(a)参照)を与えれば,各点のまわりで測地的に凸な開近傍をとることができる.このような開近傍からなる開被覆は可縮である.なぜならば測地的に凸な開集合の共通部分はまた明らかに同じ性質を持ち,したがって可縮だからである. ∎

定理 3.19 M を C^∞ 多様体とする.このとき,M の任意の可縮な開被覆 $\mathcal{U}$ に対して,自然な同型写像
$$H_{DR}^*(M) \cong \check{H}^*(M; \mathcal{U})$$
が存在する. □

この定理の証明のためにいくつか準備をする.まず de Rham コホモロジーと Čech コホモロジーとを関連づけるために,つぎのようなものを考える.$\mathcal{U} = \{U_\alpha; \alpha \in A\}$ とし,A の相異なる $k+1$ 個の元の順序付けられた組 $\alpha_0, \cdots, \alpha_k$ に対して,ある元 $\omega(\alpha_0, \cdots, \alpha_k) \in A^\ell(U_{\alpha_0} \cap \cdots \cap U_{\alpha_k})$ を対応させるもので,$\alpha_0, \cdots, \alpha_k$ の任意の並べ替え $\alpha_{i_0}, \cdots, \alpha_{i_k}$ に対しては
$$\omega(\alpha_{i_0}, \cdots, \alpha_{i_k}) = \text{sgn}\, i\, \omega(\alpha_0, \cdots, \alpha_k)$$
となるものの全体を,$A^{k,\ell}(\mathcal{U})$ と書こう.これは自然にベクトル空間の構造を持つ.二つの境界作用素

$$\delta \colon A^{k,\ell}(\mathcal{U}) \longrightarrow A^{k+1,\ell}(\mathcal{U}),$$
$$d \colon A^{k,\ell}(\mathcal{U}) \longrightarrow A^{k,\ell+1}(\mathcal{U})$$

を，$\omega \in A^{k,\ell}(\mathcal{U})$ に対してそれぞれ

$$(\delta\omega)(\alpha_0, \cdots, \alpha_{k+1}) = \sum_{i=0}^{k+1}(-1)^i \omega(\alpha_0, \cdots, \widehat{\alpha_i}, \cdots, \alpha_{k+1}),$$
$$(d\omega)(\alpha_0, \cdots, \alpha_k) = d(\omega(\alpha_0, \cdots, \alpha_k)) \in A^{\ell+1}(U_{\alpha_0} \cap \cdots \cap U_{\alpha_k})$$

とおくことにより定義する．ここで $\omega(\alpha_0, \cdots, \widehat{\alpha_i}, \cdots, \alpha_{k+1})$ は，厳密には $U_{\alpha_0} \cap \cdots \cap U_{\alpha_{k+1}}$ へ制限された ℓ 形式を表わす．簡単な考察から

$$\delta \circ \delta = 0, \quad d \circ d = 0, \quad \delta \circ d = d \circ \delta$$

となることがわかる．さてここでつぎの可換な図式を考えよう．

(3.13)

ここで $r \colon A^\ell(M) \to A^{0,\ell}(\mathcal{U})$ は，M 全体で定義された ℓ 形式 $\omega \in A^\ell(M)$ を，各開集合 U_α に制限することにより定まる写像である．また $C^k(\mathcal{U})$ は $C^k(M;\mathcal{U})$ を表わし，$i \colon C^k(\mathcal{U}) \to A^{k,0}(\mathcal{U})$ は自然な包含写像である．

上の図式の左端の列は de Rham 複体であり，また最下行は Čech 複体であ

る．これら二つを除くと，$A^{k,\ell}(\mathcal{U})$ $(k,\ell \geqq 0)$ が第一象限に並んだ可換な図式となり，各行および列はそれぞれ境界作用素 δ と d に関して複体となっている．このようなものを**二重複体**(double complex)という．

命題 3.20 任意の $k, \ell \geqq 0$ に対して

(3.14) $\quad 0 \longrightarrow A^\ell(M) \xrightarrow{r} A^{0,\ell}(\mathcal{U}) \xrightarrow{\delta} \cdots \xrightarrow{\delta} A^{k,\ell}(\mathcal{U}) \xrightarrow{\delta} \cdots$

(3.15) $\quad 0 \longrightarrow C^k(\mathcal{U}) \xrightarrow{i} A^{k,0}(\mathcal{U}) \xrightarrow{d} \cdots \xrightarrow{d} A^{k,\ell}(\mathcal{U}) \xrightarrow{d} \cdots$

はそれぞれ完全系列である．すなわち，各系列の中の任意の準同型写像の核は，その前の準同型写像の像に完全に一致している．

[証明] 第一の系列が完全であることを見よう．まず $r: A^\ell(M) \to A^{0,\ell}(\mathcal{U})$ が単射であることは明らかである．つぎに $\omega \in A^{0,\ell}(\mathcal{U})$ が $\delta(\omega) = 0$ をみたすとしよう．これは任意の $\alpha, \beta \in A$ に対して $\omega(\alpha)$ と $\omega(\beta)$ の $U_\alpha \cap U_\beta$ への制限が一致することを意味している．したがって ω は M 全体で定義された微分形式となる．すなわち ω は写像 r の像に入っている．一般の $k > 0$ に対しては

$$\Phi : A^{k,\ell}(\mathcal{U}) \longrightarrow A^{k-1,\ell}(\mathcal{U})$$

をつぎのように定義する．開被覆 $\mathcal{U} = \{U_\alpha\}$ に従属する 1 の分割 $\{f_\alpha\}$ をとり，$\omega \in A^{k,\ell}(\mathcal{U})$ に対して

$$(\Phi\omega)(\alpha_0, \cdots, \alpha_{k-1}) = \sum_\alpha f_\alpha \omega(\alpha, \alpha_0, \cdots, \alpha_{k-1})$$

とおくのである．ここで $f_\alpha \omega(\alpha, \alpha_0, \cdots, \alpha_{k-1})$ は $U_\alpha \cap U_{\alpha_0} \cap \cdots \cap U_{\alpha_{k-1}}$ 上の微分形式であるが，U_α の外では 0 とおくことにより $A^\ell(U_{\alpha_0} \cap \cdots \cap U_{\alpha_{k-1}})$ の元と思える．このとき任意の元 $\omega \in A^{k,\ell}(\mathcal{U})$ に対して

(3.16) $\qquad \delta(\Phi\omega) + \Phi(\delta\omega) = \omega$

となることがわかる．実際

$$\delta(\Phi\omega)(\alpha_0, \cdots, \alpha_k) = \sum_{i=0}^{k} (-1)^i (\Phi\omega)(\alpha_0, \cdots, \widehat{\alpha}_i, \cdots, \alpha_k)$$
$$= \sum_{i=0}^{k} (-1)^i \sum_\alpha f_\alpha \omega(\alpha, \alpha_0, \cdots, \widehat{\alpha}_i, \cdots, \alpha_k),$$

$$\Phi(\delta\omega)(\alpha_0,\cdots,\alpha_k)$$
$$=\sum_\alpha f_\alpha\,(\delta\omega)(\alpha,\alpha_0,\cdots,\alpha_k)$$
$$=(\sum_\alpha f_\alpha)\omega(\alpha_0,\cdots,\alpha_k)+\sum_\alpha\sum_{i=0}^{k}(-1)^{i+1}f_\alpha\,\omega(\alpha,\alpha_0,\cdots,\widehat{\alpha_i},\cdots,\alpha_k)$$

となるので(3.16)が成り立つ.さてもし $\omega\in A^{k,\ell}(\mathcal{U})$ が $\delta\omega=0$ をみたすとすれば,(3.16)により $\omega=\delta(\Phi\omega)$ となるので,確かに第一の系列は完全である.

つぎに第二の系列も完全であることを示そう.まず写像 $i\colon C^k(\mathcal{U})\to A^{k,0}(\mathcal{U})$ が単射であることは明らかである.つぎに $\omega\in A^{k,0}(\mathcal{U})$ が $d\omega=0$ をみたすとしよう.これは $U_{\alpha_0}\cap\cdots\cap U_{\alpha_k}$ 上の関数 $\omega(\alpha_0,\cdots,\alpha_k)$ が,外微分をとると0になることを示している.ところが $\mathcal{U}$ は可縮な開被覆であるから,とくに $U_{\alpha_0}\cap\cdots\cap U_{\alpha_k}$ はすべて連結である.したがって $\omega(\alpha_0,\cdots,\alpha_k)$ は定数関数となり, ω が i の像に入ることがわかった.つぎに $\ell>0$ とし, $\omega\in A^{k,\ell}(\mathcal{U})$ が $d\omega=0$ をみたすとしよう.このとき各可縮な多様体 $U_{\alpha_0}\cap\cdots\cap U_{\alpha_k}$ に系3.16を適用すれば,第二の系列が完全であることがわかる.■

[定理3.19の証明] 可換な図式(3.13)によって定理を証明する.まず定理が主張する同型対応

$$(3.17)\qquad\varphi\colon H^\ell_{DR}(M)\longrightarrow \check{H}^\ell(M;\mathcal{U})$$

の候補を作ってみよう.与えられた de Rham コホモロジー類 $x\in H^\ell_{DR}(M)$ に対して, $\varphi(x)\in\check{H}^\ell(M;\mathcal{U})$ を定義するのである.それにはまず x を表わす M 上の閉形式 $\omega\in A^\ell(M)$ を選び, $r(\omega)=\omega_0\in A^{0,\ell}(\mathcal{U})$ とおく.さて $d\omega_0=d(r(\omega))=r(d\omega)=0$ であるから,命題3.20から $d\eta_0=\omega_0$ となるような $\eta_0\in A^{0,\ell-1}(\mathcal{U})$ が存在する.そこで $\omega_1=\delta\eta_0$ とおく.このとき $d\omega_1=d(\delta\eta_0)=\delta(d\eta_0)=\delta\omega_0=\delta(r(\omega))=0$ であるから,再び命題3.20から $d\eta_1=\omega_1$ となるような $\eta_1\in A^{1,\ell-2}(\mathcal{U})$ が存在する.そこで $\omega_2=\delta\eta_1$ とおく.以下同様の操作により $\omega_i\in A^{i,\ell-i}(\mathcal{U})$ が構成されたとしよう.このとき帰納的に $d\omega_i=0$ であるから, $\omega_i=d\eta_i$ となるような $\eta_i\in A^{i,\ell-i-1}(\mathcal{U})$ が存在する.そこで $\omega_{i+1}=\delta\eta_i\in A^{i+1,\ell-i-1}(\mathcal{U})$ とおく(図式(3.18), (3.19)参照).

§3.4 de Rham の定理の証明 —— 133

(3.18)

$$\begin{array}{ccc}
& d\uparrow & \\
\cdots \xrightarrow{\delta} A^{i,\ell-i}(\mathcal{U}) & \xrightarrow{\delta} & A^{i+1,\ell-i}(\mathcal{U}) \\
d\uparrow & & d\uparrow \\
A^{i,\ell-i-1}(\mathcal{U}) & \xrightarrow{\delta} & A^{i+1,\ell-i-1}(\mathcal{U}) \\
& & d\uparrow
\end{array}$$

(3.19)

$$\begin{array}{ccccc}
& & 0 & & \\
& & d\uparrow & & \\
\eta_{i-1} & \xrightarrow{\delta} & \omega_i & \xrightarrow{\delta} & 0 \\
& & d\uparrow & & d\uparrow \\
& & \eta_i & \xrightarrow{\delta} & \omega_{i+1} \\
& & & & d\uparrow
\end{array}$$

こうして結局 $\omega_\ell \in A^{\ell,0}(\mathcal{U})$ にたどり着く. $d\omega_\ell = 0$ であるから命題 3.20 により $\omega_\ell = i(c)$ となるような $c \in C^\ell(\mathcal{U})$ が存在する. 作り方から $\delta c = 0$ であるから c はコサイクルである. そこで $\varphi(x) = [c] \in \check{H}^\ell(\mathcal{U})$ とおくのである.

さて $\varphi(x)$ が,定義の途中のいろいろな選び方によらずに一意的に定まることを証明しよう.x を表わす別の閉形式 $\omega' \in A^\ell(M)$ から始めて,上と同じ議論によって $\omega'_i \in A^{i,\ell-i}(\mathcal{U})$ と $\eta'_i \in A^{i,\ell-i-1}(\mathcal{U})$ が定まり,最後にコチェイン $c' \in C^\ell(\mathcal{U})$ にたどり着いたとしよう.証明すべきことは c' と c とがコホモローグということである.まずある元 $\gamma_0 \in A^{\ell-1}(M)$ が存在して $\omega' = \omega + d\gamma_0$ と書ける.したがって $\omega'_0 = \omega_0 + r(d\gamma_0) = \omega_0 + d(r(\gamma_0))$ となる.そこで任意の $i = 0, 1, \cdots, \ell$ に対して

(3.20) $$\omega'_i = \omega_i + d(\delta\gamma_i)$$

となるような元 $\gamma_i \in A^{i-1,\ell-i-1}(\mathcal{U})$ が存在することを帰納的に示そう(ただし $i=0$ のときは δ は r に置き換え,$A^{-1,\ell-1}(\mathcal{U})$ は $A^{\ell-1}(M)$ のこととし,また $i=\ell$ のときは d は i に置き換え,$A^{\ell-1,-1}(\mathcal{U})$ は $C^{\ell-1}(\mathcal{U})$ のこととする).$i=0$ のときはすでに示されているので,i まで正しいとして $i+1$ のときを示そ

う．定義により $\omega_i = d\eta_i$, $\omega'_i = d\eta'_i$ であるから
$$d(\eta'_i - \eta_i - \delta\gamma_i) = \omega'_i - \omega_i - d(\delta\gamma_i) = 0$$
となる．したがって命題 3.20 により，ある元 $\gamma_{i+1} \in A^{i,\ell-i-2}(\mathcal{U})$ が存在して $d\gamma_{i+1} = \eta'_i - \eta_i - \delta\gamma_i$ となる．このとき
$$\omega'_{i+1} = \delta\eta'_i = \delta\eta_i + \delta(d\gamma_{i+1})$$
$$= \omega_{i+1} + d(\delta\gamma_{i+1})$$
となり，(3.20)が成立することがわかった．さて(3.20)で $i=\ell$ とおけば，$\omega'_\ell = \omega_\ell + i(\delta\gamma_\ell)$ となる $\gamma_\ell \in C^{\ell-1}(\mathcal{U})$ が存在することになる．ところが $\omega'_\ell = i(c')$, $\omega_\ell = i(c)$ であるから，$c' = c + \delta\gamma_\ell$ となり，確かに c' と c とはコホモローグとなる．このようにして写像 $\varphi: H^*_{DR}(M) \to \check{H}^*(M;\mathcal{U})$ が定義されたことになる．

以上の議論では，$A^\ell(M)$ から出発して図式(3.13)を右ななめ下方にジグザグにたどることにより，$C^\ell(\mathcal{U})$ に到達した．今度は逆に $C^\ell(\mathcal{U})$ から出発して上記と同様の議論により，同じ図式(3.13)を左ななめ上方にジグザグにたどることにより，$A^\ell(M)$ にたどりつくことができる．この操作により写像
$$\psi: \check{H}^*(M;\mathcal{U}) \longrightarrow H^*_{DR}(M)$$
が定義される．そして容易に確かめられるように上記二つの操作は互いに他の逆であるから，φ と ψ とは互いに逆写像の関係にあり，(3.17)が同型写像であることが示された．

(c) de Rham の定理の証明

前項で C^∞ 多様体 M の任意の可縮な開被覆 $\mathcal{U}$ に対して，de Rham コホモロジー群と Čech コホモロジー群との間に自然な同型写像

(3.21) $\qquad \varphi: H^*_{DR}(M) \cong \check{H}^*(M;\mathcal{U})$

が存在することを証明した(定理 3.19)．しかしこの証明では，de Rham の定理の本質とも言える微分形式の積分が隠された形になってしまっている．この項ではこの点を補って§3.3(b)に述べた形での de Rham の定理を証明することにする．ただし一般の形の定理 3.11 ではなく，C^∞ 級に三角形分割された多様体に対しての定理 3.12 のほうを証明する．このほうがむしろ

考え方が理解しやすいし，定理 3.12 の後に注意したように定理 3.11 は定理 3.12 から導くことができるからである．

M を C^∞ 多様体，$t:|K|\to M$ をその C^∞ 三角形分割とし，以後 $|K|$ と M とを同一視する．V を K の頂点の集合とし，命題 3.18 の証明にあるように $\mathcal{U}=\{O(v);v\in V\}$ とおけば，これは M の可縮な開被覆となる．さらに M の $\mathcal{U}$ に関する Čech コホモロジー群 $\check{H}^*(M;\mathcal{U})$ は，自然に単体複体 K の実係数コホモロジー群 $H^*(K;\mathbb{R})$ と，したがってさらに $H^*(M;\mathbb{R})$ と同一視される：

$$\check{H}^*(M;\mathcal{U})=H^*(K;\mathbb{R})=H^*(M;\mathbb{R})$$

（例 3.17 参照）．このとき，同型写像 (3.21) の次数 ℓ の部分

$$\varphi:H_{DR}^\ell(M)\longrightarrow \check{H}^\ell(M;\mathcal{U})=H^\ell(K;\mathbb{R})$$

は具体的にはつぎのように与えられるのであった．すなわち $x\in H_{DR}^\ell(M)$ に対して，まず x を表わす閉形式 $\omega\in A^\ell(M)$ を選ぶ．つぎに $\eta_0\in A^{0,\ell-1}(\mathcal{U})$ を $d\eta_0=r(\omega)$ となるようにとり，以下帰納的に $\eta_i\in A^{i,\ell-i-1}(\mathcal{U})$ を $\delta\eta_{i-1}=d\eta_i$ となるように選ぶのである．そして最後に $\delta\eta_{\ell-1}=i(c)$ となるような $c\in \check{C}^\ell(\mathcal{U})=C^\ell(K;\mathbb{R})$ を選べば，c はコサイクルとなり $\varphi(x)=[c]\in H^\ell(K;\mathbb{R})=H^\ell(M;\mathbb{R})$ と定義されたのである．

一方，定理 3.12 の写像 $I:H_{DR}^\ell(M)\to H^\ell(K;\mathbb{R})$ はつぎのように与えられる．すなわち上記のように，$x\in H_{DR}^\ell(M)$ が閉形式 ω によって表わされているとしよう．このとき，K の任意の向き付けられた ℓ 単体 $\langle\sigma\rangle=\langle v_0\cdots v_\ell\rangle$ に対して

$$c_0(\langle\sigma\rangle)=\int_{\langle\sigma\rangle}\omega$$

とおけば，$c_0\in C^\ell(K;\mathbb{R})$ はコサイクルとなる．そこで $I(x)=[c_0]$ と定義するのであった．さて定理 3.12 を証明するためには，$\check{H}^\ell(M;\mathcal{U})$ と $H^\ell(K;\mathbb{R})$ とを自然に同一視したとき，二つの写像 $I:H_{DR}^\ell(M)\to H^\ell(K;\mathbb{R})$ と $\varphi:H_{DR}^\ell(M)\to \check{H}^\ell(M;\mathcal{U})$ とが本質的に一致することを示せばよい．つぎの命題はそのことを保証し，これにより定理 3.12 の証明が終わる．

命題 3.21 図式

$$\begin{array}{ccc} H_{DR}^{\ell}(M) & \xrightarrow{I} & H^{\ell}(K;\mathbb{R}) \\ \| & & \| \\ H_{DR}^{\ell}(M) & \xrightarrow{\varphi} & \check{H}^{\ell}(M;\mathcal{U}) \end{array}$$

は符号を除いて可換である.すなわち $\varepsilon_\ell = (-1)^{\frac{\ell(\ell+1)}{2}}$ とおくとき $I = \varepsilon_\ell \varphi$ となる.

[証明] 上記のように $x \in H_{DR}^\ell(M)$ が閉形式 $\omega \in A^\ell(M)$ により表わされているとき,$I(x)$ はコサイクル $c_0 \in C^\ell(K;\mathbb{R})$ の,また $\varphi(x)$ はコサイクル $c \in C^\ell(K;\mathbb{R})$ の代表するコホモロジー類である.したがって命題を証明するためには,c_0 と $\varepsilon_\ell c$ とがコホモローグであることを示せばよい.

まず Stokes の定理 3.8 を使うことにより,K の任意の向き付けられた ℓ 単体 $\langle v_0 \cdots v_\ell \rangle$ に対して

(3.22) $$c_0(\langle v_0 \cdots v_\ell \rangle) = \int_{\langle v_0 \cdots v_\ell \rangle} \omega = \int_{\langle v_0 \cdots v_\ell \rangle} d\eta_0(v_0)$$
$$= \sum_{i=0}^{\ell} (-1)^i \int_{\langle v_0 \cdots \hat{v}_i \cdots v_\ell \rangle} \eta_0(v_0)$$

となることがわかる.さてコチェイン $d_0 \in C^{\ell-1}(K;\mathbb{R})$ を,任意の向き付けられた $\ell-1$ 単体 $\langle v_0 v_1 \cdots v_{\ell-1} \rangle$ に対して

$$d_0(\langle v_0 v_1 \cdots v_{\ell-1} \rangle) = \int_{\langle v_0 v_1 \cdots v_{\ell-1} \rangle} \eta_0(v_0)$$

とおくことにより定義しよう.このとき,

$$\delta d_0(\langle v_0 \cdots v_\ell \rangle) = \sum_{i=0}^{\ell} (-1)^i d_0(\langle v_0 \cdots \hat{v}_i \cdots v_\ell \rangle)$$
$$= \int_{\langle v_1 \cdots v_\ell \rangle} \eta_0(v_1) + \sum_{i=1}^{\ell} (-1)^i \int_{\langle v_0 \cdots \hat{v}_i \cdots v_\ell \rangle} \eta_0(v_0)$$

となる.したがって

$$c_0(\langle v_0 \cdots v_\ell \rangle) - \delta d_0(\langle v_0 \cdots v_\ell \rangle) = \int_{\langle v_1 \cdots v_\ell \rangle} \eta_0(v_0) - \int_{\langle v_1 \cdots v_\ell \rangle} \eta_0(v_1)$$

$$= -\int_{\langle v_1 \cdots v_\ell \rangle} d\eta_1(v_0 v_1)$$

$$= \sum_{i=1}^{\ell} (-1)^i \int_{\langle v_1 \cdots \widehat{v}_i \cdots v_\ell \rangle} \eta_1(v_0 v_1)$$

である．読者は図 3.5 を参照しながら検証してみてほしい．

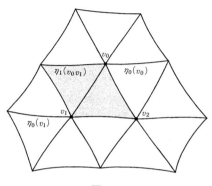

図 3.5

つぎにコチェイン $d_1 \in C^{\ell-1}(K;\mathbb{R})$ を，K の任意の向き付けられた $\ell-1$ 単体 $\langle v_0 v_1 \cdots v_{\ell-1} \rangle$ に対して

$$d_1(\langle v_0 v_1 \cdots v_{\ell-1} \rangle) = \int_{\langle v_1 \cdots v_{\ell-1} \rangle} \eta_1(v_0 v_1)$$

とおくことにより定義する．このとき

$$\delta d_1(\langle v_0 \cdots v_\ell \rangle)$$
$$= \sum_{i=0}^{\ell} (-1)^i d_1(\langle v_0 \cdots \widehat{v}_i \cdots v_\ell \rangle)$$
$$= \int_{\langle v_2 \cdots v_\ell \rangle} \eta_1(v_1 v_2) - \int_{\langle v_2 \cdots v_\ell \rangle} \eta_1(v_0 v_2) + \sum_{i=2}^{\ell} (-1)^i \int_{\langle v_1 \cdots \widehat{v}_i \cdots v_\ell \rangle} \eta_1(v_0 v_1)$$

となる．したがって

$$(c_0 - \delta d_0 - \delta d_1)(\langle v_0 \cdots v_\ell \rangle) = \int_{\langle v_2 \cdots v_\ell \rangle} \eta_1(v_0 v_2) - \eta_1(v_0 v_1) - \eta_1(v_1 v_2)$$

$$= -\int_{\langle v_2 \cdots v_\ell \rangle} d\eta_2(v_0 v_1 v_2)$$

$$= -\sum_{i=2}^{\ell} (-1)^i \int_{\langle v_2 \cdots \hat{v}_i \cdots v_\ell \rangle} \eta_2(v_0 v_1 v_2)$$

となる.一般にコチェイン $d_i \in C^{\ell-1}(K; \mathbb{R})$ $(i = 0, 1, \cdots, \ell-1)$ を,K の任意の向き付けられた $\ell-1$ 単体 $\langle v_0 v_1 \cdots v_{\ell-1} \rangle$ に対して

$$d_i(\langle v_0 v_1 \cdots v_{\ell-1} \rangle) = \int_{\langle v_i \cdots v_{\ell-1} \rangle} \eta_i(v_0 v_1 \cdots v_i)$$

とおく.このとき上記の議論を繰り返すことにより,結局

$$c_0 + \sum_{i=0}^{\ell-1} \varepsilon_{i+1} \delta d_i = \varepsilon_\ell c$$

となることがわかる.ここで $\varepsilon_i = (-1)^{\frac{i(i+1)}{2}}$ である.読者は d_2 が現われるつぎの段階を試してみてほしい.そうすれば上の式の符号の付き具合が了解できるであろう.こうして二つのコサイクル c_0, c は,符号を除いて確かにコホモローグであることが示され証明が終わることになる.

ただし厳密にいうと上の議論にはすこし問題がある.というのは,式(3.22) で Stokes の定理を使ったのだが,微分形式 η_0 は各頂点 v の開星状体 $O(v)$ で定義されているだけであるから,そもそも

$$\int_{\langle v_0 \cdots v_\ell \rangle} d\eta_0(v_0), \quad \int_{\langle v_0 \cdots \hat{v}_i \cdots v_\ell \rangle} \eta_0(v_0)$$

というような積分の値が確定するかどうかわからない.η_i を使った後の議論についても同様である.しかしこの問題はつぎのようにすれば簡単に解決することができる.すなわち,まず各頂点 v の開星状体 $O(v)$ の代わりに,$\overline{O(v)}$ を含む $O(v)$ より少し大きな開集合 $O'(v)$ を

$$O'(v_0) \cap \cdots \cap O'(v_k)$$

がいつも可縮になるようにとる.そして開被覆 $\mathcal{U} = \{O(v)\}$ の代わりに,$\mathcal{U}' = \{O'(v)\}$ を使ってまったく同じ議論を行なえばよいのである.こうすれば上記のような積分の値も確定し,Stokes の定理も問題なく適用できる.上の性質をみたすような $O'(v)$ がとれることは,単体複体の重心細分と呼ばれる操

作を使った議論が必要であるが，ここでは省略する．そのようなことが可能なことは，直観的にはそれほど理解しにくいことではないだろう．■

(d) de Rham の定理と積構造

多様体の de Rham コホモロジーには，§3.3(a) でみたように微分形式の外積を使うことにより自然な積構造が定義され，これにより $H_{DR}^*(M)$ は代数となる．一方，ふつうの(特異)コホモロジー $H^*(M;\mathbb{R})$ にもカップ積と呼ばれる積が入る．あるいは M が $t\colon |K|\to M$ により三角形分割されているとすれば，$H^*(K;\mathbb{R})$ にもカップ積が定義される．

さて de Rham の定理はこれらの積構造についてもよい性質をもっている．すなわちつぎの定理が成り立つ．

定理 3.22（積に関する de Rham の定理） M を C^∞ 多様体とする．このとき，定理 3.11 の同型対応
$$I\colon H_{DR}^*(M)\cong H^*(M;\mathbb{R})$$
は積構造を保ち，したがって代数としての同型写像となる．M に三角形分割 $t\colon |K|\to M$ が与えられている場合も同様に，定理 3.12 の同型対応
$$I\colon H_{DR}^*(M)\cong H^*(K;\mathbb{R})=H^*(M;\mathbb{R})$$
は代数としての同型写像である．

［証明］ ここでは後半の主張のみを証明することにする．一般の場合よりはこの場合のほうが，証明の考え方が理解しやすいと思われるからである．まず多面体 $|K|$ のコホモロジーのカップ積の定義を思い出そう．σ,τ を K の任意の二つの単体とするとき，それらの積 $|\sigma|\times|\tau|$ は自然に積空間 $|K|\times|K|$ の胞体となる．このような胞体すべてを考えることにより，$|K|\times|K|$ の胞体分割が得られる．さて $c,c'\in C^*(K;\mathbb{R})$ を K の，次数がそれぞれ k,ℓ のコチェインとしよう．このときつぎのようにして定義される，それらのクロス積 $c\times c'$ は，胞体複体 $K\times K$ の次数 $k+\ell$ の胞体コチェインとなる．具体的には $\langle\sigma\rangle,\langle\tau\rangle$ をそれぞれ σ,τ にある向きを与えたものとすれば，積 $\langle\sigma\rangle\times\langle\tau\rangle$ は $|K|\times|K|$ の向き付けられた胞体となるが，これに対して
$$c\times c'(\langle\sigma\rangle\times\langle\tau\rangle)=c(\langle\sigma\rangle)\,c'(\langle\tau\rangle)$$

とおくのである．境界作用素に関しては，等式 $\delta(c \times c') = \delta c \times c' + (-1)^k c \times \delta c'$ が成立することが簡単に確かめられる．したがって c, c' がともにコサイクルならば，$c \times c'$ もまたコサイクルとなる．このときコホモロジー類 $[c \times c'] \in H^{k+\ell}(|K| \times |K|; \mathbb{R})$ を $[c]$ と $[c']$ とのクロス積といい，$[c] \times [c']$ と記す．さて $d: |K| \to |K| \times |K|$ を対角写像，すなわち $d(p) = (p, p)$ $(p \in |K|)$ と定義される写像とし，$d^*: H^*(|K| \times |K|; \mathbb{R}) \to H^*(|K|; \mathbb{R})$ を d の誘導する準同型写像とする．このとき二つのコホモロジー類 $[c], [c']$ のカップ積 $[c] \cup [c'] \in H^{k+\ell}(|K|; \mathbb{R})$ は

$$[c] \cup [c'] = d^*([c] \times [c'])$$

により定義されるのであった．

以上の準備のもとに定理の主張を証明しよう．二つの de Rham コホモロジー類 $x \in H^k_{DR}(M)$, $y \in H^\ell_{DR}(M)$ が，それぞれ閉形式 $\omega, \eta \in A^*(M)$ により表わされているものとする．このときそれらの積 $xy \in H^{k+\ell}_{DR}(M)$ は閉形式 $\omega \wedge \eta$ により表わされる．一方 de Rham の定理の同型写像

$$I: H^*_{DR}(M) \longrightarrow H^*(K; \mathbb{R})$$

において，$I(x) \in H^k(K; \mathbb{R})$, $I(y) \in H^\ell(K; \mathbb{R})$ はそれぞれつぎのコサイクル $c, c' \in C^*(K; \mathbb{R})$ により表わされるのであった．すなわち，任意の向き付けられた k 単体 $\langle \sigma \rangle$ と，ℓ 単体 $\langle \tau \rangle$ に対して

$$c(\langle \sigma \rangle) = \int_{\langle \sigma \rangle} \omega, \quad c'(\langle \tau \rangle) = \int_{\langle \tau \rangle} \eta$$

となる．

つぎに積多様体 $M \times M$ を考える．$p_i: M \times M \to M$ $(i = 1, 2)$ を第 i 成分への射影とすれば，$p_1^* \omega \wedge p_2^* \eta$ は $M \times M$ 上の $k+\ell$ 形式であるが，明らかにそれは閉形式である．これを $\omega \times \eta$ と書き，ω と η とのクロス積と呼ぼう．クロス積は de Rham コホモロジーの準同型写像

$$H^*_{DR}(M) \otimes H^*_{DR}(M) \ni ([\omega], [\eta]) \longmapsto [\omega \times \eta] \in H^*_{DR}(M \times M)$$

を誘導する．これを de Rham コホモロジーのクロス積と呼び，$[\omega \times \eta] = [\omega] \times [\eta]$ と書こう．さて $d: M \to M \times M$ を上記のように対角写像とすれば，明らかに $d^*(p_1^* \omega \wedge p_2^* \eta) = \omega \wedge \eta$ となる．なぜならば $p_i \circ d = \mathrm{id}$ となるからである．

したがって $d^*([\omega] \times [\eta]) = [\omega \wedge \eta]$ となる．ここでつぎの可換な図式を考えよう．

(3.23)
$$\begin{array}{ccc} H^*_{DR}(M \times M) & \xrightarrow{I} & H^*(|K| \times |K|; \mathbb{R}) \\ d^* \downarrow & & \downarrow d^* \\ H^*_{DR}(M) & \xrightarrow{I} & H^*(|K|; \mathbb{R}) \end{array}$$

この図式の可換性は，de Rham の定理の一般の形すなわち定理 3.11 から簡単に導くことができる．さて $I([\omega] \times [\eta])$ を表わす胞体複体 $K \times K$ のコサイクル $\tilde{c}$ として，つぎのものがとれる．すなわち $K \times K$ の任意の向き付けられた $k+\ell$ 胞体は，$\langle \sigma \rangle \times \langle \tau \rangle$ $(\sigma, \tau \in K)$ の形をしているが，これに対する値は

(3.24) $$\tilde{c}(\langle \sigma \rangle \times \langle \tau \rangle) = \int_{\langle \sigma \rangle \times \langle \tau \rangle} \omega \times \eta$$

で与えられる．このことは，胞体複体 $K \times K$ を単体複体となるように細分して，多様体 $M \times M$ に対する写像 I の定義にもどって考えればすぐにわかる．さて式 (3.24) の右辺の積分は，σ, τ の次元がそれぞれ k, ℓ と異なる場合には明らかに 0 であり，それらと等しい場合にはちょうど

$$\int_{\langle \sigma \rangle} \omega \int_{\langle \tau \rangle} \eta$$

すなわち $c \times c'(\langle \sigma \rangle \times \langle \tau \rangle)$ と一致する．したがって，$\tilde{c} = c \times c'$ となる．図式 (3.23) の可換性から，$I([\omega \wedge \eta]) = d^*([\tilde{c}]) = d^*([c \times c']) = [c] \cup [c'] = I([\omega]) \cup I([\eta])$ となり，証明が終わる． ∎

de Rham コホモロジーの積の定義の自然さに比べて，通常のコホモロジーのカップ積の定義にはややわかりづらいところがある．これは単体複体 K の直積 $K \times K$ は上にも記したように自然に胞体複体にはなるが，それを単体複体とするためには，ある種の人為的操作が必要なことに由来する．理論的に避けることのできないことなのである．実際このことから，コホモロジー作用素と呼ばれるカップ積より深い構造がコホモロジーに定義されるのである．

上記の人為的操作の一つが Alexander–Whitney 写像と呼ばれるもので，これによりカップ積がコサイクルのレベルで定義される．これを用いた定理

3.22 の証明も可能で，それは前項の議論をコサイクルのカップ積をも考慮にいれた形で進めればよい．符号に注意する必要はあるが，それほど難しくはないので興味ある読者は試みてほしい．

§3.5 de Rham の定理の応用

(a) Hopf 不変量

3 次元球面から 2 次元球面への任意の C^∞ 写像 $f\colon S^3 \to S^2$ に対して，ある実数 $H(f) \in \mathbb{R}$ をつぎのように定義する．まず S^2 上の 2 形式 $\theta \in A^2(S^2)$ で $\int_{S^2} \theta = 1$ となるものを選ぶ．このとき $d(f^*\theta) = f^*(d\theta) = 0$ であるから，$f^*\theta$ は S^3 上の閉じた 2 形式である．ところが $H^2(S^3;\mathbb{R})=0$ であるから，de Rham の定理により，ある 1 形式 $\eta \in A^1(S^3)$ が存在して $f^*\theta = d\eta$ となる．そこで

$$H(f) = \int_{S^3} \eta \wedge d\eta$$

と定義する．$H(f)$ を f の **Hopf 不変量**(Hopf invariant)という．

定理 3.23

(i) $H(f)$ の値は θ や η のとり方によらずに f のみによって定まる．

(ii) $H(f)$ の値は f のホモトピー類のみによる．すなわち，二つの C^∞ 写像 $f_0, f_1\colon S^3 \to S^2$ が互いにホモトープならば，$H(f_0) = H(f_1)$ である．

(iii) $h\colon S^3 \to S^2$ を Hopf 写像(§1.3 の例 1.27)とすると，$H(h) = 1$ である．

[証明] まず(i)を証明する．θ' を S^2 上の別の 2 形式で $\int_{S^2} \theta' = 1$ となるものとし，$f^*\theta' = d\eta'$ とする．示すべきことは

$$(3.25) \qquad \int_{S^3} \eta \wedge d\eta = \int_{S^3} \eta' \wedge d\eta'$$

である．さて $H^2(S^2;\mathbb{R}) = \mathbb{R}$ であるから，de Rham の定理により，ある $\tau \in A^1(S^2)$ が存在して $\theta' = \theta + d\tau$ となる．このとき $d(\eta' - \eta - f^*\tau) = f^*(\theta' - \theta - d\tau) = 0$ であり，また $H^1(S^3;\mathbb{R}) = 0$ であるから，再び de Rham の定理によ

り，ある $g \in A^0(S^3)$ が存在して
$$\eta' = \eta + f^*\tau + dg$$
となる．したがって
$$\begin{aligned}
\eta' \wedge d\eta' &= (\eta + f^*\tau + dg) \wedge (d\eta + f^*d\tau) \\
&= \eta \wedge d\eta + \eta \wedge d(f^*\tau) + f^*(\tau \wedge (\theta + d\tau)) + d(g(d\eta + f^*d\tau)) \\
&= \eta \wedge d\eta + \eta \wedge d(f^*\tau) + d(g(d\eta + f^*d\tau))
\end{aligned}$$
となる．なぜならば S^2 は2次元の多様体であるから，その上の3形式 $\tau \wedge (\theta + d\tau)$ は 0 となるからである．つぎに $\eta \wedge d(f^*\tau) = -d(\eta \wedge f^*\tau) + d\eta \wedge f^*\tau = -d(\eta \wedge f^*\tau) + f^*(\theta \wedge \tau)) = -d(\eta \wedge f^*\tau)$ であるから，結局
$$\eta' \wedge d\eta' = \eta \wedge d\eta + d(-\eta \wedge f^*\tau + g(d\eta + f^*d\tau))$$
となり(3.25)が示された．

つぎに(ii)を証明する．仮定からある連続写像 $F: S^3 \times \mathbb{R} \to S^2$ が存在して，$F(p, 0) = f_0(p)$, $F(p, 1) = f_1(p)$ $(p \in S^3)$ となる．よく知られているように連続写像は C^∞ 写像で近似できるので，F は C^∞ 級と仮定してよい．$H^2(S^3 \times \mathbb{R}; \mathbb{R}) = 0$ であるから，ある1形式 $\tilde{\eta} \in A^1(S^3 \times \mathbb{R})$ が存在して $d\tilde{\eta} = F^*\theta$ となる．$i_0: S^3 \times \{0\} \to S^3 \times \mathbb{R}$, $i_1: S^3 \times \{1\} \to S^3 \times \mathbb{R}$ を自然な包含写像とし，$i_0^*\tilde{\eta} = \eta_0$, $i_1^*\tilde{\eta} = \eta_1$ とすれば，$d\eta_0 = f_0^*\theta$, $d\eta_1 = f_1^*\theta$ となる．ここで境界のある多様体 $S^3 \times [0, 1]$ とその上の3形式 $\tilde{\eta} \wedge d\tilde{\eta}$ に Stokes の定理 3.6 を適用すれば
$$\begin{aligned}
\int_{S^3 \times [0,1]} d(\tilde{\eta} \wedge d\tilde{\eta}) &= \int_{\partial(S^3 \times [0,1])} \tilde{\eta} \wedge d\tilde{\eta} \\
&= \int_{S^3 \times \{1\}} \eta_1 \wedge d\eta_1 - \int_{S^3 \times \{0\}} \eta_0 \wedge d\eta_0
\end{aligned}$$
となるが，$d(\tilde{\eta} \wedge d\tilde{\eta}) = F^*\theta \wedge F^*\theta = F^*(\theta \wedge \theta) = 0$ であるから，結局
$$\int_{S^3 \times \{0\}} \eta_0 \wedge d\eta_0 = \int_{S^3 \times \{1\}} \eta_1 \wedge d\eta_1$$
となり(ii)が証明された．

最後に(iii)を証明する．ここでは直接証明する代わりに，先取りすること

になるが第6章で導入される Euler 類を用いた証明を与えることにする. そこで示されるように, Hopf 写像は主 S^1 バンドルの構造を持ち, その Euler 類はちょうど $-1 \in H^2(S^2; \mathbb{Z}) \cong \mathbb{Z}$ となる. 一方, 主 S^1 バンドルの Euler 類は微分形式を用いてつぎのように計算される. すなわち, まず接続形式と呼ばれる 1 形式 $\omega \in A^1(S^3)$ が定義され, つぎに曲率形式と呼ばれる 2 形式 $\Omega \in A^2(S^2)$ が存在して

$$d\omega = h^*\Omega$$

となることが示される. Euler 類は閉 2 形式 $-\frac{1}{2\pi}\Omega$ の表わす de Rham コホモロジー類として定義されるので, 今の場合

$$-\frac{1}{2\pi}\int_{S^2}\Omega = -1$$

となる. したがって Hopf 不変量 $H(h)$ の計算のためには, $\theta = \frac{1}{2\pi}\Omega$ とおくことができる. このとき $\eta = \frac{1}{2\pi}\omega$ とおけば, $d\eta = h^*\theta$ であるから

$$\begin{aligned}H(h) &= \int_{S^3}\eta \wedge d\eta \\ &= \frac{1}{4\pi^2}\int_{S^3}\omega \wedge h^*\Omega \\ &= 1\end{aligned}$$

となり, 証明が終わる. ここで接続形式 ω のファイバー上の積分は, S^1 の長さ, つまりちょうど 2π に等しいことを使った. ∎

(b) Massey 積

de Rham の定理が示しているように, 微分形式は多様体の実係数コホモロジーの情報を完全に含んでいる. より詳しくは, 実コホモロジーのベクトル空間としての構造と, カップ積の定義する代数としての構造の双方である. この項では, 微分形式がコホモロジーに定義されるさらに深い構造をも計ることができることを示そう. この構造は **Massey 積**(Massey product)と呼ばれる高次の積のある無限の系列であるが, ここではそのうち最も簡単なものだけを導入することにする.

M を C^∞ 多様体とする. M 上に次数がそれぞれ k, ℓ, m の de Rham コホ

§3.5 de Rham の定理の応用——145

モロジー類 x,y,z が与えられ，それらは関係式
$$xy = yz = 0$$
をみたしているものと仮定しよう．このとき x,y,z の Massey の三重積 (triple product) と呼ばれるコホモロジー類
$$\langle x,y,z \rangle \in H_{DR}^{k+\ell+m-1}(M)/I(x,z)$$
がつぎのようにして定義される．ここに
$$I(x,z) = x \cdot H_{DR}^{\ell+m-1}(M) + z \cdot H_{DR}^{k+\ell-1}(M)$$
は $xu + zv$ ($u \in H_{DR}^{\ell+m-1}(M)$, $v \in H_{DR}^{k+\ell-1}(M)$) の形のコホモロジー類全体のなす $H_{DR}^{k+\ell+m-1}(M)$ の部分空間を表わす．さて x,y,z を表わす M 上の閉形式 $\alpha, \beta, \gamma \in A^*(M)$ を選ぼう．このとき仮定により，微分形式 $\lambda, \mu \in A^*(M)$ が存在して
$$\alpha \wedge \beta = d\lambda, \quad \beta \wedge \gamma = d\mu$$
となる．このとき
$$d(\lambda \wedge \gamma - (-1)^k \alpha \wedge \mu) = \alpha \wedge \beta \wedge \gamma - \alpha \wedge \beta \wedge \gamma = 0$$
であるから，$\lambda \wedge \gamma - (-1)^k \alpha \wedge \mu$ は閉形式である．そこで
$$\langle x,y,z \rangle = [\lambda \wedge \gamma - (-1)^k \alpha \wedge \mu]$$
とおく．このコホモロジー類が，部分空間 $I(x,z)$ に関する商空間の元としては，定義に使った微分形式のとり方によらずに一意的に定まることは容易に確かめられる．詳しい検証は読者にまかせることにする．

例 3.24 M を 2 次元トーラス T^2 上の S^1 バンドルで，その Euler 類が $1 \in H^2(T^2; \mathbb{Z})$ となるようなものとする（用語については第6章参照）．M は向き付けられた3次元閉多様体となる．M は具体的にはつぎのようにして構成することもできる．3次元 Lie 群 N を
$$N = \left\{ \begin{pmatrix} 1 & u & w \\ 0 & 1 & v \\ 0 & 0 & 1 \end{pmatrix} ; u,v,w \in \mathbb{R} \right\}$$
と定義する．N は u,v,w を（局所）座標として $\mathbb{R}^3$ と同一視することができる．Γ を N の元で成分がすべて整数となるもの全体の作る部分群とする．このとき，Γ は N に行列の積により自然に作用するが，この作用は自由かつ

真性不連続であることがわかる.したがって§1.5の命題1.52により,商空間 N/Γ は3次元 C^∞ 多様体となるが,これが上記の M である.簡単な計算から N 上の左不変な1形式は

$$du, \quad dv, \quad \gamma = dw - udv$$

により生成されることがわかる.したがって,それらは M 上の1形式と思うことができる.このとき,$H^1_{DR}(M)$, $H^2_{DR}(M)$ は2次元で,それぞれ $x = [du]$, $y = [dv]$ および $[du \wedge \gamma]$, $[dv \wedge \gamma]$ を生成元にとれることがわかる. $d\gamma = -du \wedge dv$ であるから $xy = 0$ である.したがって,Massey 積 $\langle x, x, y \rangle \in H^2_{DR}(M)/I(x,y)$ が定義される.明らかに $I(x,y) = 0$ であり,また

$$\langle x, x, y \rangle = [du \wedge \gamma] \neq 0 \in H^2_{DR}(M)$$

であるから,これは Massey 積が自明でない簡単な例となっている.　　□

(c) コンパクト Lie 群のコホモロジー

G を Lie 群とし,$\mathfrak{g}$ をその Lie 代数とする.§2.4(b)により,$\mathfrak{g}$ の双対空間 $\mathfrak{g}^*$ は,G 上の左不変な1形式全体と同一視することができる.とくに自然な包含写像 $i: \mathfrak{g}^* \to A^1(G)$ が存在する.これら左不変な1形式の外積を考えることにより,i は準同型写像

$$i: \Lambda^* \mathfrak{g}^* \longrightarrow A^*(G)$$

を誘導する(同じ記号を使う).G の単位元の接空間 $T_e G$ における値を考えれば,i は単射であり,さらにその像は G 上の左不変な微分形式全体と一致することがわかる.以後

$$\Lambda^* \mathfrak{g}^* = G \text{ 上の左不変な微分形式全体}$$

と思うことにする.左不変な微分形式の外微分はまた左不変である.具体的にはそれは Maurer–Cartan 方程式(2.45)により計算される.したがって,$\Lambda^* \mathfrak{g}^*$ は G の de Rham 複体 $A^*(G)$ の中で外微分をとる操作に関して閉じている,すなわち部分複体となっているのである.一般には i の誘導するコホモロジーの準同型写像

$$i^*: H^*(\Lambda^* \mathfrak{g}^*) \longrightarrow H^*(A^*(G)) \cong H^*(G; \mathbb{R})$$

は単射でも全射でもない.しかし G がコンパクトの場合にはつぎの定理が成

立する.

定理 3.25(Cartan–Eilenberg) G を連結なコンパクト Lie 群とする. そのとき, G 上の左不変な微分形式全体 $\Lambda^*\mathfrak{g}^*$ からの自然な包含写像 $i: \Lambda^*\mathfrak{g}^* \to A^*(G)$ は, 同型写像 $H^*(\Lambda^*\mathfrak{g}^*) \cong H^*(G;\mathbb{R})$ を誘導する. □

証明は G 上の Haar 測度を用いて, 演習問題 3.10 の証明と同様の議論により微分形式を平均することによりなされるが, ここでは省略する.

例 3.26 n 次元トーラス T^n は $SO(2)$ の n 個の直積とも思えるので, 連結なコンパクト Lie 群である. その Lie 代数は可換であり自然に $\mathbb{R}^n$ と同一視できる. したがって定理 3.25 により
$$H^*(T^n;\mathbb{R}) \cong \Lambda^*(\mathbb{R}^n)^*$$
となる. □

(d) 写 像 度

まず C^∞ 多様体の向き付け可能性の, 微分形式を用いた判定法を考えよう. M を n 次元 C^∞ 多様体とする. このとき $\dim \Lambda^n T_p^* M = 1$ であるから, M のある開集合 U 上に, その上のすべての点で 0 でない n 形式 ω が与えられたとすると, U 上の任意の n 形式は ω の関数倍として一意的に書けることになる. とくにすべての点で 0 でない二つの n 形式 ω_1, ω_2 の "比" ω_1/ω_2 が, U 上の関数として定義される. したがって, もし U が連結であれば, そのような n 形式全体を二つの類に類別することができる. すなわち, ω_1/ω_2 が U 上つねに正の値をとるとき, ω_1 と ω_2 は同じ類に属するとするのである. さて $\mathbb{R}^n$ 上の n 形式 $\omega = dx_1 \wedge \cdots \wedge dx_n$ は明らかに $\mathbb{R}^n$ 上 0 にはならない. U, V を $\mathbb{R}^n$ の連結開集合とし, $\varphi: U \to V$ を微分同相としよう. このとき, §2.1 の(2.4)から
$$\varphi^*\omega = J\varphi\,\omega$$
となる. ここに $J\varphi$ は φ のヤコビアンを表わす. したがって, U 上の二つの n 形式 $\varphi^*\omega$ と ω とが, 上記の意味で同じ類に属するための必要十分条件は, φ のヤコビアンが U 上つねに正になることである. 以上の考察から, つぎの命題は自然に思われるだろう.

命題 3.27 n 次元 C^∞ 多様体 M が向き付け可能であるための必要十分条件は，M 上のすべての点で 0 にならない n 形式が存在することである．

［証明］ まず M 上のすべての点で 0 にならない n 形式 ω が存在したとしよう．このとき M の局所座標系 (U, φ) で，$\varphi^*(dx_1 \wedge \cdots \wedge dx_n)$ が ω と同じ類に属するものだけを集めたものは，明らかに M のアトラスとなり，その座標変換のヤコビアンはつねに正となる．したがって M は向き付け可能である．

逆に M が向き付け可能だとしよう．このとき座標変換のヤコビアンがつねに正となるようなアトラス $\mathcal{S} = \{(U_\alpha, \varphi_\alpha)\}_{\alpha \in A}$ が存在する．必要ならば局所有限な細分をとることにより，開被覆 $\{U_\alpha\}$ は可算個の元からなり，それに従属する 1 の分割 $\{f_\alpha\}$ で同じ添え字をもつものが存在すると仮定してよい．このとき

$$\omega = \sum_\alpha f_\alpha \varphi_\alpha^*(dx_1 \wedge \cdots \wedge dx_n)$$

とおけば，これは M 上のすべての点で 0 にならない n 形式となる． ∎

上記の証明から明らかなように，n 次元 C^∞ 多様体上のすべての点で 0 にならない n 形式を与えれば，それに付随する向きが定まり，逆に向き付けられた n 次元多様体上には，その向きと同調する 0 にならない n 形式をとることができる．このような n 形式を**体積要素**(volume form)という．

さて M, N を同じ次元(n としよう)の向き付けられた連結閉多様体とし，$f: M \to N$ を C^∞ 写像とする．$f_*: H_n(M; \mathbb{Z}) \to H_n(N; \mathbb{Z})$ を f が n 次元ホモロジー群に誘導する準同型写像とする．仮定から $H_n(M; \mathbb{Z})$, $H_n(N; \mathbb{Z})$ はそれぞれ M, N の基本類 $[M], [N]$ の生成する無限巡回群である．したがって

$$f_*([M]) = d[N]$$

となるような整数 $d \in \mathbb{Z}$ が定まる．これを写像 f の**写像度**(mapping degree)といい $\deg f$ と書く．写像度とは，直観的には f により M が N に巻き付く回数を計るものといえる．

例 3.28

(1) $S^1 = \{z \in \mathbb{C}; |z| = 1\}$ とし，$f_n: S^1 \to S^1$ $(n \in \mathbb{Z})$ を $f_n(z) = z^n$ と定義

する．このとき $\deg f = n$ である．

（2） $\pi : S^{2n+1} \to L(p; q_1, \cdots, q_n)$ を S^{2n+1} からレンズ空間への自然な射影とする（§1.5 例 1.53 参照）．このとき $\deg \pi = p$ である． □

つぎの命題は，写像度と de Rham コホモロジーとの関連を与えるものである．証明はそれほど難しくないので読者の演習としたい．

命題 3.29 M, N を n 次元の向き付けられた連結閉多様体とし，$f : M \to N$ を C^∞ 写像とする．$\omega \in A^n(N)$ を N 上の任意の n 形式とする．このとき次式が成立する．

$$\int_M f^*\omega = \deg f \int_N \omega.$$

とくに ω が N の体積要素で $\int_N \omega = 1$ となるものであれば

$$\deg f = \int_M f^*\omega$$

となる． □

(e) Gauss によるまつわり数の積分表示

$\mathbb{R}^3$ の中に互いに交わらない二つの結び目（すなわち埋め込まれた S^1）K, L が与えられているとしよう．このようなものを 2 個の成分からなる**絡み目** (link) という．図 3.6 のように，いろいろな場合が考えられる．(a) と (b) との違いを直観的に説明するとすれば，(a) は二つの S^1 が互いに本質的に絡み合っているのに対し，(b) はそうではないということができるだろう．この

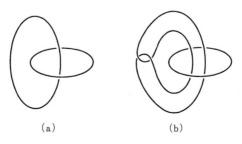

(a)　　　　　(b)

図 3.6　いろいろな絡み目

ことを数学的に定式化してみよう.

まず K, L に向きを付け，それらのパラメーター表示をそれぞれ
$$f\colon S^1 \longrightarrow \mathbb{R}^3, \quad g\colon S^1 \longrightarrow \mathbb{R}^3$$
とする．このとき写像
$$F\colon S^1 \times S^1 \longrightarrow \mathbb{R}^3$$
が $F(s,t) = g(t) - f(s)$ $(s, t \in S^1 = \mathbb{R}/\mathbb{Z})$ とおくことにより定義される．ここで $g(t) - f(s)$ は $\mathbb{R}^3$ のベクトルとしての引き算を表わす．$\mathbb{R}^3$ から原点を除いた空間を $\mathbb{R}^3 - \{0\}$ と書けば，仮定から F の像は $\mathbb{R}^3 - \{0\}$ に含まれる．そこで，射影 $\pi\colon \mathbb{R}^3 - \{0\} \to S^2$ を $\pi(x) = x/\|x\|$ により定義し，$\overline{F} = \pi \circ F$ とおく．このとき
$$\mathrm{Lk}(K, L) = \deg \overline{F}$$
と定義し，これを K と L の**まつわり数**(linking number)と呼ぶ．写像度はホモトピーによって不変であるから，上記の数は K, L のパラメーターのとり方によらずに定まることがわかる．二つの結び目の絡み具合を，写像の基本的な不変量である写像度によって計ろうというのである．

まつわり数の積分による具体的な表示を求めてみよう．まず
$$\omega = \frac{1}{\|x\|^3}(x_1 dx_2 \wedge dx_3 - x_2 dx_1 \wedge dx_3 + x_3 dx_1 \wedge dx_2)$$
とおき，さらに ω の S^2 への制限を ω_0 と書こう．このとき，簡単な計算から $d\omega = 0$ となることがわかり(第2章演習問題2.7)，また $\int_{S^2} \omega_0 = 4\pi$ であることもわかる(演習問題3.8)．したがって

(3.26) $$\mathrm{Lk}(K, L) = \frac{1}{4\pi} \int_{T^2} F^* \omega$$

となる．さて f, g は S^1 上定義された3次元のベクトル値の関数であるが，それらの成分をそれぞれ f_i, g_i $(i = 1, 2, 3)$ とする．このとき

(3.27) $$F^* dx_i = f_i'(s)ds + g_i'(t)dt \quad (i = 1, 2, 3)$$

となる．式(3.26), (3.27)から，簡単な計算により結局，つぎの定理が得られる．

定理 3.30 $\mathbb{R}^3$ の中の互いに交わらない二つの向き付けられた結び目 K, L

のまつわり数は，積分

$$\mathrm{Lk}(K,L) = -\frac{1}{4\pi}\int_0^1 ds \int_0^1 \frac{1}{\|g(t)-f(s)\|^3} \det\bigl(g(t)-f(s), f'(s), g'(t)\bigr)dt$$

によって与えられる．ここで f, g は，それぞれ K, L のパラメーター表示である． □

まつわり数の上記の積分表示は Gauss により得られたものである．この表示の物理的意味については，深谷賢治『電磁場とベクトル解析』(シリーズ現代数学への入門，岩波書店，2004年)に説明がある．また，まつわり数はより一般に，向き付けられた n 次元閉多様体の中の，次元の和がちょうど $n-1$ となるような二つの互いに交わらない向き付けられた部分多様体に対して定義することができる．

《要 約》

3.1 単体複体のホモロジーとは，サイクル全体の作る加群をバウンダリー全体の作る部分加群で割った商のことである．

3.2 任意の C^∞ 多様体は C^∞ 三角形分割を持つ．

3.3 n 次元の連結で向き付け可能な閉多様体の，n 次元ホモロジー群は $\mathbb{Z}$ と同型である．向きを指定すると定まるこの群の生成元を基本類という．

3.4 向き付けられた n 次元 C^∞ 多様体 M 上に，台がコンパクトな $n-1$ 形式 ω が与えられたとする．このとき $d\omega$ の M 上の積分は，ω の ∂M 上の積分に等しい．これを Stokes の定理という．とくに n 次元閉多様体上の，任意の $n-1$ 形式の外微分の積分はつねに 0 である．

3.5 C^∞ 多様体上の任意の $k-1$ 形式と，任意の特異 k チェイン c に対し，$d\omega$ の c 上の積分の値は ω の ∂c 上の積分の値に等しい．これを(チェインに関する) Stokes の定理という．とくにサイクル上の完全形式の積分はつねに 0 である．

3.6 C^∞ 多様体上の閉形式全体の作るベクトル空間を，完全形式全体の作る部分空間で割った商空間を，de Rham コホモロジー群という．微分形式の外積の誘導する積により，de Rham コホモロジー群は代数をなす．これを de Rham コホモロジー代数という．

3.7 微分形式のチェイン上の積分の誘導する，C^∞ 多様体の de Rham コホモロジーから特異コホモロジーへの写像は，代数としての同型写像である．これを de Rham の定理という．

──────── 演習問題 ────────

3.1 定理3.4の証明を参考にしてつぎのことを示せ．
(1) M を n 次元の閉じた C^∞ 多様体で，連結かつ向き付け不可能なものとする．このとき $H_n(M;\mathbb{Z})=0$ である．
(2) M を境界のある n 次元のコンパクト C^∞ 多様体で，連結かつ向き付け可能なものとする．このとき $H_n(M,\partial M;\mathbb{Z}) \cong \mathbb{Z}$ である．
(3) M を連結な n 次元閉多様体とするとき $H_n(M;\mathbb{Z}_2) \cong \mathbb{Z}_2$ である．

3.2 微積分学の基本定理
$$\int_a^b f'(x)dx = f(b)-f(a)$$
は Stokes の定理の特別の場合と思えることを示せ．

3.3
(1) M, N を向き付けられた n 次元 C^∞ 多様体，$f: M \to N$ を向きを保つ微分同相とする．このとき N 上の任意の台がコンパクトな n 形式 ω に対して
$$\int_M f^*\omega = \int_N \omega$$
となることを示せ．
(2) M を向き付けられた n 次元 C^∞ 多様体，ω を M 上の台がコンパクトな n 形式とする．$-M$ を M の向きを逆にした多様体とすると $\int_{-M} \omega = -\int_M \omega$ となることを証明せよ．

3.4 M を連結な n 次元閉多様体とし，$\omega \in A^k(M)$, $\eta \in A^{n-k}(M)$ を M 上の閉形式とする．もし $\omega \wedge \eta$ が M 上のすべての点で0でなければ，ω の表わす de Rham コホモロジー類 $[\omega] \in H^k_{DR}(M)$ は 0 でないことを証明せよ．

3.5
$$H^k_{DR}(\mathbb{R}) = \begin{cases} \mathbb{R} & k=0 \\ 0 & k>0 \end{cases}$$
であることを，de Rham コホモロジーの定義により証明せよ．

3.6
$$H_{DR}^k(S^1) = \begin{cases} \mathbb{R} & k = 0, 1 \\ 0 & k > 1 \end{cases}$$
であることを，de Rham コホモロジーの定義により証明せよ．

3.7 $\mathbb{R}^2$ から原点を除いた空間を $\mathbb{R}^2 - \{0\}$ と表わす．このとき $H_{DR}^*(\mathbb{R}^2 - \{0\})$ を計算せよ．また $H_{DR}^1(\mathbb{R}^2 - \{0\})$ の 0 でない元を表わす閉じた 1 形式を求めよ．

3.8 $\mathbb{R}^3$ 上の 2 形式 $\omega = x_1 dx_2 \wedge dx_3 - x_2 dx_1 \wedge dx_3 + x_3 dx_1 \wedge dx_2$ に対して，積分の値
$$\int_{S^2} \omega$$
を求めよ．ただし S^2 は $\mathbb{R}^3$ の中の単位球面とする．

3.9 M を連結で向き付けられた n 次元閉多様体とする．このとき任意の整数 d に対して，写像度がちょうど d となるような C^∞ 写像 $f: M \to S^n$ が存在することを証明せよ．

3.10 有限群 G が C^∞ 多様体 M に自由に作用しているとする．このとき商多様体 M/G の de Rham コホモロジーは
$$H_{DR}^*(M/G) \cong H_{DR}^*(M)^G$$
により与えられることを示せ．ここに右辺は $H_{DR}^*(M)$ の元で G の作用により不変なもの全体を表わす．

4 ラプラシアンと調和形式

この章では，Riemann 多様体上の微分形式について考察する．Riemann 多様体とは，接ベクトルに長さが指定されている微分可能多様体である．

微分可能多様体は $\mathbb{R}^3$ の中の曲面を一つのモデルとして，それを一般化することにより得られた概念であるが，その抽象的な定義のため，初めから $\mathbb{R}^n$ の中に埋め込まれているわけではない．それに伴って $\mathbb{R}^3$ の中の曲面が持っている性質，すなわち曲がり具合とかその上にのっている曲線の長さといったものが，一般の微分可能多様体上では定義されていない．むしろこれらを，微分可能多様体上の一つの構造として捉えることができることを示したのが，Riemann の画期的な考えである．具体的には，各接ベクトルに長さを指定するという単純なことなのだが，これだけのことから，多様体の大きさや曲がり具合をはじめとする全体の形が定まってしまうというのである．今ではほとんど常識になってしまって感激も薄れがちであるが，$\mathbb{R}^3$ の中の曲面の場合に初めてこの事実を発見した Gauss 自身が驚いたほどの，まったく明らかではないことである．

さて接ベクトルに長さが指定されると，微分形式にもそれから誘導される大きさが定まる．これを利用することにより，閉じた Riemann 多様体の場合には de Rham の定理を精密化することができる．すなわち，各 de Rham コホモロジー類を代表する無限個の閉形式の中に，上記の大きさの観点から，いわば"最も均整のとれた"微分形式がただ一つ存在することが証明さ

れるのである．このような微分形式は調和形式と呼ばれ，ラプラシアンという微分形式の空間に作用する微分作用素によりこれらを特徴づけることができる．これが Hodge による調和積分論である．本書ではその大体の考え方だけを述べることにする．詳しいことは巻末の参考書の中の Warner あるいは de Rham の本を見てほしい．

§4.1 Riemann 多様体上の微分形式

(a) Riemann 計量

Riemann 多様体の定義を述べよう．

定義 4.1 M を C^∞ 多様体とする．M 上の各点 $p \in M$ における接空間 $T_p M$ に正値な内積
$$g_p : T_p M \times T_p M \longrightarrow \mathbb{R}$$
が与えられ，それが p について C^∞ 級のとき，$g = \{g_p ; p \in M\}$ を M 上の **Riemann 計量**(Riemannian metric)という．また Riemann 計量の与えられた多様体を **Riemann 多様体**(Riemannian manifold)と呼ぶ． □

念のため記しておくと，実ベクトル空間 V (今の場合 $T_p M$) 上の内積とは，対称な双線形写像 $\mu : V \times V \to \mathbb{R}$ のことであり，それが**正値**(positive definite)とは，任意の元 $v \in V$ に対し $\mu(v, v) \geqq 0$ となり，さらに $\mu(v, v) = 0$ となるのは $v = 0$ の場合に限るときをいう．以後本書で内積という場合には，つねにこの正値性を仮定することにする．

$(U ; x_1, \cdots, x_n)$ を M の一つの局所座標系としよう．このとき
$$g_{ij}(p) = g_p\left(\frac{\partial}{\partial x_i}, \frac{\partial}{\partial x_j}\right) \quad (p \in U)$$
とおけば，g_{ij} は $x_1, \cdots, x_n$ の関数となる．g が C^∞ 級とは，すべての局所座標系に対してこの関数が C^∞ 級のときをいう．$(V ; y_1, \cdots, y_n)$ を別の局所座標系とし，g'_{ij} を対応する g の局所表示とすれば，接ベクトルの変換公式(§1.3 命題 1.34)から

$$g_{ij}(p) = \sum_{k,\ell=1}^{n} \frac{\partial y_k}{\partial x_i}(p) \frac{\partial y_\ell}{\partial x_j}(p) g'_{k\ell}(p) \quad (p \in U \cap V)$$

となることがわかる．上記の局所表示を使って，Riemann 計量を

$$ds^2 = \sum_{i,j=1}^{n} g_{ij} dx_i dx_j$$

と 2 次の対称テンソルと呼ばれる形で表わすことが多い．ここで $dx_i dx_j$ は 1 次微分形式の積ではなく，詳しくは $dx_i \otimes dx_j$ と書かれるべきものである．

例 4.2 $\mathbb{R}^n$ の標準的な座標 $x_1, \cdots, x_n$ に関して，$ds^2 = dx_1^2 + \cdots + dx_n^2$ は Riemann 計量となる．この計量を備えた $\mathbb{R}^n$ を，**n 次元 Euclid 空間**という．言い換えると

$$\frac{\partial}{\partial x_1}, \cdots, \frac{\partial}{\partial x_n}$$

が正規直交基底となるような計量である． □

例 4.3 2 次元の上半平面 $\mathbb{H}^2 = \{(x,y) \in \mathbb{R}^2 ; y > 0\}$ を考える．$\mathbb{H}^2$ 上に Riemann 計量

$$ds^2 = \frac{dx^2 + dy^2}{y^2}$$

を与えたものを，**双曲平面**(hyperbolic plane)という．この上では双曲的な非 Euclid 幾何学が展開される． □

例 4.4 Riemann 多様体の任意の部分多様体は誘導される Riemann 計量を持つ．これを **Riemann 部分多様体**(Riemannian submanifold)という． □

(M,g) を Riemann 多様体としよう．このとき，接ベクトル $X \in T_pM$ に対して，その長さ $\|X\|$ が

$$\|X\| = \sqrt{g(X,X)}$$

とおくことにより定義される．また $\|X\| = 0$ となるのは，X が 0 ベクトルのときに限る．これらのことは Riemann 計量を定義する内積の正値性からただちに従う．M 上の C^∞ 曲線 C が，C^∞ 写像 $c : [a,b] \to M$ により与えられているとする．このとき，その長さ $L(C)$ が

$$L(C) = \int_a^b \|\dot{c}(t)\| \, dt$$

により定義される．速度ベクトルの大きさ，すなわち速さを積分すれば，到達距離が得られるというわけである．C の長さがそのパラメーター表示によらずに定まることは簡単に確かめられる．

つぎの命題が示すように，任意の微分可能多様体上には Riemann 計量が存在する．さらにその証明を見ればわかるように，それらはかなり自由に存在する．このことは，$\mathbb{R}^3$ の中の曲面がその C^∞ 構造を変えることなく形だけは自在に変えることができることからも納得しやすいであろう．

命題 4.5 任意の C^∞ 多様体 M 上には Riemann 計量が存在する．

［証明］ $\{U_i\}$ $(i=1,2,\cdots)$ を M の座標近傍による局所有限な開被覆とし，$\{f_i\}$ をそれに従属する 1 の分割とする．各 U_i は，n 次元 Euclid 空間 $\mathbb{R}^n$ の開部分多様体と考えることができるので，それから誘導される計量が定義される．それを g_i としよう．このとき $g = \sum_i f_i g_i$ とおけば，これが M 上の Riemann 計量となることが確かめられる． ∎

(b) Riemann 計量と微分形式

(M,g) を Riemann 多様体とする．すなわち各点 $p \in M$ において，正値な内積 $g_p : T_pM \times T_pM \to \mathbb{R}$ が与えられている．このとき $\hat{g}_p(X)(Y) = g_p(X,Y)$ とおくことにより，線形写像

$$\hat{g}_p : T_pM \longrightarrow T_p^*M$$

が得られるが，g の正値性から実はこれが同型対応であることがわかる．なぜならば，$X \in T_pM$ が 0 ベクトルでなければ $\hat{g}_p(X)(X) \neq 0$ であるから，$\hat{g}_p$ は単射である．一方 $\dim T_pM = \dim T_p^*M$ であるから，$\hat{g}_p$ は同型となる．こうして Riemann 多様体の重要な性質，すなわち接空間 T_pM とその双対空間である余接空間 T_p^*M とが同一視できることが導かれた．したがって，M 上のベクトル場全体の空間 $\mathfrak{X}(M)$ と，1 次微分形式全体の空間 $A^1(M)$ とが同一視できることになる．たとえば，M 上の C^∞ 関数 f に対して df は 1 形式となるが，今述べた同型 $A^1(M) \cong \mathfrak{X}(M)$ により，df に対応するベクトル

場が定まる．これを $\mathrm{grad}\,f$ と書き，f の**勾配**(gradient)という．Euclid 空間 $\mathbb{R}^n$ 上の関数 $f=f(x_1,\cdots,x_n)$ の場合には

$$\mathrm{grad}\,f = \sum_{i=1}^n \frac{\partial f}{\partial x_i}\frac{\partial}{\partial x_i}$$

となることがわかる（検証は演習問題 4.3 とする）．一般に $\mathrm{grad}\,f$ は，関数 f の値が変化する度合をベクトル場によって表現したものである．すなわち，それは f が一定の値をとる M 内の各"等位面"に直交し，f が各方向に増加する割合をその方向の成分とするようなベクトル場である（図 4.1 参照）．

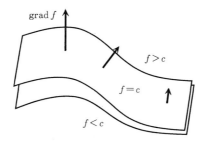

図 4.1 関数の勾配

上に示したように，M 上の Riemann 計量は，同型対応 $A^1(M) \cong \mathfrak{X}(M)$ を誘導する．したがって，M 上の任意の二つの 1 形式 ω,η に対して，各点 $p \in M$ におけるそれらの内積 $\langle \omega_p, \eta_p \rangle \in \mathbb{R}$ が定まり，p を動かすことにより，$\langle \omega, \eta \rangle$ は M 上の関数となる．この事実を一般化して，一般の k 形式に対しても内積が定義されることを見よう．ここで，内積を表わすのに $\langle\ ,\ \rangle$ という記号を使ったが，それはもう一つの記号 $(\ ,\ )$ を，§4.2 では別の意味（詳しくは M 上で積分したもの）に使うので，混同が起きないようにするためである．

必要なのは線形代数の議論なので，再び接空間 T_pM の代わりに V と記すことにする．V 上に与えられた正値な内積 $V \times V \to \mathbb{R}$ が同型写像 $V \cong V^*$ を誘導し，これにより V^* 上にも内積が定義されているという設定である．$k \geqq 1$ とする．$\alpha_1 \wedge \cdots \wedge \alpha_k,\ \beta_1 \wedge \cdots \wedge \beta_k \in \Lambda^k V^*$ $(\alpha_i, \beta_j \in V^*)$ という形の二つの元に対しては，それらの内積を

$$\langle \alpha_1 \wedge \cdots \wedge \alpha_k, \beta_1 \wedge \cdots \wedge \beta_k \rangle = \det\bigl((\alpha_i, \beta_j)\bigr)$$

と定義する．これが二つの元の表示によらないことは，外積と行列式の性質が互いにうまく対応していることを使えば簡単に検証できる．$\Lambda^k V^*$ 全体には線形性により拡張する．このとき，もし $e_1, \cdots, e_n$ を V の正規直交基底，$\theta_1, \cdots, \theta_n$ をその双対基底とすれば

$$\theta_{i_1} \wedge \cdots \wedge \theta_{i_k}, \quad 1 \leqq i_1 < \cdots < i_k \leqq n$$

という形の元全体が $\Lambda^k V^*$ の正規直交基底となることがわかる．証明は簡単なので読者に任せることにする．

こうして M 上の任意の二つの k 形式 $\omega, \eta \in A^k(M)$ に対して，各点においてそれらの内積 $\langle \omega_p, \eta_p \rangle$ が定まり，$\langle \omega, \eta \rangle$ が M 上の関数として定義されることになった．$k=0$ の場合は上記の議論には出てこないが，この場合は二つの関数 f, g の各点での内積は，単にそれらの積 fg と定義すればよい．また，次数が異なる二つの微分形式の(各点での)内積は 0 と定義する．

例 4.6 3次元 Euclid 空間 $\mathbb{R}^3$ 上の 2 形式，$\omega = a\,dx_1 \wedge dx_2 + b\,dx_2 \wedge dx_3 + c\,dx_3 \wedge dx_1$, $\eta = e\,dx_1 \wedge dx_2 + f\,dx_2 \wedge dx_3 + g\,dx_3 \wedge dx_1$ に対しては，$\langle \omega, \eta \rangle = ae + bf + cg$ となる． □

(c) Hodge の $*$ 作用素

M を n 次元 C^∞ 多様体とする．このとき任意の k $(0 \leqq k \leqq n)$ に対して，$\Lambda^k T_p^* M$ と $\Lambda^{n-k} T_p^* M$ との次元は一致する．したがってそれらは抽象的なベクトル空間としては同型である．M に Riemann 計量が入っており，さらに向き付けられている場合には，それらに依存してある自然な同型が定まる．それが Hodge の $*$ **作用素**(スター作用素，$*$-operator)と呼ばれるものである．点 $p \in M$ を動かすことにより，それは線形写像

$$* : A^k(M) \longrightarrow A^{n-k}(M)$$

として定義されることになる．

定義は $\Lambda^* T_p^* M$ 上の内積の場合と同じように，各点において線形代数によってなされるので，再び $T_p M$ の代わりに V と書こう．V には正値な内積が

与えられ，それが V^* や $\Lambda^k V^*$ 上にも内積を誘導するのであった．さらに M が向き付けられているという仮定から，V と V^* にもベクトル空間としての向きが定まっている．さて $\theta_1,\cdots,\theta_k,\theta_{k+1},\cdots,\theta_n$ を V^* の任意の正の向きの正規直交基底としよう．このとき線形写像

$$*: \Lambda^k V^* \longrightarrow \Lambda^{n-k} V^*$$

が

$$*(\theta_1 \wedge \cdots \wedge \theta_k) = \theta_{k+1} \wedge \cdots \wedge \theta_n$$

とおくことにより定義される．とくに

$$*1 = \theta_1 \wedge \cdots \wedge \theta_n, \quad *(\theta_1 \wedge \cdots \wedge \theta_n) = 1$$

である．これにより $*$ が矛盾なく定義され，それが同型写像になることの検証は，それほど難しくないので読者に任せることにする．

さて Hodge の作用素 $*: A^k(M) \to A^{n-k}(M)$ は，M 上の各点 p における上記の写像をすべてあわせ考えることにより定義される．しかし $\omega \in A^k(M)$ に対して $*\omega$ が C^∞ 級になることは必ずしも明らかではない．そこで，それを確かめるためにも，$*\omega$ の具体的な表示を求めてみよう．$(U; x_1,\cdots,x_n)$ を M の任意の正の局所座標系とする．このとき U 上のすべての点 p において

$$\frac{\partial}{\partial x_1}, \cdots, \frac{\partial}{\partial x_n}$$

は $T_p M$ の正の向きの基底となる．この基底から Gram–Schmidt の直交化法で正規直交基底を作り，それを $e_1,\cdots,e_n$ としよう．すなわち，$X_i = \dfrac{\partial}{\partial x_i}$ と書くとき，まず $e_1 = X_1/\|X_1\|$ とおき，$i = 2,\cdots,n$ について帰納的に

$$e_i = \frac{X_i - \sum_{j=1}^{i-1} g(X_i, e_j) e_j}{\left\| X_i - \sum_{j=1}^{i-1} g(X_i, e_j) e_j \right\|}$$

と定義するのである．$e_1,\cdots,e_n$ は U 上の C^∞ ベクトル場で，U 上の各点でその接空間の正規直交基底をなす．このようなものを U 上の**正規直交枠の場** (orthonormal frame field) あるいは単に**正規直交枠** (orthonormal framing) という．さて $\theta_1,\cdots,\theta_n$ を $e_1,\cdots,e_n$ の双対基底としよう．これらは U 上の1形

式であり，すべての点 $p \in U$ で T_p^*M の正の正規直交基底をなす．このとき

$$\omega = \sum_{i_1 < \cdots < i_k} f_{i_1 \cdots i_k} \theta_{i_1} \wedge \cdots \wedge \theta_{i_k}$$

と局所表示されているとすれば

(4.1) $\quad *\omega = \sum_{i_1 < \cdots < i_k} \operatorname{sgn}(I, J) f_{i_1 \cdots i_k} \theta_{j_1} \wedge \cdots \wedge \theta_{j_{n-k}}$

となる．ただし，$j_1 < \cdots < j_{n-k}$ は $\{1, \cdots, n\}$ の中の $\{i_1, \cdots, i_k\}$ の補集合を大きさの順に並べたものであり，$\operatorname{sgn}(I, J)$ は順列 $i_1, \cdots, i_k, j_1, \cdots, j_{n-k}$ の符号を表わすものとする．この表示から $*\omega$ が C^∞ 級であることが証明された．

$*1 \in A^n(M)$ を Riemann 多様体 M の**体積要素**(volume form)という．これを以後 v_M と書くことにする．より具体的には，T_p^*M の任意の正の正規直交基底 $\theta_1, \cdots, \theta_n$ に対して

$$v_M = \theta_1 \wedge \cdots \wedge \theta_n$$

であり，さらに Riemann 計量 g の局所表示 g_{ij} を用いれば

$$v_M = \sqrt{\det(g_{ij})}\, dx_1 \wedge \cdots \wedge dx_n$$

となることがわかる(検証は演習問題 4.4 とする)．M の領域 $D \subset M$ に対して $\int_D v_M$ は D の体積であり，とくに M がコンパクトの場合には $\int_M v_M$ を M の**体積**(volume)といい，vol M と記す．

命題 4.7 Hodge の $*$ 作用素はつぎの性質をもっている．すなわち，任意の関数 $f, g \in C^\infty(M)$ と k 形式 $\omega, \eta \in A^k(M)$ に対し

(i) $\quad *(f\omega + g\eta) = f *\omega + g *\eta$

(ii) $\quad **\omega = (-1)^{k(n-k)}\omega$

(iii) $\quad \omega \wedge *\eta = \eta \wedge *\omega = \langle \omega, \eta \rangle v_M$

(iv) $\quad *(\omega \wedge *\eta) = *(\eta \wedge *\omega) = \langle \omega, \eta \rangle$

(v) $\quad \langle *\omega, *\eta \rangle = \langle \omega, \eta \rangle$

が成立する．

[証明] M 上の各点でそれぞれの等式を示せばよい．(i)は定義から明らかである．(ii)を示すためには，$\theta_1, \cdots, \theta_n$ を T_p^*M の正の正規直交基底とし $\omega_p =$

$\theta_1\wedge\cdots\wedge\theta_k$ の場合に証明すれば十分である.ところがこのとき $*\omega_p=\theta_{k+1}\wedge\cdots\wedge\theta_n$ であるから,これにもう一度 $*$ を施せば $**\omega_p=(-1)^{k(n-k)}\omega_p$ となる.

つぎに (iii) を示そう.問題の線形性から,上記でさらに $\eta_p=\theta_{i_1}\wedge\cdots\wedge\theta_{i_k}$ と仮定してよい.このとき (4.1) の記法を使えば
$$*\eta_p=\operatorname{sgn}(I,J)\theta_{j_1}\wedge\cdots\wedge\theta_{j_{n-k}}$$
となる.したがって $\omega_p\wedge*\eta_p\neq 0$ となるのは,$\{i_1,\cdots,i_k\}=\{1,\cdots,k\}$ の場合に限り,そのとき
$$\omega_p\wedge*\eta_p=\operatorname{sgn}I\,\theta_1\wedge\cdots\wedge\theta_n$$
となる.ただし $\operatorname{sgn}I$ は順列 $i_1,\cdots,i_k$ の符号である.

一方 $\langle\omega_p,\eta_p\rangle\neq 0$ となるのは,同じく $\{i_1,\cdots,i_k\}=\{1,\cdots,k\}$ の場合に限り,そのとき
$$\langle\omega_p,\eta_p\rangle=\operatorname{sgn}I$$
となる.これで $\omega\wedge*\eta=\langle\omega,\eta\rangle v_M$ となることが示された.(iii) の残りの式は,同様の議論で証明される.

(iv) の証明は,(iii) に $*$ を作用させて $*v_M=1$ であることを使えばよい.最後に (v) は,(ii) と (iv) から従う. ∎

さて X を(向き付けられた)Riemann 多様体 M 上のベクトル場とする.同型 $\mathfrak{X}(M)\cong A^1(M)$ により対応する 1 形式を ω_X と書こう.このとき
$$\operatorname{div}X=*d*\omega_X\in C^\infty(M)$$
を X の**発散**(divergence)という.定義式の中に $*$ が 2 回出てくるので,発散は M の向きに関係なく定義される.なぜならば,M の向きを逆にすれば定義から明らかに $*$ は $-*$ に変わるからである.

例 4.8 n 次元 Euclid 空間 $\mathbb{R}^n$ 上のベクトル場 $X=\sum_i f_i\dfrac{\partial}{\partial x_i}$ に対しては $\omega_X=\sum_i f_i dx_i$ であるから,直接計算することにより
$$\operatorname{div}X=\sum_{i=1}^n\frac{\partial f_i}{\partial x_i}$$
となることがわかる. □

発散の物理的意味はこうである.$n=3$ でベクトル場 X が非圧縮性の液体の流れを表わしているものとすれば,$\operatorname{div}X$ は各点における"湧きだし"を

表わしているのである．したがって，D が空間内の領域で，その境界 ∂D が滑らかな曲面となっているものとすれば，D 内の湧きだしの総量 $\int_D \operatorname{div} X \, dv$ は，境界 ∂D から外に向かって出ていく総量 $\int_{\partial D} \langle X, n \rangle d\sigma$ に等しい．ここで n は ∂D 上の長さ 1 の外向きの法線ベクトル場を表わし，$dv, d\sigma$ はそれぞれ $\mathbb{R}^3, \partial D$ の体積要素とする(図 4.2 参照)．この事実は Gauss の公式と呼ばれている．これを一般化すればつぎの定理が得られる．

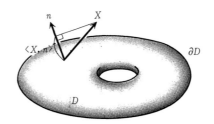

図 4.2 Gauss の公式

定理 4.9 M をコンパクトで向き付けられた Riemann 多様体とし，X を M 上のベクトル場とする．このとき，等式
$$\int_M \operatorname{div} X v_M = \int_{\partial M} \langle X, n \rangle v_{\partial M}$$
が成立する．ただし，n は ∂M 上の長さ 1 の外向きの法線ベクトル場とする．とくに，M が閉多様体の場合には，任意のベクトル場 X に対して $\int_M \operatorname{div} X v_M = 0$ となる． □

証明は Stokes の定理(§3.2 定理 3.6)を使うよい練習問題となるので，演習問題 4.5 とする．

§4.2 ラプラシアンと調和形式

この節では (M, g) を向き付けられた Riemann 多様体で，コンパクトかつ境界のないものとする．ただしコンパクト性は，微分形式の空間に式(4.2)で定義される内積が使われる場合にのみ必要になる条件である．

前節(b)項で，M 上の二つの k 形式 $\omega, \eta \in A^k(M)$ の各点における内積 $\langle \omega_p, \eta_p \rangle$ を定義し，それにより M 上の関数 $\langle \omega, \eta \rangle$ が定まった．ここでは，まずそれを M 上積分することにより，k 形式全体の作るベクトル空間 $A^k(M)$（それは自明な場合を除き無限次元のベクトル空間であるが）上に内積を定義しよう．すなわち

$$(4.2) \qquad (\omega, \eta) = \int_M \langle \omega, \eta \rangle v_M$$

とおくのである．ここで v_M は M の体積要素であった．定義からつぎの三つの性質

（ⅰ）（線形性）　$(a\omega + b\omega', \eta) = a(\omega, \eta) + b(\omega', \eta) \quad (a, b \in \mathbb{R})$

（ⅱ）（対称性）　$(\omega, \eta) = (\eta, \omega)$

（ⅲ）（正値性）　$(\omega, \omega) \geqq 0, \; (\omega, \omega) = 0 \iff \omega = 0$

が成立することがわかる．したがって，これは確かに $A^k(M)$ 上の内積である．とくに，ω の長さ $\|\omega\| = \sqrt{(\omega, \omega)}$ が定義される．

命題 4.7(ⅲ)によれば，内積(4.2)は

$$(4.3) \qquad (\omega, \eta) = \int_M \omega \wedge * \eta = \int_M \eta \wedge * \omega$$

とも書くことができる．また同じく命題 4.7(ⅴ)から

$$(*\omega, *\eta) = (\omega, \eta)$$

となる．すなわち Hodge の作用素 $*: A^k(M) \to A^{n-k}(M)$ は，上記の内積に関し計量同型となっているのである．次数が異なる微分形式は互いに直交すると約束することにより，$A^*(M)$ 全体に内積が定義される．

つぎに，外微分 $d: A^*(M) \to A^*(M)$ が Hodge 作用素によってどのように変換されるかを見てみよう．そのために線形作用素

$$\delta: A^k(M) \longrightarrow A^{k-1}(M)$$

を

$$\delta = (-1)^k *^{-1} d * = (-1)^{n(k+1)+1} * d *$$

によって定義する．すなわち，図式

$$
\begin{CD}
A^k(M) @>*>> A^{n-k}(M) \\
@V\delta VV @VVdV \\
A^{k-1}(M) @>>(-1)^k *> A^{n-k+1}(M)
\end{CD}
$$

の可換性により δ を定義するのである．定義からただちに，$A^k(M)$ 上で
$$*\delta = (-1)^k d*, \quad \delta * = (-1)^{k+1} * d,$$
$$\delta \circ \delta = 0$$
となることがわかる．

命題 4.10 $A^*(M)$ 上の内積 (,) に関し，δ は外微分 d の**随伴作用素** (adjoint operator) である．すなわち，任意の $\omega, \eta \in A^*(M)$ に対し，等式
$$(4.4) \qquad (d\omega, \eta) = (\omega, \delta\eta)$$
が成立する．したがって逆に，d は δ の随伴作用素である．

[証明] ω, η がそれぞれ M 上の $k, k+1$ 形式の場合に証明すれば十分である．このとき
$$\begin{aligned} d\omega \wedge *\eta &= d(\omega \wedge *\eta) - (-1)^k \omega \wedge d*\eta \\ &= d(\omega \wedge *\eta) + \omega \wedge *\delta\eta \end{aligned}$$
となる．両辺を M 上積分すれば，(4.3)から
$$(d\omega, \eta) = \int_M d(\omega \wedge *\eta) + (\omega, \delta\eta)$$
となるが，Stokes の定理(§3.2 系 3.7)により $\int_M d(\omega \wedge *\eta) = 0$ であるから，(4.4)が証明された．∎

ここで随伴作用素という言葉を使ったが，共役作用素と呼ぶこともある．一般に内積の定義されたベクトル空間 V の線形作用素 $T: V \to V$ に対して，等式
$$(Tv, w) = (v, T^*w) \quad (v, w \in V)$$
をみたすような線形作用素 T^* を T の随伴作用素という．また，$T^* = T$ となるとき，T は**自己随伴**(self adjoint)あるいは自己共役であるという．

定義 4.11 Riemann 多様体 M に対して
$$\Delta = d\delta + \delta d: \ A^k(M) \longrightarrow A^k(M)$$

と定義される線形作用素を，**ラプラシアン**あるいは **Laplace–Beltrami 作用素**(Laplace-Beltrami operator)という．また
$$\Delta\omega = 0$$
となる微分形式 $\omega \in A^*(M)$ を**調和形式**(harmonic form)，とくに $\Delta f = 0$ となる関数を**調和関数**(harmonic function)という． □

例 4.12 n 次元 Euclid 空間 $\mathbb{R}^n$ 上のラプラシアンを計算してみよう．線形性から，$\mathbb{R}^n$ の座標 $x_1, \cdots, x_n$ に関し
$$\omega = f dx_{i_1} \wedge \cdots \wedge dx_{i_k}$$
と表示される k 形式 ω に対して $\Delta\omega$ を計算すれば十分である．まず $j_1, \cdots, j_{n-k}$ を
$$dx_{i_1} \wedge \cdots \wedge dx_{i_k} \wedge dx_{j_1} \wedge \cdots \wedge dx_{j_{n-k}} = dx_1 \wedge \cdots \wedge dx_n$$
となるように選べば，Hodge の $*$ 作用素の定義により
$$*\omega = f dx_{j_1} \wedge \cdots \wedge dx_{j_{n-k}}$$
である．そこで，δ の定義 $\delta = (-1)^{n(k+1)+1} *d*$ 通りに計算すると
$$d*\omega = \sum_{s=1}^{k} \frac{\partial f}{\partial x_{i_s}} dx_{i_s} \wedge dx_{j_1} \wedge \cdots \wedge dx_{j_{n-k}},$$
$$\delta\omega = \sum_{s=1}^{k} (-1)^s \frac{\partial f}{\partial x_{i_s}} dx_{i_1} \wedge \cdots \wedge \widehat{dx_{i_s}} \wedge \cdots \wedge dx_{i_k}$$
となる．したがって

(4.5) $\quad d\delta\omega = -\sum_{s=1}^{k} \frac{\partial^2 f}{\partial x_{i_s}^2} dx_{i_1} \wedge \cdots \wedge dx_{i_k}$
$$+ \sum_{s=1}^{k} \sum_{t=1}^{n-k} (-1)^s \frac{\partial^2 f}{\partial x_{i_s} \partial x_{j_t}} dx_{j_t} \wedge dx_{i_1} \wedge \cdots \wedge \widehat{dx_{i_s}} \wedge \cdots \wedge dx_{i_k}$$

となる．一方
$$d\omega = \sum_{s=1}^{n-k} \frac{\partial f}{\partial x_{j_s}} dx_{j_s} \wedge dx_{i_1} \wedge \cdots \wedge dx_{i_k}$$
であるから
$$*d\omega = \sum_{s=1}^{n-k} (-1)^{k+s-1} \frac{\partial f}{\partial x_{j_s}} dx_{j_1} \wedge \cdots \wedge \widehat{dx_{j_s}} \wedge \cdots \wedge dx_{j_{n-k}},$$

$$d*d\omega = \sum_{s=1}^{n-k}(-1)^k \frac{\partial^2 f}{\partial x_{j_s}^2} dx_{j_1} \wedge \cdots \wedge dx_{j_{n-k}}$$
$$+ \sum_{s=1}^{n-k}\sum_{t=1}^{k}(-1)^{k+s-1}\frac{\partial^2 f}{\partial x_{j_s}\partial x_{i_t}} dx_{i_t} \wedge dx_{j_1} \wedge \cdots \wedge \widehat{dx_{j_s}} \wedge \cdots \wedge dx_{j_{n-k}}$$

となる．これから，符号に十分気をつけて計算すれば

(4.6)
$$\delta d\omega = -\sum_{s=1}^{n-k}\frac{\partial^2 f}{\partial x_{j_s}^2}dx_{i_1} \wedge \cdots \wedge dx_{i_k}$$
$$+ \sum_{s=1}^{n-k}\sum_{t=1}^{k}\frac{\partial^2 f}{\partial x_{j_s}\partial x_{i_t}}(-1)^{t+1}dx_{j_s}\wedge dx_{i_1}\wedge\cdots\wedge\widehat{dx_{i_t}}\wedge\cdots\wedge dx_{i_k}$$

を得る．(4.5)と(4.6)を加えれば，結局

$$\Delta\omega = -\sum_{s=1}^{n}\frac{\partial^2 f}{\partial x_s^2}dx_{i_1}\wedge\cdots\wedge dx_{i_k}$$

となる．こうしてEuclid空間上の微分形式ωの場合には，ラプラシアンとは，ωの各係数の関数に，古典的なLaplace作用素

$$\sum_{s=1}^{n}\frac{\partial^2}{\partial x_s^2}$$

の符号を逆にしたものを作用させることであるということがわかった．より正確にはむしろ逆で，$\mathbb{R}^n$（の領域）上の関数にはたらく古典的なLaplace作用素を，一般のRiemann多様体に対して拡張して定義したものがラプラシアンである． □

命題 4.13 ラプラシアンΔはつぎの性質を持っている．

(i) $*\Delta = \Delta *$である．したがってωが調和形式ならば$*\omega$もそうである．

(ii) Δは自己随伴である．すなわち任意の$\omega, \eta \in A^*(M)$に対して等式
$$(\Delta\omega, \eta) = (\omega, \Delta\eta)$$
が成立する．

(iii) $\Delta\omega = 0$となるための必要十分条件は$d\omega = 0, \delta\omega = 0$である．

［証明］(i)の証明は容易なので読者の演習にまかせることにする．(ii)は

d と δ が互いに他の随伴作用素であること(命題 4.10)から従う.(iii)を証明しよう.$d\omega = \delta\omega = 0$ ならば明らかに $\Delta\omega = 0$ である.逆を示すためには M のコンパクト性が本質的に使われる.すなわち,等式

$$(\Delta\omega, \omega) = ((d\delta + \delta d)\omega, \omega) = (\delta\omega, \delta\omega) + (d\omega, d\omega)$$

から,$\Delta\omega = 0$ ならば $\|\delta\omega\| = \|d\omega\| = 0$ となることがわかる.したがって $d\omega = \delta\omega = 0$ となる.∎

系 4.14 M を向き付けられたコンパクト Riemann 多様体で連結なものとする.このとき M 上の調和関数は定数関数に限る.また M の次元を n とすれば,M 上の調和 n 形式は体積要素 v_M の定数倍に限る.

[証明] M 上の関数 f が $\Delta f = 0$ をみたせば,上の命題の(iii)により $df = 0$ となる.したがって M が連結ならば f は定数である.つぎに M 上の任意の n 形式 ω は体積要素の関数倍であるから,$\omega = fv_M$ と書くことができる.もし $\Delta\omega = 0$ ならば,再び上の命題の(iii)により $\delta\omega = 0$ となる.このとき $d*\omega = 0$ であるが,一方 $*\omega = *(fv_M) = f$ であるから,結局 $df = 0$ となる.したがって $f = c$(定数)となり $\omega = cv_M$ となる.∎

さて M を任意の向き付けられた n 次元のコンパクト Riemann 多様体とする.M の連結成分の個数を r とすれば,$H^0_{DR}(M), H^n_{DR}(M)$ はいずれも $\mathbb{R}$ の r 個の直和に自然に同型となる(第 3 章の定理 3.4,定理 3.11 参照).このとき,上記の系からつぎのことが結論できる.すなわち,$k = 0, n$ に対しては $H^k_{DR}(M)$ の任意の元は,ただ一つ定まる調和形式で代表される.

実はこの事実は $k = 0, n$ の場合だけではなく,すべての k に対して成立するのである.それが次項で登場する Hodge の定理である.

§4.3 Hodge の定理

この節でも引き続き M は向き付けられたコンパクト Riemann 多様体で境界のないものとする.

(a) Hodge の定理と微分形式の Hodge 分解

M 上の k 形式の全体 $A^k(M)$ を考える．これを単に A^k とも書くことにする．M 上の調和 k 形式の全体を $\mathbb{H}^k(M)$ あるいは単に $\mathbb{H}^k$ と書こう．すなわち

$$\mathbb{H}^k(M) = \{\omega \in A^k(M);\ \Delta\omega = 0\}$$

である．命題 4.13(iii) により調和形式はつねに閉形式であるから，de Rham コホモロジー類をとることにより，線形写像

$$\mathbb{H}^k(M) \longrightarrow H^k_{DR}(M)$$

が誘導される．

補題 4.15 写像 $\mathbb{H}^k(M) \to H^k_{DR}(M)$ は単射である．

［証明］ 調和形式 ω が完全形式ならば $\omega = 0$ であることを示せばよい．ところが $\omega = d\eta$ とすれば命題 4.10 から $(\omega, \omega) = (d\eta, \omega) = (\eta, \delta\omega) = (\eta, 0) = 0$ となる．したがって $\omega = 0$ である． ∎

de Rham の定理から $H^k_{DR}(M)$ は $H^k(M; \mathbb{R})$ に同型であり，したがってそれは有限次元である．このことと上記の補題から $\mathbb{H}^k(M)$ も有限次元であることがわかる．しかし，実はつぎの定理が成り立つのである．

定理 4.16（Hodge の定理） 向き付けられたコンパクト Riemann 多様体の任意の de Rham コホモロジー類は，ただ一つの調和形式で代表される．すなわち，自然な写像 $\mathbb{H}^k(M) \to H^k_{DR}(M)$ は同型写像である． □

この定理の本質は調和形式の存在を主張するところにあり，存在証明は一般に難しい．完全な証明には解析学からの準備が必要であり，本書では残念ながらそれはできない．代わりに証明の大まかな道筋を記すことにする．まず $\mathbb{H}^k(M)$ の正規直交基底 $\beta_1, \cdots, \beta_r$ を一つ選び，射影

$$H: A^k(M) \longrightarrow \mathbb{H}^k(M)$$

を

$$H\omega = \sum_{i=1}^{r}(\omega, \beta_i)\beta_i$$

により定義する．$\omega \in \mathbb{H}^k$ ならばもちろん $H\omega = \omega$ である．

補題 4.17 $A^k(M)$ の三つの部分空間 $\mathbb{H}^k, dA^{k-1}, \delta A^{k+1}$ は互いに直交する．したがって
$$\mathbb{H}^k \oplus dA^{k-1} \oplus \delta A^{k+1} \subset A^k(M)$$
となり，$dA^{k-1} \oplus \delta A^{k+1}$ は Ker H に含まれる．さらに上の直和と直交する A^k の元は 0 に限る．

[証明] $\omega \in \mathbb{H}^k, \eta \in A^{k-1}, \theta \in A^{k+1}$ に対して
$$(\omega, d\eta) = (\delta\omega, \eta) = 0, \quad (\omega, \delta\theta) = (d\omega, \theta) = 0, \quad (d\eta, \delta\theta) = (d^2\eta, \theta) = 0$$
であるから，前半が証明された．つぎに $\omega \in A^k$ が dA^{k-1} のすべての元と直交すれば，任意の $\eta \in A^{k-1}$ に対して $0 = (\omega, d\eta) = (\delta\omega, \eta)$ となる．したがって $\delta\omega = 0$ となる．同様に ω が δA^{k+1} のすべての元と直交すれば，$d\omega = 0$ となることがわかる．したがって ω が $dA^{k-1} \oplus \delta A^{k+1}$ と直交すれば，$d\omega = \delta\omega = 0$ すなわち $\omega \in \mathbb{H}^k$ となる．ここでさらに ω が $\mathbb{H}^k$ とも直交しているとすれば，$(\omega, \omega) = 0$ から $\omega = 0$ となり，後半が証明された． ∎

もし仮に $A^k(M)$ が有限次元だと仮定すれば，上の補題からそれが三つの部分空間の直和に一致することが結論できる．しかし $A^k(M)$ はもちろん無限次元であるから，そう簡単にはいかない．しかし，実際にはそれは正しくつぎの定理が成立するのである．この定理は任意の微分形式を，調和形式，完全形式，双対完全形式(すなわち δ の像の元)の和に一意的に分解するものであり，この分解は **Hodge 分解** と呼ばれる．このような定式化は小平邦彦と de Rham によるところが大きい．

定理 4.18 (Hodge 分解) 向き付けられたコンパクト Riemann 多様体の任意の k 形式は，調和形式，完全形式，双対完全形式の和として一意的に分解される．すなわち
$$A^k(M) = \mathbb{H}^k(M) \oplus dA^{k-1}(M) \oplus \delta A^{k+1}(M)$$
となる． □

[Hodge 分解を仮定した Hodge の定理の証明] 自然な写像 $\mathbb{H}^k(M) \to H^k_{DR}(M)$ が全射であることを示せばよい．$\omega \in A^k(M)$ を任意の閉形式とする．ω の Hodge 分解を
$$\omega = \omega_H + d\eta + \delta\theta$$

とする.もちろん $\omega_H = H\omega$ である.仮定から $0 = d\omega = d\delta\theta$ となる.したがって
$$0 = (d\delta\theta, \theta) = (\delta\theta, \delta\theta)$$
から $\delta\theta = 0$ が得られる.このとき $\omega = \omega_H + d\eta$ となるから,ω は調和形式 ω_H とコホモローグとなり証明が完了する. ∎

(b) Hodge 分解の証明の考え方

$\omega \in A^k(M)$ に対し $\omega - H\omega$ を考えれば,明らかにこれは $\mathbb{H}^k$ と直交している.したがって
$$\omega - H\omega \in dA^{k-1} \oplus \delta A^{k+1}$$
となることが期待される.そこで一般に $\mathbb{H}^k$ と直交する元 $\omega_0 \in (\mathbb{H}^k)^\perp$ に対して,η に関する方程式

(4.7) $$\Delta\eta = \omega_0$$

を考えよう.結論から先にいえば,この方程式はつねに解を持つのである.したがって
$$\omega_0 = \Delta\eta = d(\delta\eta) + \delta(d\eta) \in dA^{k-1} \oplus \delta A^{k+1}$$
となり,Hodge 分解が成立することになる.さらに解 η に対して $\eta - H\eta$ を考えれば $(\mathbb{H}^k)^\perp$ の中に解があることになり,しかもそれは一意的に定まる.こうして写像
$$G: A^k(M) \longrightarrow (\mathbb{H}^k)^\perp = dA^{k-1} \oplus \delta A^{k+1}$$
が条件 $\Delta G\omega = \omega - H\omega$ により定義されることになる.この写像を **Green 作用素**(Green's operator)という.明らかに $\mathrm{Ker}\, G = \mathbb{H}^k$ となる.また
$$G: (\mathbb{H}^k)^\perp = dA^{k-1} \oplus \delta A^{k+1} \longrightarrow (\mathbb{H}^k)^\perp = dA^{k-1} \oplus \delta A^{k+1}$$
は全単射であり,そこでは Δ^{-1} に等しい.Green 作用素を用いれば,一般の k 形式 $\omega \in A^k(M)$ の Hodge 分解は
$$\omega = H\omega + (\Delta \circ G)\omega$$
$$= H\omega + d(\delta G\omega) + \delta(dG\omega)$$
と書けることになる.

命題 4.19 Green 作用素 G は Δ, d, δ と可換である.

§4.3 Hodge の定理 ── 173

[証明] $(\mathbb{H}^k)^\perp$ への射影を $q\colon A^k \to (\mathbb{H}^k)^\perp$ と書こう．このとき定義から $G = (\Delta|_{(\mathbb{H}^k)^\perp})^{-1} \circ q$ となる．したがって $G \circ \Delta = \Delta \circ G = q$ となる．つぎに明らかに $d(\mathbb{H}^k) \subset \mathbb{H}^k$ となる．また，d は Δ と可換であるから $(\mathbb{H}^k)^\perp = \Delta(A^k)$ より $d((\mathbb{H}^k)^\perp) \subset (\mathbb{H}^k)^\perp$ となる．したがって，$q \circ d = d \circ q$ となり，これから $G \circ d = d \circ G$ が従う．δ も明らかに Δ と可換であるから，上とまったく同じ議論から $G \circ \delta = \delta \circ G$ となることがわかる． ∎

こうして問題は方程式(4.7)を解くことに集約されたわけである．この方程式は，2階の**楕円型偏微分方程式**(elliptic partial differential equation)と呼ばれるものの典型的な例となっており，現在までに整備されているいくつかの方法によって比較的簡明に解くことができる．詳細についてはこの章の初めにも述べたように，巻末の参考書8, 9を見ていただきたい．ここでは，楕円型という言葉の意味を説明するだけにとどめることにする．

一般に $\mathbb{R}^n$ 上の $\mathbb{C}^m$ に値をとる C^∞ 関数にはたらく k 階の偏微分作用素

$$D = \left(\sum_{|\alpha| \leq k} a_\alpha^{ij}(x) D^\alpha \right)_{i,j=1,\cdots,m} \quad \left(D^\alpha = \frac{\partial^{|\alpha|}}{\partial x_1^{\alpha_1} \cdots \partial x_n^{\alpha_n}} \right)$$

は，任意の x と任意の $\xi = (\xi_1, \cdots, \xi_n) \neq 0 \in \mathbb{R}^n$ に対して行列

$$\sigma(D)(\xi) = \left(\sum_{|\alpha|=k} a_\alpha^{ij}(x) \xi^\alpha \right) \quad (\xi^\alpha = \xi_1^{\alpha_1} \cdots \xi_n^{\alpha_n})$$

が非特異のとき，楕円型という．ここで $\sigma(D)$ は D の最高次の部分のみに依存して定義されることに注意しよう．$\sigma(D)(\xi)$ を D の**表象**あるいは**シンボル**(symbol)という．たとえば，古典的な Laplace 作用素 $\sum_i \dfrac{\partial^2}{\partial x_i^2}$ は明らかに楕円型である．D が楕円型であるためには，任意の点 x において，つぎの条件がみたされることが必要十分であることがわかる．すなわち，任意の $f\colon \mathbb{R}^n \to \mathbb{C}^m$ $(f(x) \neq 0)$ と任意の $h\colon \mathbb{R}^n \to \mathbb{R}$ $(h(x) = 0, \, dh_x \neq 0)$ に対して $D(h^k f)(x) \neq 0$ となることである．というのは，$dh_x = \xi_1 dx_1 + \cdots + \xi_n dx_n$ とおけば $D^\alpha(h^k f)(x) = k! \xi^\alpha f(x)$ となり，したがって

$$D(h^k f)(x) = k!\, \sigma(D)(\xi) f(x)$$

となるからである．この考察から $\xi \in T_x^* \mathbb{R}^n$ と考えるべきであることがわかる．このとき，シンボルは点 x ごとに線形写像 $\sigma(D)(\xi)\colon \mathbb{C}^m \to \mathbb{C}^m$ を与えて

いるが，楕円的とはこれが同型となることに他ならない．

　偏微分作用素の概念は多様体上の複素ベクトルバンドルの切断にはたらく形で自然に一般化され，それが楕円的であることの定義も同様にしてなされる．すなわち，局所自明化を用いて Euclid 空間上のベクトル値関数の場合に帰着させるのである．しかし上のように座標によらない形にすれば，一般の偏微分作用素が楕円的であることの定義や判定を見通しよくすることもできる．ラプラシアン Δ は $A^k(M) = \Gamma(\Lambda^k T^*M)$（例 5.10 参照）に作用する 2 階の偏微分作用素となることが簡単にわかるが，さらにそれは楕円的な作用素となることがつぎのようにして確かめられる．示すべきことは，任意の点 $p \in M$ においてラプラシアンのシンボル

$$\sigma(\Delta)(\xi): \Lambda^k T_p^* M \longrightarrow \Lambda^k T_p^* M \quad (\xi \in T_p^* M)$$

が任意の $\xi \neq 0$ に対して同型となることである．上記の $\mathbb{R}^n$ 上の関数の場合と同様にして，この条件は，任意の k 形式 $\omega \in A^k(M)$ ($\omega_p \neq 0$) と関数 $h \in C^\infty(M)$ ($h(p) = 0$, $dh_p \neq 0$) に対して $\Delta(h^2\omega)_p \neq 0$ となることと同値となる．このことはラプラシアンの定義にもどって具体的に計算を実行すれば検証することができる．興味ある読者は試してみてほしい．

§4.4　Hodge の定理の応用

(a)　Poincaré の双対定理

　M を向き付けられた n 次元 C^∞ 多様体で，連結かつ閉じたものとする．このとき，任意の k ($0 \leq k \leq n$) に対して，双線形写像

$$H_{DR}^k(M) \times H_{DR}^{n-k}(M) \longrightarrow \mathbb{R}$$

が

$$([\omega], [\eta]) \longmapsto \int_M \omega \wedge \eta$$

とおくことにより定義される．ここで，ω, η はそれぞれ閉じた k, $n-k$ 形式であり，$[\omega], [\eta]$ はそれらの代表する de Rham コホモロジー類である．この写像が双線形であることは明らかであろう．またそれが，de Rham コホモロ

ジー類を代表する閉形式の選び方によらないことは，Stokes の定理の系 3.7 を使った計算

$$\int_M (\omega+d\alpha) \wedge (\eta+d\beta) = \int_M \omega \wedge \eta + \int_M d(\alpha \wedge \eta + (-1)^k \omega \wedge \beta + \alpha \wedge d\beta)$$
$$= \int_M \omega \wedge \eta$$

から従う．

定理 4.20（Poincaré の双対定理(Poincaré duality theorem)） 連結で向き付けられた n 次元 C^∞ 閉多様体 M に対して，上記のように定義される双線形写像 $H_{DR}^k(M) \times H_{DR}^{n-k}(M) \to \mathbb{R}$ は非退化である．したがって，それは同型写像

$$H_{DR}^{n-k}(M) \cong (H_{DR}^k(M))^*$$

を誘導する．

［証明］ 非退化とは，任意の 0 でないコホモロジー類 $[\omega] \in H_{DR}^k(M)$ に対し，ある元 $[\eta] \in H_{DR}^{n-k}(M)$ が存在して

$$\int_M \omega \wedge \eta \neq 0$$

となることをいう．このことを証明するために，M に一つ Riemann 計量を入れよう．このとき Hodge の定理 4.16 により，ω はこの計量に関して調和形式であると仮定してよい．$[\omega] \neq 0$ であるから，ω は恒等的に 0 ではない．$\eta = *\omega$ とおけば，命題 4.13(i) により，η も調和形式となるから，とくにそれは閉形式である．そして $\int_M \omega \wedge \eta = \|\omega\|^2 \neq 0$ であるから，命題は証明された． ∎

ここでは Poincaré の双対定理を Hodge の定理から導いたが，その名のとおり，この定理の本質的な内容は Poincaré によって発見された．当時はまだコホモロジー群の概念はなく，三角形分割された多様体のホモロジー群の枠組みの中で定式化された．

(b) 多様体と Euler 数

三角形分割された図形 K の i 次元の単体の数を α_i とするとき，交代和

$$\sum_i (-1)^i \alpha_i$$

はその図形の(三角形分割の仕方によらない)固有の不変量になるという事実には,18世紀の Euler にまでさかのぼる長い歴史がある.Betti の仕事を経て Poincaré が基礎を築いたホモロジー論の登場と共に,この事実は完全に定式化される.すなわち,上記の数は Betti 数の交代和

$$\chi(K) = \sum_i (-1)^i \beta_i \quad (\beta_i = \dim H_i(K; \mathbb{R}))$$

に等しいというのである.$\chi(K)$ はふつう **Euler 数**(Euler number)とか **Euler 標数**(Euler characteristic),あるいは **Euler–Poincaré 標数**(Euler-Poincaré characteristic)と呼ばれる.n 次元 C^∞ 多様体 M に対しては

$$\chi(M) = \sum_{i=0}^n (-1)^i \dim H_{DR}^i(M)$$

である.

つぎの定理は Poincaré の双対定理の簡単な応用である.

定理 4.21 奇数次元の閉多様体の Euler 数は 0 である.

[証明] この定理は位相多様体に対して成立するのであるが,ここでは C^∞ 多様体に対して証明する.

明らかに連結な多様体に対して証明すれば十分である.そこで M を $2n+1$ 次元の連結な閉多様体として $\chi(M)=0$ であることを示す.もし M が向き付け不可能な場合には,M の点 p とその点における接空間 T_pM の向き o との対 (p,o) の全体を $\widetilde{M}$ とすれば,$\widetilde{M}$ は自然に連結かつ向き付け可能な C^∞ 多様体となり,自然な射影 $\pi: \widetilde{M} \to M$ は二重の被覆写像となる.このとき M の三角形分割から誘導される $\widetilde{M}$ の三角形分割を考えれば容易にわかるように

$$\chi(\widetilde{M}) = 2\chi(M)$$

となる.したがって M は向き付け可能と仮定してよい.ところがこのとき Poincaré の双対定理 4.20 により,任意の k に対して同型

$$H_{DR}^{2n+1-k}(M) \cong (H_{DR}^k(M))^*$$

が存在する．したがって
$$\dim H_{DR}^k(M) = \dim(H_{DR}^k(M))^* = \dim H_{DR}^{2n+1-k}(M)$$
となる．これからただちに
$$\chi(M) = \sum_{i=0}^{2n+1} (-1)^i \dim H_{DR}^i(M) = 0$$
となり，証明が終わる． ■

(c) 交わり数

Poincaré の双対定理を違った角度から見直してみよう．M を連結で向き付けられた n 次元 C^∞ 閉多様体とする．自然な同一視 $H^k(M;\mathbb{R}) = (H_k(M;\mathbb{R}))^*$ は同型 $H_k(M;\mathbb{R}) \cong (H_{DR}^k(M))^*$ を誘導する．この同型と Poincaré の双対定理による同型とを合成すれば，同型写像

(4.8) $$H_k(M;\mathbb{R}) \cong H_{DR}^{n-k}(M)$$

が得られる．さて $N \subset M$ を M の k 次元閉部分多様体で，向き付けられているものとしよう．このとき N の基本類は M の k 次元ホモロジー類 $[N] \in H_k(M;\mathbb{Z})$ を定める．上記の同型(4.8)によって対応するコホモロジー類を $[N]^* \in H_{DR}^{n-k}(M)$ と書こう．$[N]^*$ を表わす M 上の閉じた $n-k$ 形式はどのような形をしているだろうか．たとえば M に Riemann 計量を入れれば，それに関する調和形式をとることができる．しかしそれは必ずしも $[N]^*$ の幾何学的性質をよく反映しているとは限らない．実は N を含む任意の開集合 U に対して，$[N]^*$ を表わす閉形式で U の中に台を持つものが存在することが証明できる．詳しくは参考書としてあげた Bott–Tu の本を参照してほしい．

N_1, N_2 を M の向き付けられた閉部分多様体で，次元はそれぞれ $k, n-k$ であるとしよう．このとき
$$[N_1]\cdot[N_2] = [N_1]^* \cup [N_2]^* \in H_{DR}^n(M) = \mathbb{R}$$
により定まる数 $[N_1]\cdot[N_2]$ を N_1 と N_2 の**交わり数**(intersection number)という．交叉数と呼ぶ場合もある．この数は実際には整数となり，幾何学的には二つの部分多様体 N_1, N_2 の交わりの数を符号を込めて数えたものになっている(図 4.3 参照)．

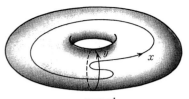

$$x \cdot y = 1$$

図 4.3 交わり数

交わり数を使って，連結で向き付けられた $4k$ 次元の閉多様体 M の重要な不変量を定義することができる．対応

$$H_{2k}(M;\mathbb{R}) \times H_{2k}(M;\mathbb{R}) \ni (x,y) \longmapsto x \cdot y \in \mathbb{R}$$

は対称な双 1 次形式，あるいは同じことだが $H_{2k}(M;\mathbb{R})$ 上の 2 次形式となる．これを M の**交叉形式**(intersection form)という．この交叉形式の符号数，すなわち $H_{2k}(M;\mathbb{R})$ の基底をとって対称行列で表現したとき，その正の固有値の数から負の固有値の数を引いたものを sign M と書き，これを M の**符号数**(signature)という．

《要約》

4.1 C^∞ 多様体の各点における接空間に正値な内積が与えられたとき，これを Riemann 計量という．Riemann 計量の与えられた多様体を Riemann 多様体という．

4.2 Riemann 多様体においては，接バンドルと余接バンドルを計量により同一視することができる．

4.3 向き付けられた n 次元 Riemann 多様体においては，Hodge の $*$ 作用素と呼ばれる k 形式を $n-k$ 形式に移す線形作用素が定義される．

4.4 Riemann 多様体に対しては，古典的な Laplace 作用素を一般化するラプラシアンあるいは Laplace–Beltrami 作用素と呼ばれる自己共役作用素 Δ が定義される．

4.5 $\Delta f = 0$ となる関数 f を調和関数，$\Delta \omega = 0$ となる微分形式を調和形式と

いう.

4.6 連結な閉 Riemann 多様体上の調和関数は定数に限る.

4.7 コンパクトで向き付けられた Riemann 多様体においては，任意の de Rham コホモロジー類はただ一つの調和形式によって表わされる．これを Hodge の定理という．

4.8 向き付けられた n 次元閉多様体においては，k 次元の de Rham コホモロジー群と $n-k$ 次元の de Rham コホモロジー群とは互いに双対空間の関係にある．これを Poincaré の双対定理という．

4.9 奇数次元の閉多様体の Euler 数は 0 である．

4.10 $4k$ 次元の向き付けられた閉多様体の交叉形式の符号数をその多様体の符号数(signature)という．

―――― 演習問題 ――――

4.1 C^∞ 多様体上の Riemann 計量全体の空間は連結であることを示せ．

4.2 $D=\{z\in\mathbb{C};\,|z|<1\}$ とおき，また $H=\{z\in\mathbb{C};\,\mathrm{Im}\,z>0\}$ とおく．H は自然に双曲平面 $\mathbb{H}^2$ (例 4.3)と同一視することができる．対応

$$H \ni z \longmapsto \frac{z-i}{z+i} \in D$$

は微分同相であることを示し，これにより D に誘導される Riemann 計量は

$$ds^2 = \frac{4|dz|^2}{(1-|z|^2)^2}$$

と表わされることを証明せよ．この計量を Poincaré 計量，対応する Riemann 多様体 D を **Poincaré 円板**(Poincaré disk)という．

4.3 n 次元 Euclid 空間 $\mathbb{R}^n$ 上の関数 f の勾配は，$\mathrm{grad}\,f=\sum_i \dfrac{\partial f}{\partial x_i}\dfrac{\partial}{\partial x_i}$ により与えられることを示せ．

4.4 Riemann 多様体 (M,g) の体積要素 v_M は，M の任意の正の局所座標系 $(U;x_1,\cdots,x_n)$ と，そこでの g の局所表示 g_{ij} を用いて

$$v_M = \sqrt{\det(g_{ij})}\,dx_1\wedge\cdots\wedge dx_n$$

と表わされることを示せ．また，双曲平面 $\mathbb{H}^2$ (例 4.3)の体積要素を計算せよ．

4.5 X を向き付けられたコンパクト Riemann 多様体 M 上のベクトル場, n を ∂M 上の長さ 1 の外向きの法線ベクトル場とする. このとき $\int_M \operatorname{div} X v_M = \int_{\partial M} \langle X, n \rangle v_{\partial M}$ となることを示せ.

4.6 f を Riemann 多様体 M 上の関数とする. このとき $\Delta f = -\operatorname{div}\operatorname{grad} f$ となることを証明せよ.

4.7 M を向き付けられた C^∞ 級の閉多様体とし,その上のある Riemann 計量に関する調和形式の外積が,つねにまた調和形式であると仮定する.このとき M の Massey 積はすべて 0 であることを証明せよ.

4.8 M, N を向き付けられたコンパクト Riemann 多様体とし,直積 $M \times N$ に積の向きと Riemann 計量をいれる.このとき M の任意の調和形式 ω と N の調和形式 η に対して,$\pi_1^* \omega \wedge \pi_2^* \eta$ は $M \times N$ の調和形式となることを示せ.ここに $\pi_1: M \times N \to M$,$\pi_2: M \times N \to N$ は射影とする.このことから写像
$$\sum_{i+j=k} H^i_{DR}(M) \otimes H^j_{DR}(N) \longrightarrow H^k_{DR}(M \times N)$$
は単射であることを導け.実は上の写像は同型であることが知られている(**Künneth の公式**).

4.9 M を奇数次元のコンパクト多様体とする.このとき $\chi(M) = \dfrac{1}{2}\chi(\partial M)$ となることを証明せよ.

4.10 $\operatorname{sign} S^2 \times S^2 = 0$, $\operatorname{sign} \mathbb{C}P^2 = 1$ であることを示せ.

5 ベクトルバンドルと特性類

　この章では，ベクトルバンドルを考察する．微分可能多様体の研究にとって，その上の各点における接空間が基本的な役割を果たすことは，第1章をはじめこれまでの記述から明らかであろう．ベクトル場はもちろんのこと，微分形式も接空間がなくてはそもそも定義ができない．ところで，Euclid 空間に埋め込まれた多様体を考えればすぐわかるように，各点における接空間はばらばらに存在するのではなく，点の動きに応じて接空間も滑らかに動くのである．したがって，接空間をすべて集めた空間を考えるのは自然であろう．これが多様体の接バンドルと呼ばれるものである．そしてそれを一般化して得られる概念がベクトルバンドルである．簡単にいえば，ベクトルバンドルとは，多様体上の各点に同じ次元のベクトル空間を整然と並べたものといえる．

　与えられた多様体に対して，その上の接バンドルだけではなく種々のベクトルバンドルを構成し，それらを調べることにより，多様体自身の構造が次第に明らかになってくるのである．そしてベクトルバンドルの研究にとって重要なのが，その曲がり具合をコホモロジーの言葉で表現する特性類と呼ばれるものである．特性類の一般論は第6章で展開されることになるが，この章では，最も重要なベクトルバンドルの特性類について詳しく述べることにする．

§5.1 ベクトルバンドル

(a) 多様体の接バンドル

M を C^∞ 多様体とする．M 上の各点における接空間をすべて集めた集合

$$TM = \bigcup_{p \in M} T_p M$$

を考えよう．点 p における任意の接ベクトル $X \in T_p M$ に対して，$\pi(X) = p$ とおくことにより射影

$$\pi: TM \longrightarrow M$$

が定義される．このときもちろん $\pi^{-1}(p) = T_p M$ である．TM は次項で定義するベクトルバンドルの最も基本的な例であるが，この構造も込めて TM のことを M の接バンドル(tangent bundle)という．

TM には自然に C^∞ 多様体の構造が入り，射影 π は C^∞ 写像になることを見よう．$M = \mathbb{R}^n$ の場合には TM は自然に積多様体 $\mathbb{R}^n \times \mathbb{R}^n$ と同一視でき，また，M が $\mathbb{R}^n$ の部分多様体の場合には $TM = \{(p, v) \in T\mathbb{R}^n = \mathbb{R}^n \times \mathbb{R}^n; p \in M, v \in T_p M \subset T_p \mathbb{R}^n = \{p\} \times \mathbb{R}^n\}$ と書くことができる．これらの表示から TM が C^∞ 多様体になることは見やすい．一般の場合はつぎのようにする．$\mathcal{S}$ を M のアトラスとし，(U, φ) を $\mathcal{S}$ に属する局所座標系としよう．M の次元を n とすると $\varphi(U) \subset \mathbb{R}^n$ である．任意の接ベクトル $v \in T_p U$ に対し，その φ_* による像は $\varphi_*(v) = a_1 \dfrac{\partial}{\partial x_1} + \cdots + a_n \dfrac{\partial}{\partial x_n}$ と書ける．そこで写像

$$\widetilde{\varphi}: \pi^{-1}(U) \longrightarrow \varphi(U) \times \mathbb{R}^n \subset \mathbb{R}^{2n}$$

を $v \in T_p U$ に対し $\widetilde{\varphi}(v) = (\varphi(p), a_1, \cdots, a_n) \in \varphi(U) \times \mathbb{R}^n$ により定義する．明らかに $\widetilde{\varphi}$ は 1 対 1 上への対応である．そこで TM の位相を，各 $\pi^{-1}(U)$ が開集合であり，かつ $\widetilde{\varphi}$ が位相同型であることを要請することにより定義する．このとき $\widetilde{\mathcal{S}} = \{(\pi^{-1}(U), \widetilde{\varphi}); (U, \varphi) \in \mathcal{S}\}$ とおくと，$\widetilde{\mathcal{S}}$ は TM のアトラスとなるが，さらに接ベクトルの変換公式(§1.3 命題 1.34)から座標変換がすべて C^∞ 級となることがわかり，したがって TM は C^∞ 多様体となる．

M が n 次元の複素多様体の場合には,各点 $p \in M$ における接空間 T_pM は n 次元の複素ベクトル空間となり,それらをまとめた空間である接バンドル TM は,つぎの項で述べる n 次元の複素ベクトルバンドルの構造を持つことになる.

(b) ベクトルバンドル

前項で述べた C^∞ 多様体の接バンドルをモデルとして,一般のベクトルバンドルをつぎのように定義する.

定義 5.1 M を C^∞ 多様体とする.このとき,$\xi = (E, \pi, M)$ が M 上の n 次元実**ベクトルバンドル**(vector bundle)であるとは,$\pi: E \to M$ が C^∞ 多様体 E から M の上への C^∞ 写像であって,つぎの二つの条件をみたすときをいう.

(i) 各点 $p \in M$ に対し,$\pi^{-1}(p)$ は $\mathbb{R}$ 上の n 次元ベクトル空間の構造を持つ.

(ii) (局所自明性) 任意の点 $p \in M$ に対し,そのある開近傍 U と微分同相写像 $\varphi_U : \pi^{-1}(U) \cong U \times \mathbb{R}^n$ が存在し,各点 $q \in U$ に対しその $\pi^{-1}(q)$ への制限は,線形同型写像 $\varphi_U : \pi^{-1}(q) \to \{q\} \times \mathbb{R}^n$ を与えている.

また,上記で $\mathbb{R}$ を $\mathbb{C}$ に変えたものを n 次元**複素ベクトルバンドル**(complex vector bundle)という.1 次元のベクトルバンドルをとくに**直線バンドル**(line bundle)という. □

E, π, M をそれぞれベクトルバンドルの**全空間**(total space),**射影**(projection),**底空間**(base space)という.また $\pi^{-1}(p)$ を p 上の**ファイバー**(fiber)といい,通常これを E_p と書くことが多い.$\pi: E \to M$ あるいは単に E をベクトルバンドルという場合もある.開集合に限らず,一般に M の部分多様体 N に対して,上記の局所自明性の条件をみたすような微分同相写像 $\varphi_N : \pi^{-1}(N) \cong N \times \mathbb{R}^n$ を,N 上の**自明化**(trivialization)という.さて M の二つの開集合 U_α, U_β 上の自明化 $\varphi_\alpha: \pi^{-1}(U_\alpha) \cong U_\alpha \times \mathbb{R}^n$,$\varphi_\beta: \pi^{-1}(U_\beta) \cong U_\beta \times \mathbb{R}^n$ が与えられたとしよう.このとき,合成写像

$$\varphi_\alpha \circ \varphi_\beta^{-1} : (U_\alpha \cap U_\beta) \times \mathbb{R}^n \longrightarrow (U_\alpha \cap U_\beta) \times \mathbb{R}^n$$

は
$$\varphi_\alpha \circ \varphi_\beta^{-1}(p,v) = (p, g_{\alpha\beta}(p)v) \quad (p \in U_\alpha \cap U_\beta,\ v \in \mathbb{R}^n)$$
の形に書けることがわかる．ここで $g_{\alpha\beta}: U_\alpha \cap U_\beta \to GL(n;\mathbb{R})$ は，二つの自明化 φ_α, φ_β の $U_\alpha \cap U_\beta$ 上の "ずれ" を表わすある C^∞ 写像であり，**変換関数**(transition function)と呼ばれる．U_γ を第三の開集合とすれば，同じようにして写像 $g_{\beta\gamma}$, $g_{\alpha\gamma}$ が定義されるが，これらはつぎの**コサイクル条件**(cocycle condition)
$$g_{\alpha\beta}(p)g_{\beta\gamma}(p) = g_{\alpha\gamma}(p) \quad (p \in U_\alpha \cap U_\beta \cap U_\gamma)$$
をみたすことが簡単にわかる．逆に，M の開被覆 $\{U_\alpha\}_{\alpha \in A}$ と，上記のコサイクル条件をみたす写像の族 $\{g_{\alpha\beta}\}_{\alpha,\beta \in A}$ が与えられると，$U_\alpha \times \mathbb{R}^n$ たちを $g_{\alpha\beta}$ によって張り合わせることにより，ベクトルバンドルを構成することができる．詳しくは第 6 章のファイバーバンドルの一般論のところ (§6.1 命題 6.2) で述べることにする．

M 上の n 次元ベクトルバンドル $\pi: E \to M$ から，N 上の n 次元ベクトルバンドル $\pi: F \to N$ への**バンドル写像**(bundle map)とは，C^∞ 写像 $\tilde{f}: E \to F$, $f: M \to N$ であって，図式

$$\begin{array}{ccc} E & \xrightarrow{\tilde{f}} & F \\ \pi \downarrow & & \downarrow \pi \\ M & \xrightarrow{f} & N \end{array}$$

が可換であり，任意の点 $p \in M$ に対して $\tilde{f}: E_p \to F_{f(p)}$ が線形同型となっているようなものをいう．このとき，$\tilde{f}$ のことを f の上のバンドル写像という場合がある．たとえば $f: M \to N$ を微分同相とするとき，その微分 $f_*: TM \to TN$ は f の上のバンドル写像となる．

同じ底空間 M 上の二つのベクトルバンドル $\xi_i = (E_i, \pi_i, M)$ $(i=1,2)$ は，M の恒等写像の上のバンドル写像 $E_1 \to E_2$ が存在するとき，互いに**同型**(isomorphic)といい，$\xi_1 \cong \xi_2$ あるいは $E_1 \cong E_2$ と書く．積 $M \times \mathbb{R}^n$ は明らかに M 上のベクトルバンドルとなる．これを**積バンドル**(product bundle)という．積バンドルと同型なベクトルバンドルを**自明なバンドル**(trivial bundle)

という．たとえば $\mathbb{R}^n$ の接バンドル $T\mathbb{R}^n$ は明らかに自明である．簡単な考察から，同型は M 上のベクトルバンドルの全体に同値関係を定義することがわかる．与えられた多様体 M に対して，その上の n 次元ベクトルバンドルの同型類全体を $\mathrm{Vect}_n(M)$ と記そう．たとえば M の次元を m とすれば，$[TM] \in \mathrm{Vect}_m(M)$ である．ここで $[TM]$ は M の接バンドル TM の同型類を表わす．接バンドルに限らず，種々の n に対する $\mathrm{Vect}_n(M)$ の元を考えることは，M の構造の研究にとって重要である．

定義 5.2 ベクトルバンドル $\pi: E \to M$ に対して，$\pi \circ s = \mathrm{id}_M$ となるような C^∞ 写像 $s: M \to E$ を**切断**(section)という．すなわち切断とは，底空間上の任意の点 p に対して，その上のファイバーの点 $s(p) \in E_p$ を対応させるもので，p に関して C^∞ 級のものをいう．すべての p について $s(p) = 0 \in E_p$ となる切断を**ゼロ切断**(zero section)といい，また，すべての p について $s(p) \neq 0$ であるような切断を **0 にならない切断**(non-zero section)という． □

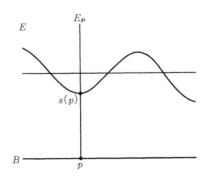

図 5.1 ベクトルバンドルの切断

切断の言葉を使えば，ベクトルバンドルの(局所)自明化を簡明に表わすことができる．たとえば，開集合 U 上の自明化 $\varphi: \pi^{-1}(U) \cong U \times \mathbb{R}^n$ を与えることと，U 上の切断 $s_i: U \to E$ $(i = 1, \cdots, n)$ で，任意の点 $p \in U$ において $s_1(p), \cdots, s_n(p)$ が E_p の基底となっているものを与えることとは同値である．このような切断の組 $\{s_i\}$ を U 上の**枠**(framing)と呼ぶ場合がある．

ベクトルバンドル $\pi: E \to M$ の切断全体を $\Gamma(E)$ と書くことにする．$\Gamma(E)$

に加法とスカラー倍を，$s, s' \in \Gamma(E), a \in \mathbb{R}$（または $\mathbb{C}$）に対し，$(s+s')(p) = s(p)+s'(p)$, $(as)(p) = as(p)$ $(p \in M)$ と定義すれば，$\Gamma(E)$ は明らかにベクトル空間となる．さらに $s \in \Gamma(E)$ と $f \in C^\infty(M)$ に対して，$(fs)(p) = f(p)s(p)$ $(p \in M)$ とおけば fs はまた E の切断となる．これにより $\Gamma(E)$ は $C^\infty(M)$ 上の加群となる．

例 5.3 C^∞ 多様体 M の接バンドル TM の切断は，M 上のベクトル場に他ならない．したがって $\mathfrak{X}(M) = \Gamma(TM)$ となる． □

(c) ベクトルバンドルの種々の構成法

制限と誘導バンドル

$\pi: E \to M$ を C^∞ 多様体 M 上のベクトルバンドルとする．このとき M の任意の部分多様体 N に対して，$E|_N = \pi^{-1}(N)$ とおき，射影 $\pi: E|_N \to N$ を π の $E|_N$ への制限により定義すれば，これは N 上のベクトルバンドルとなる．これを E の N への**制限**(restriction)という．

$\pi: E \to M$ をベクトルバンドルとし，$f: N \to M$ を C^∞ 写像とする．このとき

$$f^*E = \{(p, u) \in N \times E ;\ f(p) = \pi(u)\}$$

とおき，射影 $\pi: f^*E \to N$ を $\pi(p, u) = p$ と定義すれば，これは N 上のベクトルバンドルとなる（検証は演習問題 5.1 とする）．これを f による E の**誘導バンドル**(induced bundle)あるいは**引き戻し**(pull back)という．自然な写像 $f^*E \ni (p, u) \mapsto u \in E$ は $f: N \to M$ の上のバンドル写像となる．とくに N が M の部分多様体であり $i: N \to M$ を包含写像とすれば，引き戻し i^*E は自然に制限 $E|_N$ と同型になることが簡単にわかる．

部分バンドルと商バンドル

$\pi: E \to M$ を C^∞ 多様体 M 上のベクトルバンドルとする．同じ底空間上のベクトルバンドル $\pi: F \to M$ が E の**部分バンドル**(subbundle)であるとは，F が E の部分多様体であり，各点 $p \in M$ に対して F のファイバー F_p が E のファイバー E_p の線形部分空間となっているときをいう．

例 5.4 N を C^∞ 多様体 M の部分多様体とする．このとき TN は $TM|_N$

の部分バンドルである. □

ベクトルバンドル $\pi: E \to M$ の部分バンドル F が与えられたとする. このとき各点 $p \in M$ に対して, 商ベクトル空間 E_p/F_p を考え

$$E/F = \bigcup_{p \in M} E_p/F_p$$

とおく. このとき, 自然な射影 $\pi: E/F \to M$ はベクトルバンドルとなることがわかる (検証は演習問題 5.2). これを E の F による**商バンドル** (quotient bundle) という. E, F の次元をそれぞれ n, m とすれば, E/F の次元は $n-m$ となる.

例 5.5 N を C^∞ 多様体 M の部分多様体とする. このとき例 5.4 により, TN は $TM|_N$ の部分バンドルとなるが, 対応する商バンドルを N の M における**法バンドル** (normal bundle) という. □

例 5.6 複素射影空間 $\mathbb{C}P^n$ 上の複素直線バンドル L をつぎのように構成する. まず自明な $n+1$ 次元複素ベクトルバンドル $\mathbb{C}P^n \times \mathbb{C}^{n+1}$ を考える. $\mathbb{C}P^n$ 上の任意の点 ℓ は, $\mathbb{C}^{n+1}$ の原点を通るある複素直線, すなわち 1 次元の線形部分空間である. そこで

$$L = \{(\ell, z) \in \mathbb{C}P^n \times \mathbb{C}^{n+1}; z \in \ell\}$$

とおく. 簡単な考察から, L は $\mathbb{C}P^n \times \mathbb{C}^{n+1}$ の 1 次元部分バンドルになることがわかり, したがってそれは $\mathbb{C}P^n$ 上の複素直線バンドルとなる. このバンドルは **Hopf の直線バンドル**と呼ばれる場合がある.

同様の構成を実射影空間に施すことにより, $\mathbb{R}P^n$ 上の Hopf の直線バンドルが得られる. □

実ベクトルバンドルの複素化

n 次元複素ベクトル空間は自然に $2n$ 次元の実ベクトル空間となる. このことから, 任意の n 次元複素ベクトルバンドルは $2n$ 次元の実ベクトルバンドルとなることがわかる. これは $GL(n; \mathbb{C})$ が $GL(2n; \mathbb{R})$ の Lie 部分群として実現されることに対応している.

逆に, 任意の n 次元実ベクトルバンドル E から, 各ファイバー E_p の複素化 $E_p \otimes \mathbb{C}$ を考えることにより n 次元複素ベクトルバンドル $E \otimes \mathbb{C}$ を作るこ

とができる．これを E の**複素化**(complexification)という．これは $GL(n;\mathbb{R})$ が自然に $GL(n;\mathbb{C})$ の Lie 部分群となっていることに対応している．

ベクトルバンドルの計量

上に与えた商バンドルの定義は，やや抽象的でわかりにくいかも知れない．しかしベクトルバンドルの計量の考えを使えば，それをより具体的に実現することができる．たとえば C^∞ 多様体 M の中の部分多様体 N の法バンドルは，M に Riemann 計量を入れることにより，$TM|_N$ の部分バンドルとしてつぎのように記述される．すなわち，任意の点 $p \in N$ に対して，$(T_pN)^\perp$ を T_pM の部分空間 T_pN の直交補空間とすれば

$$\bigcup_{p \in N}(T_pN)^\perp$$

は，$TM|_N$ の部分バンドルとなることがわかる．一方，自然な同型写像 $(T_pN)^\perp \cong T_pM/T_pN$ は，上記のベクトルバンドルと N の法バンドルとの同型を誘導する（図 5.2）．

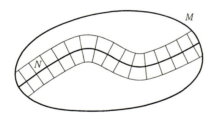

図 5.2 法バンドルの概念図

C^∞ 多様体上の Riemann 計量の定義（§4.1(a)）を思い出せば，つぎのように定義するのは自然であろう．

定義 5.7 ベクトルバンドル $\pi: E \to M$ 上の **Riemann 計量**とは，各ファイバー E_p ($p \in M$) 上の正値な内積 $g_p: E_p \times E_p \to \mathbb{R}$ で，それが p について C^∞ 級のものをいう．Riemann 計量のことを単に**計量**または**内積**という場合もある．複素ベクトルバンドルについては Hermite 内積を用いて同様に定義する． □

ここで g_p が p について C^∞ 級とは，つぎのことを意味する．すなわち，U

を M の開集合とし，$s_i: U \to E$ $(i=1,\cdots,n)$ を U 上の枠とすれば，各 i,j に対して
$$g_p(s_i(p), s_j(p)) \quad (p \in U)$$
は U 上の関数となるが，これらが C^∞ 級であることを要請するのである．

つぎの命題は，多様体上の Riemann 計量の存在証明（命題 4.5）とほとんど同じ議論により示されるので，証明は省略する．

命題 5.8 任意のベクトルバンドルには計量が存在する． □

ベクトル空間に対して定義される種々の操作，たとえば直和，テンソル積，双対ベクトル空間，外積代数などを作ることは，すべてベクトルバンドルに対しても定義される．そのいくつかを見てみよう．

Whitney 和

同じ底空間上に二つのベクトルバンドル $\pi_i: E_i \to M$ $(i=1,2)$ が与えられたとしよう．このとき
$$E_1 \oplus E_2 = \{(u_1, u_2) \in E_1 \times E_2 ; \pi_1(u_1) = \pi_2(u_2)\}$$
とおいて，射影 $\pi: E_1 \oplus E_2 \to M$ を $\pi(u_1, u_2) = \pi_1(u_1)$ と定義すれば，$\pi: E_1 \oplus E_2 \to M$ はベクトルバンドルとなる．これを E_1 と E_2 の **Whitney 和**（Whitney sum）という．E_i の次元を n_i とすれば，$E_1 \oplus E_2$ の次元は $n_1 + n_2$ である．

例 5.9 E をベクトルバンドル，F をその任意の部分バンドルとするとき，同型 $E \cong F \oplus E/F$ が存在する． □

双対バンドルと外積べきバンドル

$\pi: E \to M$ を実ベクトルバンドルとする．このとき
$$E^* = \bigcup_{p \in M} E_p^*$$
とおけば，これは E と同じ次元のベクトルバンドルとなる．ここで E_p^* は E_p の双対ベクトル空間，すなわち $\mathrm{Hom}(E_p, \mathbb{R})$ を表わす．これを E の**双対バンドル**（dual bundle）という．E に一つ Riemann 計量を入れれば，各点 $p \in M$ において同型 $E_p^* \cong E_p$ が誘導され，したがって E^* はもとのバンドル E と同型となる．C^∞ 多様体 M の接バンドルの双対バンドルを T^*M と書き，こ

れを M の**余接バンドル**(cotangent bundle)という.

$\pi: E \to M$ が複素ベクトルバンドルのときも同様に

$$E^* = \bigcup_{p \in M} \mathrm{Hom}_{\mathbb{C}}(E_p, \mathbb{C})$$

とおけば，これは E と同じ次元の複素ベクトルバンドルとなり，これを E の双対バンドルという．しかし注意すべきことは，複素ベクトルバンドルの場合は一般には E^* と E は同型にはならないということである．これは，Hermite 内積 $E_p \times E_p \to \mathbb{C}$ が一つの成分については複素線形であるが，もう一つの成分については共役線形であることに由来する．実際 $\mathbb{C}P^n$ 上の Hopf の直線バンドル L の双対バンドル L^* は，L と同型ではないことが §5.5 の Chern 類を用いて後に示される．

ベクトル空間 V に対してその k 次の外積べき $\Lambda^k V$ をとる操作(§2.1(c)) を，ベクトルバンドル E の各ファイバーに対して行なえば，k 次外積べきバンドル $\Lambda^k E$ が得られる.

例 5.10 C^∞ 多様体 M 上の k 次微分形式とは，M の余接バンドル T^*M の k 次外積べきバンドル $\Lambda^k T^*M$ の切断に他ならない．すなわち §2.1(d) ですでに記したように

$$A^k(M) = \Gamma(\Lambda^k T^*M)$$

となる. □

射影空間の接バンドル

ベクトルバンドルの種々の構成法に慣れる一つの練習として，ここで射影空間の接バンドルを具体的に記述してみよう．まず実射影空間 $\mathbb{R}P^n$ を考える．L を例5.6にある $\mathbb{R}P^n$ 上の Hopf の直線バンドルとする．$\mathbb{R}^{n+1}$ 上の通常の内積は自明なバンドル $\mathbb{R}P^n \times \mathbb{R}^{n+1}$ 上の Riemann 計量を定める．L はこの自明なバンドルの部分バンドルであるから，その直交補バンドル $L^\perp$ が定義され，それは $\mathbb{R}P^n$ 上の n 次元ベクトルバンドルとなる．さて $\mathbb{R}P^n$ の任意の点は，$\mathbb{R}^{n+1}$ の原点を通る直線 ℓ によって表わされる．このとき，Hopf の直線バンドル L の ℓ 上のファイバー L_ℓ は ℓ 自身であり，また $L_\ell^\perp$ は ℓ の直交補空間 $\ell^\perp$ にほかならない．さて ℓ は n 次元球面 S^n とある2点 $x, -x$ におい

て交わる．逆にいうと，$\mathbb{R}P^n$ は S^n 上の原点に関して対称の位置にある 2 点を，それぞれ同一視して得られる空間ということになる．したがって，ℓ における接空間 $T_\ell \mathbb{R}P^n$ は，$T_x S^n$ と $T_{-x} S^n$ とを，対応 $T_x S^n \ni v \mapsto -v \in T_{-x} S^n$ によって同一視した空間と考えることができる（図 5.3）．

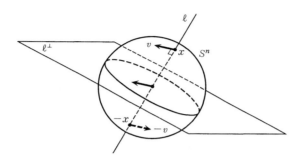

図 5.3　射影空間への接ベクトル

$T_x S^n, T_{-x} S^n$ を，平行移動により $\mathbb{R}^{n+1}$ の線形部分空間とみなせば，結局，任意の接ベクトル $X \in T_\ell \mathbb{R}P^n$ は，組 $\{(x,v),(-x,-v)\}$, $x \in S^n, v \in \ell^\perp$ によって表わされることになる．このような組は，対応 $\ell \ni ax \mapsto av \in \ell^\perp$ $(a \in \mathbb{R})$ によって線形写像
$$f_X \colon \ell \longrightarrow \ell^\perp$$
を誘導し，逆に，線形写像 f_X から上の組は一意的に定まる．こうして
$$T_\ell \mathbb{R}P^n = \mathrm{Hom}(\ell, \ell^\perp)$$
と書けることになる．ここで $\mathbb{R}P^n$ 上の点 ℓ を動かせば，結局つぎの命題が証明されたことになる．

命題 5.11　L を実射影空間 $\mathbb{R}P^n$ 上の Hopf の直線バンドル，$L^\perp$ を積バンドル $\mathbb{R}P^n \times \mathbb{R}^{n+1}$ の部分バンドル L の直交補バンドルとする．このとき，自然なバンドル同型
$$T\mathbb{R}P^n \cong \mathrm{Hom}(L, L^\perp)$$
が存在する．　□

系 5.12　ε を $\mathbb{R}P^n$ 上の自明な直線バンドルとする．このとき，同型
$$T\mathbb{R}P^n \oplus \varepsilon \cong L \oplus \cdots \oplus L \quad (n+1 \text{ 個の } L \text{ の Whitney 和})$$

が存在する．

　[証明] まず任意の直線バンドル ξ に対して，$\text{Hom}(\xi,\xi)$ は自明である．実際 0 にならない切断 id を使ってバンドルの自明化が容易に構成できる．このことと命題 5.11 から
$$T\mathbb{R}P^n \oplus \varepsilon \cong \text{Hom}(L, L^\perp) \oplus \text{Hom}(L, L) \cong \text{Hom}(L, L^\perp \oplus L)$$
となる．ところが $L^\perp \oplus L$ は明らかに $n+1$ 次元の自明なバンドルであるから
$$\text{Hom}(L, L^\perp \oplus L) \cong \text{Hom}(L, \varepsilon \oplus \cdots \oplus \varepsilon)$$
$$\cong \text{Hom}(L, \varepsilon) \oplus \cdots \oplus \text{Hom}(L, \varepsilon)$$
となる．前に見たように，実ベクトルバンドルの場合は任意のベクトルバンドルの双対バンドルはもとのバンドルに同型となる．とくに $\text{Hom}(L, \varepsilon) \cong L$ である．したがって
$$T\mathbb{R}P^n \oplus \varepsilon \cong L \oplus \cdots \oplus L$$
となり証明が終わる．

　上記の議論を複素射影空間 $\mathbb{C}P^n$ に対して行なうと，つぎの命題が証明できる．実射影空間の場合と異なるのは，複素ベクトルバンドルでは双対バンドルがもとのバンドルと一般には同型ではないことである．

　命題 5.13 L を $\mathbb{C}P^n$ 上の Hopf の直線バンドル，ε を自明な複素直線バンドルとする．このとき，同型
$$T\mathbb{C}P^n \oplus \varepsilon \cong L^* \oplus \cdots \oplus L^* \quad (n+1 \text{個の } L^* \text{ の Whitney 和})$$
が存在する． □

§5.2　測地線と接ベクトルの平行移動

　この節では $\mathbb{R}^3$ の中の曲面に関してよく知られたいくつかの事実を簡単に復習し，つぎの節で与えるベクトルバンドルの接続の定義の動機づけをすることにする．

（a）測　地　線

　平面上の 2 点を結ぶ曲線の中で長さが最短のものは，もちろんその 2 点を

結ぶ線分である．それでは平面の代わりに曲面や，さらに一般に Riemann 多様体の場合にはどうなるだろうか．このような問題を考えると自然に測地線の概念が得られる．ここでは簡単のために，3 次元 Euclid 空間 $\mathbb{R}^3$ の中の曲面についてのみ考察することにする．これを $\mathbb{R}^n$ の中の一般の曲面の場合に拡張するのは，比較的容易であろう．

M を $\mathbb{R}^3$ の中の曲面とする．M には $\mathbb{R}^3$ から誘導される Riemann 計量が入る．M 上の C^∞ 級の曲線 $c:(a,b) \to M$ が，平面上の直線の一般化と呼ばれるにふさわしい条件を考えよう．この曲線上を乗り物に乗って動いていることを想像すれば，横ゆれがせず速さも一定であることが望ましい．しかし曲面自身の曲がり具合を反映して，垂直方向に振り回されるのは仕方がないだろう．物理的に考えると，これらのことは加速度に関する条件で表わすことができる．c の速度ベクトル $\dot{c}(t)$ は，明らかに $c(t)$ における M の接平面に属するベクトルである．すなわち

$$\dot{c}(t) \in T_{c(t)}M \quad (t \in (a,b))$$

となる．しかし加速度ベクトル $\ddot{c}(t) = \dfrac{d\dot{c}}{dt}(t)$ は，一般には接平面の外に出てしまう．そこで M 上の点 p において接平面 T_pM に直交するベクトル全体を N_p と書けば，直和分解

$$T_p\mathbb{R}^3 = T_pM \oplus N_p$$

が成立する．加速度ベクトルはこの分解に対応して

$$\ddot{c}(t) = (D_\mathrm{h}\dot{c})(t) + (D_\mathrm{n}\dot{c})(t) \in T_{c(t)}M \oplus N_{c(t)} = T_{c(t)}\mathbb{R}^3$$

と表わすことができる（図 5.4）．ここで $D_\mathrm{h}\dot{c}, D_\mathrm{n}\dot{c}$ はそれぞれ $\dot{c}$ の接平面方向および法線方向の微分を表わす．

定義 5.14 曲面 $M \subset \mathbb{R}^3$ 上の曲線 $c:(a,b) \to M$ は，その加速度ベクトルがつねに M の接平面に垂直のとき，すなわち $(D_\mathrm{h}\dot{c})(t) \equiv 0$ であるとき**測地線**(geodesic)という． □

たとえば，平面上の直線や球面上の大円が測地線であることを確かめるのは容易であろう．

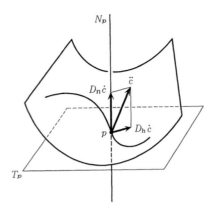

図 5.4　加速度ベクトルの分解

(b)　共変微分

曲面 $M \subset \mathbb{R}^3$ 上の曲線 $c\colon (a,b) \to M$ に関する考察を続ける．前項では速度ベクトル $\dot{c}(t)$ の微分としての加速度ベクトルを考えた．ところで $\dot{c}(t)$ は，曲線上の各点においてそこでのある接ベクトルを対応させるものである．これを一般にしてつぎのように定義する．曲線上の各点において，ある接ベクトル

$$Y_{c(t)} \in T_{c(t)}M$$

が指定されており，それが t について C^∞ 級のとき Y をこの曲線に沿うベクトル場という．このとき Y の t に関する微分 $\dfrac{dY}{dt}$ は，前項と同様にして

$$\frac{dY}{dt}(t) = (D_\mathrm{h}Y)(t) + (D_\mathrm{n}Y)(t) \in T_{c(t)}M \oplus N_{c(t)} = T_{c(t)}\mathbb{R}^3$$

と接平面方向と法線方向の成分の直和に分解される．

定義 5.15　曲面 $M \subset \mathbb{R}^3$ 上の曲線 $c\colon (a,b) \to M$ に沿うベクトル場 Y は，$D_\mathrm{h}Y \equiv 0$ のときその曲線に沿って**平行**(parallel)という．　□

したがって測地線とは，速度ベクトルがそれに沿って平行であるような曲線のこと，と言い換えることができる．

補題 5.16　Y を曲面 $M \subset \mathbb{R}^3$ 上の曲線 $c\colon (a,b) \to M$ に沿うベクトル場と

する．このとき $(D_\mathrm{h}Y)(t)$ は，点 $c(t)$ における c の速度ベクトル $\dot{c}(t)$ のみによって定まる．

［証明］ $\dfrac{dY}{dt}(t)$ は，Y の各成分を t について微分したものを成分とするベクトルである．したがって曲線の速度ベクトルの，接ベクトルとしての役割から明らかなように，$\dfrac{dY}{dt}(t)$ は $\dot{c}(t)$ のみによって定まる．その接平面方向の成分 $(D_\mathrm{h}Y)(t)$ も同じである． ∎

以上のことを一般化すれば，つぎのように定義することができる．$p \in M$ を曲面上の任意の点，$X \in T_pM$ をその点における接ベクトルとする．このとき，点 p の近くで定義された任意のベクトル場 Y に対して Y の p における "X 方向の微分" $\nabla_X Y$ が

$$\nabla_X Y = D_\mathrm{h} Y$$

とおくことにより定義される．p を通る曲線としては，p における速度ベクトルが X となるような任意の曲線をとって，それに関する D_h を使えばよい．ここでさらに p を動かし，微分する方向の X もそれと共に変化することにすれば結局つぎのようになる．すなわち，$X, Y \in \mathfrak{X}(M)$ を M 上のベクトル場とすれば，Y の "X 方向の微分"

$$\nabla_X Y \in \mathfrak{X}(M)$$

が定義されるのである．$\nabla_X Y$ を Y の X に関する**共変微分**(covariant derivative)という．共変微分は任意の $f \in C^\infty(M)$ に対してつぎの二つの性質を持っている．

（ⅰ） $\nabla_{fX} Y = f \nabla_X Y$.

（ⅱ） $\nabla_X (fY) = f \nabla_X Y + (Xf) Y$.

第一の性質は明らかである．第二の性質も，$\nabla_X(fY)$ が関数 f とベクトル値関数と思った Y との積の関数 fY の，X による微分の接平面方向の成分であることから簡単に従う．

（c） 接ベクトルの平行移動と曲率

引き続き 3 次元 Euclid 空間 $\mathbb{R}^3$ の中の曲面 M と，その上の曲線 $c: (a,b) \to M$ を考える．曲線上の各点 $p \in M$ において接平面 T_pM が定まるが，p が曲

線上を動くとき T_pM もそれにつられて動く．これら T_pM の間には何か自然な対応はないのだろうか．M がもし $\mathbb{R}^3$ の中の平面ならば，図 5.5 に示すように，接ベクトルを曲線に沿って平行移動することができる．

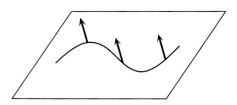

図 5.5　接ベクトルの平行移動

M が一般の曲面の場合も，**平行移動**(parallel displacement)の概念を定義することができる．すなわち，曲線上の任意の 2 点 $p=c(t_0)$, $q=c(t_1)$ に対し，線形写像
$$\tau: T_pM \longrightarrow T_qM$$
をつぎのように構成するのである．$Y_0 \in T_pM$ を任意の接ベクトルとする．このとき曲線 $c(t)$ に沿うベクトル場 $Y(t)$ であって
(i) $Y(t_0) = Y_0$
(ii) $(D_\mathrm{h}Y)(t) \equiv 0 \quad (t \in (a,b))$
となるものが一意的に存在することがわかる．なぜならば，(ii)を具体的に書き表わせば，それは定理 1.41 に登場した 1 階の常微分方程式系の形となり，したがって初期条件(i)に対してその定理が適用できるからである．そこで $\tau(Y_0) = Y(t_1)$ とおけばこれが求める写像 τ である．$\tau(Y_0)$ を曲線 $c(t)$ に沿って Y_0 を平行移動して得られるベクトルという．平行移動が曲線のパラメーターのとり方によらずに定まることは，たとえば前項の共変微分の条件(i)から簡単に従う．

微分方程式が線形であるから τ もまた線形となる．さらに τ は等長変換であることも簡単に確かめられる．このことから測地線に沿う平行移動はつぎのように簡単に記述できる．すなわち，測地線の定義から，その長さ一定の速度ベクトルは平行である．ところが曲面は 2 次元であるから，測地線上の任意の点における任意の接ベクトルは，速度ベクトルからある角度を持った

ベクトルとして表わせる．そこでその角度を保ったまま測地線上の別の点に移したものが，すなわち平行移動となるのである．

平面の場合にはその上の 2 点 p, q を結ぶ曲線に沿う接ベクトルの平行移動は，明らかに曲線のとり方によらない．しかし一般の曲面の場合には，曲線の選び方によってずれが生じてくる．そしてそのずれは，曲面の曲がり具合すなわち曲率をよく反映したものになるのである．図 5.6 を見て，曲率が正の場合と負の場合のずれの生じ方の違いを観察してほしい．

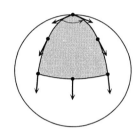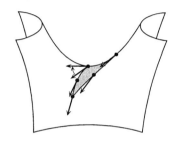

図 5.6　平行移動と曲率

§5.3　ベクトルバンドルの接続と曲率

(a)　接　　続

前の節(§5.2)で簡単に記述した，$\mathbb{R}^3$ の中の曲面上の共変微分の性質を動機づけとして，一般のベクトルバンドルに対してつぎのように定義するのは自然であろう．

定義 5.17　C^∞ 多様体 M 上のベクトルバンドル $\pi: E \to M$ の**接続**(connection)とは，双線形写像
$$\nabla: \mathfrak{X}(M) \times \Gamma(E) \longrightarrow \Gamma(E)$$
であって，任意の $f \in C^\infty(M)$, $X \in \mathfrak{X}$, $s \in \Gamma(E)$ に対して，二つの条件
(ⅰ)　$\nabla_{fX} s = f \nabla_X s$
(ⅱ)　$\nabla_X (fs) = f \nabla_X s + (Xf)s$
をみたすものをいう．$\nabla_X s$ を s の X に関する**共変微分**(covariant differential,

covariant derivative) という．

条件 (i) から $(\nabla_X s)(p)$ が X_p のみにより定まることがわかる．任意のベクトルバンドルには，必ず接続を定義することができることを見てみよう．まず積バンドル $M \times \mathbb{R}^n$ に対しては，積構造から決まる枠 $s_1, \cdots, s_n$ の，任意のベクトル場 $X \in \mathfrak{X}(M)$ に関する共変微分を

$$\nabla_X s_i = 0 \quad (i = 1, \cdots, n)$$

と定め，それを上記の定義の条件 (ii) により任意の切断に対して拡張すれば，これは接続となる．具体的には $s = \sum_i a_i s_i$ とするとき

$$\nabla_X s = \sum_{i=1}^{n} (X a_i) s_i$$

である．この場合 $\nabla_X s$ は s を M 上の $\mathbb{R}^n$ に値をとる関数と思ったとき，X 方向の通常の偏微分に他ならない．これを積バンドルの**自明な接続** (trivial connection) と呼ぼう．一般のベクトルバンドル $\pi: E \to M$ に対しては，M の開被覆 $\{U_\alpha\}_{\alpha \in A}$ で，各 U_α 上ではバンドルが自明になっているものをとる．そして U_α 上の自明化を一つ選び，対応する自明な接続を ∇^α とする．さらに上記の開被覆に従属する 1 の分割 $\{f_\alpha\}$ を選び

$$\nabla_X s = \sum_\alpha f_\alpha \nabla_X^\alpha s$$

とおけば，これが接続となることが簡単に確かめられる．

以上の構成から明らかなように，接続は無限に存在する．そして最近の研究においては，与えられたベクトルバンドル上の接続の全体の作る空間の考察がますます重要性を増してきている．ここではこの空間の性質を一つだけあげておこう．

命題 5.18 ∇_i ($i = 1, \cdots, k$) を，与えられたベクトルバンドル上の k 個の接続とする．このとき，つぎの形のそれらの 1 次結合

$$\sum_{i=1}^{k} t_i \nabla_i \quad (t_1 + \cdots + t_k = 1)$$

はまた接続となる． □

証明は容易なので演習問題 5.5 とするが，これを幾何学的に表現すればつ

ぎのようになる．すなわち，有限個の接続を接続全体の空間の中でそれぞれ点とみなせば，それらを頂点とする多面体の生成する"まっすぐな空間"がこの空間の中にすっぽり含まれているということである(図5.7)．

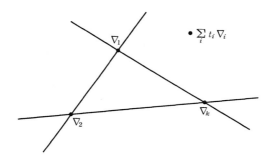

図5.7 接続全体のなす空間

(b) 曲　率

ベクトルバンドル $\pi: E \to M$ に接続 ∇ が与えられているとしよう．このとき，任意のベクトル場 $X \in \mathfrak{X}(M)$ に対して，対応する共変微分

$$\nabla_X : \Gamma(E) \longrightarrow \Gamma(E)$$

が定義されているのであった．さて ∇ が積バンドル $M \times \mathbb{R}^n$ 上の自明な接続の場合には，(a)項で見たように，∇_X は M 上の $\mathbb{R}^n$ に値をとる関数への X の作用そのものであった．したがって，ベクトル場のかっこ積の定義(§1.4(b))からただちに

$$\nabla_X \nabla_Y - \nabla_Y \nabla_X = \nabla_{[X,Y]}$$

となることがわかる．しかし一般のベクトルバンドルの接続に対しては，上記の等式は必ずしも成立しないのである．さらにそれが等式からはずれる度合を微分形式を用いてうまく表現すると，ベクトルバンドルの大局的な曲がり具合を表わす量を導き出すことができるのである．定義を述べよう．

定義5.19 ∇ をベクトルバンドル $\pi: E \to M$ 上の接続とする．このとき，任意の二つのベクトル場 $X, Y \in \mathfrak{X}(M)$ に対して

$$R(X,Y) = \frac{1}{2}\{\nabla_X\nabla_Y - \nabla_Y\nabla_X - \nabla_{[X,Y]}\}$$

を対応させる写像 R を，∇ の**曲率**(curvature)という． □

補題 5.20 曲率 R はつぎの性質を持っている．すなわち，任意の $X, Y \in \mathfrak{X}(M)$ と任意の $f, g, h \in C^\infty(M)$, $s \in \Gamma(E)$ に対して

(i) $R(Y, X) = -R(X, Y)$

(ii) $R(fX, gY)(hs) = fgh R(X, Y)(s)$

が成り立つ．

[証明] (i)は $[Y, X] = -[X, Y]$ であることに注意すれば，定義から明らかである．(ii)を示すために，まず f, g ともに恒等的に 1 である場合を考えよう．このとき定義 5.17 の接続の条件を使って計算すると

(5.1) $\nabla_X \nabla_Y (hs) = \nabla_X(h\nabla_Y s + (Yh)s)$
$= h\nabla_X\nabla_Y s + (Xh)\nabla_Y s + (Yh)\nabla_X s + (XYh)s$

となる．同様にして

(5.2) $\nabla_Y \nabla_X (hs) = \nabla_Y(h\nabla_X s + (Xh)s)$
$= h\nabla_Y\nabla_X s + (Yh)\nabla_X s + (Xh)\nabla_Y s + (YXh)s$

となる．一方

(5.3) $\nabla_{[X,Y]}(hs) = h\nabla_{[X,Y]} s + ([X,Y]h)s$

である．(5.1)から(5.2), (5.3)を引けば，求める等式

$$R(X, Y)(hs) = hR(X, Y)(s)$$

が得られる．つぎに，一般の場合には

(5.4) $2R(fX, gY) = \nabla_{fX}\nabla_{gY} - \nabla_{gY}\nabla_{fX} - \nabla_{[fX, gY]}$
$= f\nabla_X(g\nabla_Y) - g\nabla_Y(f\nabla_X) - \nabla_{[fX, gY]}$
$= f((Xg)\nabla_Y + g\nabla_X\nabla_Y) - g((Yf)\nabla_X + f\nabla_Y\nabla_X) - \nabla_{[fX, gY]}$

となる．ここで §1.4 の命題 1.40(iv) の式 $[fX, gY] = fg[X, Y] + f(Xg)Y - g(Yf)X$ を使えば

$$\nabla_{[fX, gY]} = fg\nabla_{[X,Y]} + f(Xg)\nabla_Y - g(Yf)\nabla_X$$

となる．これを(5.4)に代入すれば，等式

$$2R(fX, gY) = fg(\nabla_X \nabla_Y - \nabla_Y \nabla_X - \nabla_{[X,Y]}) = 2fgR(X,Y)$$

が得られる．前半の議論と合わせれば，$R(fX, gY)(hs) = fghR(X,Y)(s)$ となり，証明が終わる． ∎

(c) 接続形式と曲率形式

∇ をベクトルバンドル $\pi: E \to M$ の接続，R をその曲率とする．この項では ∇, R を局所的に微分形式によって表示することを考えよう．M の開集合 U 上の枠 $s_1, \cdots, s_n \in \Gamma(E|_U)$ が与えられているとしよう．このとき，U 上のベクトル場 X に対して，式

$$\nabla_X s_j = \sum_{i=1}^{n} \omega_j^i(X) s_i$$

により $\omega_j^i(X) \in C^\infty(U)$ を定義すれば，接続の性質（定義 5.17(ii)）から任意の $f \in C^\infty(U)$ に対して $\omega_j^i(fX) = f\omega_j^i(X)$ となる．したがって，§2.1 定理 2.8 により，ω_j^i は U 上の 1 形式となる．逆に，これら n^2 個の 1 形式 ω_j^i には，明らかに接続 ∇ の U 上の情報がすべて含まれている．そこで，これらをまとめて

$$\omega = (\omega_j^i)$$

と書き，これを ∇ の（U 上の）**接続形式**（connection form）と呼ぶ．ω は，$n \times n$ 行列の全体，すなわち $\mathfrak{gl}(n; \mathbb{R})$ に値をとる U 上の 1 形式（§2.4(a)）と考えられる．

つぎに曲率 R に対しても同様の考察をしてみよう．U 上のベクトル場 X, Y に対して，式

$$R(X,Y)(s_j) = \sum_{i=1}^{n} \Omega_j^i(X,Y) s_i$$

により $\Omega_j^i(X,Y) \in C^\infty(U)$ を定義する．このとき補題 5.20 により，$\Omega_j^i(Y,X) = -\Omega_j^i(X,Y)$, $\Omega_j^i(fX, gY) = fg\Omega_j^i(X,Y)$ となることがわかる．したがって再び定理 2.8 により，Ω_j^i は U 上の 2 形式となる．これらをひとまとめにして，$\mathfrak{gl}(n; \mathbb{R})$ に値をとる U 上の 2 形式

$$\Omega = (\Omega_j^i)$$

を考え,これを**曲率形式**(curvature form)という.

つぎの定理は,接続形式と曲率形式の関係を記述するもので,**構造方程式**(structure equation)と呼ばれる.

定理 5.21(構造方程式) ベクトルバンドルの接続形式 $\omega=(\omega_j^i)$ と曲率形式 $\Omega=(\Omega_j^i)$ は,等式
$$d\omega = -\omega \wedge \omega + \Omega$$
をみたす.これを成分で書けば
$$d\omega_j^i = -\sum_{k=1}^{n} \omega_k^i \wedge \omega_j^k + \Omega_j^i$$
となる.

[証明] まず曲率形式の定義から

(5.5) $$2R(X,Y)(s_j) = \sum_{i=1}^{n} 2\Omega_j^i(X,Y)s_i$$

である.一方,曲率の定義から

(5.6) $$2R(X,Y)(s_j) = (\nabla_X \nabla_Y - \nabla_Y \nabla_X - \nabla_{[X,Y]})(s_j)$$
$$= \nabla_X \left(\sum_{i=1}^{n} \omega_j^i(Y)s_i \right) - \nabla_Y \left(\sum_{i=1}^{n} \omega_j^i(X)s_i \right) - \sum_{i=1}^{n} \omega_j^i([X,Y])s_i$$
$$= \sum_{i=1}^{n} (X\omega_j^i(Y))s_i + \sum_{i,k=1}^{n} \omega_j^k(Y)\omega_k^i(X)s_i$$
$$- \sum_{i=1}^{n} (Y\omega_j^i(X))s_i - \sum_{i,k=1}^{n} \omega_j^k(X)\omega_k^i(Y)s_i - \sum_{i=1}^{n} \omega_j^i([X,Y])s_i$$

となる.ここで
$$2d\omega_j^i(X,Y) = X\omega_j^i(Y) - Y\omega_j^i(X) - \omega_j^i([X,Y]),$$
$$2\omega_k^i \wedge \omega_j^k(X,Y) = \omega_k^i(X)\omega_j^k(Y) - \omega_k^i(Y)\omega_j^k(X)$$
を(5.6)に代入すれば

(5.7) $$2R(X,Y)(s_j) = 2\sum_{i=1}^{n} \left\{ d\omega_j^i(X,Y) + \sum_{k=1}^{n} \omega_k^i \wedge \omega_j^k(X,Y) \right\} s_i$$

を得る.(5.5),(5.7)を比較すれば,求める構造方程式が得られる. ∎

(d) 接続と曲率の局所表示の変換公式

∇ をベクトルバンドル $\pi: E \to M$ の接続とする．M の二つの開集合 U_α, U_β 上の自明化 $\varphi_\alpha: \pi^{-1}(U_\alpha) \cong U_\alpha \times \mathbb{R}^n$, $\varphi_\beta: \pi^{-1}(U_\beta) \cong U_\beta \times \mathbb{R}^n$ が与えられたとし，$g_{\alpha\beta}: U_\alpha \cap U_\beta \to GL(n;\mathbb{R})$ を対応する変換関数とする(§5.1(b))．自明化 $\varphi_\alpha, \varphi_\beta$ が誘導する枠の定義する，U_α, U_β 上の接続形式および曲率形式をそれぞれ

$$\omega_\alpha, \Omega_\alpha; \quad \omega_\beta, \Omega_\beta$$

としよう．

命題 5.22 上記の仮定のもとに，$U_\alpha \cap U_\beta$ 上でつぎの変換公式が成り立つ．

(i) $\omega_\beta = g_{\alpha\beta}^{-1} \omega_\alpha g_{\alpha\beta} + g_{\alpha\beta}^{-1} dg_{\alpha\beta}$.

(ii) $\Omega_\beta = g_{\alpha\beta}^{-1} \Omega_\alpha g_{\alpha\beta}$.

[証明] まず(i)を証明する．φ_α の誘導する $E|_{U_\alpha}$ の枠を $s_1, \cdots, s_n$, φ_β の誘導する $E|_{U_\beta}$ の枠を $t_1, \cdots, t_n$ としよう．このとき変換関数の定義から，$U_\alpha \cap U_\beta$ 上では

$$(5.8) \qquad t_j = \sum_{i=1}^n g_j^i s_i$$

となる．ここで $g_{\alpha\beta}$ の成分を g_j^i と記した．この式に ∇_X をほどこせば

$$(5.9) \qquad \sum_{k=1}^n \omega(\beta)_j^k(X) t_k = \sum_{i=1}^n dg_j^i(X) s_i + \sum_{i,k=1}^n g_j^k \omega(\alpha)_k^i(X) s_i$$

となる．ここで $\omega_\alpha, \omega_\beta$ の成分をそれぞれ $\omega(\alpha)_j^i, \omega(\beta)_j^i$ と記した．(5.9)の左辺の t_k に(5.8)(の j を k に替えたもの)を代入し，s_i の係数を比較すれば等式

$$\sum_{k=1}^n \omega(\beta)_j^k(X) g_k^i = dg_j^i(X) + \sum_{k=1}^n g_j^k \omega(\alpha)_k^i(X)$$

が得られる．これが任意の X と i, j に対して成立するのであるから，行列の記法を使えば，結局

$$g_{\alpha\beta} \omega_\beta = dg_{\alpha\beta} + \omega_\alpha g_{\alpha\beta}$$

と書くことができる.この式に左から $g_{\alpha\beta}^{-1}$ をかければ求める式となる.

つぎに(ii)を証明しよう.定理5.21から
$$\Omega_\beta = d\omega_\beta + \omega_\beta \wedge \omega_\beta$$
となる.そこで(i)の両辺を外微分することにする.ここでは関数や1形式が行列になって登場しているが,それらの外微分は通常の公式から容易に類推しそれを検証することができる.たとえば $g_{\alpha\beta}$ を簡単のため g と書くことにすれば,$g^{-1}g=I$ (I は単位行列)の両辺を外微分して $dg^{-1}g+g^{-1}dg=0$ となるので,$dg^{-1}=-g^{-1}dgg^{-1}$ が得られる.さて計算を実行しよう.

$$\begin{aligned}\Omega_\beta &= d\omega_\beta + \omega_\beta \wedge \omega_\beta \\ &= -g^{-1}dgg^{-1} \wedge \omega_\alpha g + g^{-1}d\omega_\alpha g - g^{-1}\omega_\alpha \wedge dg - g^{-1}dgg^{-1} \wedge dg \\ &\quad + (g^{-1}\omega_\alpha g + g^{-1}dg) \wedge (g^{-1}\omega_\alpha g + g^{-1}dg) \\ &= g^{-1}(d\omega_\alpha + \omega_\alpha \wedge \omega_\alpha)g = g^{-1}\Omega_\alpha g\end{aligned}$$

となり,証明が終わる.いくつかの項がうまく打ち消し合う様子を観察してほしい.■

(e) ベクトルバンドルに値をとる微分形式

以上で,ベクトルバンドルの接続と曲率についての説明は一応終わった.しかし,読者のなかには,もうすこしすっきりした記述ができるのではないかと思う人もいるかも知れない.とくに命題5.22の証明中の(5.9)では,ベクトル場 X がいかにも余計な感じで,それをとってしまったほうがかえってわかりやすく思われるだろう.実際,§2.4(a)で導入したベクトル空間に値をとる微分形式をさらに一般化して,ベクトルバンドルに値をとる微分形式という概念を使うことにより,このことは正当化されるのである.

まずベクトルバンドル E が自明な直線バンドル $E=M\times\mathbb{R}$ である場合を考えよう.この場合 E の切断とは M 上の C^∞ 関数に他ならず,したがって $\Gamma(E)=C^\infty(M)$ となる.このとき,任意のベクトル場 X に対して
$$\nabla_X f = Xf \quad (f \in \Gamma(E))$$
とおけば,これはすなわち E 上の自明な接続である.一方1形式 $df \in A^1(M)$

を使えば
$$\nabla_X f = Xf = df(X)$$
と書くことができる．そこで一般のベクトルバンドル E 上の接続 ∇ の場合にも，切断 $s \in \Gamma(E)$ に対して上記の df に対応する 1 形式のようなものを定義することが考えられる．そしてそれを ∇s と書くとき，∇s は各ベクトル場 X に対して $\nabla_X s$ という "値" をとるようにするのである．定義を述べよう．

定義 5.23 E を C^∞ 多様体 M 上のベクトルバンドルとする．このとき，ベクトルバンドル $\Lambda^k T^* M \otimes E$ の切断を，E に値をとる M 上の k 形式という．したがって，これら k 形式の全体を $A^k(M; E)$ と記すことにすれば
$$A^k(M; E) = \Gamma(\Lambda^k T^* M \otimes E)$$
となる． □

これは §5.1 の例 5.10 で述べた事実 $A^k(M) = \Gamma(\Lambda^k T^* M)$ の一般化である．そして §2.1 の定理 2.8 に対応すること，すなわち自然な同一視
$$A^k(M; E) = \{\mathfrak{X}(M) \times \cdots \times \mathfrak{X}(M) \longrightarrow \Gamma(E);$$
$$C^\infty(M) \text{ 加群として多重線形かつ交代的な写像}\}$$
が存在する．ここで右辺の $\mathfrak{X}(M)$ はもちろん k 個の直積をとったものである．$A^k(M; E)$ の任意の元は，$\theta \otimes s$ $(\theta \in A^k(M), s \in \Gamma(E) = A^0(M; E))$ の形の元の 1 次結合で書ける．また通常の外積は，自然な写像
$$A^k(M) \times A^\ell(M; E) \longrightarrow A^{k+\ell}(M; E)$$
を誘導する．

以上の定義のもとに，接続を見直してみよう．まず接続の条件 (i)（定義 5.17）から，任意の切断 $s \in \Gamma(E)$ に対して対応
$$\mathfrak{X}(M) \ni X \longmapsto \nabla_X s \in \Gamma(E)$$
は $C^\infty(M)$ 加群として線形である．したがって，この対応を ∇s と書けばそれは $A^1(M; E)$ の元と考えられる．こうして接続は，線形写像
$$\nabla : \Gamma(E) \longrightarrow A^1(M; E)$$
を誘導し，この場合，接続の条件 (ii) は
$$\nabla(fs) = df \otimes s + f \nabla s$$
と表わされることになる．

つぎに曲率 R を考えよう．二つのベクトル場 X, Y と切断 $s \in \Gamma(E)$ に対して，$R(X, Y)(s)$ はまた E の切断となるのであった．そこで M 上の点 p に対して，その上のファイバー E_p の自己準同型の全体 $\mathrm{End}\, E_p$ をファイバーとするベクトルバンドル $\mathrm{End}\, E$ を考えれば，R は写像
$$R \colon \mathfrak{X}(M) \times \mathfrak{X}(M) \longrightarrow \Gamma(\mathrm{End}\, E)$$
を誘導する．ここで補題 5.20 の主張を見てみれば，それは上記の写像がまさに $C^\infty(M)$ 加群として多重線形かつ交代的であることを示している．したがって
$$R \in A^2(M; \mathrm{End}\, E)$$
と書くことができる．

さて，微分 $d\colon C^\infty(M) \to A^1(M)$ は $M \times \mathbb{R}$ 上の自明な接続と考えられるが，この場合には外微分 $d\colon A^k(M) \to A^{k+1}(M)$ が任意の k に対して定義されている．一般の接続 $\nabla\colon \Gamma(E) \to A^1(M; E)$ に対しても，線形写像
$$D \colon A^k(M; E) \longrightarrow A^{k+1}(M; E)$$
が，$\theta \otimes s$ という形の元に対しては
$$D(\theta \otimes s) = d\theta \otimes s + (-1)^k \theta \wedge \nabla s \quad (\theta \in A^k(M),\ s \in \Gamma(E))$$
とおくことにより定義される．$k = 0$ のときは $D = \nabla$ である．これが表示の仕方によらずに定まることの検証は，読者にまかせることにする．この微分作用素 D を**共変外微分**(covariant exterior differential)という．外微分 d は2回繰り返してほどこすと 0 になる，すなわち $d \circ d = 0$ であった．しかし共変外微分は $D \circ D = 0$ となるとは限らない．そして，初めの二つの D の合成が 0 にならない度合が，ちょうど曲率 R に対応するのである．すなわちつぎの命題(検証は演習問題 5.6 とする)が成立する．

命題 5.24 ∇ をベクトルバンドル E 上の接続，$R \in A^2(M; \mathrm{End}\, E)$ をその曲率とする．R を線形写像
$$R \colon \Gamma(E) \longrightarrow A^2(M; E)$$
と思ったとき，それは合成写像 $D \circ \nabla$ に一致する． □

§5.4 Pontrjagin 類

(a) 不変多項式

$\pi: E \to M$ を n 次元ベクトルバンドルとする．この性質を調べるために前節のように接続 ∇ を入れると，対応する曲率 R が定まる．M の開被覆 $\{U_\alpha\}$ と各 U_α 上の E の自明化が与えられると，R は曲率形式と呼ばれる U_α 上の $\mathfrak{gl}(n;\mathbb{R})$ に値をとる 2 形式

$$\Omega_\alpha = (\Omega(\alpha)^i_j)$$

によって表現される．さらにそれら相互の関係は，E の変換関数 $g_{\alpha\beta}$ によって

(5.10) $$\Omega_\beta = g_{\alpha\beta}^{-1} \Omega_\alpha g_{\alpha\beta}$$

と具体的に表わされるのであった(命題 5.22(ii))．

これらをもとにして，M 全体で定義された微分形式を作ることを考えよう．もしそれがうまくいったとすれば，こんどは得られた微分形式を M 上積分することにより，E の大局的な不変量が導き出されることが期待されるからである．答えは公式(5.10)の中に潜んでいる．すなわち，曲率形式 Ω_α は局所的にのみ定義された，しかも行列に値をとる 2 形式であるが，Ω_α と Ω_β とは($U_\alpha \cap U_\beta$ 上で)行列として互いに相似なのである．そこで Ω_α の各成分(それは U_α 上の通常の 2 形式である)の多項式で，相似をとる演算で不変なものを考えれば，$U_\alpha \cap U_\beta$ 上でうまくつながり，結局 M 全体で定義された微分形式が得られるのである．ここでは任意の二つの 2 形式が互いに可換であることも，うまく作用していることに注意しよう．定義を述べる．

定義 5.25 n 次正方行列の全体 $\mathfrak{gl}(n;\mathbb{R})$ の各成分に関する多項式関数

$$f: \mathfrak{gl}(n;\mathbb{R}) \longrightarrow \mathbb{R}$$

は，相似をとる演算で不変であるとき，すなわち任意の $A \in GL(n;\mathbb{R})$ に対して

$$f(X) = f(A^{-1}XA) \quad (X = (x^i_j) \in \mathfrak{gl}(n;\mathbb{R}))$$

が成立するとき，**不変多項式**(invariant polynomial)という．不変多項式の

全体を I_n と書けば，これは多項式のふつうの演算に関して可換な代数となる． □

容易にわかるように，不変性の条件は，任意の二つの正方行列 X, Y に対して $f(XY) = f(YX)$ をみたすことと言い換えてもよい．すぐに思いつく不変多項式として，行列式 $\det X$ とトレース $\mathrm{Tr}\, X$ がある．それぞれ次数が n と 1 の不変多項式であり，行列 X の固有値の積と総和である．一般に，固有値に関する対称多項式は容易にわかるように不変多項式となる．一方，対称多項式に関するよく知られた定理から，n 個の変数に関する任意の対称多項式は基本対称式(elementary symmetric function) $\sigma_i\ (i=1,\cdots,n)$ の多項式として一意的に書ける．そこで $\sigma_i(X)$ を X の固有値に関する i 次の基本対称式としよう．すなわち

$$\det(I+tX) = 1 + t\sigma_1(X) + t^2\sigma_2(X) + \cdots + t^n\sigma_n(X)$$

とおくのである．ここで I は単位行列を表わす．このように書いてみれば，実際 $\sigma_i(X)$ が不変多項式となることは明らかであろう．

定理 5.26 不変多項式代数 I_n は，$\sigma_i\ (i=1,\cdots,n)$ で生成される多項式環である．すなわち

$$I_n \cong \mathbb{R}[\sigma_1,\cdots,\sigma_n].$$

［証明］ n 次対角行列全体の作る $\mathfrak{gl}(n;\mathbb{R})$ の Lie 部分代数を $\mathfrak{t}$ とする．一般の対角行列 $X \in \mathfrak{t}$ の i 番目の対角成分を x_i とすれば，$x_1,\cdots,x_n$ に関する多項式は $\mathfrak{t}$ 上の多項式関数と思うことができる．さて I_n の任意の元 f を $\mathfrak{t}$ に制限して考えれば，それは $\mathfrak{t}$ 上の多項式関数であるから，$x_1,\cdots,x_n$ の多項式として表わされる．それを $\rho(f)$ と書こう．一方，任意の i, j と任意の元 $X \in \mathfrak{t}$ に対して，X の (i,i) 成分と (j,j) 成分とを交換した行列 X' は，もとの行列 X と相似である．このとき不変多項式の定義から $f(X') = f(X)$ となる．このことから多項式 $\rho(f)$ は対称な多項式となることがわかる．したがって，$x_1,\cdots,x_n$ に関する対称多項式の全体を S_n と書けば，対応 $f \mapsto \rho(f)$ は準同型写像

$$\rho: I_n \longrightarrow S_n$$

を定義する．

さて不変多項式 σ_i を，対角行列に適用すればすぐにわかるように，$\rho(\sigma_i) \in S_i$ は $x_1, \cdots, x_n$ に関する i 次の基本対称式となる．したがって上記の対称多項式に関する基本定理から，ρ が全射であることがわかる．あとは ρ が単射であることを示せば証明が完了する．

単射性を示すには，複素数体 $\mathbb{C}$ 上で同様に定義される写像
$$\rho_\mathbb{C} : I_n(\mathbb{C}) \longrightarrow S_n(\mathbb{C})$$
が単射であることを示せば十分である．ここで $I_n(\mathbb{C})$ は，$\mathfrak{gl}(n;\mathbb{C})$ 上の $\mathbb{C}$ に値をとる多項式関数で，相似な行列上で同じ値をとるものの全体を表わし，$S_n(\mathbb{C})$ は n 変数の複素数を係数とする対称多項式の全体である．I_n, S_n はそれぞれ $I_n(\mathbb{C}), S_n(\mathbb{C})$ の部分空間となっている．さて $\rho_\mathbb{C}(f) = 0$ としよう．このとき任意の n 次複素対角行列上 f の値は 0 である．f の不変性から対角行列と相似な行列に対しても f の値は 0 となる．とくに対角成分がすべて異なる上三角行列上 0 となる．さらに f の連続性から，任意の上三角行列に対して 0 となることがわかる．ところが線形代数学でよく知られているように，任意の正方行列は上三角行列と相似であるから，結局 $f = 0$ となる．これで $\rho_\mathbb{C}$ が単射であることがいえた． ∎

以上の記述から，任意の不変多項式 $f \in I_n$ が $\sigma_1, \cdots, \sigma_n$ の多項式として一意的に書けることがわかった．しかし，つぎに定義する別の基底を使ったほうが便利な場合がある．各 i に対して $s_i \in I_n$ を
$$s_i(X) = \operatorname{Tr} X^i$$
により定義しよう．明らかに
$$\rho(s_i) = x_1^i + \cdots + x_n^i$$
である．簡単な計算から
$$s_1 = \sigma_1, \quad s_2 = \sigma_1^2 - 2\sigma_2, \quad s_3 = \sigma_1^3 - 3\sigma_1\sigma_2 + 3\sigma_3$$
となることがわかる．一般に，**Newton の公式**(Newton's formula)と呼ばれる式
$$s_i - \sigma_1 s_{i-1} + \sigma_2 s_{i-2} - \cdots + (-1)^{i-1}\sigma_{i-1}s_1 + (-1)^i i\sigma_i = 0 \quad (i = 1, \cdots, n)$$
$$s_i - \sigma_1 s_{i-1} + \sigma_2 s_{i-2} - \cdots + (-1)^n \sigma_n s_{i-n} = 0 \quad (i = n+1, n+2, \cdots)$$
が成立することが比較的簡単にわかる(証明は演習問題 5.7 とする)．このこ

とから i に関する帰納法により，s_i は $\sigma_1,\cdots,\sigma_i$ の多項式として書け，また逆に σ_i は $s_1,\cdots,s_i$ の多項式となることがわかる．したがって $I_n \cong \mathbb{R}[s_1,\cdots,s_n]$ となる．

さて次数が k の任意の不変多項式 $f \in I_n$ に対して，$f(\Omega_\alpha)$ は U_α 上の $2k$ 形式であるが，不変性から $U_\alpha \cap U_\beta$ 上で
$$f(\Omega_\alpha) = f(\Omega_\beta)$$
となる．したがって，これらはうまくつながって M 全体で定義された $2k$ 形式となる．これを
$$f(\Omega) \in A^{2k}(M)$$
と書くことにしよう．

命題 5.27 次数 k の不変多項式 f に対して，$f(\Omega) \in A^{2k}(M)$ は閉形式である．

［証明］ この命題を証明するために，まず曲率形式 $\Omega = (\Omega^i_j)$ の外微分を計算しよう．構造方程式（定理 5.21）から，$\Omega = d\omega + \omega \wedge \omega$ となる．この式の両辺を外微分すれば
$$\begin{aligned}d\Omega &= d\omega \wedge \omega - \omega \wedge d\omega \\ &= \Omega \wedge \omega - \omega \wedge \omega \wedge \omega - \omega \wedge \Omega + \omega \wedge \omega \wedge \omega\end{aligned}$$
となる．したがって等式

(5.11) $$d\Omega = \Omega \wedge \omega - \omega \wedge \Omega$$

が得られる．これを **Bianchi の恒等式**（Bianchi's identity）と呼ぶ．成分で書けば
$$d\Omega^i_j = \sum_{k=1}^n \left(\Omega^i_k \wedge \omega^k_j - \omega^i_k \wedge \Omega^k_j \right)$$
となる．

さて，定理 5.26 の証明の後に続く記述から $I_n \cong \mathbb{R}[s_1,\cdots,s_n]$ であるから，$f = s_i$ のときに主張を証明すれば十分である．このとき
$$s_i(\Omega) = \mathrm{Tr}(\Omega^i)$$
であるから，Bianchi の恒等式(5.11)を使って計算すれば

$$\begin{aligned}
ds_i(\Omega) &= d\,\mathrm{Tr}(\Omega^i) \\
&= \mathrm{Tr}(d\Omega^i) \\
&= \mathrm{Tr}(d\Omega \wedge \Omega^{i-1} + \Omega \wedge d\Omega \wedge \Omega^{i-2} + \cdots + \Omega^{i-1} \wedge d\Omega) \\
&= \mathrm{Tr}((\Omega\omega - \omega\Omega) \wedge \Omega^{i-1} + \Omega \wedge (\Omega\omega - \omega\Omega) \wedge \Omega^{i-2} \\
&\quad + \cdots + \Omega^{i-1} \wedge (\Omega\omega - \omega\Omega)) \\
&= \mathrm{Tr}(-\omega \wedge \Omega^i + \Omega^i \wedge \omega) \\
&= 0
\end{aligned}$$

となり，証明が終わる．最後の等式は，二つの行列 ω と Ω^i の各成分が互いに可換であることと，行列のトレースの基本的性質 $\mathrm{Tr}(XY) = \mathrm{Tr}(YX)$ から従う． ∎

(b) Pontrjagin 類の定義

ベクトルバンドル $\pi: E \to M$ に対して，接続 ∇ を定義すれば対応する曲率形式 Ω が定まる．そして f を次数 k の不変多項式とすれば，M 上の $2k$ 形式 $f(\Omega)$ が定義されるが，これは閉形式となるのであった．したがって，その de Rham コホモロジー類 $[f(\Omega)] \in H_{DR}^{2k}(M)$ を考えることができる．

命題 5.28 de Rham コホモロジー類 $[f(\Omega)] \in H_{DR}^{2k}(M)$ は接続のとり方によらない．

[証明] 証明のアイディアは簡単である．∇^0, ∇^1 を E 上の二つの接続とし，Ω^0, Ω^1 を対応する曲率形式とする．自然な写像

$$\pi \times \mathrm{id}: E \times \mathbb{R} \longrightarrow M \times \mathbb{R}$$

は $M \times \mathbb{R}$ 上のベクトルバンドルとなる．$E \times \mathbb{R}$ 上の接続 $\widetilde{\nabla}$ をつぎのように定義しよう．すなわち，$\mathbb{R}$ 方向の座標 t にはよらないような任意の切断 $s \in \Gamma(E \times \mathbb{R})$ に対して，つぎの二つの条件

(i) $\widetilde{\nabla}_{\frac{\partial}{\partial t}} s = 0$
(ii) $\widetilde{\nabla}_X s = (1-t)\nabla_X^0 s + t\nabla_X^1 s \quad (X \in T_{(p,t)}(M \times \{t\}))$

をみたすようにするのである．$E \times \mathbb{R}$ の任意の切断は，上記のような切断の

関数を係数とする1次結合で書ける．また $M \times \mathbb{R}$ 上の任意のベクトル場は，$\dfrac{\partial}{\partial t}$ と $M \times \{t\}$ に接するベクトル場の関数を係数とする1次結合で書ける．したがって，上の二つの条件により確かに接続が定義される．$\widetilde{\Omega}$ を $\widetilde{\nabla}$ の曲率形式としよう．このとき，de Rham コホモロジー類 $[f(\widetilde{\Omega})] \in H_{DR}^{2k}(M \times \mathbb{R})$ が定まる．

さて $i_\varepsilon : M \to M \times \mathbb{R}$ $(\varepsilon = 0, 1)$ を，$i_\varepsilon(p) = (p, \varepsilon)$ と定義される自然な包含写像とする．接続 $\widetilde{\nabla}$ の定義から，$i_\varepsilon^* \widetilde{\Omega} = \Omega^\varepsilon$ となる．したがって
$$i_0^* f(\widetilde{\Omega}) = f(\Omega^0), \quad i_1^* f(\widetilde{\Omega}) = f(\Omega^1)$$
である．一方 i_0 と i_1 は明らかにホモトープであるから，§3.3 の系 3.15 により
$$[f(\Omega^0)] = i_0^*([f(\widetilde{\Omega})]) = i_1^*([f(\widetilde{\Omega})]) = [f(\Omega^1)]$$
となり，証明が終わる． ∎

こうして不変多項式 f の定義するコホモロジー類 $[f(\Omega)] \in H_{DR}^{2k}(M)$ は，接続のとり方によらずに E のみによって定まることがわかった．そこでこれを $f(E)$ と書き，f に対応する E の**特性類**(characteristic class)と呼ぶ：

命題 5.29（特性類のバンドル写像に関する自然性）　ベクトルバンドル E から E' へのバンドル写像

$$\begin{array}{ccc} E & \xrightarrow{\widetilde{h}} & E' \\ \pi \downarrow & & \downarrow \pi \\ M & \xrightarrow{h} & M' \end{array}$$

があれば，等式
$$f(E) = h^*(f(E')) \in H_{DR}^{2k}(M)$$
が成立する．とくに任意の C^∞ 写像 $g : N \to M$ に対して
$$f(g^* E) = g^*(f(E)) \in H_{DR}^{2k}(N)$$
となる．

[証明]　∇ を E' 上の接続とする．このとき E 上の接続 $\widetilde{h}^* \nabla$ がつぎのように定義される．これをバンドル写像により**誘導された接続**(induced connection)という．E' の切断 s は，自然に E の切断を誘導する．これを $\widetilde{h}^* s$ と書

こう．E の任意の切断は，局所的にはこのような誘導された切断の M 上の関数を係数とする 1 次結合で書ける．そこで M 上の任意の点 p における任意の接ベクトル $X \in T_p M$ に対して

$$(\widetilde{h}^* \nabla)_X (\widetilde{h}^* s) = \widetilde{h}^* (\nabla_{h_* X} s)$$

とおくことにより，$\widetilde{h}^* \nabla$ を定義するのである．実際，これで接続が定義されることの詳しい検証は，読者にまかせることにする．このとき $\omega = (\omega_j^i)$ を ∇ の接続形式とすれば，$h^* \omega = (h^* \omega_j^i)$ が $\widetilde{h}^* \nabla$ の接続形式となる．したがって $\Omega = (\Omega_j^i)$ を対応する E' の曲率形式とすれば，$h^* \Omega = (h^* \Omega_j^i)$ が E の曲率形式となる．命題の主張はこのことからただちに従う． ∎

命題 5.30 不変多項式 f の次数 k が奇数ならば，$[f(\Omega)] = 0 \in H_{DR}^{2k}(M)$ である．

［証明］ 再び定理 5.26 の証明の後に続く記述から $I_n \cong \mathbb{R}[s_1, \cdots, s_n]$ であるから，任意の奇数 k に対して $[s_k(\Omega)] = 0$ となることを証明すれば十分である．これを示すために，まず E に Riemann 計量(定義 5.7 参照)を入れる．つぎに E 上の接続 ∇ で，条件

$$(5.12) \qquad X\langle s, s' \rangle = \langle \nabla_X s, s' \rangle + \langle s, \nabla_X s' \rangle \quad (X \in \mathfrak{X}(M), \ s, s' \in \Gamma(E))$$

をみたすものを構成しよう．このような接続は計量と**両立する**(compatible)**接続**，あるいは**計量接続**(metric connection)と呼ばれる．それを作るためには定義 5.17 に続く記述において，各 U_α 上の枠 $s_1, \cdots, s_n$ を各点で正規直交基底となるように選ぶ．このとき対応する U_α 上の自明な接続 ∇^α は，上記の条件(5.12)をみたすことがつぎのようにしてわかる．

$$s = \sum_{i=1}^n a_i s_i, \quad s' = \sum_{i=1}^n b_i s_i$$

と書くことができるが，このとき $\langle s, s' \rangle = \sum_i a_i b_i$ となる．したがって

$$(5.13) \qquad X\langle s, s' \rangle = \sum_{i=1}^n ((X a_i) b_i + a_i (X b_i))$$

である．一方

$$(5.14) \qquad \nabla_X^\alpha s = \sum_{i=1}^n (X a_i) s_i, \quad \nabla_X^\alpha s' = \sum_{i=1}^n (X b_i) s_i$$

であるから

(5.15) $\qquad \langle \nabla_X^\alpha s, s' \rangle = \sum_{i=1}^n (Xa_i)b_i, \quad \langle s, \nabla_X^\alpha s' \rangle = \sum_{i=1}^n a_i(Xb_i)$

となる．(5.13), (5.15)から求める式が得られる．つぎに1の分割$\{f_\alpha\}$を用いて$\nabla = \sum_\alpha f_\alpha \nabla^\alpha$とおくのであるが，こうして得られる接続$\nabla$も条件(5.12)をみたすことが簡単に確かめられる．

つぎに∇に対応するU_α上の接続形式$\omega = (\omega_j^i)$が交代行列となること，すなわち

$$\omega_j^i + \omega_i^j = 0$$

となることを示そう．定義から

$$\nabla_X s_j = \sum_{i=1}^n \omega_j^i(X) s_i$$

である．そこで(5.12)において$s = s_i$, $s' = s_j$を代入すれば

$$0 = \left\langle \sum_{k=1}^n \omega_i^k(X) s_k, s_j \right\rangle + \left\langle s_i, \sum_{k=1}^n \omega_j^k(X) s_k \right\rangle$$
$$= \omega_i^j(X) + \omega_j^i(X)$$

となり，確かに$\omega_j^i + \omega_i^j = 0$となることがわかった．このことからこんどは，曲率形式$\Omega = (\Omega_j^i)$もまた交代行列となることがつぎのようにしてわかる．実際，構造方程式(定理5.21)から

$$\Omega_j^i = d\omega_j^i + \sum_{k=1}^n \omega_k^i \wedge \omega_j^k = -d\omega_i^j + \sum_{k=1}^n \omega_k^i \wedge \omega_j^k$$
$$= -d\omega_i^j - \sum_{k=1}^n \omega_k^j \wedge \omega_i^k$$
$$= -\Omega_i^j$$

となる．

さてXが交代行列ならば，任意の奇数$k > 0$に対してX^kもまた明らかに交代行列となり，とくに$\mathrm{Tr}(X^k) = 0$である．したがって

$$s_k(\Omega) = \mathrm{Tr}(\Omega^k) = 0$$

となり，証明が終わる． ∎

準備が整ったので，Pontrjagin 類と呼ばれる特性類を定義することにする．

定義 5.31 n 次元ベクトルバンドル $E \to M$ に対し，不変多項式
$$\frac{1}{(2\pi)^{2k}} \sigma_{2k} \in I_n$$
に対応する特性類を
$$p_k(E) \in H_{DR}^{4k}(M) = H^{4k}(M; \mathbb{R})$$
と書き，これを k 次 **Pontrjagin 類**(Pontrjagin class)と呼ぶ．曲率形式 Ω の言葉で書き換えれば
$$\left[\det\left(I + \frac{1}{2\pi}\Omega\right)\right] = 1 + p_1(E) + p_2(E) + \cdots + p_{[n/2]}(E) \in H_{DR}^*(M)$$
となる．これを $p(E)$ と書き，E の**全 Pontrjagin 類**(total Pontrjagin class)という．また，各 Pontrjagin 類を代表する接続に依存して構成される閉形式を **Pontrjagin 形式**(Pontrjagin form)という． □

ここで Pontrjagin 類を定義する不変多項式に，特別な定数がついているのは不思議に思われるかも知れない．これはこのようにすれば位相的な手段で定義され，整数係数で意味のある Pontrjagin 類 $p_k(E) \in H^{4k}(M;\mathbb{Z})$ とうまく対応するからである．

(c) Levi-Civita 接続

§5.2 で $\mathbb{R}^3$ の中の曲面の接バンドルが自然な接続を持つことを観察した．そこでの議論は $\mathbb{R}^n$ の中の一般の Riemann 部分多様体に対しても通用するものである．ここではこれをさらに一般化して，任意の Riemann 多様体 M の接バンドル TM が **Levi-Civita 接続**(Levi-Civita connection)と呼ばれるただ一通りに定まる自然な接続を持つことを証明する．この接続は **Riemann 接続**(Riemannian connection)と呼ばれる場合もある．まずつぎの命題を証明する．

命題 5.32 M を Riemann 多様体，U をその任意の座標近傍とする．$s_1, \cdots, s_n$ を TU の正規直交枠，$\theta^1, \cdots, \theta^n \in A^1(U)$ をその双対枠とする．このとき二つの条件

(ⅰ) $\omega_i^j = -\omega_j^i$

(ⅱ) $d\theta^i = -\sum_{j=1}^n \omega_j^i \wedge \theta^j$

をみたすような $\mathfrak{gl}(n;\mathbb{R})$ に値をとる U 上の1形式 $\omega = (\omega_j^i)$ が，ただ一つ存在する．

[証明] まず

(5.16) $$d\theta^i = \sum_{j,k=1}^n a_{jk}^i \theta^j \wedge \theta^k \quad (a_{kj}^i = -a_{jk}^i)$$

とおく．一方

(5.17) $$\omega_j^i = \sum_{k=1}^n b_{jk}^i \theta^k$$

と書き，命題の条件をみたすように b_{jk}^i を定めることにする．条件(ⅰ)から
$$b_{ik}^j = -b_{jk}^i$$
が必要である．(5.17)から
$$-\sum_{j=1}^n \omega_j^i \wedge \theta^j = -\sum_{j,k=1}^n b_{jk}^i \theta^k \wedge \theta^j = \sum_{j,k=1}^n b_{jk}^i \theta^j \wedge \theta^k$$

となる．条件(ⅱ)からこの式は(5.16)と等しくなる必要がある．そこで両者の $\theta^j \wedge \theta^k$ の係数を比較して

(5.18) $$2a_{jk}^i = b_{jk}^i - b_{kj}^i$$

を得る．ここで i,j および i,k を交換すれば

(5.19) $$2a_{ik}^j = b_{ik}^j - b_{ki}^j,$$

(5.20) $$2a_{ji}^k = b_{ji}^k - b_{ij}^k$$

となる．$b_{ik}^j = -b_{jk}^i$ であることを使って，(5.18)$-$(5.19)$+$(5.20) を計算すれば
$$b_{jk}^i = a_{jk}^i - a_{ik}^j + a_{ji}^k$$
が得られる．こうして得られた ω_j^i が求めるものであることは明らかであろう． ∎

さて上記の命題 5.32 を用いて Levi-Civita 接続を定義しよう．M の任意

の座標近傍 U とその上の正規直交枠 $s_1, \cdots, s_n$ に対して，命題で一意的な存在が示された 1 形式 $\omega = (\omega^i_j)$ を使って

$$\nabla s_j = \sum_{i=1}^n \omega^i_j \otimes s_i$$

とおくことにより，TU の接続が定義される．このとき命題の条件 (i) は，この接続が Riemann 計量と両立するための必要十分条件を与えていることが簡単にわかる．

つぎに命題の条件 (ii) も，正規直交枠の選び方によらない形に言い換えてみよう．一般に与えられたベクトルバンドル E の接続は，自然にその双対ベクトルバンドル E^* の接続を誘導する．接続形式の言葉でいえば，$\omega = (\omega^i_j)$ を E のある局所的な枠に関する接続形式とすれば，E^* の双対枠に関する接続形式が $-{}^t\omega = (-\omega^j_i)$ となるような接続である（検証は演習問題 5.9 とする）．今の場合，TU の接続 ∇ に対応する T^*U の接続を ∇^* とすれば

$$\nabla^* \theta^i = \sum_{j=1}^n -\omega^i_j \otimes \theta^j$$

となる．したがって条件 (ii) は合成写像

$$\Gamma(T^*U) = A^1(U) \xrightarrow{\nabla^*} \Gamma(T^*U \otimes T^*U) \xrightarrow{\wedge} \Gamma(\Lambda^2 T^*U) = A^2(U)$$

が各 θ^i をその外微分 $d\theta^i$ に移すことと同値となる．接続の性質を使えば，さらに強く $\Gamma(T^*U)$ 全体の上で外微分となることと同値になることが簡単にわかる．

以上のことから各座標近傍の上で上記のように定義された接続は，一意性から共通部分の上で一致することになり，TM 全体の接続を与えることがわかる．こうしてつぎの定理が証明された．

定理 5.33（Levi-Civita 接続） 任意の Riemann 多様体の接バンドルは，その Riemann 計量と両立し合成写像 $\wedge \circ \nabla^*$ が外微分 d と一致するようなただ一つの接続 ∇ をもつ． □

§5.5 Chern 類

(a) 複素ベクトルバンドルの接続と曲率

複素ベクトルバンドルの接続と曲率,および Chern 類と呼ばれる特性類は,実ベクトルバンドルの場合とほとんど平行な議論で定義することができる.しかし Chern 類は複素多様体の研究に欠かせないことから,Pontrjagin 類より重要度は高いともいえる.そこで多少繰り返しにはなるが,両者の違いに焦点を合わせて簡潔に記述することにする.

$\pi: E \to M$ を n 次元複素ベクトルバンドルとする.このとき E の切断の全体 $\Gamma(E)$ は,M 上の実数値関数の全体すなわち $C^\infty(M)$ 上の加群であるばかりでなく,M 上の複素数値関数の全体上の加群となっている.そこで後者を $C^\infty(M;\mathbb{C})$ と記そう.明らかに $C^\infty(M;\mathbb{C}) = C^\infty(M) \otimes \mathbb{C}$ である.微分形式に対しても同様に

$$A^k(M;\mathbb{C}) = A^k(M) \otimes \mathbb{C}$$

とおいて,この元を複素 k 形式と呼ぶ.定義から,任意の複素 k 形式は,$\omega + i\eta$ ($\omega, \eta \in A^k(M)$) の形に一意的に書けることになる.ここで i は虚数単位を表わす.外微分 $d: A^k(M;\mathbb{C}) \to A^{k+1}(M;\mathbb{C})$ が,通常の d を単に $\mathbb{C}$ 上線形に拡張することにより定義される.そして,複素 de Rham 複体と呼ばれるコチェイン複体 $\{A^k(M;\mathbb{C}); d\}$ のコホモロジーを $H^*_{DR}(M;\mathbb{C})$ と書くことにすれば,de Rham の定理から明らかに

$$H^*_{DR}(M;\mathbb{C}) = H^*_{DR}(M) \otimes \mathbb{C} \cong H^*(M;\mathbb{C})$$

となる.

定義 5.34 複素ベクトルバンドル $\pi: E \to M$ の**接続**(connection)とは,E を実バンドルと思ったときの接続

$$\nabla: \mathfrak{X}(M) \times \Gamma(E) \longrightarrow \Gamma(E)$$

であって,さらに条件

$$\nabla_X(is) = i\nabla_X s$$

をみたすものをいう. □

上記の付加的な条件は，定義 5.17 の接続の条件 (ii) が任意の $f \in C^\infty(M)$ に対して成立する，としているところを $f \in C^\infty(M; \mathbb{C})$ に替えることと同等である．あるいはベクトルバンドルに値をとる微分形式による記述の仕方（§5.3(e)）でいえば，複素線形写像 $\nabla: \Gamma(E) \to A^1(M; E)$ であって，任意の $f \in C^\infty(M; \mathbb{C}), s \in \Gamma(E)$ に対して
$$\nabla(fs) = df \otimes s + f \nabla s$$
となるものということになる．複素ベクトルバンドルの曲率は，上記の接続を使って実バンドルの場合とまったく同じ式（定義 5.19）により定義される．

　つぎに接続形式と曲率形式を考えよう．M の開集合 U 上の複素ベクトルバンドルとしての枠 $s_1, \cdots, s_n \in \Gamma(E|_U)$ が与えられれば，等式
$$\nabla_X s_j = \sum_{i=1}^n \omega_j^i(X) s_i \quad (X \in \mathfrak{X}(U))$$
により U 上の複素 1 形式 $\omega_j^i \in A^1(U; \mathbb{C})$ が定まる．これらをまとめた
$$\omega = (\omega_j^i)$$
は U 上の $\mathfrak{gl}(n; \mathbb{C})$ に値をとる 1 形式となるが，これを ∇ の接続形式という．同様に，曲率形式
$$\Omega = (\Omega_j^i)$$
も $\mathfrak{gl}(n; \mathbb{C})$ に値をとる 2 形式として定まる．構造方程式（定理 5.21）と Bianchi の恒等式（5.11）もまったく同じ形のまま成立する．さらに，接続形式と曲率形式の変換公式（命題 5.22）も，変換関数 $g_{\alpha\beta}: U_\alpha \cap U_\beta \to GL(n; \mathbb{C})$ の値が $GL(n; \mathbb{C})$ に変わる点を除いて同じである．

(b)　Chern 類の定義

　複素ベクトルバンドル $\pi: E \to M$ に接続 ∇ を与えると，対応する曲率 R が定まり，これらは局所的には接続形式 $\omega = (\omega_j^i)$ と曲率形式 $\Omega = (\Omega_j^i)$ により表わされるのであった．またこれら局所表示の間には，E の変換関数 $g_{\alpha\beta}$ を用いて
$$\Omega_\beta = g_{\alpha\beta}^{-1} \Omega_\alpha g_{\alpha\beta}$$
と表わされる関係があるのであった．

これをもとに M 全体で定義された微分形式を構成するために,実バンドルの場合と同じようにつぎの定義を与える.すなわち,多項式関数
$$f: \mathfrak{gl}(n;\mathbb{C}) \longrightarrow \mathbb{C}$$
で,任意の $A \in GL(n;\mathbb{C})$ に対して
$$f(X) = f(A^{-1}XA) \quad (X \in \mathfrak{gl}(n;\mathbb{C}))$$
となるものを($GL(n;\mathbb{C})$ の)不変多項式と呼ぶ.不変多項式の全体を $I_n(\mathbb{C})$ と書けば,定理 5.26 の証明中にすでに述べたように,同型対応
$$I_n(\mathbb{C}) \cong S_n(\mathbb{C})$$
が存在する.ここで $S_n(\mathbb{C})$ は n 変数の複素係数の対称多項式の全体のなす可換な代数を表わす.

再び実バンドルの場合と平行な議論により,つぎの一連の事実が証明できる.すなわち,任意の次数 k の不変多項式 $f \in I_n(\mathbb{C})$ に対して,$f(\Omega) \in A^{2k}(M;\mathbb{C})$ は閉形式であり(命題 5.27),対応する de Rham コホモロジー類 $[f(\Omega)] \in H^{2k}(M;\mathbb{C})$ は接続のとり方によらずに定まる(命題 5.28).これを f に対応する複素ベクトルバンドル E の特性類と呼び $f(E)$ と書く.そして,特性類はバンドル写像に関して自然である.すなわち,C^∞ 写像 $g: N \to M$ による誘導バンドル g^*E に対して
$$f(g^*E) = g^*(f(E)) \in H^{2k}(N;\mathbb{C})$$
となる(命題 5.29).

複素ベクトルバンドルの特性類が実バンドルの場合と最も大きく異なるのは,命題 5.30 が成立しないことである.すなわち§5.7(b)の具体的な例でわかるように,次数が奇数の不変多項式に対応する特性類も自明にならないのである.

定義 5.35 n 次元複素ベクトルバンドル $E \to M$ に対し,不変多項式
$$\left(\frac{-1}{2\pi i}\right)^k \sigma_k \in I_n(\mathbb{C})$$
に対応する特性類を
$$c_k(E) \in H^{2k}(M;\mathbb{R})$$
と書き,これを k 次 **Chern 類**(Chern class)と呼ぶ.曲率形式 Ω の言葉で書

き換えれば
$$\left[\det\left(I - \frac{1}{2\pi i}\Omega\right)\right] = 1 + c_1(E) + c_2(E) + \cdots + c_n(E) \in H^*(M;\mathbb{R})$$
となる．これを $c(E)$ と書き，E の**全 Chern 類**(total Chern class)という．また，接続に依存して構成される各 Chern 類を代表する閉形式を **Chern 形式**(Chern form)という． □

さて今までの記述だけからは，Chern 類 $c_k(E)$ は M の複素コホモロジー群 $H^{2k}(M;\mathbb{C})$ の元として定義されているだけである．しかし上の定義の中ですでに記したのであるが，Chern 類はつぎの命題が示すとおり，M の実コホモロジー類として定義されるのである．実はより強く，Pontrjagin 類と同じように Chern 類も整数係数のコホモロジー類として定義されることが知られている．すなわち，$c_k(E) \in H^{2k}(M;\mathbb{Z})$ である．

命題 5.36　Chern 類 c_k は実コホモロジー類である．

［証明］　この命題の証明は，命題 5.30 の証明とほとんど平行に行なうことができるので，異なる点だけを簡単に記すことにする．命題 5.30 では実ベクトルバンドルに Riemann 計量を入れ，それと両立する接続を構成すれば対応する接続形式と曲率形式が交代行列となることを利用するのであった．今の場合，E は複素ベクトルバンドルであるから，Riemann 計量の代わりに Hermite 計量を入れる．念のため記しておくと，Hermite 計量とは各ファイバー E_p 上に正値 Hermite 内積 $\langle\ ,\ \rangle$ が与えられており，それが p について C^∞ 級のものをいう．注意すべきことは Hermite 計量は第二成分に関しては共役線形となること，すなわち $\langle av, bv'\rangle = a\bar{b}\langle v, v'\rangle$ $(a, b \in \mathbb{C},\ v, v' \in E_p)$ となることである．

さてこの Hermite 計量と両立する接続，すなわち条件
$$X\langle s, s'\rangle = \langle \nabla_X s, s'\rangle + \langle s, \nabla_X s'\rangle \quad (X \in \mathfrak{X}(M),\ s, s' \in \Gamma(E))$$
をみたす接続 ∇ が E 上に構成できることは，命題 5.30 の証明とまったく同じ議論により示すことができる．さらに対応する接続形式 $\omega = (\omega_j^i)$ と曲率形式 $\Omega = (\Omega_j^i)$ が共に歪 Hermite 行列となること，すなわち
$$\omega_j^i + \overline{\omega}_i^j = 0, \quad \Omega_j^i + \overline{\Omega}_i^j = 0$$

となることも，上の注意を守って計算すれば簡単に示すことができる．

さて X が歪 Hermite 行列であれば，$I-\dfrac{1}{2\pi i}X$ は Hermite 行列となり，したがってその行列式は実数である．この事実を Chern 類の定義式に適用すれば，各 c_k を表わす微分形式が実形式となることが簡単に確かめられる． ∎

（c） Whitney の公式

二つのベクトルバンドルの Whitney 和（§5.1）の特性類は，**Whitney の公式**（Whitney formula）と呼ばれるつぎの定理により与えられる．

定理 5.37

（ⅰ） E, F を複素ベクトルバンドルとするとき

$$c_k(E \oplus F) = \sum_{i=0}^{k} c_i(E)\, c_{k-i}(F)$$

すなわち，$c(E \oplus F) = c(E)c(F)$ である．

（ⅱ） E, F を実ベクトルバンドルとするとき

$$p_k(E \oplus F) = \sum_{i=0}^{k} p_i(E)\, p_{k-i}(F)$$

すなわち，$p(E \oplus F) = p(E)p(F)$ である．

［証明］　まず(ⅰ)を証明する．明らかに $\Gamma(E \oplus F) = \Gamma(E) \times \Gamma(F)$ である．このことから，∇, ∇' をそれぞれ E, F の接続とするときそれらの直和 $\nabla \oplus \nabla'$ が自然に定義され，$E \oplus F$ の接続となることが簡単にわかる．そして Ω, Ω' をそれぞれ ∇, ∇' の曲率形式とすれば，$\nabla \oplus \nabla'$ の曲率形式 $\widetilde{\Omega}$ はそれらの行列としての直和

$$\widetilde{\Omega} = \begin{pmatrix} \Omega & O \\ O & \Omega' \end{pmatrix}$$

となる．したがって

$$\begin{aligned}c(E \oplus F) &= \det\left[I - \dfrac{1}{2\pi i}\widetilde{\Omega}\right] = \det\left[I - \dfrac{1}{2\pi i}\Omega\right]\det\left[I - \dfrac{1}{2\pi i}\Omega'\right] \\ &= c(E)\,c(F)\end{aligned}$$

となり(ⅰ)が証明された．

(ii) は，(i) と同様にして示される． ∎

(d)　Pontrjagin 類と Chern 類の関係

E を n 次元の実ベクトルバンドルとすれば，その Pontrjagin 類 $p(E) \in H^*(M; \mathbb{R})$ が定義される．一方，E の複素化 $E \otimes \mathbb{C}$ は n 次元の複素ベクトルバンドルであるから，その Chern 類 $c(E \otimes \mathbb{C}) \in H^*(M; \mathbb{R})$ が定義される．これら二つの特性類には密接な関係がある．すなわちつぎの命題が成立する．この命題の関係式を，Pontrjagin 類の Chern 類に基づく定義として採用することもできる．

命題 5.38　E を実ベクトルバンドル，$E \otimes \mathbb{C}$ をその複素化とするとき
$$p_k(E) = (-1)^k c_{2k}(E \otimes \mathbb{C}) \in H^{2k}(M; \mathbb{Z})$$
である．

[証明]　ここでは微分形式を使った議論をするので，命題を $\mathbb{R}$ 上でのみ証明することになる．

E の接続 ∇ は自然に $E \otimes \mathbb{C}$ の接続 $\nabla \otimes \mathbb{C}$ を誘導する．そして ∇ の接続形式 ω，曲率形式 Ω はそのまま $\nabla \otimes \mathbb{C}$ の対応する形式となる．したがって

$$p_k(E) = \left[\left(\frac{1}{2\pi}\right)^{2k} \sigma_{2k}(\Omega)\right] = (-1)^k \left[\left(\frac{-1}{2\pi i}\right)^{2k} \sigma_{2k}(\Omega)\right]$$
$$= (-1)^k c_{2k}(E \otimes \mathbb{C})$$

となる．また，このとき k が奇数ならば $\sigma_k(\Omega) = 0$ であるから
$$c_k(E \otimes \mathbb{C}) = 0 \in H^{2k}(M; \mathbb{R}) \quad (k = 1, 3, \cdots)$$
となることもわかる． ∎

つぎに E を n 次元複素ベクトルバンドルとしよう．このとき E は $2n$ 次元の実ベクトルバンドルとも思える．したがって E の Chern 類と Pontrjagin 類がともに定義されるが，それらの間の関係を調べることにしよう．そのためにまず E の **共役バンドル**(conjugate bundle) と呼ばれる，同じ次元の複素ベクトルバンドル $\overline{E}$ をつぎのように定義する．実ベクトルバンドルとしては $\overline{E} = E$ である．複素数 $a \in \mathbb{C}$ に対しては各ファイバー上の a による積を，$\overline{E}_p \ni av = \bar{a}v \in E_p$ $(v \in \overline{E}_p = E_p)$ とおくのである．すなわち，$\overline{E}$ の各ファイバ

一上の $\mathbb{C}$ 上のベクトル空間としての構造が，もとの構造の共役をとったものになっているのである．

補題 5.39 複素ベクトルバンドル E の共役バンドル $\overline{E}$ は，E の双対バンドル E^* と同型である．

[証明] E に Hermite 計量を入れる．このとき各ファイバー上の対応
$$\overline{E}_p \ni v \longmapsto \langle\ , v\rangle \in E_p^*$$
は同型 $\overline{E} \cong E^*$ を誘導することが容易に確かめられる．

命題 5.40 複素ベクトルバンドル E の共役バンドル $\overline{E}$ の Chern 類は，
$$c_k(\overline{E}) = (-1)^k c_k(E)$$
により与えられる．したがって，双対バンドルに対しても
$$c_k(E^*) = (-1)^k c_k(E)$$
となる．

[証明] E の接続はそのままで $\overline{E}$ の接続となることがすぐにわかる．そして対応する曲率形式は，もとの曲率形式を Ω とすれば $\overline{\Omega}$ となることが確かめられる．一方，Ω は命題 5.36 の証明から歪 Hermite 行列と仮定してよい．したがって $\overline{\Omega} = -{}^t\Omega$ となる．これを Chern 類の定義に代入すれば，証明すべき式がただちに出てくる．これを補題 5.39 と組み合わせれば，後半の主張が証明される．

命題 5.41 E を n 次元複素ベクトルバンドルとする．このとき
$$1 - p_1(E) + p_2(E) - \cdots + (-1)^n p_n(E)$$
$$= (1 + c_1(E) + c_2(E) + \cdots + c_n(E))(1 - c_1(E) + c_2(E) - \cdots + (-1)^n c_n(E))$$
である．したがって，たとえば
$$p_1(E) = c_1(E)^2 - 2c_2(E),$$
$$p_2(E) = c_2(E)^2 - 2c_1(E)c_3(E) + 2c_4(E)$$
となる．

[証明] E を実ベクトルバンドルと思ったものを $E_\mathbb{R}$ と書こう．このとき $E_\mathbb{R} \otimes \mathbb{C}$ は $2n$ 次元の複素ベクトルバンドルとなるが，自然な同型
$$E_\mathbb{R} \otimes \mathbb{C} \cong E \oplus \overline{E}$$
が存在することがつぎのようにしてわかる．各ファイバー上で対応

$$(E_{\mathbb{R}} \otimes \mathbb{C})_p \ni u + v \otimes i$$
$$\longmapsto \left(\frac{u+iv}{2}, \frac{u-iv}{2}\right) \in E_p \oplus \overline{E}_p \quad (u, v, iv \in E_p = \overline{E}_p)$$

を考える．このとき
$$i(u + v \otimes i) = -v + u \otimes i$$
$$\longmapsto \left(\frac{-v+iu}{2}, \frac{-v-iu}{2}\right) = i\left(\frac{u+iv}{2}, \frac{u-iv}{2}\right)$$

であるから，たしかに上の対応は $\mathbb{C}$ 上の同型を与えている．

命題 5.38 から $p_k = (-1)^k c_{2k}(E_{\mathbb{R}} \otimes \mathbb{C})$ である．一方，上の同型に Whitney の公式(定理 5.37)を適用すれば
$$c(E_{\mathbb{R}} \otimes \mathbb{C}) = c(E \oplus \overline{E}) = c(E)c(\overline{E})$$

となる．ここで命題 5.40 を使って全体をまとめれば，証明が完了する． ■

§5.6 Euler 類

(a) ベクトルバンドルの向き

§1.5(b)で多様体の向きを定義した．それは各点における接空間の向き，すなわち順序付けられた基底の同値類をもとにしたものであった．この考えを一般化すれば，ただちにベクトルバンドルの向きの概念が得られる．

定義 5.42 $\pi: E \to M$ を n 次元ベクトルバンドルとする．E が**向き付け可能**(orientable)であるとは，各ファイバー E_p ($p \in M$) に向きを与え，それらが局所的に同調しているようにできるときをいう．ここで局所的に同調しているとは，任意の局所自明化 $\varphi: \pi^{-1}(U) \cong U \times \mathbb{R}^n$ で U が連結なものに対して，E_q ($q \in U$) の向きが φ を通して $\mathbb{R}^n$ に誘導する向きが q によらずに一定であることをいう．この条件をみたすように各ファイバー上に与えられた向きを E の**向き**(orientation)という．向きが一つ指定されたベクトルバンドルを**向き付けられた**(oriented)ベクトルバンドルという． □

定義から明らかに C^∞ 多様体の向きと，その接バンドルの向きとは同じ概念である．

$\mathbb{C}$ 上の任意のベクトル空間 V は向き付け可能であり,さらに自然な向きを持つ. なぜならば, $v_1, \cdots, v_n$ を V の基底とするとき,$\mathbb{R}$ 上の順序付けられた基底 $v_1, iv_1, \cdots, v_n, iv_n$ は V の向きを定めるが,この向きが実は基底のとり方によらないことが簡単に確かめられるからである. このことから,任意の複素ベクトルバンドルは向き付け可能であり,さらに自然な向きを持つことが従う. とくに複素多様体は自然に向き付けられた多様体となる.

(b) Euler 類の定義

$\pi: E \to M$ を $2n$ 次元の実ベクトルバンドルで向き付けられているものとする. E に Riemann 計量を入れ,それと両立する接続を一つ選べば,対応する曲率形式 Ω は交代行列となるのであった. とくに最高次の Pontrjagin 類は

$$(5.21) \quad p_n(E) = \left[\det\left(\frac{1}{2\pi}\Omega\right)\right] = \frac{1}{(2\pi)^{2n}}[\det \Omega] \in H^{4n}(M; \mathbb{R})$$

で与えられる. さて結論からいえば,E に向きが指定されていれば $p_n(E)$ の "平方根" がとれること,すなわち,あるコホモロジー類

$$e(E) \in H^{2n}(M; \mathbb{R})$$

を定義して,$e(E)^2 = p_n(E)$ となるようにできることが示されるのである. $e(E)$ を E の **Euler 類** (Euler class) と呼ぶ.

このことを示すために,$X = (x^i_j)$ を $2n$ 次の交代行列とする. たとえば

$$X = \begin{pmatrix} 0 & x \\ -x & 0 \end{pmatrix}$$

であれば明らかに $\det X = x^2$ と 2 乗の形をしているが,一般の場合も

$$Pf(X) = \frac{1}{2^n n!} \sum_\sigma \operatorname{sgn} \sigma \, x^{\sigma_1}_{\sigma_2} \cdots x^{\sigma_{2n-1}}_{\sigma_{2n}}$$

とおけば,$\det X = Pf(X)^2$ となることが知られている. ここで σ は $2n$ 文字の置換全体 $\mathfrak{S}_{2n}$ を動くものとする. $Pf(X)$ は **Pfaff 多項式** (Pfaffian) と呼ばれる. ここで大切なことは,Pfaff 多項式は任意の直交行列 $T \in O(2n)$ に対して

$$Pf(T^{-1}XT) = \det T \, Pf(X)$$

と変換されるということである. とくに $\det T = 1$ すなわち $T \in SO(2n)$ ならば Pf は不変である. 第6章で, 一般の Lie 群 G に対してその不変多項式代数 $I(G)$ を定義するが, それを先取りすれば $Pf \in I(SO(2n))$ と書けることになる.

さて以上の事実を曲率形式 Ω に適用すれば, M 全体で定義された $2n$ 形式
$$Pf(\Omega) \in A^{2n}(M)$$
を構成できることになる. 具体的にはつぎのようにする. M の各点の近傍 U 上で, 順序付けられた正規直交枠 $s_1, \cdots, s_{2n} \in \Gamma(E|_U)$ を, その向きが与えられた向きに一致するように選ぶ. このとき, 対応する曲率形式を $\Omega = (\Omega_j^i)$ とすれば
$$Pf(\Omega) = \frac{1}{2^n n!} \sum_\sigma \operatorname{sgn} \sigma \, \Omega_{\sigma_2}^{\sigma_1} \cdots \Omega_{\sigma_{2n}}^{\sigma_{2n-1}}$$
である. 定義により $Pf(\Omega)^2 = \det \Omega$ であるから
$$eu(\Omega) = \frac{1}{(2\pi)^n} Pf(\Omega)$$
とおけば (5.21) から
(5.22) $$p_n(E) = [eu(\Omega)^2]$$
となる. このようにして得られる M 上の $2n$ 形式 $eu(\Omega)$ を **Euler 形式** (Euler form) という.

§5.4(a), §5.5(b) で示したように, 一般線形群 $GL(n;\mathbb{R})$, $GL(n;\mathbb{C})$ の任意の不変多項式を曲率に適用して得られる微分形式はすべて閉形式である. このことから Euler 形式もまた閉形式であることを期待するのは妥当であろう. 実際そのとおりであり, Pfaff 多項式の形を使ってこれを証明することもできるのだが, ここではそうはしないことにする. なぜならば, 第6章まで本書を読み進めていけば, この事実がそこで証明されるはるかに一般的な結果 (§6.5 命題 6.46) の特別な場合にすぎないことがわかってくるからである. そこで読者は, 個々の具体的例に関する考察の積み重ねから, 一段高い観点に立った一般論が出てくる様子を感じとり, その威力をよく見てほしい.

こうして，E の Euler 類 $e(E)$ を
$$e(E) = [eu(\Omega)] \in H^{2n}(M;\mathbb{R})$$
とおくことにより定義すれば，(5.22)から等式
$$p_n(E) = e(E)^2$$
が成立することになる．この定義が E 上の Riemann 計量や，それと両立する接続のとり方によらないことはつぎのようにしてわかる．まず Riemann 計量を固定したときにそれと両立する接続のとり方によらないことは，そのような任意の二つの接続を一般の接続全体のなす空間の中で結ぶ線分上の任意の接続が，また同じ計量と両立することを使えば Pontrjagin 類の場合と同様に証明できる．つぎに Riemann 計量に関しては，E 上の任意の二つの計量が計量の族で結べること（演習問題 4.1 参照）を使って同様の議論をすればよい．

Euler 類が向きを保つバンドル写像に関して自然であること，すなわち任意の C^∞ 写像 $g:N \to M$ に対して g^*E に E から誘導される向きを与えれば
$$e(g^*E) = g^*(e(E))$$
となることは，これまでの記述から簡単に証明できるだろう．

実は Euler 類も Chern 類や Pontrjagin 類と同じように，整数係数で定義されること，すなわち $e(E) \in H^{2n}(M;\mathbb{Z})$ であることが知られている．大ざっぱに説明するとつぎのようになる．E 上に与えた計量に関して長さ 1 のベクトル全体を $S(E)$ と書けば，射影 $\pi:S(E) \to M$ は M 上 S^{2n-1} をファイバーとする向き付けられたファイバーバンドルとなる（用語は§6.1 参照）．S^{2n-1} は $2n-2$ 連結であり，また $\pi_{2n-1}(S^{2n-1}) \cong \mathbb{Z}$ であるから，第一障害類が $H^{2n}(M;\mathbb{Z})$ の元として定義される（§6.2 参照）．これが位相的に定義された Euler 類に他ならない．n が奇数の場合にも n 次元の向き付けられたベクトルバンドルや，あるいは S^{n-1} をファイバーとする向き付けられたファイバーバンドルにも，位相的には Euler 類が $H^n(M;\mathbb{Z})$ の元として定義される．しかしそれは位数が 2 であることが知られており，したがって $\mathbb{R}$ 係数では 0 となる．

（c） Euler 類の性質

n 次元複素ベクトルバンドルは，(a)項で見たように自然な向きを持つ $2n$ 次元の実ベクトルバンドルとなる．したがって Chern 類と Euler 類がともに定義されるが，その間にはつぎの簡明な関係がある．前にも記したように，実ベクトルバンドルとして E を見ることを強調するために $E_{\mathbb{R}}$ と書く．

命題 5.43 n 次元複素ベクトルバンドル E に対しては $e(E_{\mathbb{R}}) = c_n(E)$ である．

[証明] この命題は実は $\mathbb{Z}$ 係数で成り立つのだが，ここでは微分形式による $\mathbb{R}$ 上の証明を与える．E に Hermite 計量を入れ，それと両立する接続 ∇ を考え R を対応する曲率とする．$s_1, \cdots, s_n$ を E の局所的な正規直交枠とすれば，式

$$(5.23) \qquad R(s_k) = \sum_{j=1}^{n} \Omega_k^j s_j$$

により曲率形式 $\Omega = (\Omega_k^j)$ が定まり，それは歪 Hermite 行列となるのであった．一方 E 上の Hermite 計量はそのままで $E_{\mathbb{R}}$ 上の Riemann 計量となり，また ∇ もそのままでその計量と両立する接続となる．さらに $s_1, is_1, s_2, is_2, \cdots, s_n, is_n$ は，$E_{\mathbb{R}}$ の正の向きの局所的な正規直交枠となる．さて $\Omega_k^j = a_k^j + ib_k^j$ と書けば，R は $\mathbb{C}$ 上線形であるから(5.23)から

$$R(s_k) = a_k^1 s_1 + b_k^1 is_1 + \cdots + a_k^n s_n + b_k^n is_n,$$
$$R(is_k) = -b_k^1 s_1 + a_k^1 is_1 + \cdots - b_k^n s_n + a_k^n is_n$$

となる．このことから $E_{\mathbb{R}}$ の曲率形式 $\Omega_{\mathbb{R}}$ は

$$\begin{pmatrix} a_1^1 & -b_1^1 & \cdots & a_n^1 & -b_n^1 \\ b_1^1 & a_1^1 & \cdots & b_n^1 & a_n^1 \\ & & \cdots\cdots\cdots\cdots & & \\ & & \cdots\cdots\cdots\cdots & & \\ a_1^n & -b_1^n & \cdots & a_n^n & -b_n^n \\ b_1^n & a_1^n & \cdots & b_n^n & a_n^n \end{pmatrix}$$

となる．このとき

$$e(E_\mathbb{R}) = [eu(\Omega_\mathbb{R})], \quad c_n(E) = \Big[\det\Big(-\frac{1}{2\pi i}\Omega\Big)\Big]$$

であるから，証明すべき式は

(5.24) $$\frac{1}{(2\pi)^n} Pf(\Omega_\mathbb{R}) = \det\Big(-\frac{1}{2\pi i}\Omega\Big)$$

となるが，これは行列の成分を変数とする多項式である Pf と $\det$ に関する純粋に代数的な等式である．そこで以後 Ω を任意の歪 Hermite 行列，$\Omega_\mathbb{R}$ を対応する交代行列とする．線形代数学でよく知られているように，あるユニタリ行列 U が存在して

$$U^{-1}\Omega U = \begin{pmatrix} ib_1 & & 0 \\ & \ddots & \\ 0 & & ib_n \end{pmatrix}$$

と対角化することができる．このとき明らかに

(5.25) $$\det\Big(-\frac{1}{2\pi i}\Omega\Big) = \det\Big(-\frac{1}{2\pi i}U^{-1}\Omega U\Big) = \Big(\frac{-1}{2\pi}\Big)^n b_1 \cdots b_n$$

である．一方 $U_\mathbb{R} \in SO(2n)$ を U から自然に誘導される直交行列とすれば

$$U_\mathbb{R}^{-1}\Omega_\mathbb{R} U_\mathbb{R} = \begin{pmatrix} 0 & -b_1 & \cdots & & 0 \\ b_1 & 0 & \cdots & & 0 \\ \vdots & & \ddots & & \vdots \\ 0 & & \cdots & 0 & -b_n \\ 0 & & \cdots & b_n & 0 \end{pmatrix}$$

となり，したがって Pf の不変性から

(5.26) $$\frac{1}{(2\pi)^n} Pf(\Omega_\mathbb{R}) = \frac{1}{(2\pi)^n} Pf(U_\mathbb{R}^{-1}\Omega_\mathbb{R} U_\mathbb{R}) = \Big(\frac{-1}{2\pi}\Big)^n b_1 \cdots b_n$$

となる．(5.24),(5.25),(5.26)を比べれば，証明が完了している． ∎

つぎの命題も同様に証明できるので演習問題 5.8 とする．

命題 5.44 E, F を C^∞ 多様体 M 上の，それぞれ $2m, 2n$ 次元の向き付けられたベクトルバンドルとする．このとき Whitney 和 $E \oplus F$ は向き付けられた $2(m+n)$ 次元のベクトルバンドルとなるが，その Euler 類はつぎの式で与えられる．

$$e(E \oplus F) = e(E)e(F) \in H^{2(m+n)}(M;\mathbb{R}).$$
□

§5.7 特性類の応用

(a) Gauss–Bonnet の定理

つぎの定理は，曲面に対する古典的な Gauss–Bonnet の定理を一般次元に拡張したものである (Allendoerfer, Fenchel, Allendoerfer–Weil)．

定理 5.45（Gauss–Bonnet の定理） M を向き付けられた $2n$ 次元の閉じた C^∞ 多様体とする．このとき
$$\langle e(TM), [M] \rangle = \chi(M)$$
である．したがって TM 上の任意の Riemann 計量と両立する接続（たとえば M 自身に Riemann 計量が入っている場合には TM 上の Levi-Civita 接続）の曲率形式を Ω とすれば
$$\int_M eu(\Omega) = \chi(M)$$
となる． □

この定理を証明するために，まずつぎの一般的な事実を証明しよう．

補題 5.46 $\pi: E \to M$ を向き付けられた $2n$ 次元のベクトルバンドルとする．もし M 上のすべての点で 0 にならない切断 $s \in \Gamma(E)$ が存在すれば，$e(E) = 0$ である．

[証明] E に Riemann 計量を入れ，必要ならば s の長さを調節することにより任意の点 $p \in M$ において $\|s(p)\| = 1$ としてよい．簡単な考察から，計量と両立する E の接続 ∇ で
$$\nabla s = 0$$
となるものが構成できる．局所的な正規直交枠 $s_1, \cdots, s_{2n}$ を選ぶときに，つねに $s_1 = s$ とおくことにしよう．このとき対応する接続形式の 1 行および 1 列の成分はすべて 0 である．構造方程式から曲率形式 Ω も同様の形をしていることがわかる．したがって $Pf(\Omega) = 0$ となり，Euler 形式は恒等的に 0 となる．主張はこれからただちに従う．

[Gauss–Bonnet の定理の証明] ここでは厳密さを少し犠牲にして，直観的にわかりやすい証明をつけることにする．

$t: |K| \to M$ を M の C^∞ 三角形分割とする．M 上のベクトル場 X で，K の各単体の重心にのみ特異点を持つものを構成しよう．ここでベクトル場の**特異点**(singular point) とは，$X_p = 0$ となるような点 $p \in M$ をいうのであった．そのために K を 1 回重心細分したものを K'，2 回重心細分したものを K'' とする．このとき，単体写像
$$\varphi: K'' \longrightarrow K'$$
を，つぎのようにして定義することができる．K'' の任意の頂点 v は，K のあるただ一つ定まる単体 $\sigma \in K$ の内部にある．それを $\sigma(v)$ と書き，その重心を $b_{\sigma(v)}$ と記そう．このとき K'' の頂点の集合 $V(K'')$ から K' のそれへの対応
$$V(K'') \ni v \longmapsto \varphi(v) = b_{\sigma(v)} \in V(K')$$
は単体写像を定義すること，すなわち K'' の任意の単体 $\{v_0, \cdots, v_\ell\}$ に対して $\{\varphi(v_0), \cdots, \varphi(v_\ell)\}$ が K' の単体となることが簡単にわかる．これが求める $\varphi: K'' \to K'$ である．φ の誘導する連続写像 $\varphi: |K''| = M \to |K'|$（ふつう $|\varphi|$ と書かれるが，ここでは簡単のため同じ記号を使う）は，たとえば 2 単体上では図 5.8 のようになる．三つの頂点のまわりではそれらの頂点を中心とする拡大写像であり，重心の近くの点はすべて重心に行ってしまう．また，三つの辺の中点の近くではやや複雑な挙動を示す．すなわち，その点が辺の上にあれば，対応する中点に行くが，辺からはずれた場合はむしろ重心のほうに向かうのである．

単体の次元が一般の場合も，おおむね同様である．φ の固定点全体の集合は，K の各単体の重心の全体すなわち $V(K')$ と一致する．これをもとにベクトル場 X を定義する．各点 $p \in M$ に対して 2 点 $p, \varphi(p)$ を (K の単体の中で) 結ぶ線分 $\overline{p\varphi(p)}$ の t による像は，$t(p) \in M$ を通る曲線となる．そこで X_p としてはその曲線の $t(p)$ における速度ベクトルを対応させるのである．ここで曲線のパラメーターとしては，上記線分の長さを p によらずに 1 と正規化したものを使う．こうすれば p が特異点となるべきところに近づくにつれ

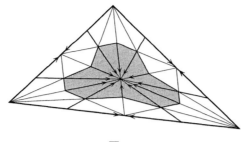

図 5.8

て，X_p の長さが 0 に近づくからである．各点 $p \in V(K')$ では $X_p = 0$ とおけば，X は明らかに連続なベクトル場となる．それはしかし C^∞ 級ではない．ここでよく知られている事実，すなわち C^∞ 多様体の間の連続写像や，もっと一般に多様体上のベクトルバンドルの連続な切断は，C^∞ 級のもので近似できることを使おう．今の場合，X を少し変形することにより特異点を変えることなく C^∞ 級にすることができる．2次元の場合には，X は図 5.9 のようになる．

つぎに X の各特異点のまわりの状況を観察する．特異点 q は K のある単体 $\sigma \in K$ の重心 b_σ である．$\dim \sigma = i$ としよう．$i = 0$ のとき，すなわち q が

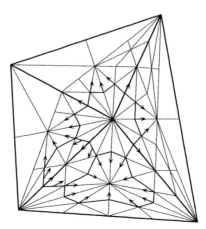

図 5.9

K の頂点である場合には，X は q を中心として外側に発散していくベクトル場となる．また $i=2n$ のとき，すなわち q が K の最高次元の単体の重心の場合には，X は反対に中心である q に向かって収縮していくベクトル場となる．一般の $0<i<2n$ に対しては，q を中心として σ に接する i 次元の方向では収縮し，それと直交する残りの $2n-i$ 次元の方向ではいくつかの $2n$ 次元単体の重心に向かって発散するようになっている．図 5.10 を見れば，それらの違いがわかるだろう．

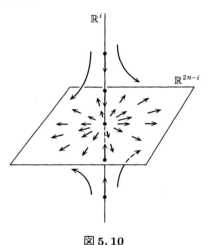

図 5.10

以上のことから，一般の i に対応する特異点 q のモデルとして $\mathbb{R}^{2n}$ 上の原点を孤立特異点に持つベクトル場

$$(5.27) \quad Y_i = -x_1\frac{\partial}{\partial x_1} - \cdots - x_i\frac{\partial}{\partial x_i} + x_{i+1}\frac{\partial}{\partial x_{i+1}} + \cdots + x_{2n}\frac{\partial}{\partial x_{2n}}$$

がとれることがわかる．より正確にいえば，上記で X を C^∞ 級に変形する際に，各特異点のまわりの状況が上の Y_i を原点のある近傍に制限したものと同じになっているようにできるのである．Y_i は Morse 理論に登場する重要な関数

$$f_i = -x_1^2 - \cdots - x_i^2 + x_{i+1}^2 + \cdots + x_{2n}^2$$

の勾配ベクトル場 (§ 4.1 (b)) $(1/2)\,\mathrm{grad}\,f_i$ になっている．このとき実は向き

のことも考える必要があり，モデルと同一視するときに向きが逆になってしまう可能性がある．しかしベクトルバンドルの向きを逆にすれば，Euler 形式も符号が変わることから，以下の議論に支障はないことがわかる．

さて X の特異点全体の集合，今の場合 $V(K')$ を改めて S と書こう．このとき結論からいえばつぎのようになる．TM 上の接続をうまくとると対応する Euler 形式 $eu(\Omega)$ が S の各点 q の小さな近傍 $U(q)$ を除いて恒等的に 0 になり，かつ

$$(5.28) \qquad \int_{U(q)} eu(\Omega) = (-1)^{i_q}$$

となるのである．ここで i_q はもちろん q がその重心となっているような K の単体の次元である．これが示されれば

$$\int_M eu(\Omega) = \sum_{q \in S} \int_{U(q)} eu(\Omega) = \sum_{q \in S} (-1)^{i_q} = \sum_{\sigma \in K} (-1)^{\dim \sigma} = \chi(M)$$

となり，定理の証明が完了する．式(5.28)の量は，§6.2(f)で説明するベクトル場の特異点 q の指数 $\mathrm{ind}(X, q)$ に等しい．また，i_q は Morse 関数の標準形の役割をはたす上記の関数 f_i の臨界点(すなわち原点)における指数と呼ばれるものともなっている．

TM 上に Riemann 計量をつぎのように入れる．各点 $q \in S$ のある近傍 $U(q)$ は $\mathbb{R}^{2n}$ の原点のある近傍，たとえば半径 1 の開円板 $D(1)$ と同一視されているので，そこでは $\mathbb{R}^{2n}$ の通常の Euclid 計量から誘導される計量を入れ，それを全体に任意に拡張する．つぎに

$$M' = M \setminus \bigcup_{q \in S} U(q)$$

とおき，上の計量に関して M' 上では $\|X\| = 1$ となるように X を修正する．そして計量と両立する TM の接続 ∇ で，M' 上では $\nabla X = 0$ となるものを作る．作り方は補題 5.46 の証明の中にあるとおりである．

まず 2 次元の場合について(5.28)が成り立つことを示そう．すぐにわかるようにこの場合が本質的であり，一般の場合はそれから従うからである．考えるべき $\mathbb{R}^2$ 上のベクトル場は，Y_0, Y_1, Y_2 の三つであるが，まず Y_0 をとりあ

げそれを長さ 1 に正規化したものを

$$Y_0' = \frac{x}{r}\frac{\partial}{\partial x} + \frac{y}{r}\frac{\partial}{\partial y}$$

とする．ここで $r=\sqrt{x^2+y^2}$ である．$T\mathbb{R}^2$ 上の接続 ∇ で通常の Euclid 計量と両立し，原点から離れたところでは $\nabla Y_0' = 0$ となるものを作るのである．基底 $\dfrac{\partial}{\partial x}, \dfrac{\partial}{\partial y}$ に関する接続形式を ω とする．これは交代行列であるから $\omega_2^1 = -\omega_1^2$ だけを考えればよい．具体的には

$$\nabla\frac{\partial}{\partial x} = -\omega_2^1 \otimes \frac{\partial}{\partial y}, \quad \nabla\frac{\partial}{\partial y} = \omega_2^1 \otimes \frac{\partial}{\partial x}$$

と書ける．このとき

$$\nabla Y_0' = d\left(\frac{x}{r}\right) \otimes \frac{\partial}{\partial x} + \frac{x}{r}\nabla\frac{\partial}{\partial x} + d\left(\frac{y}{r}\right) \otimes \frac{\partial}{\partial y} + \frac{y}{r}\nabla\frac{\partial}{\partial y}$$

$$= \left(\frac{y^2 dx - xy\, dy}{r^3} + \frac{y}{r}\omega_2^1\right) \otimes \frac{\partial}{\partial x} + \left(\frac{x^2 dy - xy\, dx}{r^3} - \frac{x}{r}\omega_2^1\right) \otimes \frac{\partial}{\partial y}$$

となる．したがって

$$\omega_2^1 = \frac{-y}{x^2+y^2}dx + \frac{x}{x^2+y^2}dy$$

という一意的な解が得られる．極座標を用いて $\tan\theta = \dfrac{y}{x}$ と変数変換すれば

$$\omega_2^1 = d\theta$$

となることが容易にわかる．この接続形式の表示は原点から離れたところで成り立つものであり，原点の近くではそれを拡張したものになっている．曲率形式 Ω も交代行列であるから Ω_2^1 だけが残ることになるが，構造方程式から

$$\Omega_2^1 = d\omega_2^1$$

となる．このとき §3.2 の Stokes の定理 3.6 から

$$\int_{\overline{D}(1)} \Omega_2^1 = \int_{S^1} \omega_2^1 = \int_{S^1} d\theta = 2\pi$$

となる．したがって

$$\int_{\overline{D}(1)} eu(\Omega) = \int_{\overline{D}(1)} \frac{1}{2\pi} Pf(\Omega) = \frac{1}{2\pi} \int_{\overline{D}(1)} \Omega_2^1 = 1$$

となり，この場合確かに(5.28)が成り立つことがわかった．ベクトル場 Y_1, Y_2 に対しても，符号を適当に変えるだけで上記の計算がそのまま使え，値として $-1, 1$ が得られることがわかる．これで2次元の場合の証明が終わる．

一般の $2n$ 次元の場合はつぎのようにする．示すべきことは，ベクトル場 $Y_i' = \frac{1}{\|x\|} Y_i$ に対して，原点から離れたところでは条件 $\nabla Y_i' = 0$ をみたすような $T\mathbb{R}^{2n}$ の接続 ∇ をとったとき，対応する積分

$$a_{n,i} = \int_{\overline{D}(1)} eu(\Omega)$$

の値が $(-1)^i$ となることである．まずこの積分が ∇ のとり方によらないことは，上の条件をみたす接続の§5.3命題5.18の意味での1次結合がまた同じ条件をみたすことを使えば簡単にわかる．つぎに $n = 2$ に対してはすでに示されたことであるが，一般の n についても

$$a_{n,i} = (-1)^i a_{n,0}$$

であることが，つぎの事実を使えば簡単に証明できる．すなわち，たとえば対応 $\frac{\partial}{\partial x_1} \mapsto -\frac{\partial}{\partial x_1}$ は計量を保ち，向きは逆にする $T\mathbb{R}^{2n}$ の ($\mathbb{R}^{2n}$ の恒等写像上の) 自己同型を定義するが，対応する曲率形式を Ω' とすれば明らかに $Pf(\Omega') = -Pf(\Omega)$ となる．したがって $a_{n,0} = 1$ であることを示せばよい．そこで S^2 上の図5.11のようなベクトル場を Z としよう．Z は北極と南極にのみ特異点をもつベクトル場である．S^2 の n 個の直積 $M_n = S^2 \times \cdots \times S^2$ を考えよう．i 番目の成分への射影 $\pi_i: M_n \to S^2$ による接バンドル TS^2 の引き戻しを ξ_i と書けば，明らかに

$$TM_n \cong \xi_1 \oplus \cdots \oplus \xi_n$$

である．そこで M_n 上のベクトル場 Z_n を $Z_n(p_1, \cdots, p_n) = Z(p_1) \oplus \cdots \oplus Z(p_n)$ により定義することができる．明らかに Z_n は，各成分となる S^2 の北極と南極に対応する 2^n 個の点でのみ特異点を持つ．さらにそこでの特異点のモデルとしては Y_{2j} の形のものがとれる．したがって

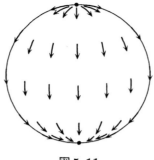

図 5.11

(5.29) $$\langle e(TM_n), [M_n]\rangle = \int_{M_n} eu(\Omega) = 2^n a_{n,0}$$

となる.一方 Whitney 和に対する Euler 類の公式(命題 5.44)を繰り返し使えば

(5.30) $$\langle e(TM_n), [M_n]\rangle = \langle \pi_1^* e(TS^2) \cdots \pi_n^* e(TS^2), [M_n]\rangle$$
$$= \langle e(TS^2), [S^2]\rangle^n = 2^n$$

となる.ここではすでに証明された $n=2$ の場合,すなわちベクトル場 Z の二つの特異点である北極と南極における積分の寄与が,いずれも 1 であることを使った. (5.29), (5.30) から $a_{n,0}=1$ となり,証明が終わる. ∎

(b) 複素射影空間の特性類

n 次元の C^∞ 多様体 M に対し,その接バンドル TM の Pontrjagin 類を
$$p(M) = 1 + p_1(M) + p_2(M) + \cdots + p_{[n/4]}(M) \in H^*(M;\mathbb{Z})$$
と書き,これを M の Pontrjagin 類という.もし M が n 次元複素多様体の場合には,複素ベクトルバンドルとなる TM の Chern 類を
$$c(M) = 1 + c_1(M) + c_2(M) + \cdots + c_n(M) \in H^*(M;\mathbb{Z})$$
と書き,これを M の Chern 類という.これらを決定することは,その多様体の構造の研究にとってきわめて重要な意味を持つ.ここでは重要な例として,複素射影空間の特性類を調べることにする.

まず n 次元複素射影空間 $\mathbb{C}P^n$ のコホモロジーについて簡単に記しておく.

よく知られているように，$\mathbb{C}P^n$ は各 $i=0,2,\cdots,2n$ 次元に一つずつの胞体によって分割することができる．したがってそのホモロジー群(およびコホモロジー群)は，上記の次元のときが $\mathbb{Z}$ で，その他の場合は 0 となる．2 次元コホモロジー群の生成元

$$x \in H^2(\mathbb{C}P^n;\mathbb{Z}) \cong \mathbb{Z}$$

を，$\mathbb{C}P^1$ の自然な向きの定める元 $[\mathbb{C}P^1] \in H_2(\mathbb{C}P^n;\mathbb{Z})$ の上で 1 となるものとして定義しよう．このとき $\mathbb{C}P^n$ のコホモロジー環は同型

$$H^*(\mathbb{C}P^n;\mathbb{Z}) \cong \mathbb{Z}[x]/(x^{n+1})$$

により記述されることが知られている．この事実は，本書のこれまでの記述からも導き出すことができることが以下の議論からわかる．

命題 5.47 L を $\mathbb{C}P^n$ 上の Hopf の直線バンドルとするとき $c_1(L) = -x$ である．

[証明] 定義にもどった直接証明をつけることは容易なので，読者は是非試してみてほしい(演習問題 6.5, 6.6 参照)．

ここではこれまでに得られたいろいろな結果の相互関係を見る練習のために，あえて遠回りの証明をつける．この命題の証明としては本末転倒であるが，よい復習にはなるだろう．

$i: \mathbb{C}P^1 \to \mathbb{C}P^n$ を自然な包含写像とすれば，明らかに $i^*L = L$ である．したがって Chern 類の引き戻しに関する自然性から，$n=1$ のときのみ証明すれば十分である．命題 5.40 から $c_1(L^*) = -c_1(L)$ となるので $c_1(L^*) = x$ であることを示せばよい．そこで $c_1(L^*) = kx$ とおき，$k=1$ であることを示そう．命題 5.13 から $T\mathbb{C}P^1 \oplus \varepsilon \cong L^* \oplus L^*$ である．したがって Whitney の公式(定理 5.37)を使えば

$$c_1(\mathbb{C}P^1) = c_1(T\mathbb{C}P^1 \oplus \varepsilon) = c_1(L^* \oplus L^*) = 2kx$$

となる．一方，命題 5.43 と Gauss–Bonnet の定理から

$$c_1(\mathbb{C}P^1) = e(TS^2) = \chi(S^2)x = 2x$$

となる．したがって $k=1$ である． ∎

定理 5.48 複素射影空間の Chern 類はつぎの式で与えられる．

$$c(\mathbb{C}P^n) = (1+x)^{n+1}, \quad c_k(\mathbb{C}P^n) = \binom{n+1}{k}x^k.$$

[証明] 命題 5.13 と Whitney の公式（定理 5.37），および上記の命題 5.47 を使えば
$$c(\mathbb{C}P^n) = c(T\mathbb{C}P^n \oplus \varepsilon) = c((n+1)L^*) = (1+x)^{n+1}$$
となる． ∎

この定理からこの項の初めに予告した事実，すなわち x^n が $H^{2n}(\mathbb{C}P^n; \mathbb{Z}) \cong \mathbb{Z}$ の生成元であることがつぎのようにしてわかる．まず上記の定理から
$$c_n(\mathbb{C}P^n) = (n+1)x^n$$
である．一方ふたたび命題 5.43 と Gauss–Bonnet の定理から
$$\langle c_n(\mathbb{C}P^n), [\mathbb{C}P^n] \rangle = \langle e(T\mathbb{C}P^n), [\mathbb{C}P^n] \rangle = \chi(\mathbb{C}P^n) = n+1$$
となる．したがって $\langle x^n, [\mathbb{C}P^n] \rangle = 1$ となり，主張が示された．

定理 5.49 複素射影空間の Pontrjagin 類はつぎの式で与えられる．
$$p(\mathbb{C}P^n) = (1+x^2)^{n+1}, \quad p_k(\mathbb{C}P^n) = \binom{n+1}{k}x^{2k}.$$

[証明] 命題 5.41 中の複素ベクトルバンドル E に $T\mathbb{C}P^n$ を代入し，上記の定理 5.48 を使えば
$$1 - p_1(\mathbb{C}P^n) + p_2(\mathbb{C}P^n) - \cdots = (1+x)^{n+1}(1-x)^{n+1} = (1-x^2)^{n+1}$$
となる．したがって $p(\mathbb{C}P^n) = (1+x^2)^{n+1}$ となり，証明が終わる． ∎

(c) 特 性 数

M を $4n$ 次元の閉じた C^∞ 多様体で，向き付けられているものとする．各 Pontrjagin 類 p_k を次数 k の変数と思ったとき，それらに関する次数 n の同次多項式
$$f(p_1, p_2, \cdots)$$
が与えられたとしよう．このとき各 p_k に $p_k(M)$ を代入すれば，M のコホモロジーの元
$$f(p_1(M), p_2(M), \cdots) \in H^{4n}(M; \mathbb{R})$$
が定義される．これを $f(p(M))$ と書こう．このとき定まる数

$$\langle f(p(M)), [M] \rangle$$

を f に対応する **Pontrjagin 数**(Pontrjagin number)といい,これを簡単に $f(p(M))[M]$ と書く.

例 5.50 複素射影空間の Pontrjagin 数は,定理 5.49 から容易に求めることができる.たとえば

$$p_1[\mathbb{C}P^2] = 3, \quad p_2[\mathbb{C}P^4] = 10, \quad p_1^2[\mathbb{C}P^4] = 25$$

である. □

複素多様体に対しては Pontrjagin 類の代わりに Chern 類を用いることにより,上と同様にして **Chern 数**(Chern number)が定義される.

例 5.51 複素射影空間の Chern 数は,定理 5.48 から容易に求めることができる.たとえば

$$c_1[\mathbb{C}P^1] = 2, \quad c_2[\mathbb{C}P^2] = 3, \quad c_1^2[\mathbb{C}P^2] = 9$$

となる. □

これらの数を総称して,多様体の**特性数**(characteristic number)という.特性数は多様体の大局的な曲がり具合を,数によって具体的に表わすものできわめて重要である.偉大なトポロジストである Thom は,1950 年代初頭に**同境理論**(cobordism theory)と呼ばれる微分可能多様体の分類理論を建設したが,そこではこの特性数が中心的な役割を果した.以下にほんの一端ではあるが,この理論の考え方を紹介する.

定義 5.52 M, N を同じ次元の閉じた C^∞ 多様体で,いずれも向き付けられているものとする.M と N とが互いに**同境**(cobordant)であるとは,ある次元が 1 高いコンパクトで向き付けられた C^∞ 多様体 W が存在して

$$\partial W = M \amalg -N$$

となるときをいう(図 5.12 参照).ここで $\amalg$ は位相的な直和を表わし,また $-N$ は N の向きを逆にした多様体を表わす.とくに $\partial W = M$ となるような多様体 M は **0 に同境**(null cobordant)という. □

命題 5.53(Pontrjagin)   互いに同境な閉多様体の Pontrjagin 数はすべて一致する.とくに 0 に同境な多様体の Pontrjagin 数はすべて 0 である.

[証明]   定義から $-N$ の Pontrjagin 数は N の同じ Pontrjagin 数の符号

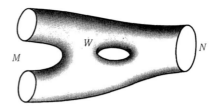

図 5.12　同境な多様体

を変えたものである．したがって $\partial W = M$ となるとき M のすべての Pontrjagin 数が 0 となることを示せばよい．$i: M \to W$ を包含写像とする．このとき，W の境界上の各点において外側に向いた接ベクトルを考えることにより，同型写像

$$i^*TW \cong TM \oplus \varepsilon$$

が存在することが簡単にわかる．したがって $i^*p(W) = p(M)$ となる．これから Stokes の定理を使えば，任意の Pontrjagin 類の多項式 f に対して

$$f(p_1, p_2, \cdots)[M] = \int_M f(p(M)) = \int_{\partial W} i^* f(p(W)) = \int_W df(p(W)) = 0$$

となり証明が終わる．ここで $p(W), p(M)$ は，それぞれ W, M の接バンドルに入れた適当な接続に関する Pontrjagin 形式を表わすものとする． ∎

この命題と定理 5.49 から，$\mathbb{C}P^{2n}$ はすべて 0 に同境ではないこと，すなわちそれらの多様体は次元が一つ高いコンパクトで向き付けられた多様体の境界にはなり得ないことがわかる．

本書では述べることができなかったが，Chern 類や Pontrjagin 類と並んで重要なベクトルバンドルの特性類に，**Stiefel–Whitney 類**(Stiefel-Whitney class)と呼ばれるものがある．これらは位数 2 の巡回群 $\mathbb{Z}_2$ を係数とするコホモロジー類であり，閉多様体に対しては Stiefel–Whitney 数と呼ばれる $\mathbb{Z}_2$ の元が定義される．このとき，Thom の得た結論(最後のつめには Milnor と Wall による貢献もある)はつぎのように単純明解なものであった．

定理 5.54(Thom)　同じ次元の向き付けられた二つの閉多様体が互いに同境になるための必要十分条件は，すべての Pontrjagin 数と Stiefel–Whitney

数が一致することである．とくに閉多様体が0に同境となるための必要十分条件は，これらの特性数がすべて0になることである． □

 向き付けられた$4k$次元の閉多様体の重要な不変量に§4.4(c)で定義した符号数がある．これに関してHirzebruchは，Thomの同境理論が発表された同じ1953年に，その理論を用いて符号数がPontrjagin数によって具体的に表わされることを証明した．この定理は今では**Hirzebruchの符号数定理**(Hirzebruch signature theorem)と呼ばれている．その内容を簡単に記すとつぎのようになる．$t_1,\cdots,t_k$を不定元として形式的べき級数

$$\prod_{i=1}^{k}\frac{\sqrt{t_i}}{\tanh\sqrt{t_i}}$$

を考える．その各同次の成分は$t_1,\cdots,t_k$の基本対称式$\sigma_1,\cdots,\sigma_k$の多項式となることがわかる．そこでk次の成分においてσ_iのところにp_iを代入して得られる多項式を$L_k(p_1,\cdots,p_k)$と書き，これらをL多項式と呼ぶ．たとえば

$$L_1=\frac{1}{3}p_1,\quad L_2=\frac{1}{45}(7p_2-p_1^2),\quad L_3=\frac{1}{945}(62p_3-13p_2p_1+2p_1^3)$$

である．

 定理5.55（Hirzebruchの符号数定理） Mを向き付けられた$4k$次元のC^∞級の閉多様体とする．このとき等式

$$\operatorname{sign}M=L_k(p_1,\cdots,p_k)[M]$$

が成立する． □

 例5.56 明らかに$\operatorname{sign}\mathbb{C}P^{2k}=1$である．一方，例5.50から

$$L_1[\mathbb{C}P^2]=\frac{1}{3}p_1[\mathbb{C}P^2]=1,\quad L_2[\mathbb{C}P^4]=\frac{1}{45}(7p_2-p_1^2)[\mathbb{C}P^4]=1$$

となり，これらの多様体に対しては確かに符号数定理が成立している． □

《要 約》

5.1 ベクトルバンドルとは，底空間と呼ばれる多様体上の各点に一定の次元のベクトル空間が配置され，局所的には直積になっているものである．

5.2　C^∞ 多様体の各点における接空間をすべて集めたものは，ベクトルバンドルとなる．これを接バンドルという．

5.3　加速度ベクトルがつねに平行であるような曲線を測地線という．

5.4　ベクトルバンドル E に接続を与えるとは，E の任意の切断 s と底空間の任意の接ベクトル X に対して，s の X 方向の"微分"$\nabla_X s$ を定義することである．

5.5　曲率とは，接続を"共変外微分"して得られるもので，ベクトルバンドルの曲がり具合を表わすものである．

5.6　接続と曲率は局所的にはそれぞれ接続形式，曲率形式と呼ばれる $\mathfrak{gl}(n;\mathbb{R})$ に値をとる1形式および2形式で表わされ，それらは構造方程式によって結びついている．

5.7　ベクトルバンドルの特性類とは，底空間のあるコホモロジー類を対応させるもので，それがバンドル写像に関して自然なものをいう．

5.8　次数 k の不変多項式に曲率形式を代入したものは，底空間上の次数 $2k$ の閉形式となり，その de Rham コホモロジー類は接続のとり方によらずに定まる．そしてこれはベクトルバンドルの特性類となる．

5.9　Pontrjagin 類は実ベクトルバンドルの特性類であり，Chern 類は複素ベクトルバンドルの特性類である．また向き付けられた偶数次元の実ベクトルバンドルの特性類として Euler 類がある．

5.10　閉じた C^∞ 多様体上で，その接バンドルの特性類の種々の多項式を積分して得られる数を特性数という．

5.11　偶数次元で向き付けられたコンパクト Riemann 多様体上で，その接バンドルの Euler 形式を積分した値はその多様体の Euler 数に等しい．これを Gauss–Bonnet の定理という．

──────── **演習問題** ────────

5.1　$\pi: E \to M$ を C^∞ 多様体 M 上のベクトルバンドル，$f: N \to M$ を C^∞ 写像とする．このとき $f^*E = \{(p,u) \in N \times E\,;\, f(p) = \pi(u)\}$ とおけば，自然な射影 $\pi: f^*E \to N$ は N 上のベクトルバンドルとなることを証明せよ．f^*E を E の f による引き戻しという．

5.2 $\pi\colon E \to M$ をベクトルバンドル,F をその部分バンドルとする.このとき自然な射影
$$\pi\colon E/F = \bigcup_{p\in M} E_p/F_p \longrightarrow M$$
はベクトルバンドルとなることを示せ.

5.3 S^1 上の 1 次元実ベクトルバンドルの同型類の全体 $\mathrm{Vect}_1(S^1)$ を具体的に決定せよ.

5.4 n 次元球面 S^n の上の自明な直線バンドルを ε とする.このとき $TS^n \oplus \varepsilon$ は自明なベクトルバンドルとなることを示せ.

5.5 ∇_i $(i=1,\cdots,k)$ を与えられたベクトルバンドルの接続とするとき,$\sum_i \lambda_i = 1$ となる任意の実数 λ_i に対し $\sum_i \lambda_i \nabla_i$ もまた接続となることを証明せよ.

5.6 命題 5.24 を証明せよ.すなわち,∇, R をベクトルバンドル E の接続および曲率,$D\colon A^1(M;E) \to A^2(M;E)$ を共変外微分とするとき,等式 $R = D \circ \nabla$ が成立することを証明せよ.

5.7 Newton の公式(§5.4(a))を証明せよ.

5.8 二つの向き付けられたベクトルバンドル E, F に対して,$e(E\oplus F) = e(E)e(F)$ となることを示せ.

5.9 ∇ をベクトルバンドル E の接続とし,$\omega = (\omega_j^i)$ をその接続形式とする.このとき,双対バンドル E^* の自然な接続 ∇^* で $-{}^t\omega = (-\omega_i^j)$ を接続形式とするものが定義されることを示せ.

5.10

(1) $\mathbb{C}P^2 \times \mathbb{C}P^2$ の Pontrjagin 数をすべて求めよ.

(2) $\mathbb{C}P^1 \times \mathbb{C}P^2$ の Chern 数をすべて求めよ.

6 ファイバーバンドルと特性類

　前章までの記述から，C^∞ 多様体の構造の解析においてその接バンドルが基本的な役割を果たすことは，かなり了解されたのではないかと思う．ところで，接バンドルは多様体上の各点にベクトル空間が整然と配置され，それらが全体としてまとまった構造を持っているものである．第5章で詳しく述べたように，このような構造を一般化することにより多様体上のベクトルバンドルの概念が得られ，その曲がり具合は Pontrjagin 類や Chern 類などの特性類により表わされるのであった．

　この章ではまず，ベクトルバンドルをさらに一般化した概念であるファイバーバンドルを導入する．ファイバーバンドルとは，多様体上の各点にベクトル空間に限らず一般の多様体を配置して得られるものである．なかでも，とくに重要なのが，主バンドルと呼ばれるものである．これは配置する多様体が Lie 群であり，そのつながり具合もそれ自身が統制しているファイバーバンドルである．

　この章の主題は Chern–Weil 理論の解説である．それはまた本書全体の最終目標でもある．Chern–Weil 理論とは，主バンドルの曲がり具合を接続と曲率の考えを用いて de Rham コホモロジーの言葉で記述するものである．ベクトルバンドルの特性類を完全に含む，広い視野に立った一般的な理論である．

§6.1 ファイバーバンドルと主バンドル

(a) ファイバーバンドル

F を C^∞ 多様体とする.F を別の多様体 B 上の各点に並べたものとして最も簡単なものは,積多様体 $B \times F$ であろう.$\pi: B \times F \to B$ を自然な射影とすれば,任意の点 $b \in B$ に対して $\pi^{-1}(b) = F$ となる.これを B 上の**積バンドル**(product bundle)という.一般には F の並べ方はかなり自由に変えることができ,全体としては多種多様な図形が構成されることになる.定義を述べよう.

定義 6.1 F を C^∞ 多様体とする.C^∞ 多様体 E, B と C^∞ 写像 $\pi: E \to B$ が与えられ,それがつぎの条件をみたすとき,$\xi = (E, \pi, B, F)$ を F を**ファイバー**とする**微分可能ファイバーバンドル**(differentiable fiber bundle)または**微分可能 F バンドル**という.

(局所自明性) B 上の任意の点 b に対し,そのある開近傍 U と微分同相 $\varphi: \pi^{-1}(U) \cong U \times F$ が存在して,任意の $u \in \pi^{-1}(U)$ に対し $\pi(u) = \pi_1 \circ \varphi(u)$ となる.ここに $\pi_1: U \times F \to U$ は第一成分への射影を表わす. □

E を**全空間**(total space),B を**底空間**(base space),F を**ファイバー**(fiber),π を**射影**(projection)という.また,$E_b = \pi^{-1}(b)$ $(b \in B)$ を b 上のファイバーと呼ぶ.混同のおそれのないときには,(E, π, B, F) の代わりに $\pi: E \to B$,または単に E をファイバーバンドルという場合もある.ファイバーは繊維,バンドルは束(たば)を意味する言葉である.底空間の各点の上に,与えられた多様体を一つ一つがあたかもファイバーであるかのように整然と並べて,全体を束ねたものがファイバーバンドルというわけである(「理論の概要と目標」の中の図参照).

上の定義では E, B, F はすべて C^∞ 多様体となっているが,これらを一般の位相空間にし,π を連続写像,φ を位相同型とすれば,(微分可能とは限らない)一般のファイバーバンドルの定義が得られる.しかし本書ではファイバーバンドルといえば,すべて微分可能ファイバーバンドルを表わすことに

する．ファイバーバンドルをファイバー束と記す場合もある．

$\xi_i = (E_i, \pi_i, B_i, F)$ $(i=1,2)$ を同じ F をファイバーとする二つのファイバーバンドルとする．ξ_1 から ξ_2 へのバンドル写像(bundle map)とは，二つの C^∞ 写像 $\tilde{f}: E_1 \to E_2$, $f: B_1 \to B_2$ で図式

$$\begin{array}{ccc} E_1 & \xrightarrow{\tilde{f}} & E_2 \\ \pi_1 \downarrow & & \downarrow \pi_2 \\ B_1 & \xrightarrow{f} & B_2 \end{array}$$

が可換であり(すなわち $\pi_2 \circ \tilde{f} = f \circ \pi_1$)，かつ $\tilde{f}$ を ξ_1 の任意のファイバー $\pi_1^{-1}(b)$ ($b \in B_1$) に制限したものが微分同相になっているもののことである．この条件をみたす写像 $\tilde{f}: E_1 \to E_2$ のことを，f の上のバンドル写像という．このとき，もし f が微分同相ならば $\tilde{f}$ も微分同相であり(逆も正しい)，また $(\tilde{f}^{-1}, f^{-1})$ もバンドル写像となる．証明は容易なので読者自ら試してみてほしい．

共通の底空間 B 上の F をファイバーとする二つのファイバーバンドル $\xi_i = (E_i, \pi_i, B, F)$ は，$f: B \to B$ が恒等写像になるようなバンドル写像 $\tilde{f}: E_1 \to E_2$ が存在するとき，互いに**同型**(isomorphic)であるといい，$\xi_1 \cong \xi_2$ と書く．積バンドル $B \times F$ と同型なバンドルを**自明なバンドル**(trivial bundle)という．

$\xi = (E, \pi, B, F)$ をファイバーバンドルとする．底空間 B の任意の部分多様体 M に対して $\xi|_M = (\pi^{-1}(M), \pi|_{\pi^{-1}(M)}, M, F)$ とおけば，これも同じ F をファイバーとするファイバーバンドルになることが簡単にわかる．ただし $\pi|_{\pi^{-1}(M)}$ は π の $\pi^{-1}(M)$ への制限を表わす．$\xi|_M$ を ξ の M への**制限**(restriction)という．$\pi^{-1}(M)$ を $E|_M$ と書く場合もある．$\xi|_M$ と M 上の積バンドル $M \times F$ との同型

$$E|_M \cong M \times F$$

が与えられているとき，これを ξ の M 上の**自明化**(trivialization)という．

$\xi = (E, \pi, B, F)$ の**切断**(cross section)とは，C^∞ 写像 $s: B \to E$ であって $\pi \circ s = \mathrm{id}$ となるもののことである．言い換えれば，切断とは，底空間上の各

点にその上のファイバーの点を対応させる写像のことである．与えられたファイバーバンドルが切断を持つか否かを決定することは，しばしば重要な問題となる．

(b) 構造群

$\xi = (E, \pi, B, F)$ をファイバーバンドルとする．定義により底空間 B の開被覆 $\{U_\alpha\}$ が存在して，各開集合 U_α 上の自明化
$$\varphi_\alpha \colon \pi^{-1}(U_\alpha) \cong U_\alpha \times F$$
がある．
$$\varphi_\alpha \circ \varphi_\beta^{-1} \colon (U_\alpha \cap U_\beta) \times F \cong (U_\alpha \cap U_\beta) \times F$$
を考えると，これは $U_\alpha \cap U_\beta$ 上の自明な F バンドルの同型を与えている．したがって，ある写像
$$g_{\alpha\beta} \colon U_\alpha \cap U_\beta \longrightarrow \mathrm{Diff}\, F$$
が存在して
$$\varphi_\alpha \circ \varphi_\beta^{-1}(b, p) = (b, g_{\alpha\beta}(b)(p)) \quad (b \in U_\alpha \cap U_\beta,\ p \in F)$$
の形に書ける．ここで $g_{\alpha\beta}$ はつぎの意味で微分可能である．すなわち，対応
$$(U_\alpha \cap U_\beta) \times F \ni (b, p) \longmapsto g_{\alpha\beta}(b)(p) \in F$$
は C^∞ 写像である．$g_{\alpha\beta}$ をファイバーバンドル ξ の**変換関数**(transition function)という．変換関数の族 $\{g_{\alpha\beta}\}$ は明らかに条件

(6.1) $\qquad g_{\alpha\beta}(b) g_{\beta\gamma}(b) = g_{\alpha\gamma}(b) \quad (b \in U_\alpha \cap U_\beta \cap U_\gamma)$

をみたしている．この条件を**コサイクル条件**(cocycle condition)という．実は逆に，つぎのことが成立することがわかる．

命題 6.2 C^∞ 多様体 B の開被覆 $\{U_\alpha\}$ と，コサイクル条件(6.1)をみたす微分可能な関数の族 $\{g_{\alpha\beta}\}$ が与えられると，B を底空間とし F をファイバーとするファイバーバンドル $\xi = (E, \pi, B, F)$ で，その変換関数がちょうど $\{g_{\alpha\beta}\}$ となるものが存在する．

[証明] まずコサイクル条件から $g_{\alpha\alpha}(b) = \mathrm{id}$, $g_{\beta\alpha}(b) = g_{\alpha\beta}(b)^{-1}$ であることがわかる．開被覆 $\{U_\alpha\}$ の添え字の集合を A としよう．各 $\alpha \in A$ に対して $U_\alpha \times F$ を考え，それらの位相的な直和(disjoint union)を $\widetilde{E}$ とする：

$$\widetilde{E} = \amalg_\alpha U_\alpha \times F.$$

したがって，$\widetilde{E}$ の任意の元は (α, b, p) $(\alpha \in A, b \in U_\alpha, p \in F)$ の形に表わされることになる．$\widetilde{E}$ に同値関係をつぎのように入れよう．二つの元 (α, b, p), $(\beta, c, q) \in \widetilde{E}$ は $b = c$ であり，さらに $p = g_{\alpha\beta}(b)(q)$ のとき，かつそのときに限り同値であるとするのである．$\widetilde{E}$ のこの同値関係による商空間を E とする．各 α に対して $U_\alpha \times F$ は自然に E の部分空間となっているが，これが開部分多様体になるような C^∞ 多様体の構造が E に入ることが容易にわかる．射影 $\pi : E \to B$ を $\pi(\alpha, b, p) = b$ と定義することができ，これは C^∞ 写像となる．$\xi = (E, \pi, B, F)$ とおけば，これが求める条件をみたすファイバーバンドルとなる．∎

このようにして任意の F バンドルが，積バンドル $U_\alpha \times F$ を変換関数 $\{g_{\alpha\beta}\}$ によって互いに張り合わせることにより構成されることがわかった．ここで張り合わせの写像としては，F の微分同相全体の群 $\mathrm{Diff}\, F$ の任意の元を使うことができる．しかし $\mathrm{Diff}\, F$ はあまりにも大きな群であり，いろいろな状況によっては，もっと小さな群の元だけを張り合わせの写像として考える必要が生じる．こうして出てくるのが，**構造群**(structure group)の考えである．G を $\mathrm{Diff}\, F$ の部分群とする．任意の部分群としてよいが，最も重要なのは G が F の Lie 変換群の場合，すなわち G が Lie 群であり自然な写像 $G \times F \to F$ が C^∞ 写像のときである．たとえば $SO(n+1) \subset \mathrm{Diff}\, S^n$ は典型的な例である．以下 G が Lie 変換群である場合を主に考えることにする．

定義 6.3 (E, π, B, F) をファイバーバンドルとする．底空間 B の開被覆 $\{U_\alpha\}$ と，各 U_α 上の自明化 $\varphi_\alpha : \pi^{-1}(U_\alpha) \to U_\alpha \times F$ が与えられたとする．そして対応する変換関数 $g_{\alpha\beta} : U_\alpha \cap U_\beta \to \mathrm{Diff}\, F$ の像がすべてある F の Lie 変換群 $G \subset \mathrm{Diff}\, F$ に含まれており，さらに写像 $g_{\alpha\beta} : U_\alpha \cap U_\beta \to G$ が C^∞ 級であるとしよう．このとき，$\{U_\alpha, \varphi_\alpha\}$ は (E, π, B, F) に G を構造群とするファイバーバンドルの構造を定めるという．構造群 G が指定されたファイバーバンドルを一般に (E, π, B, F, G) と表わす．□

上の状況のもとで，B の開集合 U 上の自明化

$$\varphi : \pi^{-1}(U) \longrightarrow U \times F$$

が与えられたとしよう.各 α に対して $\varphi\circ\varphi_\alpha^{-1}$ は積バンドル $(U\cap U_\alpha)\times F$ の同型写像であるから,ある写像 $g_\alpha: U\cap U_\alpha \to \mathrm{Diff}\, F$ が存在して $\varphi\circ\varphi_\alpha^{-1}(b,p)=(b, g_\alpha(b)(p))$ $(b\in U\cap U_\alpha,\ p\in F)$ と書ける.すべての α に対し g_α の像が G に含まれ,かつ写像 $g_\alpha: U\cap U_\alpha \to G$ が C^∞ 級であるとき,自明化 φ は G を構造群とするファイバーバンドル (E, π, B, F, G) の許容される (admissible) 自明化と呼ぶことにする.

さて底空間 B に,別の開被覆 $\{V_i\}$ と V_i 上の自明化 $\psi_i: \pi^{-1}(V_i) \to V_i \times F$ が与えられ,$\{V_i, \psi_i\}$ が (E, π, B, F) に G を構造群とするファイバーバンドルの構造を定めているとしよう.この構造をはじめのもの(第一の構造と呼ぶ)と区別するため,第二の構造と呼ぶことにする.ここですべての i に対して自明化 ψ_i が,第一の構造に許容されるものであると仮定しよう.このとき逆に,すべての α に対して φ_α が第二の構造に許容されるものであることが簡単にわかる.そこでこの条件がみたされるとき,二つの構造は互いに同値なものと定義するのは自然であろう.ここで読者は,多様体の二つのアトラスの同値性の定義との類似性に気づかれただろうか.

上にあげたファイバーバンドルに対するいろいろな定義は,ほんの少しの修正でそのまま G を構造群とするファイバーバンドルに対しても通用する.以下にそれらを簡単に列記しよう.

$\xi_i = (E_i, \pi_i, B_i, F, G)$ $(i=1,2)$ を,同じ構造群 G とファイバー F を持つ二つのファイバーバンドルとする.ξ_1 から ξ_2 への**バンドル写像**とは,まず F バンドルとしてのバンドル写像

$$\begin{array}{ccc} E_1 & \xrightarrow{\tilde{f}} & E_2 \\ \pi_1 \downarrow & & \downarrow \pi_2 \\ B_1 & \xrightarrow{f} & B_2 \end{array}$$

であって,さらにつぎの条件をみたすものをいう.ξ_1 の任意の許容される自明化 $\varphi: \pi_1^{-1}(U) \to U\times F$ と,ξ_2 の任意の許容される自明化 $\psi: \pi_2^{-1}(V) \to V\times F$ に対して,$\psi\circ\tilde{f}\circ\varphi^{-1}$ は積バンドル $(U\cap f^{-1}(V))\times F$ から $V\times F$ へのバンドル写像であるから,ある写像 $h: U\cap f^{-1}(V) \to \mathrm{Diff}\, F$ が存在して,

$\psi \circ \tilde{f} \circ \varphi^{-1}(b, p) = (f(b), h(b)(p))$ ($b \in U \cap f^{-1}(V)$, $p \in F$) と書ける．このとき，h の像が G に含まれ，さらに写像 $h: U \cap f^{-1}(V) \to G$ が C^∞ 級になるという条件である．共通の底空間 B 上の，G を構造群とし F をファイバーとする二つのファイバーバンドル $\xi_i = (E_i, \pi_i, B, F, G)$ は，B の恒等写像の上のバンドル写像 $\tilde{f}: E_1 \to E_2$ が存在するとき，互いに**同型**(isomorphic)であるといい，$\xi_1 \cong \xi_2$ と書く．つぎに H を G の部分群とする．G を構造群とするファイバーバンドル $\xi = (E, \pi, B, F, G)$ のある局所自明化の系に関する変換関数の像が，すべて H に含まれるとする．このとき ξ は H を構造群とするファイバーバンドルとも思える．このようなとき ξ の構造群は H に**縮小**(reduce)するという．この言葉を使えば，ファイバーバンドルが自明になるための必要十分条件は，その構造群が自明な群 {id} に縮小できることであるということができる．

命題 6.2 とまったく同じ証明によりつぎの命題が成り立つ．

命題 6.4 C^∞ 多様体 B の開被覆 $\{U_\alpha\}$ と，コサイクル条件 (6.1) をみたす C^∞ 級の関数 $g_{\alpha\beta}: U_\alpha \cap U_\beta \to G$ の族が与えられたとする．このとき，G を構造群とするファイバーバンドル $\xi = (E, \pi, B, F, G)$ で，その変換関数がちょうど $\{g_{\alpha\beta}\}$ となるものが存在する． □

上の命題を見ると，変換関数 $g_{\alpha\beta}$ にはファイバー F に関する条件が何も入っていない．とくに G が別の多様体 F' にも Lie 変換群として作用する場合，同じ変換関数であるが異なるファイバーを持つファイバーバンドル $\xi' = (E, \pi, B, F', G)$ が構成できる．このようなとき，ξ と ξ' とは互いに他の**同伴バンドル**(associated bundle)であるという．同伴バンドルの中でも最も重要なものが，ファイバーとして構造群 G 自身をとり，その上の G の作用は Lie 群の構造の定義する自然なものにした場合である．これが次項に登場する主バンドルである．

ここで命題 6.4 の応用として，ファイバーバンドルの構成法として重要な誘導バンドルを定義しておこう．$\xi = (E, \pi, B, F, G)$ をファイバーバンドルとし，$\{U_\alpha\}$ を ξ の構造を定める B の開被覆，$\varphi_\alpha: \pi^{-1}(U_\alpha) \to U_\alpha \times F$ を U_α 上の自明化，$g_{\alpha\beta}: U_\alpha \cap U_\beta \to G$ を変換関数とする．さて M を C^∞ 多様体とし，

C^∞ 写像 $f: M \to B$ が与えられたとしよう.このとき $\{f^{-1}(U_\alpha)\}$ は明らかに M の開被覆になる.また $g_{\alpha\beta} \circ f: f^{-1}(U_\alpha) \cap f^{-1}(U_\beta) \to G$ は C^∞ 級であり,これらはコサイクル条件(6.1)をみたすことが簡単にわかる.したがって命題6.4により,$\{g_{\alpha\beta} \circ f\}$ を変換関数にするような M 上のファイバーバンドルが定義される.これを $f^*(\xi)$ と書き,f による ξ の**誘導**バンドル(induced bundle)と呼ぶ.**引き戻し**(pull back)という場合もある.定義からただちに $f^*(\xi)$ から ξ への自然なバンドル写像が存在することがわかる.より具体的には,$f^*(\xi)$ の全空間 f^*E を

$$f^*E = \{(p, u) \in M \times E\,;\, f(p) = \pi(u)\}$$

とおけばよいことがわかるが,詳しい検証は演習問題6.2とする.

(c) 主バンドル

ファイバーバンドルの中で最も基本的な役割を果たすのが,つぎに定義する主バンドルである.

定義6.5 G を Lie 群とする.G を構造群とし G をファイバーとするファイバーバンドル (P, π, M, G, G) は,G の G 自身への作用が自然な左作用であるとき,G を構造群とする**主バンドル**(principal bundle)あるいは**主 G バンドル**(principal G-bundle)という. □

上記で全空間を表わすのにこれまでの E の代わりに P を用いたが,これは主バンドルであることを強調するためである.また底空間の記号として B の代わりに M と書いたが,これも底空間が C^∞ 多様体であることを強調するためである.以後も主バンドルを表わす記号としては (P, π, M, G) や,$\pi: P \to M$ あるいは単に P を用いることにする.

命題6.6 $\xi = (P, \pi, M, G)$ を主 G バンドルとする.このとき G の全空間 P への右からの自然な作用が定義される.この作用は,任意のファイバーをそれ自身の上に移す自由な作用であり,その商空間は底空間 M と一致する.

[証明] 作用

$$P \times G \longrightarrow P$$

をつぎのように定義する.まず ξ の構造を定める M の開被覆 $\{U_\alpha\}$ と U_α 上

の自明化 $\varphi_\alpha\colon \pi^{-1}(U_\alpha)\to U_\alpha\times G$ をとり，$g_{\alpha\beta}\colon U_\alpha\cap U_\beta\to G$ を対応する変換関数とする．さて $u\in P$，$g\in G$ としよう．$\pi(u)\in U_\alpha$ となるような α を選び，$\varphi_\alpha(u)=(p,h)$ $(p=\pi(u),\ h\in G)$ となったとする．このとき $ug\in P$ を
$$ug=\varphi_\alpha^{-1}(p,hg)$$
と定義してみよう．$\pi(u)$ が U_β にも含まれるとして $\varphi_\beta(u)=(p,h')$ とおいてみる．このとき，変換関数の定義によって，$h'=g_{\beta\alpha}(p)h$ となり，また $\varphi_\beta(ug)=(p,g_{\beta\alpha}(p)(hg))$ となる．ところが G の積演算の結合律から明らかに $g_{\beta\alpha}(p)(hg)=(g_{\beta\alpha}(p)h)g=h'g$ であるから，結局
$$ug=\varphi_\beta^{-1}(p,h'g)$$
となる．これは ug が，$\pi(u)\in U_\alpha$ となるような α のとり方によらずに定まることを示している．これにより G の P への右からの作用が定義されることは簡単にわかる．この作用は明らかに C^∞ 級であり，また任意のファイバーをそれ自身の上に移す自由な作用である．その商空間が M に一致することも容易にわかる．

逆に，C^∞ 写像 $\pi\colon P\to M$ と G の P への右作用 $P\times G\to P$ が与えられ，任意の点 $p\in M$ に対して，そのある開近傍 U と微分同相写像 $\varphi\colon \pi^{-1}(U)\cong U\times G$ であって，条件
$$\pi(ug)=\pi(u),\quad \varphi(ug)=\varphi(u)g\quad (u\in\pi^{-1}(U),\ g\in G)$$
がみたされているとする．このとき (P,π,M,G) は主 G バンドルとなることがわかる．これを主バンドルの定義としてもよい．

つぎの命題は主バンドルが持っている簡明な性質の一つの例である．

命題 6.7 主バンドルが自明になるための必要十分条件は，それが切断を持つことである．

[証明] $\xi=(P,\pi,M,G)$ を主 G バンドルとする．ξ が自明であれば切断を持つのは当然である．逆に，切断 $s\colon M\to P$ が存在すれば ξ は自明となることを示そう．命題 6.6 により G は P に右から自由に作用する．またこの作用の構成から，一つのファイバー $\pi^{-1}(p)$ $(p\in M)$ 上の任意の 2 点 $u,v\in \pi^{-1}(p)$ に対して，ただ一つの元 $g\in G$ が存在して $v=ug$ となることがわかる．そこで，写像 $\widetilde{f}\colon P\to M\times G$ をつぎのように定義する．すなわち，任意

の点 $u \in P$ に対し $s(\pi(u))$ を考えれば，2点 $u, s(\pi(u))$ は同じファイバー上にある．したがって $u = s(\pi(u))g$ となる $g \in G$ がただ一つ定まる．このとき $\tilde{f}(u) = (\pi(u), g)$ とおくのである．$\tilde{f}$ が主バンドルとしての同型を与えていることは，簡単に確かめられる． ∎

例 6.8 $\pi: P \to M$ を主 G バンドルとする．このとき，射影による誘導バンドル $\pi^* P \to P$ は自明である．実際 $P \ni u \mapsto (u, u) \in \pi^* P$ は切断となる（演習問題 6.2 参照）． □

(d) ファイバーバンドルの分類と特性類

一般に与えられた二つの C^∞ 多様体 F, B に対して，B 上の F をファイバーとするファイバーバンドルの同型類をすべて決定せよ，というのは基本的に重要な問題である．しかしそれは一般にはきわめて難しい問題である．任意の B に対して完全な答えが与えられているのは，つぎの項で考察する $F = S^1$ の場合を含む二，三の例にすぎない．そこでは定理 6.22 で示すように，S^1 バンドルの特性類である Euler 類が完全な不変量となるのである．いま特性類という言葉を用いたが，ここで一般の F に対して，F をファイバーとするファイバーバンドルの特性類を定義しておこう．

定義 6.9 A を Abel 群とする．F をファイバーとする任意のファイバーバンドル $\xi = (E, \pi, B, F)$ に対し，その底空間の A を係数とするコホモロジー群の元 $\alpha(\xi) \in H^k(B; A)$ が定義され，それがつぎの意味でバンドル写像に関して自然であるとき，$\alpha(\xi)$ を F バンドルの（A 係数の k 次の）**特性類** (characteristic class) という．ここでバンドル写像に関して自然であるとは，任意の二つの F バンドル $\xi_i = (E_i, \pi_i, B_i, F)$ ($i = 1, 2$) の間のバンドル写像

$$\begin{array}{ccc} E_1 & \xrightarrow{\tilde{f}} & E_2 \\ \pi_1 \downarrow & & \downarrow \pi_2 \\ B_1 & \xrightarrow{f} & B_2 \end{array}$$

に対して等式

$$\alpha(\xi_1) = f^*(\alpha(\xi_2))$$

が成立することをいう. □

定義から，同じ底空間の上の互いに同型な F バンドルの特性類は一致することがわかる. したがって特性類は，ファイバーバンドルを分類する際に重要な役割を果たすことが期待される. ところが残念ながら，一般の F バンドルに対してその特性類を定義することは非常に難しい. この困難さは，Diff F が本質的に無限次元であることに由来するものである.

しかし一方で，構造群を Lie 群 G に制限すれば，ファイバーバンドルの分類問題や特性類の構成に関して，比較的に満足できる理論が得られている. 第 5 章に記したベクトルバンドルの特性類(Pontrjagin 類や Chern 類)はその典型的な例である. 初めにも述べたように，この章では一般の Lie 群を構造群とするファイバーバンドルの特性類の理論を，微分形式を用いる方法により記述していくことになる.

ここでファイバーバンドルの分類空間について簡単にふれておこう. それは本書のテーマとはやや離れたものであるが，その存在を知っているだけでも意味があると思われる. G を Lie 群とする(実際には Diff F も含めた一般の位相群でよい). このとき，**普遍 G バンドル**(universal G-bundle)と呼ばれる主 G バンドル $\pi: EG \to BG$ が存在して，つぎの事実が成立する.

定理 6.10 M を C^∞ 多様体とし，ξ を M 上の任意の主 G バンドルとする. このとき，ある微分可能な写像 $f: M \to BG$ がホモトピーの意味で一意的に存在して，f による普遍 G バンドルの引き戻しが ξ と同型になる. したがって，引き戻しの定義する自然な 1 対 1 対応

$$M \text{ 上の主 } G \text{ バンドルの同型類全体} \cong [M, BG]$$

が存在することになる. ここで $[M, BG]$ は M から BG への写像のホモトピー類全体を表わす. □

上記の BG のことを G の**分類空間**(classifying space)という. 実は BG や EG は(普通の多様体ではなく)"無限次元の多様体"となるのであるが，ここではこれ以上立ち入らないことにする. ただ最後に主 G バンドルの特性類とは，分類空間 BG のコホモロジー群の元に他ならないことを指摘しておこう.

(e) ファイバーバンドルの例

例 6.11(ベクトルバンドル) n 次元実ベクトルバンドルは $\mathbb{R}^n$ をファイバー,$GL(n;\mathbb{R})$ を構造群とするファイバーバンドルである.同様に,n 次元複素ベクトルバンドルは $\mathbb{C}^n$ をファイバー,$GL(n;\mathbb{C})$ を構造群とするファイバーバンドルである.ベクトルバンドルに計量を入れた場合は,構造群はそれぞれ $O(n), U(n)$ にすることができる. □

例 6.12(C^∞ 多様体の接枠バンドル) M を n 次元 C^∞ 多様体とする.M 上の点 p における接空間 T_pM の順序付けられた基底 $[v_1, \cdots, v_n]$ を,p における枠(frame)という.p における枠全体の集合を F_p と書こう.そして M 上の各点における枠全部を集めた空間

$$F(M) = \bigcup_{p \in M} F_p$$

を考える.この F_p には一般線形群 $GL(n;\mathbb{R})$ がつぎのようにして右から作用する:

$$F_p \times GL(n;\mathbb{R}) \longrightarrow F_p.$$

すなわち,枠 $u = [v_1, \cdots, v_n] \in F_p$ と正則行列 $g = (g_{ij}) \in GL(n;\mathbb{R})$ に対し,$w_i = \sum_j g_{ji} v_j$ とおき $ug = [w_1, \cdots, w_n]$ と定義するのである.容易にわかるように,$u_0 \in F_p$ を固定すれば任意の枠 $u \in F_p$ は一意的に定まる元 $g \in GL(n;\mathbb{R})$ により $u = u_0 g$ と書ける.とくにこの作用は自由であり軌道空間は1点になる.$GL(n;\mathbb{R})$ の F_p への作用を p についてすべて集めれば,$F(M)$ への作用が得られる.この作用は自由でありその商空間は M になる.

自然な射影 $\pi: F(M) \to M$ が点 p における任意の枠を p に移すことにより定義される.接バンドル TM の場合と同じようにして,$F(M)$ が自然に C^∞ 多様体になることがわかる.すなわち,$(U; x_1, \cdots, x_n)$ を M の局所座標系とし,点 $p \in U$ における枠 $u = [v_1, \cdots, v_n]$ に対し各接ベクトル $v_i \in T_pM$ を

$$v_i = \sum_j g_{ji} \frac{\partial}{\partial x_j}$$

と表示する.このとき写像

$$\pi^{-1}(U) \longrightarrow U \times GL(n;\mathbb{R})$$

を対応 $F_p \ni u \mapsto (p,(g_{ij})) \in U \times GL(n;\mathbb{R})$ により定義すれば，これは明らかに1対1の対応になる．以上のことを使えば，$\pi\colon F(M) \to M$ が $GL(n;\mathbb{R})$ を構造群とする主バンドルになることが容易に確かめられる．これを M の**接枠バンドル**(tangent frame bundle)という．一言でいえば，接枠バンドルとは，接バンドルに同伴する主バンドルである．

M に Riemann 計量が入っている場合には，正規直交枠だけを考えることにより $O(n)$ を構造群とする主バンドルが得られる．また M が向き付けられているときには，正の向きの正規直交枠を考えることにより $SO(n)$ を構造群とする主バンドルが得られる．

多様体の接バンドルに限らず，以上の考察を一般のベクトルバンドルに対して行なえば，ベクトルバンドルの同伴主バンドルが得られる． □

例 6.13（被覆多様体）　多様体の被覆写像 $\pi\colon N \to M$（§1.5(d)参照）は，0次元の多様体をファイバーとするファイバーバンドルとなる．とくに普遍被覆 $\pi\colon \widetilde{M} \to M$ は，$\pi_1 M$ を構造群とする主バンドルと考えることができる．ここで $\pi_1 M$ は離散位相を入れた0次元の Lie 群として $\widetilde{M}$ に被覆変換群として C^∞ 級に作用する． □

§6.2　S^1 バンドルと Euler 類

つぎの節から，一般の主バンドルに対する特性類の理論の解説を始めるのであるが，その前にすべての特性類の原点ともいえる S^1 バンドルの Euler 類について，詳しく記しておこう．特性類に関する基本的な考え方はすべてここにあるといっても過言ではない．

(a)　S^1 バンドル

定義 6.14　S^1 をファイバーとするファイバーバンドルを S^1 バンドルと呼ぶ．S^1 バンドルの各ファイバーの上に向きを与え，それらが局所的には一定の方向を向いているようにできるとき，その S^1 バンドルは向き付け可能

という．また，向きを一つ指定した S^1 バンドルを，向き付けられた S^1 バンドルという．

S^1 バンドルの構造群は S^1 の微分同相群 $\mathrm{Diff}\,S^1$ であり，向き付けられた S^1 バンドルの構造群は S^1 の向きを保つ微分同相全体の作る部分群 $\mathrm{Diff}_+ S^1$ である．向き付け不可能な S^1 バンドルの例としては，円柱 $S^1 \times I$ の両端を向きを逆にする微分同相で張り合わせて得られる Klein の壺がある．また，とくに重要な向き付けられた S^1 バンドルの例として，主 S^1 バンドルがある．ここで S^1 は，絶対値 1 の複素数全体の作る Lie 群すなわち $U(1)$，あるいは平面上の原点を中心とする回転全体の作る Lie 群すなわち $SO(2)$ と同一視している．

命題 6.15 すべての向き付けられた S^1 バンドルは，主 S^1 バンドルの構造を持つ．

［証明］ $\pi: E \to B$ を向き付けられた S^1 バンドルとしよう．全空間 E に Riemann 計量を入れれば，それは各ファイバーに計量を定義し，したがってファイバーに沿う長さが定義される．各点 $b \in B$ 上のファイバー $E_b = \pi^{-1}(b)$ の長さを ℓ_b と書こう．このとき S^1 の E への右作用

$$E \times S^1 \ni (u, z) \longmapsto uz \in E \quad (z \in S^1)$$

をつぎのように定義する．すなわち $\pi(u) = b$, $z = e^{i\theta}$ とするとき，u から E_b 上を与えられた向きに長さ $\dfrac{\theta}{2\pi}\ell_b$ だけ進んだ点を uz とするのである．この作用が主 S^1 バンドルの構造を定義することは簡単に確かめられる． ∎

命題 6.16 向き付けられた S^1 バンドルが自明である必要十分条件は，それが切断を持つことである．

［証明］ 命題 6.15 と命題 6.7 から従う． ∎

(b)　S^1 バンドルの Euler 類

命題 6.16 をもとに，与えられた S^1 バンドル $\xi = (P, \pi, M, S^1)$ が自明かどうかを調べるために，その切断を構成することを試みよう．そのために底空間 M の C^∞ 三角形分割 $t: |K| \to M$ を考える．ファイバーバンドルの一般論から，可縮な底空間上のファイバーバンドルはつねに自明になることが知ら

れている.したがって,ξ を K の任意の単体へ制限したものは自明である.
この事実は一般論を使わなくても,K を十分細かく細分して,その各単体が
ξ の局所自明化を与える M の開被覆に属するある開集合に含まれるようにす
ることにより,了解できるだろう.そこでまず K の各頂点 v において,その
上のファイバーから任意の点を選び,それを $s(v) \in P_v$ とする.つぎに K の
各 1 単体 $|v_0 v_1|$ に対して,自明化 $\pi^{-1}(|v_0 v_1|) \cong |v_0 v_1| \times S^1$ を使うことにより,
$|v_0 v_1|$ の両端では先ほどのものと一致するような切断 $s\colon |v_0 v_1| \to \pi^{-1}(|v_0 v_1|) \subset P$ を定める.こうして K の 1 切片 (1 skeleton),すなわち,すべての 0 単体
と 1 単体の合併集合上で定義された切断 s が得られる(図 6.1 参照).以後,
単体複体 K の 1 切片を K^1 と記すことにする.

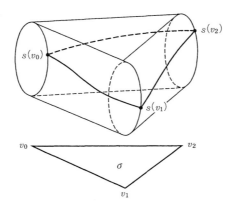

図 6.1　切断 s の構成

さて $\sigma = \langle v_0 v_1 v_2 \rangle$ を K の向き付けられた 2 単体とし,自明化
$$\varphi_\sigma \colon \pi^{-1}(\sigma) \cong \sigma \times S^1$$
を一つ選ぶ.第 3 章の記法に従えば,厳密には $\varphi_\sigma \colon \pi^{-1}(|\sigma|) \cong |\sigma| \times S^1$ と書
くべきであるが,$|\sigma|$ の代わりに単に σ と書くことにする.$\langle \sigma \rangle$ についても同
様に単に σ と記す.このほうがすっきりして,むしろ混乱のおそれは少ない
であろう.σ の境界 $\partial \sigma$ 上にはすでに切断 $s\colon \partial \sigma \to \pi^{-1}(\sigma)$ が定義されている
ので,それと上記の自明化 φ_σ を合成することにより,写像

$$s_\sigma : \partial\sigma \longrightarrow \pi^{-1}(\sigma) \stackrel{\varphi_\sigma}{\cong} \sigma \times S^1$$

が得られる．σ には向きが指定されているので，その境界 $\partial\sigma$ はホモトピーの意味で一意的に S^1 と同一視できる．したがって上記の写像 s_σ と，第二成分への射影 $\sigma \times S^1 \to S^1$ を合成することにより，S^1 からそれ自身への写像

$$\bar{s}_\sigma : \partial\sigma = S^1 \xrightarrow{s_\sigma} \sigma \times S^1 \longrightarrow S^1$$

が定義される．この写像の写像度（§3.5(d)参照）を $\deg \bar{s}_\sigma \in \mathbb{Z}$ としよう．もし $\deg \bar{s}_\sigma = 0$ ならば，切断 s を σ 全体の上に拡張することができる．

補題 6.17 対応

$$K \text{ の向き付けられた 2 単体 } \sigma \longmapsto \deg \bar{s}_\sigma$$

は K の 2 コチェイン $c_s \in C^2(K;\mathbb{Z})$ を定義するが，実はこれはコサイクルである．すなわち $\delta c_s = 0$ である．

［証明］ K の任意の向き付けられた 3 単体 τ に対して，$c_s(\partial\tau) = 0$ となることを示せばよいが，このことは図 6.2 から明らかであろう．

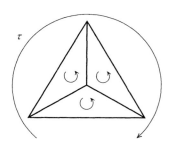

図 6.2 τ の 1 切片から S^1 への写像の写像度の総和は 0

つぎに s' を K の 1 切片 K^1 上の ξ の別の切断とし，$c_{s'} \in Z^2(K;\mathbb{Z})$ を対応する 2 コサイクルとしよう．このときつぎが成立する．

補題 6.18 c_s と $c_{s'}$ は互いにコホモローグである．

［証明］ K の 1 コチェイン $d \in C^1(K;\mathbb{Z})$ をつぎのように定義する．まず K の任意の頂点 v に対して，その上のファイバー P_v 上にある 2 点 $s(v), s'(v)$ を P_v 内で結ぶ向き付けられた道 ℓ_v を選ぶ．たとえば $s(v)$ を出発して P_v の

与えられた向きの方向に進み $s'(v)$ に至る道を ℓ_v とすればよい．さて K の任意の向き付けられた 1 単体 $\kappa = \langle v_0 v_1 \rangle$ に対して，自明化 $\varphi_\kappa : \pi^{-1}(\kappa) \cong \kappa \times S^1$ を選び，それと第二成分への射影 $\kappa \times S^1 \to S^1$ との合成写像

$$t_\kappa : \pi^{-1}(\kappa) \stackrel{\varphi_\kappa}{\cong} \kappa \times S^1 \longrightarrow S^1$$

を考える．さて $\pi^{-1}(\kappa)$ の中の向き付けられた道 $\ell_{v_0} \cdot s'(\kappa) \cdot \ell_{v_1}^{-1} \cdot s(\kappa)^{-1}$ を ℓ_κ と書こう（図 6.3 参照）．ここで $\cdot$ は道の合成を表わし，向き付けられた道の後の記号 $^{-1}$ は，その道を逆にたどる道を表わすものとする．

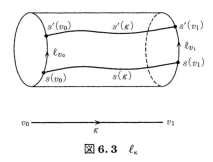

図 6.3 ℓ_κ

このとき ℓ_κ はホモトピーの意味で自然に S^1 と同一視できるので，写像 $t_\kappa : \ell_\kappa \to S^1$ の写像度が定まる．そこで 1 コチェイン d を

$$d(\kappa) = \deg t_\kappa$$

とおくことにより定義する．このとき簡単な考察から，K の任意の向き付けられた 2 単体 σ に対して，$c_{s'}(\sigma) = c_s(\sigma) + d(\partial \sigma)$ となることが確かめられる．したがって

$$c_{s'} - c_s = \delta d$$

となり，証明が終わる． ∎

補題 6.18 の証明を少し変えることにより，つぎの補題が証明できる．詳細は演習問題 6.4 とする．

補題 6.19 s を S^1 バンドル ξ の K^1 上の切断とし，$c_s \in Z^2(K; \mathbb{Z})$ を対応する 2 コサイクルとする．このとき c_s とコホモローグな任意の 2 コサイクル $c \in Z^2(K; \mathbb{Z})$ に対して，$c_{s'} = c$ となるような K^1 上の切断 s' が存在する． □

さて補題 6.17 により，c_s は K の 2 コサイクルであるから，それの表わすコホモロジー類 $[c_s] \in H^2(K; \mathbb{Z}) = H^2(M; \mathbb{Z})$ が定義される．また補題 6.18 により，このコホモロジー類は切断 s のとり方によらないので，与えられた S^1 バンドル ξ のみによって定まることになりそうである．ところが厳密にいうとまだ問題がある．すなわち，我々は M の C^∞ 三角形分割 $t: |K| \to M$ を一つ固定して議論してきたが，それはもちろん一意的ではない．しかしこの問題は，C^∞ 三角形分割のつぎの意味での一意性を使えば，簡単に解決することができる．すなわち，与えられた C^∞ 多様体の任意の二つの C^∞ 三角形分割は C^∞ 三角形分割による共通の細分を持つことが，S. S. Cairns と J. H. C. Whitehead によって，C^∞ 三角形分割の存在と同時に証明されているのである (§3.1 定理 3.3 参照)．

そこで今の場合，L を(Euclid)単体複体 K の細分となっているような単体複体としよう．すなわち，L の定める多面体 $|L|$ は $|K|$ と一致し，さらに L の任意の単体 σ に対して，K のある単体 τ が存在して $\sigma \subset \tau$ となっているものとする．このとき $t: |L| = |K| \to M$ は，M の C^∞ 三角形分割となる．以上の状況においてつぎが成立する．

補題 6.20 K の 1 切片上定義された ξ の切断 s を，L の 1 切片上の切断に任意に拡張したものを $\tilde{s}$ としよう．このとき，二つのコホモロジー類 $[c_s] \in H^2(K; \mathbb{Z})$, $[c_{\tilde{s}}] \in H^2(L; \mathbb{Z})$ は，自然な同型対応 $H^*(K; \mathbb{Z}) \cong H^*(L; \mathbb{Z})$ のもとで一致する．

[証明] σ を K の任意の 2 単体とする．細分の定義により L の 2 単体 τ_i $(i = 1, \cdots, r)$ が存在して $\sigma = \bigcup_i \tau_i$ となる．σ に一つ向きを指定すれば，それは各 τ_i の向きを誘導する．さて自然な同型 $H^*(K; \mathbb{Z}) \cong H^*(L; \mathbb{Z})$ は，対応

$$C_2(K; \mathbb{Z}) \ni \sigma \longmapsto \sum_{i=1}^{r} \tau_i \in C_2(L; \mathbb{Z})$$

の定義するチェイン写像 $C_*(K; \mathbb{Z}) \to C_*(L; \mathbb{Z})$ により誘導される (図 6.4)．

一方，コサイクル $c_s, c_{\tilde{s}}$ の定義と図 6.4 から容易に

$$c_s(\sigma) = \sum_{i=1}^{r} c_{\tilde{s}}(\tau_i)$$

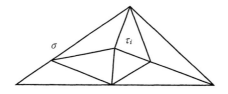

図 6.4 σ の分割

となることが確かめられる.補題の主張は,これからただちにしたがう. ∎

以上の議論により,コホモロジー類 $[c_s] \in H^2(M; \mathbb{Z})$ は M の三角形分割の とり方にもよらずに定まることがわかった.

定義 6.21 S^1 バンドル $\xi = (P, \pi, M, S^1)$ に対して,上記のようにして定義されるコホモロジー類を

$$e(\xi) \in H^2(M; \mathbb{Z})$$

と書き,これを ξ の **Euler 類**(Euler class)という. □

(c) S^1 バンドルの分類

つぎの定理は前項で定義した Euler 類が,向き付けられた S^1 バンドルを分類する上で完全な不変量であることを示している.ここで S^1 バンドルの構造群としては $\mathrm{Diff}_+ S^1$, $U(1)$ のいずれを考えても同じである.

定理 6.22 Euler 類は向き付けられた S^1 バンドルの特性類である.すなわち $\xi_i = (P_i, \pi_i, M_i, S^1)$ $(i = 1, 2)$ を二つの向き付けられた S^1 バンドルとし,それらの間にバンドル写像

$$\begin{array}{ccc} P_1 & \xrightarrow{\tilde{f}} & P_2 \\ \pi_1 \downarrow & & \downarrow \pi_2 \\ M_1 & \xrightarrow{f} & M_2 \end{array}$$

が存在するときに,等式 $f^*(e(\xi_2)) = e(\xi_1)$ が成立する.とくに,互いに同型な S^1 バンドルの Euler 類は一致する.さらに,任意の C^∞ 多様体 M に対して,対応

(6.2) $\{M$ 上の S^1 バンドルの同型類$\} \ni \xi \longmapsto e(\xi) \in H^2(M; \mathbb{Z})$

は1対1上への対応である．

[証明] まず前半の，Euler 類が S^1 バンドルの特性類であることを証明しよう．$t_i: |K_i| \to M_i$ $(i=1,2)$ を底空間 M_i の三角形分割とする．s を K_2 の1切片上の ξ_2 の切断，$c_s \in Z^2(K_2; \mathbb{Z})$ を対応する2コサイクルとする．したがって $[c_s] = e(\xi_2) \in H^2(M_2; \mathbb{Z})$ である．さて単体複体のホモロジー論でよく知られているように，K_1 の十分細かい細分 L をとれば，写像 $f: M_1 \to M_2$ とホモトープな単体写像 $g: |L| \to |K_2|$ が存在する．ここで g が単体写像であるとは，L の任意の単体を K_2 のある単体にアフィン写像で移すような連続写像となっていることをいう．このとき K_2 の1切片上の ξ_2 の切断 s を，単体写像 g によって引き戻すことにより，L の1切片上の ξ_1 の切断 g^*s が定義される．すなわち $\tilde{g}: P_1 \to P_2$ を，g 上のバンドル写像とするとき，L の1切片上の任意の点 $p \in M_1$ に対して，$\tilde{g}(g^*s(p)) = s(g(p))$ となるようなものである．このとき明らかに，L の任意の向き付けられた2単体 σ に対して
$$c_{g^*s}(\sigma) = c_s(g_*(\sigma))$$
となる．すなわち $c_{g^*s} = g^*(c_s)$ である．したがって $e(\xi_1) = [c_{g^*s}] = g^*([c_s]) = g^*(e(\xi_2))$ となり，たしかに Euler 類が S^1 バンドルの特性類であることが示された．

つぎに定理の後半を証明する．まず対応 (6.2) が単射であること，すなわち同じ底空間上の Euler 類が等しい二つの S^1 バンドルは互いに同型であることを示そう．そこで $\xi_i = (P_i, \pi_i, M, S^1)$ $(i=1,2)$ を M 上の二つの S^1 バンドルで，$e(\xi_1) = e(\xi_2)$ となるものと仮定しよう．命題 6.15 により，ξ_i は主 S^1 バンドルであるとしてよい．$t: |K| \to M$ を M の C^∞ 三角形分割とし，s_i $(i=1,2)$ を K の1切片上の ξ_i の切断とする．仮定により，s_i の定める2コサイクル c_{s_1}, c_{s_2} は互いにコホモローグである．したがって補題 6.19 により，s_1 あるいは s_2 をうまく取り替えることにより，初めから $c_{s_1} = c_{s_2}$ としてよい．さて，まず K の1切片 K^1 上の同型写像
$$\xi_1|_{K^1} \cong \xi_2|_{K^1}$$
が，対応 $\pi_1^{-1}(|K^1|) \ni s_1(p)z \mapsto s_2(p)z \in \pi_2^{-1}(|K^1|)$ $(p \in |K^1|, z \in S^1)$ により定義される（図 6.5）．K の任意の向き付けられた2単体 σ に対して $c_{s_1}(\sigma) =$

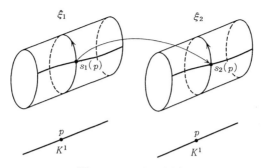

図 6.5 K^1 上の同型

$c_{s_2}(\sigma)$ であるから，σ の境界上のバンドル同型 $\xi_1|_{\partial\sigma} \cong \xi_2|_{\partial\sigma}$ は，σ 全体上の同型写像 $\xi_1|_\sigma \cong \xi_2|_\sigma$ に拡張できることがわかる．ここでは，二つの写像 $f_i: S^1 \to S^1$ $(i=1,2)$ がホモトープであるための必要十分条件は $\deg f_1 = \deg f_2$ となることである，というよく知られた事実が用いられる．つぎに τ を任意の向き付けられた 3 単体としよう．τ の境界上では同型写像 $\varphi: \xi_1|_{\partial\tau} \cong \xi_2|_{\partial\tau}$ が構成されている．これを τ の内部に拡張することを考える．τ 上の ξ_i の局所自明化により，$\pi_i^{-1}(\tau)$ を $\tau \times S^1$ と同一視すれば，図式

$$\begin{array}{ccc} \pi_1^{-1}(\tau) \cong \tau \times S^1 & \xrightarrow{\tilde{\varphi}} & \pi_2^{-1}(\tau) \cong \tau \times S^1 \\ \cup & & \cup \\ \partial\tau \times S^1 & \underset{\cong}{\overset{\varphi}{\longrightarrow}} & \partial\tau \times S^1 \end{array}$$

が可換になるように同型 $\tilde{\varphi}$ が構成できればよい．τ には向きが与えられているので，対 $(\tau, \partial\tau)$ は (D^3, S^2) と同一視できる．さて写像 $h: \partial\tau = S^2 \to S^1$ を $\varphi(p, 1) = (p, h(p))$ $(p \in S^2,\ 1 \in S^1)$ により定義しよう．S^1 の 2 次元ホモトピー群 $\pi_2(S^1)$ は 0 であること，すなわち任意の連続写像 $S^2 \to S^1$ は D^3 から S^1 への連続写像として拡張できることが知られている．この事実は 2 次元ホモトピー群のことを知らなくても，S^2 が単連結であることと S^1 の普遍被覆が $\mathbb{R}$ であることを使えば簡単に証明できる．したがって $\tilde{h}|_{S^2} = h$ となるような写像 $\tilde{h}: D^3 \to S^1$ が存在する．そこで $\tilde{\varphi}(p, z) = (p, \tilde{h}(p)z)$ $(p \in D^3,\ z \in S^1)$ とおけば，これが求める同型を与える．

$\pi_\ell(S^1) = 0$ $(\ell \geqq 2)$ であることを使って上と同様の議論をすれば，任意の ℓ

に対して K の $\ell+1$ 切片上で ξ_1 と ξ_2 とが同型となることになり，結局 $\xi_1 \cong \xi_2$ が示される．

最後に対応 (6.2) が全射であることを示そう．$x \in H^2(M; \mathbb{Z})$ を任意の元とし，x を表わす 2 コサイクル $c \in Z^2(K; \mathbb{Z})$ を選ぶ．まず K の 1 切片上の積バンドル $|K^1| \times S^1$ から出発する．K の各向き付けられた 2 単体 σ に対して，その境界 $\partial\sigma$ を S^1 と同一視する．そして同型写像
$$\partial\sigma \times S^1 = S^1 \times S^1 \ni (w, z) \longmapsto (w, w^{-c(\sigma)}z) \in \partial\sigma \times S^1 \subset |K^1| \times S^1$$
によって $\sigma \times S^1$ を $|K^1| \times S^1$ に張り合わせる．すべての 2 単体に対してこの操作を行なうことにより，K の 2 切片 K^2 上の S^1 バンドルが得られる．つぎに τ を向き付けられた 3 単体とする．$\partial\tau$ 上にはすでに S^1 バンドルが得られているが，c がコサイクルであることから，上記の対応 (6.2) の単射性の証明を見ればわかるように，このバンドルは自明である．したがってその自明化を用いて $\tau \times S^1$ を張り合わせることができる．こうして K^3 上の S^1 バンドルが得られる．向き付けられた 4 単体 ρ に対しては，$\partial\rho \cong S^3$ 上の S^1 バンドルが構成されているが，$H^2(S^3; \mathbb{Z}) = 0$ であるから再び単射性の証明からこのバンドルは自明となる．以下この議論を続ければ，結局 M 上の S^1 バンドルが得られ，構成からその Euler 類は与えられた元 $x \in H^2(M; \mathbb{Z})$ に等しくなっている．

我々は微分可能なカテゴリーで S^1 バンドルを考えている．したがって厳密には，上記の議論を各 ℓ 切片 K^ℓ の代わりにその適当な開近傍をとるなどして多少修正する必要がある．しかしそれは単に技術的なことであり，ここではこれ以上立ち入らないことにする．∎

(d) 微分形式による S^1 バンドルの Euler 類の定義

この項の内容は，§6.3 以降で詳しく解説する一般論の特別の場合であるが，よい予行演習になるものと思う．

$\theta_0 \in A^1(S^1)$ を Lie 群 $S^1 = U(1)$ 上の左不変な 1 形式で $\int_{S^1} \theta_0 = 2\pi$ となるものとする．すなわち極座標を使えば $\theta_0 = d\theta$ である．$\xi = (P, \pi, M, S^1)$ を C^∞ 多様体 M 上の主 S^1 バンドルとする．M 上の点 p に対し，$i_p \colon S^1 \cong \pi^{-1}(p) \subset$

P を p 上のファイバーと S^1 との同一視とする.i_p は S^1 の回転の任意性を除いて一意的に定まる.S^1 の任意の元 z に対し,$R_z: P \to P$ を z の P への右からの作用,すなわち $R_z(u) = uz$ $(z \in S^1, u \in P)$ とする.

定義 6.23 主 S^1 バンドル ξ の全空間 P 上の 1 形式 ω は,二つの条件
 (i) 任意の $p \in M$ に対して,$i_p^* \omega = \theta_0$,
 (ii) 任意の $z \in S^1$ に対して,$R_z^* \omega = \omega$
をみたしているとき,**接続形式**(connection form)と呼ぶ. □

接続形式 ω が与えられると,各点 $u \in P$ において $\operatorname{Ker} \omega_u = \{X \in T_u P; \omega_u(X) = 0\}$ とおけば,$\operatorname{Ker} \omega_u$ は u における水平方向の接ベクトル全体を集めたものといえる(図 6.6).

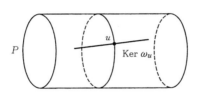

図 6.6 水平方向の接ベクトル

命題 6.24 任意の主 S^1 バンドルには接続形式が存在する.

[証明] $\{U_\alpha\}_\alpha$ を底空間 M の開被覆で,各 α について局所自明化 $\varphi_\alpha: \pi^{-1}(U_\alpha) \cong U_\alpha \times S^1$ が存在するものとする.$q: U_\alpha \times S^1 \to S^1$ を第二成分への射影とすれば,$(q \circ \varphi_\alpha)^* \theta_0$ は自明なバンドル $\pi^{-1}(U_\alpha)$ 上の接続形式となる.そこで上の開被覆に従属する 1 の分割 $\{f_\alpha\}_\alpha$ をとり

$$\omega = \sum_\alpha (f_\alpha \circ \pi)(q \circ \varphi_\alpha)^* \theta_0$$

とおけば,これが二つの条件をみたすことが簡単に確かめられる. ∎

命題 6.25 主 S^1 バンドルに接続形式 ω を与えれば,底空間上にある 2 形式 $\Omega \in A^2(M)$ が一意的に存在して

$$d\omega = \pi^* \Omega$$

となる.

[証明] 局所的に考える．局所自明化 φ_α により，$\pi^{-1}(U_\alpha)$ を積バンドル $U_\alpha \times S^1$ と同一視するとき，接続形式の条件 (i) から，ω は

$$\sum_i f_i(x,\theta)dx_i + \theta_0$$

の形をしている．ここで $x = (x_1, \cdots, x_n)$, θ はそれぞれ U_α, S^1 の座標関数である．つぎに ω が S^1 の作用に関して不変である（接続形式の条件 (ii)）ことから，f_i は θ によらないことになり $f_i(x,\theta) = f_i(x)$ と書ける．したがって $d\omega$ は $\pi^{-1}(U_\alpha)$ 上では

(6.3) $$\sum_{i,j} \frac{\partial f_i}{\partial x_j} dx_j \wedge dx_i$$

と書けることになるが，この 2 形式はその形から底空間 U_α 上の 2 形式である．射影 $\pi: P \to M$ は明らかに沈め込みであり，したがって $\pi^*: A^*(M) \to A^*(P)$ は単射であることがわかる（演習問題 2.6）．このことから，各 α に対する U_α 上の 2 形式 (6.3) は，M 全体で定義された 2 形式 $\Omega \in A^2(M)$ となり，等式 $d\omega = \pi^*\Omega$ が成立することになる． ■

命題 6.26 上のようにして得られる M 上の 2 形式 Ω は閉形式である．さらに，その de Rham コホモロジー類 $[\Omega] \in H^2_{DR}(M)$ は，接続形式の選び方によらずに定まる．

[証明] 等式 $d\omega = \pi^*\Omega$ の両辺を外微分することにより $\pi^*d\Omega = 0$ となることがわかるが，π^* は単射であるから $d\Omega = 0$ となり，前半が証明される.

後半を示すために ω' を別の接続形式としよう．このとき，ある 1 形式 $\tau \in A^1(M)$ が存在して

$$\omega' = \omega + \pi^*\tau$$

となることがわかる．というのは，命題 6.25 の証明のように接続形式は局所的に

$$\omega = \sum_i f_i(x)dx_i + \theta_0,$$
$$\omega' = \sum_i g_i(x)dx_i + \theta_0$$

と書ける．したがって
$$\omega' - \omega = \sum_i (g_i(x) - f_i(x)) dx_i$$
となるが，これは明らかに U_α 上の1形式である．そして上記とまったく同じ議論により，これら1形式が M 上の1形式 τ を定め，$\omega' - \omega = \pi^* \tau$ となることがわかる．さてこのとき
$$d\omega = \pi^* \Omega, \quad d\omega' = \pi^* \Omega'$$
とすれば
$$\pi^*(\Omega' - \Omega) = d\omega' - d\omega = \pi^* d\tau$$
となる．再び π^* の単射性から
$$\Omega' - \Omega = d\tau$$
が得られ，結局 $[\Omega'] = [\Omega] \in H_{DR}^2(M)$ となり，証明が終わる．∎

定義 6.27 主 S^1 バンドル ξ 上の接続形式 ω から，上のようにして定まる底空間 M 上の2形式 Ω を，**曲率形式**(curvature form)という．また，de Rham コホモロジー類
$$-\frac{1}{2\pi}[\Omega] \in H_{DR}^2(M)$$
を ξ の実 Euler 類と呼び，$e_\mathbb{R}(\xi)$ と記すことにする． □

つぎの定理は Euler 類の二つの定義，すなわち切断を用いて位相的に定義されたものと，微分形式によるものとが本質的に一致していることを示すものである．

定理 6.28 主 S^1 バンドル ξ に対して
$$e_\mathbb{R}(\xi) = e(\xi) \otimes \mathbb{R} \in H^2(M; \mathbb{R})$$
となる．

[証明] 三角形分割 $t: |K| \to M$ により，M と $|K|$ を同一視する．まず前項の初めにあるようにして，K の1切片 $|K^1|$ (のある開近傍上)に切断 s を構成する．これにより自明化 $\xi|_{|K^1|} \cong |K^1| \times S^1$ が定義され，それは ξ の $|K^1|$ 上の接続形式を定める．これを全体で定義された接続形式に任意に拡張し，それを ω としよう．このようなことが可能なことは，命題 6.24 の証明にあ

るような1の分割を使った議論により示すことができる.

さて σ を K の任意の向き付けられた2単体としよう. 再び前項の初めにあるように, 自明化
$$\varphi_\sigma : \pi^{-1}(\sigma) \cong \sigma \times S^1$$
を選べば, 切断 s は $\partial\sigma$ 上では
$$s_\sigma : \partial\sigma \ni p \longmapsto (p, \bar{s}_\sigma(p)) \in \partial\sigma \times S^1$$
と書くことができる. ここに $\bar{s}_\sigma : \partial\sigma = S^1 \to S^1$ である. $c_s(\sigma) = \deg \bar{s}_\sigma$ とおけばこれは2コサイクルとなり, $e(\xi) = [c_s] \in H^2(M;\mathbb{Z})$ と定義されるのであった.

さて
$$\psi : \partial\sigma \times S^1 \longrightarrow \partial\sigma \times S^1$$
を s による自明化, すなわち $\psi(p,z) = (p, \bar{s}_\sigma(p)z)$ $(p \in \partial\sigma, z \in S^1)$ と定義される同型写像とする. このとき ω の構成から

(6.4) $$\omega|_{N(\pi^{-1}(\partial\sigma))} = (\psi^{-1})^* \theta_0$$

となっている. ここで $N(\pi^{-1}(\partial\sigma))$ は $\pi^{-1}(\partial\sigma)$ の適当な開近傍を表わし, $\theta_0 = d\theta$ は S^1 上の不変な1形式である. 曲率形式の定義 $d\omega = \pi^*\Omega$ と $d\theta_0 = 0$ であることから
$$\Omega|_{N(\pi^{-1}(\partial\sigma))} \equiv 0$$
となる. すなわち Ω は $\partial\sigma$ の近くでは恒等的に0になっているのである. このとき
$$-\frac{1}{2\pi}\int_\sigma \Omega = -\frac{1}{2\pi}\Big(\frac{1}{2\pi}\int_{\sigma \times S^1} \pi^*\Omega \wedge \theta_0\Big)$$
$$= -\frac{1}{4\pi^2}\int_{\sigma \times S^1} d\omega \wedge \theta_0$$
$$= -\frac{1}{4\pi^2}\int_{\partial\sigma \times S^1} \omega \wedge \theta_0$$
となる. ここで最後の等式では, $d\omega \wedge \theta_0 = d(\omega \wedge \theta_0)$ となることと Stokes の定理3.6を使った. 一方, (6.4)から
$$-\frac{1}{4\pi^2}\int_{\partial\sigma \times S^1} \omega \wedge \theta_0 = -\frac{1}{4\pi^2}\int_{\partial\sigma \times S^1} (\psi^{-1})^* \theta_0 \wedge \theta_0$$

$$= -\deg \bar{s}_\sigma^{-1} = \deg \bar{s}_\sigma = c_s(\sigma)$$

となる．ここでは $\psi^{-1}(p, z) = (p, \bar{s}_\sigma^{-1}(p)z)$ $(p \in \partial\sigma, z \in S^1)$ であることを使った．以上により結局

$$e_\mathbb{R}(\xi) = e(\xi)$$

となり，証明が終わる． ∎

例 6.29 Hopf 写像 $h: S^3 \to S^2$ (§1.3 例 1.27) は，簡単に確かめられるように主 S^1 バンドルの構造を持つ (演習問題 6.1)．そこでこれを Hopf の S^1 バンドルともいう．

$$e(\text{Hopf の } S^1 \text{ バンドル}) = -1 \in H^2(S^2; \mathbb{Z}) = \mathbb{Z}$$

であることを見てみよう．ここで S^2 の向きは，同一視 $S^2 = \mathbb{C}P^1$ (演習問題 1.3) から自然に定まるものを与えるものとする．

$U_1 = \{[z_1, z_2]; z_1 \neq 0\}$, $U_2 = \{[z_1, z_2]; z_2 \neq 0\}$ とおけば，$S^2 = \mathbb{C}P^1 = U_1 \cup U_2$ となる．U_1 上の Hopf バンドルの自明化 $\varphi: h^{-1}(U_1) \cong U_1 \times S^1$ を，対応

(6.5) $$h^{-1}(U_1) \ni (z_1, z_2) \longmapsto \left([z_1, z_2], \frac{z_1}{|z_1|}\right)$$

により与える．つぎに U_2 上の切断 $s: U_2 \to h^{-1}(U_2)$ を

$$s([z, 1]) = \left(\frac{z}{\sqrt{1+|z|^2}}, \frac{1}{\sqrt{1+|z|^2}}\right) \quad ([z, 1] \in U_2)$$

と定義する．さて $D = \{[1, z] \in U_1; |z|^2 \leq 1\}$ とおくと，$\partial D \cong S^1 = \{z; |z| = 1\}$ と書ける．このとき，任意の $z \in S^1 = \partial D$ に対して

$$s(z) = s([1, z]) = s([z^{-1}, 1]) = \left(\frac{z^{-1}}{\sqrt{2}}, \frac{1}{\sqrt{2}}\right)$$

となる．したがって $\varphi \circ s = (\mathrm{id}, \bar{s})$ とすれば $\bar{s}(z) = z^{-1}$ となる．$\deg \bar{s} = -1$ であるから主張が証明されたことになる． □

$\pi: E \to M$ を向き付けられた 2 次元のベクトルバンドルとする．このとき §5.6 で Euler 類 $e(E) \in H^2(M; \mathbb{R})$ が定義された．一方 E に Riemann 計量を入れ $P = \{u \in E; \|u\| = 1\}$ とおけば，自然な射影 $\pi: P \to M$ は向き付けられた S^1 バンドルとなることが簡単にわかる．したがってやはり Euler 類が定義される．当然期待されるようにこの両者は一致する．このことの検証

は演習問題 6.5 とする．

(e) 第一障害類と球面バンドルの Euler 類

この項では，S^1 バンドルの Euler 類の定義を一般化して得られる第一障害類と呼ばれる特性類を簡単に紹介する．

F を C^∞ 多様体で $\ell-1$ 連結なものとする．すなわち $i=1,\cdots,\ell-1$ に対して $\pi_i F=0$ である．簡単のためここでは $\ell>1$ と仮定する．このとき，位相幾何学でよく知られた Hurewicz の定理により，$\pi_\ell F \cong H_\ell(F;\mathbb{Z})$ となる．F をファイバーとするファイバーバンドル $\xi=(E,\pi,B,F)$ は，各点 $b\in B$ において同型 $H_\ell(E_b;\mathbb{Z}) \cong H_\ell(F;\mathbb{Z})$ が定められており，それらがつぎの意味で局所的に同調しているとき**向き付けられた F バンドル**(oriented F-bundle)という．ここで局所的に同調しているとは，各点のある開近傍 U 上の自明化 $\varphi\colon \pi^{-1}(U) \cong U\times F$ が存在して，任意の点 $c\in U$ に対して合成写像
$$H_\ell(E_c;\mathbb{Z}) \longrightarrow H_\ell(\pi^{-1}(U);\mathbb{Z}) \longrightarrow H_\ell(U\times F;\mathbb{Z}) \longrightarrow H_\ell(F;\mathbb{Z})$$
が指定された同型に一致していることをいう．たとえば B が単連結であったり，または構造群が連結な F バンドルはすべて向き付け可能であることが容易にわかる．

さて向き付けられた F バンドル $\xi=(E,\pi,B,F)$ が与えられたとしよう．このとき，底空間の三角形分割 $t\colon |K|\to B$ をとり，それを足がかりに ξ の切断を構成することを考える．S^1 バンドルの場合と同様な議論で，K の ℓ 切片 K^ℓ 上の切断 s を作ることができる．K の任意の向き付けられた $\ell+1$ 単体 σ に対して，自明化 $\varphi_\sigma\colon \pi^{-1}(\sigma) \cong \sigma\times F$ を一つ選ぶ．σ の境界 $\partial\sigma$ 上にはすでに切断 s が定義されているので，それと φ_σ を合成すれば，写像
$$\bar{s}_\sigma\colon \partial\sigma = S^\ell \xrightarrow{\ s\ } \sigma\times F \longrightarrow F$$
が得られる．ここで最後の写像は射影である．この写像のホモトピー類を $[\bar{s}_\sigma]\in \pi_\ell F$ と書こう．このとき，対応
$$C_{\ell+1}(K;\mathbb{Z}) \ni \sigma \longmapsto [\bar{s}_\sigma] \in \pi_\ell F$$
はコサイクル $c\in Z^{\ell+1}(K;\pi_\ell F)$ を定めることがわかる．そしてつぎの定理が成り立つことが知られている．

定理 6.30 F を $\ell-1$ 連結な C^∞ 多様体とする．このとき，向き付けられた F バンドル $\xi = (E, \pi, B, F)$ に対して上記のようにして定義されるコサイクルの表わすコホモロジー類 $[c] \in H^{\ell+1}(M; \pi_\ell F)$ は，いろいろな選び方によらずに一意的に定まる．そしてそれは向き付けられた F バンドルの特性類となる． □

これを向き付けられた F バンドルの**第一障害類**(primary obstruction)という．とくに，向き付けられた S^{n-1} バンドル $\pi: E \to B$ の第一障害類

$$e(E) \in H^n(B; \mathbb{Z})$$

を **Euler 類**(Euler class)という．これが Euler 類の位相的な定義である．第5章で定義したベクトルバンドルの特性類である Pontrjagin 類や Chern 類についても，同伴する適当なファイバーバンドルの第一障害類としての位相的な定義があり，これは $\mathbb{Z}$ 係数で意味がある．

（f） 多様体上のベクトル場と Hopf の指数定理

§5.7(a) で Gauss–Bonnet の定理を証明した．それは，まず多様体の三角形分割を利用してよい性質を持ったベクトル場を構成し，つぎに接バンドルの接続をうまくとることにより Euler 形式をベクトル場の特異点のまわりに集約させ，最後にその積分の値を決定することによりなされた．この項では多様体上のベクトル場の一般の特異点を考察する．

X を n 次元 C^∞ 多様体 M 上のベクトル場とする．X の特異点 $q \in M$ は，q の十分近くの q 以外の点では X が 0 にならないとき**孤立特異点**(isolated singular point)であるという．このとき，q の十分小さな閉近傍 N と微分同相 $N \cong D^n$ を選び，それにより任意の点 $p \in N$ に対して T_pM を $\mathbb{R}^n$ と同一視する．そして $\pi: \mathbb{R}^n - \{0\} \to S^{n-1}$ を自然な射影として，写像

$$\pi \circ X: \partial N \cong S^{n-1} \longrightarrow \mathbb{R}^n - \{0\} \longrightarrow S^{n-1}$$

を考え，その写像度を使って

$$\mathrm{ind}(X, q) = \deg \pi \circ X \in \mathbb{Z}$$

とおく．この数が微分同相 $N \cong D^n$ のとり方によらずに定まることは，写像度の性質を使って簡単に確かめることができる．そこで，この数を X の q

における**指数**(index)と呼ぶ．このときつぎの **Hopf の指数定理**(Hopf index theorem)と呼ばれる定理が成立する．曲面に対しては Poincaré がすでにこのことを示しているので，Poincaré–Hopf の定理と呼ぶ場合もある．

定理 6.31（Hopf の指数定理） M を閉じた C^∞ 多様体とし，X を M 上のベクトル場でその特異点はすべて孤立しているものとする．このとき，孤立特異点の全体を S と書けば等式

$$\sum_{q \in S} \mathrm{ind}(X, q) = \chi(M)$$

が成り立つ．

［証明のスケッチ］　明らかに連結な M に対して証明すれば十分である．もし M が向き付け不可能の場合には，§4.4 の定理 4.21 の証明にあるような二重の被覆写像 $\widetilde{M} \to M$ を考えれば，$\chi(\widetilde{M}) = 2\chi(M)$ である．一方，M 上のベクトル場 X は自然に $\widetilde{M}$ 上のベクトル場 $\widetilde{X}$ を誘導するが，$\widetilde{S} = \pi^{-1}(S)$ とおけば明らかに

$$\sum_{\widetilde{q} \in \widetilde{S}} \mathrm{ind}(\widetilde{X}, \widetilde{q}) = 2 \sum_{q \in S} \mathrm{ind}(X, q)$$

となる．したがって，向き付けられた M に対して定理を証明すれば十分である．

M に Riemann 計量を入れ $T_1 M = \{X \in TM\,;\, \|X\| = 1\}$ とおけば，自然な射影

$$\pi : T_1 M \longrightarrow M$$

は向き付けられた S^{n-1} バンドルとなる．これを M の**単位球面バンドル**(unit sphere bundle)という．その Euler 類を

$$e(T_1 M) \in H^n(M; \mathbb{Z}) \cong \mathbb{Z}$$

としよう．証明すべき式は

$$\langle e(T_1 M), [M] \rangle = \chi(M)$$

である．さて X を M 上の孤立特異点のみを持つベクトル場とする．このとき，Euler 類の第一障害類としての定義からただちに

$$\langle e(T_1 M), [M] \rangle = \sum_{q \in S} \mathrm{ind}(X, q)$$

となる．したがって定理を示すためには，等式

$$\sum_{q \in S} \mathrm{ind}(X, q) = \chi(M)$$

が成立するようなベクトル場 X をただ一つ構成すれば十分である．このような X としては，この項の初めでも引用した Gauss–Bonnet の定理の証明の中の三角形分割を利用したベクトル場がとれる．というのは，この場合，X は K の各 i 次元の単体の重心に特異点を持っているが，そこでの指数は §5.7 の式(5.27)のベクトル場 Y_i（ただし $\mathbb{R}^n$ 上で考える）の原点における指数に等しい．ところが明らかに

$$\mathrm{ind}(Y_i, 0) = (-1)^i$$

となり，したがって

$$\sum_{q \in S} \mathrm{ind}(X, q) = \sum_{\sigma \in K} (-1)^{\dim \sigma} = \chi(M)$$

となるからである． ∎

§6.3 接　　続

(a) 一般のファイバーバンドルの接続

$\xi = (E, \pi, B, F)$ を C^∞ 多様体 F をファイバーとするファイバーバンドルとする．定義によって ξ は局所的には直積の形をしているが，全体としてはねじれている可能性がある．そのねじれを計る一つの手がかりを与えてくれるのが**接続**(connection)と呼ばれる考えである．

まず直積 $E = B \times F$ の場合を考えよう．この場合，任意の点 $u = (b, p) \in E$ における接空間 $T_u E$ は

$$T_u E = T_b B \oplus T_p F$$

のように底空間方向とファイバー方向との二つの部分空間の直和になっている．この直和分解に応じて，任意の接ベクトル $X \in T_u E$ は

$$X = X_{\mathrm{h}} + X_{\mathrm{v}} \quad (X_{\mathrm{h}} \in T_b B, \ X_{\mathrm{v}} \in T_p F)$$

のように分解される.ここで $X_{\mathrm{h}}, X_{\mathrm{v}}$ をそれぞれ X の水平成分,垂直成分と呼ぼう(図 6.7).

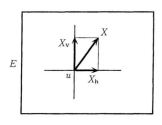

図 6.7 接ベクトルの分解

一般のファイバーバンドルの場合でも,ファイバーに接する接ベクトル,すなわち $T_u E$ の部分空間

$$V_u = T_u E_b \subset T_u E \quad (b = \pi(u), \ E_b = \pi^{-1}(b))$$

に属するベクトルを垂直なベクトルと呼ぶのは妥当であろう.しかし水平な接ベクトルというのは一般には定義されていない.これをいわば強引に与えてしまおうというのが接続の考えである.この強引さのつけが後に曲率として現われてくる.しかしその曲率からファイバーバンドルの大局的な不変量(すなわち特性類)が定義され,それによってバンドルのねじれの有無が判定されることになるのである.接続の定義を述べよう.

定義 6.32 $\xi = (E, \pi, B, F)$ を C^∞ 多様体 F をファイバーとするファイバーバンドルとする.E 上の各点 $u \in E$ において $T_u E$ の部分空間 H_u を対応させ,それが u について微分可能であり,かつファイバーに横断的であるとき,すなわち $T_u E = H_u \oplus V_u$ と直和に分解されるとき,ξ に**接続**が与えられたという. □

一般に C^∞ 多様体 M の各点 $p \in M$ において,その接空間 $T_p M$ の部分空間 D_p を対応させ,$\bigcup_p D_p$ が M の接バンドル TM の微分可能な部分バンドル

になっているとき，この対応(または部分バンドル $\bigcup_p D_p$)のことを M 上の分布(distribution)というのであった(§2.3(a))．この言葉を使えば，ファイバーバンドルの接続とは，その全空間の分布であって，各ファイバーに横断的なものということができる．

命題 6.33 任意のファイバーバンドルには接続が存在する．

[証明] 全空間 E に Riemann 計量を一つ与え，各点 $u \in E$ に対して H_u を $V_u (\subset T_u E)$ の直交補空間と定義すればよい． ∎

接続が与えられると，任意の接ベクトル $X \in T_u E$ は
$$X = X_{\mathrm{h}} + X_{\mathrm{v}} \quad (X_{\mathrm{h}} \in H_u, \ X_{\mathrm{v}} \in V_u)$$
と一意的に分解される．積バンドルの場合と同様に，$X_{\mathrm{h}}, X_{\mathrm{v}}$ をそれぞれ X の水平成分，垂直成分と呼ぶ．また，H_u に属するベクトルを**水平なベクトル**(horizontal vector)という．この水平なベクトルを利用して，異なるファイバーの点どうしにある関連を付けることができる．以下にこのことを説明しよう．

$c: [a, b] \to B$ を底空間 B 内の滑らかな曲線とする．E 内の曲線 $\tilde{c}: [a, b] \to E$ は任意の $t \in [a, b]$ に対して $\pi(\tilde{c}(t)) = c(t)$ であるとき，c の**持ち上げ**(lift)という．また，速度ベクトル $\dot{\tilde{c}}(t)$ が水平であるとき，$\tilde{c}$ を**水平な持ち上げ**(horizontal lift)という．

命題 6.34 コンパクトな C^∞ 多様体 F をファイバーとするファイバーバンドル $\xi = (E, \pi, B, F)$ に一つ接続を入れる．$c: [a, b] \to B$ を B 上の 2 点 $b_0 = c(a), b_1 = c(b)$ を結ぶ区分的に滑らかな(すなわち連続で有限個の点を除き C^∞ 級の)曲線とする．このとき，b_0 上のファイバーの任意の点 $u_0 \in E_{b_0}$ に対して，c の E 内への水平な持ち上げ $\tilde{c}: [a, b] \to E$ で，$\tilde{c}(a) = u_0$ となるものがただ一つ存在する．

[証明] 曲線 c を有限個の点で分割することにより，はじめから c 全体が B のある開集合 U でその上で ξ が自明であるようなものに含まれ，さらに c には交点がないと仮定してよい．一般の場合は以下のようにして得られる水平な持ち上げを，次々とつなげていけばよいからである．このとき曲線 c の像を C と書けば，全逆像 $\pi^{-1}(C)$ は積バンドル $[a, b] \times F$ と同型で，その上に

接続が与えられていることになる．$\pi^{-1}(C)$ 上のベクトル場 X を，$u \in \pi^{-1}(C)$ に対して X_u は水平なベクトルであり，かつ $\pi_* X_u = \dot{c}(t)$ ($\pi(u) = c(t)$) をみたすものとして定義する．これは明らかに非特異なベクトル場である．さて u_0 を通る X の極大積分曲線 $\gamma(t)$ を考えよう．X の定義から，γ は $\gamma(a) = u_0 \in E_{b_0}$ を出発して各ファイバーに横断的に進んでいく c の水平な持ち上げになっている．F がコンパクトであることから，γ は b_1 上のファイバー E_{b_1} にまで到達することがわかり，証明が終わるのだが念のためにこのことを検証しよう．

γ が E_{b_1} に到達しないと仮定して矛盾を導こう．このとき，ある $t_0 \leqq b$ が存在して，γ は $t < t_0$ では定義されるが t_0 では定義されないことになる．$\lim_{n \to \infty} t_n = t_0$ となるような単調増大点列 $\{t_n\}$ を選ぶ．自明化 $\pi^{-1}(C) \cong [a,b] \times F$ と射影 $[a,b] \times F \to F$ とを合成して得られる F への射影を $q: \pi^{-1}(C) \to F$ とし，$q(\gamma(t_n)) = p_n \in F$ とおく．仮定により F はコンパクトであるから，必要ならば部分列をとることにより，ある点 $p \in F$ が存在して $\lim_{n \to \infty} p_n = p$ としてよい．$u \in E_{c(t_0)}$ を $q(u) = p$ となる点とすれば，γ は u の任意の近傍を通るが $E_{c(t_0)}$ には到達しないことになる．ところが一方，ベクトル場 X の定義により，u の十分小さな近傍を通る X の積分曲線はすべて $E_{c(t_0)}$ を通らなければならない．これは矛盾であり，証明が完結する． ∎

上記の命題で E_{b_0} 上の点 u_0 を動かすことにより，写像
$$h_c: E_{b_0} \longrightarrow E_{b_1}$$
が得られる．これを B 内の区分的に滑らかな曲線 c に沿う**平行移動**(parallel displacement)という．h_c はベクトル場 X の積分曲線を使って定義されたが，積分曲線はある常微分方程式の解により構成される．常微分方程式の解の初期値に関する微分可能性から，h_c が C^∞ 写像であることがわかる．また明らかに h_c は曲線 c のパラメーターのとり方によらない．c^{-1} を c を逆にたどる曲線とすると $h_{c^{-1}} = h_c^{-1}$ となる．これから h_c が微分同相であることがわかる．また，二つの曲線 c, c' で，c の終点が c' の始点と一致するものが与えられると，それらの合成 $c \cdot c'$ が考えられるが，これに対しては $h_{c \cdot c'} = h_{c'} h_c$ となる．

ファイバー F がコンパクトでない場合は，平行移動は必ずしも定義されるとは限らない．図 6.8 に平行移動の概念図とともに，そのような例を一つあげておく．

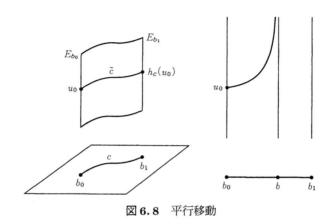

図 6.8　平行移動

(b)　主バンドルの接続

主バンドルの場合にはその全空間に構造群 G が右から作用しており，接続もその作用を考慮したものにするのが自然であろう．そうすれば G がたとえコンパクトでないとしても，平行移動がつねに定義されることがわかる．主バンドルの接続の定義を述べよう．

定義 6.35　$\xi = (P, \pi, M, G)$ を Lie 群 G を構造群とする主バンドルとする．ξ 上の**接続**(connection)とは，各点 $u \in P$ において $T_u P$ の部分空間 H_u を対応させ，それがつぎの条件をみたすときをいう．

(i)　H_u はファイバーに横断的，すなわち $T_u P = H_u \oplus V_u$ と直和分解される．

(ii)　$\{H_u\}$ は G の右作用に関して不変，すなわち $R_g : P \to P$ $(g \in G)$ を $R_g(u) = ug$ $(u \in P)$ と定義するとき，$H_{ug} = (R_g)_* H_u$ である．

(iii)　H_u は u について微分可能に変化する．　□

一般のファイバーバンドルの接続との違いは，条件(ii)の G の作用に関す

る不変性が加えられたことだけである．しかしこの条件が強く働いて，主 G バンドルの特性類の理論が展開されることになる．今のところ，一般の F バンドルに対して，この条件が果たす役割をさせるべき適当な方法は見つかっていない．つぎの命題はこの条件の効力を表わす一つの例である．

命題 6.36 (P,π,M,G) を主 G バンドルとする．このとき，M 内の区分的に滑らかな任意の曲線 $c:[a,b]\to M$ と任意の点 $u_0\in\pi^{-1}(c(a))$ に対して，c の P への水平な持ち上げ $\tilde{c}:[a,b]\to P$ で，$\tilde{c}(a)=u_0$ となるものがただ一つ存在する．したがって c に沿う平行移動 $h_c:P_{c(a)}\to P_{c(b)}$ が定義される．

[証明] G がコンパクトの場合には，すでに命題 6.34 で証明したとおりである．G がコンパクトでないときは，命題 6.34 の証明の後半をつぎのように変えればよい．$\pi^{-1}(C)$ は直積バンドル $[a,b]\times G$ と同型であるが，その上の非特異ベクトル場 X の積分曲線を考えているのであった．点 u_0 を通る極大積分曲線 $\gamma(t)$ が $t=t_0\leqq b$ で定義されなくなるとして矛盾を導くのである．前の状況と異なるのは，今の場合 G が $\pi^{-1}(C)$ に右から作用しており，接続を与える水平方向はこの作用により不変だということである．このことから任意の $g\in G$ に対して，$\gamma(t)g$ は点 u_0g を通る c の水平な持ち上げだということがわかる．こうしてすべての積分曲線 $\gamma(t)g$ $(g\in G)$ が $\pi^{-1}(c(t_0))$ に到達することができないことになる．しかしこれは，$c(t_0)$ 上のファイバー $P_{c(t_0)}$ の任意の点を通る X の積分曲線が，そのファイバーに横断的に交わることに矛盾する． ∎

このように主バンドルに接続が与えられると，底空間 M 上の任意の滑らかな曲線が全空間 P 上の水平な曲線の族に持ち上げられ，それらによりファイバー上の各点の平行移動が定義されるのである．それでは次元をあげて，M の中に滑らかな（境界のある小さな）曲面，あるいは一般に部分多様体 N が与えられた場合はどうであろうか．P の中の部分多様体 $\tilde{N}$ は，射影 π の $\tilde{N}$ への制限が微分同相 $\pi|_{\tilde{N}}:\tilde{N}\cong N$ を与えるとき，N の持ち上げと呼ぼう．さらに $\tilde{N}$ が水平とは，$\tilde{N}$ 上の各点 u に対してその接空間 $T_u\tilde{N}$ が H_u に含まれることと定義するのは妥当であろう．このとき問題はつぎのようになる．

N 上の 1 点を p とし，p 上のファイバー $\pi^{-1}(p)$ から 1 点 u_0 を選ぶ．この

とき，u_0 を通る P 内の部分多様体 $\tilde{N}$ で，N の水平な持ち上げになっているものは存在するだろうか．これを命題 6.34 にならって証明しようとすれば，ベクトル場の代わりに一般の次元の部分空間の族(すなわち分布)が現われ，積分曲線の代わりに積分多様体を構成する必要が出てくる．ベクトル場の場合には，§1.4(c)で見たように，積分曲線の構成は常微分方程式を解くことに帰着され，解はいつでも存在する．ところが次元が 2 以上の場合には，偏微分方程式を解く問題になってしまい，解はあるとは限らない．このようにして我々は，接続(それは上に見たとおり全空間上のある条件をみたす分布であるが)の積分可能性の問題に自然につき当たることになる．そして §2.3 の Frobenius の定理から，分布が包合的であること，あるいは微分形式の言葉でいえば，分布を定義する微分式系が完全積分可能であることが，積分多様体が存在するための必要十分条件であることを知っている．この条件こそ次節に登場する 曲率 $\equiv 0$ という条件で置き換えられるのである．しかし少し先走りすぎたようだ．本筋に戻ることにしよう．

(c) 主バンドルの接続の微分形式による表示

主バンドル $\xi = (P, \pi, M, G)$ の接続を微分形式を使って表現することを考えよう．構造群 G の Lie 代数を $\mathfrak{g}$ とし，また G の Maurer–Cartan 形式を ω_0 とする．すなわち ω_0 は G 上の $\mathfrak{g}$ に値をとる 1 形式で，任意の $A \in \mathfrak{g}$ に対し，$\omega_0(A) = A$ となるものである(§2.4(b))．任意の元 $g \in G$ に対し $L_g : G \to G$ および $R_g : G \to G$ を $L_g(h) = gh$, $R_g(h) = hg$ $(h \in G)$ と定義するとき，もちろん $L_g^* \omega_0 = \omega_0$ であるが，$R_g^* \omega_0$ はどう表現されるだろうか．$A \in \mathfrak{g}$ に対し，$(R_g)_* A = (R_g)_*(L_{g^{-1}})_* A = (\iota_{g^{-1}})_* A$ である．ここに $\iota_{g^{-1}}$ は $G \ni h \mapsto g^{-1}hg \in G$ と定義される G の自己同型である．$\iota_{g^{-1}}$ の微分 $(\iota_{g^{-1}})_*$ をふつう $\mathrm{Ad}(g^{-1}) \in GL(\mathfrak{g})$ と書く．ここに $\mathrm{Ad} : G \to GL(\mathfrak{g})$ は随伴表現と呼ばれる準同型写像である．したがって $(R_g)_* A = \mathrm{Ad}(g^{-1}) A$ となる．これから

(6.6) $$R_g^* \omega_0 = \mathrm{Ad}(g^{-1}) \omega_0$$

となることがわかる．

ξ は局所自明であるから，任意のファイバー $\pi^{-1}(p)$ $(p \in M)$ に対して，p

の開近傍上の ξ の自明化をとることにより，G との微分同相

(6.7) $\qquad\qquad\qquad i_p: G \cong \pi^{-1}(p)$

が定まり，任意の $g \in G$ に対して

(6.8) $\qquad\qquad\qquad i_p(hg) = i_p(h)g \quad (h \in G)$

となる．この微分同相は G の元による左からの作用を除いて一意的である．すなわち，別の自明化が定める微分同相は，ある元 $g \in G$ が存在して合成写像 $i_p \circ L_g: G \to \pi^{-1}(p)$ として与えられる．したがって i_p の微分を G 上の左不変なベクトル場，つまり $\mathfrak{g}$ の元に作用させることにより，つぎのことが結論できる．任意の点 $u \in \pi^{-1}(p)$ に対して，同型写像 $T_u(\pi^{-1}(p)) \cong \mathfrak{g}$ が一意的に定まる．ところで $T_u(\pi^{-1}(p))$ は $u \in P$ における垂直な接ベクトル全体 $V_u = \{X \in T_u P ; \pi_* X = 0\}$ に他ならない．したがって，任意の点 $u \in P$ において，自然な同一視

$$V_u \cong \mathfrak{g}$$

が存在することになった．このことから，任意の元 $A \in \mathfrak{g}$ は，P 上のベクトル場 A^* を誘導することがわかる．このようなベクトル場を**基本ベクトル場**(fundamental vector field)という．言い換えれば，1パラメーター変換群 $R_{\exp tA}$ に対応するベクトル場ということもできる．

さて ξ に接続が与えられると，P 上の各点 u において水平方向 H_u が指定され，直和分解 $T_u P = V_u \oplus H_u$ が成立する．この直和分解は V_u への射影

(6.9) $\qquad\qquad\qquad T_u P \longrightarrow V_u = \mathfrak{g}$

を誘導する．(6.9) は P 上の $\mathfrak{g}$ に値をとる1形式 $\omega \in A^1(P; \mathfrak{g})$ を定義する．逆にいうと

$$H_u = \{X \in T_u P ; \omega(X) = 0\}$$

となる．接続の条件から H_u は u に関して微分可能であるから，ω も微分可能である．このようにして定義される ω を**接続形式**(connection form)という．定義と (6.7) から明らかに

(6.10) $\qquad\qquad\qquad i_p^* \omega = \omega_0$

あるいは同値な条件として

(6.11) $\qquad\qquad\qquad \omega(A^*) = A \quad (A \in \mathfrak{g})$

が得られる.また,G の P への右からの作用 $R_g: P \to P$, $R_g(u) = ug$ に関しては,接続の条件 $H_{ug} = (R_g)_* H_u$ から $R_g^* \omega$ が任意の水平な接ベクトル上 0 になることがわかる.さらに,垂直なベクトルに関しては,(6.6)と(6.8)から $R_g^* \omega$ と ω の関係が定まり,両者をまとめると結局

(6.12) $$R_g^* \omega = \mathrm{Ad}(g^{-1})\omega$$

となることがわかる.逆に,二つの式(6.11),(6.12)をみたす 1 形式 ω が接続を特徴づけることがわかる.すなわちつぎの定理が成立する.

定理 6.37 主バンドル (P, π, M, G) に接続が与えられると,全空間 P 上に接続形式と呼ばれる $\mathfrak{g}$ に値をとる 1 形式 ω が定まり,それは二つの条件
(i) 任意の $A \in \mathfrak{g}$ に対し,$\omega(A^*) = A$,
(ii) 任意の $g \in G$ に対し,$R_g^* \omega = \mathrm{Ad}(g^{-1})\omega$
をみたす.逆に,上の二つの条件をみたす P 上の 1 形式 ω が与えられると,それを接続形式とするような接続が一意的に定義される.

[証明] 前半部分はすでに示したとおりである.後半を証明しよう.定理の二つの条件をみたす ω を使って,任意の点 $u \in P$ において

$$H_u = \{X \in T_u P ;\ \omega(X) = 0\}$$

とおく.このとき,対応 $u \mapsto H_u$ の定める分布が,接続の条件をみたすことがつぎのように示される.まず条件(i)から,任意の垂直な接ベクトル $X \in V_u \cong \mathfrak{g}$ に対し,$\omega(X) = X$ となることがわかる.したがって H_u はファイバーに横断的となり,直和分解 $T_u P = V_u \oplus H_u$ が成立する.つぎに条件(ii)を加えると,$H_{ug} = (R_g)_* H_u$ であることがわかる.また ω は微分可能であるから,H_u は u に関して微分可能に変化する. ∎

 接続の与えられた主バンドルの全空間 P 上のベクトル場 X は,任意の点 $u \in P$ において X_u が水平であるとき,水平なベクトル場と呼ぼう.この条件は明らかに $\omega(X) \equiv 0$ と同等である.

命題 6.38 任意の主 G バンドルは接続を持つ.

[証明] まず積バンドル $M \times G$ に対しては,$q: M \times G \to G$ を第二成分への射影とすれば,$q^* \omega_0$ は明らかに接続を定義する.ここに ω_0 は G の Maurer–Cartan 形式である.これを**自明な接続**(trivial connection)という.

つぎに $\{U_\alpha\}$ を底空間 M の開被覆で，$\pi^{-1}(U_\alpha)$ が自明なバンドルとなるものとする．ω_α を $\pi^{-1}(U_\alpha)$ 上の任意の接続形式とする．$\{f_\alpha\}$ を開被覆 $\{U_\alpha\}$ に従属する 1 の分割とする．このとき

$$\omega = \sum_\alpha f_\alpha \circ \pi \, \omega_\alpha$$

とおけば，これが接続形式の条件をみたすことは簡単に確かめられる． ∎

§6.4 曲　　率

(a) 曲率形式

G を構造群とする主バンドル $\pi: P \to M$ に接続が定義されているとし，$\omega \in A^1(P; \mathfrak{g})$ をその接続形式とする．P が積バンドル $P = M \times G$ で，ω がその上の自明な接続 $\omega = q^* \omega_0$ の場合には，Maurer–Cartan 方程式（§2.4 (2.46)）により

(6.13) $$d\omega = -\frac{1}{2}[\omega, \omega]$$

となる．P が一般の場合にも，ファイバーに制限すれば (6.13) は明らかに成立するが，水平なベクトルに対してどうなるかはすぐにはわからない．そこで

(6.14) $$d\omega = -\frac{1}{2}[\omega, \omega] + \Omega$$

により，P 上の $\mathfrak{g}$ に値をとる 2 形式 Ω を定義してしまうのである．この 2 形式 Ω を**曲率形式**（curvature form），(6.14) を**構造方程式**（structure equation）という．

$\mathfrak{g}$ の一つの基底 $B_1, \cdots, B_m$ を選ぼう．このとき，接続形式 ω は，P 上の通常の 1 形式 $\omega_1, \cdots, \omega_m$ によって

$$\omega = \sum_{i=1}^m \omega_i B_i$$

と書かれ，同様に，曲率形式 Ω も P 上の通常の 2 形式 $\Omega_1, \cdots, \Omega_m$ により

$$\Omega = \sum_{i=1}^{m} \Omega_i B_i$$

と書かれる．上の基底に関する $\mathfrak{g}$ の構造定数を c_{ij}^k とすれば($\S 2.4\,(2.43)$)，構造方程式(6.14)は$\S 2.4\,(2.45)$により

(6.15) $$d\omega_i = -\frac{1}{2}\sum_{j,k} c_{jk}^i \omega_j \wedge \omega_k + \Omega_i$$

の形になる．

曲率形式 Ω のみたす性質を調べよう．

命題 6.39 ω を主 G バンドル $\pi\colon P\to M$ 上の接続形式，Ω をその曲率形式とする．このときつぎが成立する．

（i） 任意の $g\in G$ に対し，$R_g^*\Omega = \mathrm{Ad}(g^{-1})\Omega$．

（ii） 任意のベクトル $X,Y\in T_uP$ に対し，$\Omega(X,Y)=d\omega(X_\mathrm{h},Y_\mathrm{h})$．したがって任意の垂直なベクトル場 Z に対して，$i(Z)\Omega=0$ となる．

（iii） X,Y が P 上の水平なベクトル場ならば，$\Omega(X,Y)=-\dfrac{1}{2}\omega([X,Y])$．

（iv） (Bianchi の恒等式)　$d\Omega=[\Omega,\omega]$．

[証明] (i)は構造方程式(6.14)に R_g^* を作用させ，$R_g^*\omega=\mathrm{Ad}(g^{-1})\omega$ であることと，$\mathrm{Ad}(g^{-1})$ は Lie 代数 $\mathfrak{g}$ の自己同型であり，したがって $[\mathrm{Ad}(g^{-1})\omega, \mathrm{Ad}(g^{-1})\omega] = \mathrm{Ad}(g^{-1})[\omega,\omega]$ であることから従う．

(ii)を証明しよう．接ベクトル X,Y を $X=X_\mathrm{h}+X_\mathrm{v}$, $Y=Y_\mathrm{h}+Y_\mathrm{v}$ と水平成分と垂直成分の和に書いておけば

$$\Omega(X,Y)=\Omega(X_\mathrm{h},Y_\mathrm{h})+\Omega(X_\mathrm{h},Y_\mathrm{v})+\Omega(X_\mathrm{v},Y_\mathrm{h})+\Omega(X_\mathrm{v},Y_\mathrm{v})$$

となるが，構造方程式(6.14)から

$$\Omega(X_\mathrm{h},Y_\mathrm{h})=d\omega(X_\mathrm{h},Y_\mathrm{h})+\frac{1}{2}[\omega(X_\mathrm{h}),\omega(Y_\mathrm{h})]=d\omega(X_\mathrm{h},Y_\mathrm{h})$$

となるから，X,Y のいずれかが垂直のときに $\Omega(X,Y)=0$ であることを証明すればよい．また $\Omega(Y,X)=-\Omega(X,Y)$ であるから，結局 X が垂直のときに $\Omega(X,Y)=0$ であることを示せば十分である．そこで，(a) Y が垂直のとき，(b) Y が水平のときと，二つの場合に分けて証明する．

(a) X,Y ともに垂直とすると，ある $A,B\in\mathfrak{g}$ が存在して $X=A_u^*$, $Y=B_u^*$

と書ける.さて二つの基本ベクトル場 A^*, B^* に対しては,$[A^*, B^*] = [A, B]^*$ となることがわかる.なぜならば,主バンドルの局所自明性により,P が積バンドル $M \times G$ のときにこれが成立することを示せばよい.ところがこの場合に,基本ベクトル場とは P の第二成分としての G 上の左不変なベクトル場に他ならないから,上のことは明らかに成立する.この事実を使えば(6.14)から

$$\Omega(A^*, B^*) = d\omega(A^*, B^*) + \frac{1}{2}[\omega(A^*), \omega(B^*)]$$
$$= \frac{1}{2}\{A^*\omega(B^*) - B^*\omega(A^*) - \omega([A^*, B^*]) + [A, B]\}$$
$$= \frac{1}{2}\{A^*(B) - B^*(A) - [A, B] + [A, B]\} = 0$$

となる.

(b) X は垂直,Y は水平とする.このとき(ii)と同様に $X = A_u^*$ ($A \in \mathfrak{g}$) と書ける.つぎに P 上の水平なベクトル場 $\widetilde{Y}$ で $Y = \widetilde{Y}_u$ となるものを選ぼう.このとき

$$\Omega(A^*, \widetilde{Y}) = d\omega(A^*, \widetilde{Y}) + \frac{1}{2}[\omega(A^*), \omega(\widetilde{Y})]$$
$$= \frac{1}{2}\{A^*\omega(\widetilde{Y}) - \widetilde{Y}\omega(A^*) - \omega([A^*, \widetilde{Y}])\}$$
$$= \frac{1}{2}\{\widetilde{Y}(A) - \omega([A^*, \widetilde{Y}])\} = -\frac{1}{2}\omega([A^*, \widetilde{Y}])$$

となる.したがって $[A^*, \widetilde{Y}]$ が水平なベクトル場であることを示せば十分である.§6.3(c)で注意したように,ベクトル場 A^* の生成する P 上の1パラメーター変換群は $g_t = \exp tA \in G$ とするとき R_{g_t} で与えられる.したがって §2.2(f)の Lie 微分の公式(2.29)から

$$[A^*, \widetilde{Y}] = \lim_{t \to 0} \frac{(R_{g_{-t}})_*\widetilde{Y} - \widetilde{Y}}{t}$$

となるが,接続の定義から $\widetilde{Y}$ が水平ならば $(R_{g_{-t}})_*\widetilde{Y}$ もまた水平となるので,結局 $[A^*, \widetilde{Y}]$ も水平となり,(ii)の証明が終わる.

つぎに(iii)を証明する.X, Y が水平なベクトル場ならば(ii)により

$$\Omega(X,Y) = d\omega(X,Y)$$
$$= \frac{1}{2}\{X\omega(Y) - Y\omega(X) - \omega([X,Y])\} = -\frac{1}{2}\omega([X,Y])$$

となる.

最後に(iv)を証明する. 構造方程式(6.14)の両辺を外微分し, §2.4 の式(2.41), (2.42)を使えば

$$d\Omega = \frac{1}{2}d[\omega,\omega] = \frac{1}{2}([d\omega,\omega] - [\omega,d\omega])$$
$$= [d\omega,\omega] = -\frac{1}{2}[[\omega,\omega],\omega] + [\Omega,\omega] = [\Omega,\omega]$$

となり, 証明が終わる. ∎

(b)　Weil 代数

$\pi: P \to M$ を主 G バンドルとする. P に接続が与えられると, その接続形式 ω と曲率形式 Ω が定まる. これらはそれぞれ G の Lie 代数 $\mathfrak{g}$ に値をとる P 上の1形式および2形式である. これら二つの微分形式は, つぎのようにして P 上の通常の微分形式からなるある系を誘導する.

まず $\mathfrak{g}$ の双対空間 $\mathfrak{g}^*$ の元, すなわち線形写像 $\alpha: \mathfrak{g} \to \mathbb{R}$ が与えられたとしよう. このとき, 各点 $u \in P$ に対して, 合成写像

$$\alpha \circ \omega: T_u P \longrightarrow \mathfrak{g} \longrightarrow \mathbb{R}$$

を考えればこれは明らかに $T_u^* P$ の元であり, それは u に関して C^∞ 級である. したがって P 上の1形式が定まるが, これを $\omega(\alpha)$ と書こう. ここで $\alpha \in \mathfrak{g}^*$ を動かすことにより, 線形写像

(6.16) $$\omega: \mathfrak{g}^* \longrightarrow A^1(P)$$

が定義される. 前の項で見たように, $\mathfrak{g}$ の基底 $B_1, \cdots, B_m$ を一つ選べば, 接続形式は $\omega = \sum_i \omega_i B_i$ と P 上の通常の1形式 ω_i により表わされる. このとき, $\theta_1, \cdots, \theta_m$ を $\mathfrak{g}^*$ の双対基底とすれば $\omega(\theta_i) = \omega_i$ である. (6.16)は外積に拡張することにより, 線形写像

(6.17) $$\omega: \Lambda^* \mathfrak{g}^* \longrightarrow A^*(P)$$

を誘導する．具体的には，$\omega(\theta_{i_1} \wedge \cdots \wedge \theta_{i_k}) = \omega_{i_1} \wedge \cdots \wedge \omega_{i_k}$ である．(6.16)や(6.17)で接続形式の記号 ω をそのまま使ったが，新しい記号を次々と導入して混乱を招くよりは，このほうがむしろすっきりしてよいだろう．(6.17)の意味はつぎのようである．$\Lambda^*\mathfrak{g}^*$ は G 上の左不変な微分形式全体を表わしているが，P に接続を与えると，それは $\Lambda^*\mathfrak{g}^*$ から P 上の微分形式全体 $A^*(P)$ への線形写像を誘導するというのである．しかしこの線形写像(6.17)は，一般には外微分をとる操作と可換ではない．そしてつぎにみるように，この可換ではない度合がちょうど曲率によって表わされるのである．

まず上記の議論で，接続形式 ω の果たす役割をそれに対応する曲率形式 Ω で置き換えてみよう．すると，線形写像

(6.18) $$\Omega : \mathfrak{g}^* \longrightarrow A^2(P)$$

が $\Omega(\alpha) = \alpha \circ \Omega : T_uP \times T_uP \to \mathfrak{g} \to \mathbb{R}$ とおくことにより定義される．$\Omega = \Omega_1 B_1 + \cdots + \Omega_m B_m$ とすれば，$\Omega_i = \Omega(\theta_i)$ である．このとき Maurer–Cartan 方程式(2.45)と(6.15)から

$$\Omega_i = d\omega_i - \omega(d\theta_i) = (d \circ \omega - \omega \circ d)(\theta_i)$$

となることがわかる．したがって一般の元 $\alpha \in \mathfrak{g}^*$ に対して

(6.19) $$\Omega(\alpha) = (d\omega - \omega d)(\alpha)$$

と書くことができる．これは(6.18)が確かに，線形写像(6.17)の外微分をとる操作とのずれを表わしていることを示している．(6.18)の像は(6.16)の場合と異なり，P 上の1形式ではなく2形式であるから，それらは互いに可換である．そこで $\mathfrak{g}^*$ の外積代数の代わりに $\mathfrak{g}^*$ の元によって生成される多項式代数

$$S^*\mathfrak{g}^* = \sum_{k=0}^{\infty} S^k\mathfrak{g}^*$$

を考える．この代数は具体的にはつぎのように記述される．$S^1\mathfrak{g}^* = \mathfrak{g}^*$ であるが，$S^1\mathfrak{g}^*$ の元としての次数は 2 と定義する．そこでこれらを区別するために，任意の元 $\alpha \in \mathfrak{g}^*$ に対応する $S^1\mathfrak{g}^*$ の元を $\tilde{\alpha}$ と書くことにする．したがって $\tilde{\theta}_1, \cdots, \tilde{\theta}_m$ が $S^1\mathfrak{g}^*$ の基底をなすことになる．さて写像 $f : \mathfrak{g} \to \mathbb{R}$ は，それが $\tilde{\theta}_1, \cdots, \tilde{\theta}_m$ の多項式として表わされるとき，多項式関数と呼ばれる．この定

義が $\mathfrak{g}^*$ の基底のとり方によらないことは明らかであろう．このとき
$$S^*\mathfrak{g}^* = \{f: \mathfrak{g} \to \mathbb{R}; \ f は多項式写像\}$$
である．上記のように基底を選べば，$S^*\mathfrak{g}^*$ は多項式環 $\mathbb{R}[\widetilde{\theta}_1, \cdots, \widetilde{\theta}_m]$ と同一視される．このとき
$$\Omega(\widetilde{\theta}_{i_1} \cdots \widetilde{\theta}_{i_k}) = \Omega_{i_1} \wedge \cdots \wedge \Omega_{i_k}$$
とおくことにより，(6.18) は線形写像

(6.20) $\qquad\qquad \Omega: S^*\mathfrak{g}^* \longrightarrow A^*(P)$

に拡張される．

さて二つの次数を保つ線形写像 (6.17), (6.20) とを合わせたものを考えよう．まず
$$W(\mathfrak{g}) = \Lambda^*\mathfrak{g}^* \otimes S^*\mathfrak{g}^*$$
とおき，これを $\mathfrak{g}$ の **Weil 代数**(Weil algebra) という．これは次数付きの代数である．$w = \omega \otimes \Omega$ とおけば，これは次数と積を保つ線形写像

(6.21) $\qquad\qquad w: W(\mathfrak{g}) \longrightarrow A^*(P)$

となる．w の像は $A^*(P)$ の中で，接続形式 ω_i と曲率形式 Ω_i とによって生成される部分代数である．

(c) Weil 代数の外微分

前項で定義した Weil 代数 $W(\mathfrak{g})$ は，主 G バンドルの接続形式と曲率形式とから生成される微分形式の系の普遍的なモデルと考えられる．具体的な主 G バンドル P 上に接続が与えられると，それは (6.21) により $W(\mathfrak{g})$ から $A^*(P)$ への線形写像を誘導するのである．そこで，Weil 代数 $W(\mathfrak{g})$ に外微分に相当するものを定義し，(6.21) が外微分をとる操作と可換になるようにすること，すなわちつぎの図式

(6.22)
$$\begin{array}{ccc} W(\mathfrak{g}) & \xrightarrow{w} & A^*(P) \\ \delta \downarrow & & \downarrow d \\ W(\mathfrak{g}) & \xrightarrow{w} & A^*(P) \end{array}$$

が可換となるような，次数を 1 だけ上げる線形写像 $\delta: W(\mathfrak{g}) \to W(\mathfrak{g})$ を定義

するのは自然であろう．そのために，まず $A^*(P)$ に働くつぎの三つの作用
（ⅰ） 基本ベクトル場による内部積 $i(A^*)\colon A^*(P)\to A^*(P)$　$(A\in\mathfrak{g})$
（ⅱ） G の元の作用 $R_g^*\colon A^*(P)\to A^*(P)$　$(g\in G)$
（ⅲ） 基本ベクトル場による Lie 微分 $L_{A^*}\colon A^*(P)\to A^*(P)$　$(A\in\mathfrak{g})$
を $W(\mathfrak{g})$ に定義し，$w\colon W(\mathfrak{g})\to A^*(P)$ がそれらを保つようにしよう．

（ⅰ） 内部積 $i(A)\colon W(\mathfrak{g})\to W(\mathfrak{g})$ の定義．任意の元 $\alpha\in\mathfrak{g}^*\subset W(\mathfrak{g})$ に対しては，接続形式のみたす性質から当然，$i(A)\alpha=\alpha(A)$ とおくべきである．また，対応する元 $\tilde\alpha\in S^1\mathfrak{g}\subset W(\mathfrak{g})$ については，曲率形式の性質（命題 6.39(ⅱ)）から，$i(A)\tilde\alpha=0$ とする．これらを $W(\mathfrak{g})$ 全体に次数 -1 の反微分として拡張する．

補題 6.40 任意の元 $A\in\mathfrak{g}$ に対して，つぎの図式は可換である．

$$\begin{array}{ccc} W(\mathfrak{g}) & \xrightarrow{w} & A^*(P) \\ {\scriptstyle i(A)}\downarrow & & \downarrow{\scriptstyle i(A^*)} \\ W(\mathfrak{g}) & \xrightarrow{w} & A^*(P) \end{array}$$

［証明］ w は積を保つ線形写像であり，$i(A), i(A^*)$ はともに次数 -1 の反微分であるから，任意の元 $\alpha\in\mathfrak{g}$ に対して
$$w(i(A)\alpha)=i(A^*)w(\alpha),\quad w(i(A)\tilde\alpha)=i(A^*)w(\tilde\alpha)$$
であることを示せばよい．第一の式は，$w(i(A)\alpha)=w(\alpha(A))=\alpha(A)$ であるが，一方，$i(A^*)w(\alpha)=i(A^*)\omega(\alpha)=\alpha(A)$ となるから確かに成立する．第二の式は $i(A)\tilde\alpha=0$ と $i(A^*)\Omega=0$ とから従う．■

（ⅱ） G の元 g による作用 $g^*\colon W(\mathfrak{g})\to W(\mathfrak{g})$ の定義．同型写像 $\operatorname{Ad}(g^{-1})\colon \mathfrak{g}\to\mathfrak{g}$ の双対写像を $\operatorname{Ad}(g^{-1})^*\colon \mathfrak{g}^*\to\mathfrak{g}^*$ とする．また，対応する $S^1\mathfrak{g}^*$ の同型写像も同じ記号 $\operatorname{Ad}(g^{-1})^*$ を使うことにする．このとき，任意の元 $\alpha\in\mathfrak{g}^*$ に対して
$$g^*\alpha=\operatorname{Ad}(g^{-1})^*\alpha,\quad g^*\tilde\alpha=\operatorname{Ad}(g^{-1})^*\tilde\alpha$$
とおく．

補題 6.41 任意の元 $g\in G$ に対して，つぎの図式は可換である．

$$\begin{array}{ccc} W(\mathfrak{g}) & \xrightarrow{w} & A^*(P) \\ {\scriptstyle g^*}\downarrow & & \downarrow{\scriptstyle R_g^*} \\ W(\mathfrak{g}) & \xrightarrow{w} & A^*(P) \end{array}$$

[証明] w は積を保つ線形写像であり，g^*, R_g^* はともに積を保つから，任意の元 $\alpha \in \mathfrak{g}$ に対して

$$w(g^*\alpha) = R_g^* w(\alpha), \quad w(g^*\widetilde{\alpha}) = R_g^* w(\widetilde{\alpha})$$

であることを示せばよい．第一の式は，接続形式の性質 $R_g^*\omega = \mathrm{Ad}(g^{-1})\omega$ からただちに従う．一方，構造方程式(6.14)に R_g^* を作用させ，上記の接続形式の性質と $\mathrm{Ad}(g^{-1})$ が $\mathfrak{g}$ の Lie 代数としての同型写像であることを使えば

$$R_g^*\Omega = \mathrm{Ad}(g^{-1})\Omega$$

であることがわかる．このことから上と同様の議論により第二の式が示される． ■

(iii) Lie 微分 $L_A : W(\mathfrak{g}) \to W(\mathfrak{g})$ の定義．Lie 微分の定義(§2.2(d))から，任意の元 $\alpha \in \mathfrak{g}^* \subset W(\mathfrak{g})$ に対しては $L_A\alpha \in \mathfrak{g}^*$ を

$$L_A\alpha(B) = -\alpha([A, B]) \quad (B \in \mathfrak{g})$$

とおく．また，対応する元 $\widetilde{\alpha} \in S^1\mathfrak{g}^*$ については

$$L_A\widetilde{\alpha} = \widetilde{L_A\alpha}$$

とする．これらを $W(\mathfrak{g})$ 全体に次数 0 の微分として拡張する．

補題 6.42 任意の元 $A \in \mathfrak{g}$ に対して，つぎの図式は可換である．

$$\begin{array}{ccc} W(\mathfrak{g}) & \xrightarrow{w} & A^*(P) \\ {\scriptstyle L_A}\downarrow & & \downarrow{\scriptstyle L_{A^*}} \\ W(\mathfrak{g}) & \xrightarrow{w} & A^*(P) \end{array}$$

[証明] $\mathfrak{g}$ の元による Lie 微分は，G の作用の無限小版，すなわち

$$L_{A^*}\eta = \lim_{t \to 0} \frac{\exp tA^* \eta - \eta}{t} \quad (\eta \in A^*(P))$$

であるから，上記図式の可換性は命題 6.41 から従う． ■

以上の準備のもとに外微分 $\delta : W(\mathfrak{g}) \to W(\mathfrak{g})$ を定義して，図式(6.22)が可

換になるようにしよう.まず $\alpha \in \mathfrak{g}^*$ に対しては(6.19)から
$$dw(\alpha) = w(d\alpha) + \Omega(\alpha) = w(d\alpha + \widetilde{\alpha})$$
となるから

(6.23) $$\delta\alpha = d\alpha + \widetilde{\alpha}$$

と定義すれば,$d \circ w(\alpha) = w \circ \delta(\alpha)$ となる.$\theta_i \in \mathfrak{g}^*$ については
$$\delta\theta_i = -\frac{1}{2}\sum_{j,k} c^i_{jk}\theta_j \wedge \theta_k + \widetilde{\theta}_i$$
である.つぎに各 $\widetilde{\alpha} \in S^1\mathfrak{g}^*$ に対して $\delta\widetilde{\alpha}$ を定義する.(6.23)の両辺に δ を作用させてみれば

(6.24) $$\delta\widetilde{\alpha} = -\delta(d\alpha)$$

とおくべきであることがわかる.したがって $\widetilde{\theta}_i$ に対しては

(6.25) $$\delta\widetilde{\theta}_i = -\delta(d\theta_i) = -\delta\left(-\frac{1}{2}\sum_{j,k} c^i_{jk}\theta_j \wedge \theta_k\right)$$
$$= \frac{1}{2}\sum_{j,k} c^i_{jk}(\widetilde{\theta}_j\theta_k - \theta_j\widetilde{\theta}_k) = -\sum_{j,k} c^i_{jk}\theta_j\widetilde{\theta}_k$$

となる.ここで $d(d\theta_i) = 0$ であることを使った.また $W(\mathfrak{g})$ の元を表わすのに記号 $\otimes$ を省略し,$\Lambda^*\mathfrak{g}^*$ の元と $S^*\mathfrak{g}^*$ の元とは互いに交換可能なので,順序を任意に替えて書いた.上記の式(6.25)の最後の項を少し書き換えてみる.まず $L_{B_j}\theta_i(B_k) = -\theta_i([B_j,B_k]) = -c^i_{jk}$ より

(6.26) $$L_{B_j}\theta_i = -\sum_k c^i_{jk}\theta_k$$

であることがわかる.(6.25),(6.26)を比較することにより
$$\delta\widetilde{\theta}_i = \sum_j \theta_j \otimes \widetilde{L_{B_j}\theta_i}$$
となる.この式の θ_i に関する線形性から結局

(6.27) $$\delta\widetilde{\alpha} = \sum_i \theta_i \otimes \widetilde{L_{B_i}\alpha} \quad (\widetilde{\alpha} \in S^1\mathfrak{g}^*)$$

と定義すればよいことがわかる.二つの式(6.23),(6.27)によって与えられた $\mathfrak{g}^*$ と $S^1\mathfrak{g}^*$ の元に対する δ の定義を,次数 +1 の反微分によって $W(\mathfrak{g})$ 全

体に拡張する．すなわち，二つの斉次元 $x, y \in W(\mathfrak{g})$ に対して
$$(6.28) \qquad \delta(xy) = (\delta x)y + (-1)^{\deg x} x \delta y$$
となることを要請するのである．ここで $\deg x$ は x の次数を表わす．これにより，δ が矛盾なく定義されることは簡単に示すことができる．

命題 6.43 $\delta: W(\mathfrak{g}) \to W(\mathfrak{g})$ を Weil 代数の外微分とするとき，$\delta \circ \delta = 0$ である．

[証明] (6.28) の両辺に δ を作用させると
$$\delta^2(xy) = (\delta^2 x)y + (-1)^{\deg x} x(\delta^2 y)$$
となることがわかる．したがって任意の元 $\alpha \in \mathfrak{g}^*$ に対して
$$\delta^2 \alpha = \delta^2 \tilde{\alpha} = 0$$
となることを示せば十分である．$\delta^2 \alpha = 0$ であることは，(6.23) と (6.24) とからすぐにわかる．$\delta^2 \tilde{\alpha} = 0$ であることを示そう．(6.27) の両辺に δ を作用させれば

$$(6.29) \quad \delta^2 \tilde{\alpha} = \sum_i (\delta \theta_i \otimes L_{B_i} \tilde{\alpha} - \theta_i \otimes \delta L_{B_i} \tilde{\alpha})$$
$$= \sum_i \{(d\theta_i + \tilde{\theta}_i) \otimes L_{B_i} \tilde{\alpha} - \sum_j \theta_i \wedge \theta_j \otimes L_{B_j} L_{B_i} \tilde{\alpha}\}$$
$$= \sum_i \tilde{\theta}_i L_{B_i} \tilde{\alpha} + \sum_i d\theta_i \otimes L_{B_i} \tilde{\alpha} - \sum_{i,j} \theta_i \wedge \theta_j \otimes L_{B_j} L_{B_i} \tilde{\alpha}$$

となる．さて (6.26) の添字 i と j を交換すれば
$$L_{B_i} \theta_j = -\sum_k c_{ik}^j \theta_k$$
となる．したがって
$$(6.30) \qquad \sum_i \tilde{\theta}_i L_{B_i} \tilde{\theta}_j = -\sum_{i,k} c_{ik}^j \tilde{\theta}_i \tilde{\theta}_k = 0$$
を得る．ここで $\tilde{\theta}_i$ と $\tilde{\theta}_k$ とは可換であることと，$c_{ki}^j = -c_{ik}^j$ であることを使った．(6.30) の $\tilde{\theta}_j$ に関する線形性から，任意の $\tilde{\alpha} \in S^1\mathfrak{g}^*$ について
$$(6.31) \qquad \sum_i \tilde{\theta}_i L_{B_i} \tilde{\alpha} = 0$$
となることがわかる．つぎに

(6.32) $$\sum_i d\theta_i \otimes L_{B_i}\widetilde{\alpha} = -\sum_i \frac{1}{2}\sum_{j,k} c^i_{jk}\theta_j \wedge \theta_k \otimes L_{B_i}\widetilde{\alpha}$$
$$= -\sum_i \sum_{j<k} c^i_{jk}\theta_j \wedge \theta_k \otimes L_{B_i}\widetilde{\alpha}$$

となる．最後に
$$L_{B_i}L_{B_j} - L_{B_j}L_{B_i} = L_{[B_i,B_j]} = \sum_k c^k_{ij}B_k$$

であるから

(6.33) $$\sum_{i,j}\theta_i \wedge \theta_j \otimes L_{B_j}L_{B_i}\widetilde{\alpha} = -\sum_{i<j}\theta_i \wedge \theta_j \otimes \sum_k c^k_{ij}L_{B_k}\widetilde{\alpha}$$

となる．(6.29),(6.31),(6.32),(6.33)から結局
$$\delta^2 \widetilde{\alpha} = 0$$
がわかり，証明が終わる． ∎

§6.5 特性類

(a) Weil 準同型

主 G バンドル $\pi: P \to M$ に接続を入れると，G の Lie 代数 $\mathfrak{g}$ の Weil 代数 $W(\mathfrak{g})$ から P の de Rham 複体 $A^*(P)$ への準同型写像

(6.34) $$w: W(\mathfrak{g}) \longrightarrow A^*(P)$$

が定まる．そしてこの準同型写像は外微分をとる演算と可換である．

一般にファイバーバンドル $\pi: E \to B$ が与えられたとき，$\pi^*: A^*(B) \to A^*(E)$ は単射であることがわかる (演習問題 6.3)．E 上の微分形式 $\eta \in A^*(E)$ は底空間上の微分形式の引き戻しになっているとき，すなわちある元 $\bar{\eta} \in A^*(B)$ が存在して $\eta = \pi^*\bar{\eta}$ $(\bar{\eta} \in A^*(B))$ と書けるとき，**底的**(basic)と呼ぶことにしよう．

補題 6.44 $\pi: P \to M$ を主 G バンドルとする．このとき，P 上の微分形式 $\eta \in A^*(P)$ が底的であるための必要十分条件は，二つの条件

（i）任意の $A \in \mathfrak{g}$ に対して，$i(A^*)\eta = 0$,

(ii) 任意の $g \in G$ に対して，$R_g^* \eta = \eta$

をみたすことである．また G が連結の場合には，条件(ii)は

(ii′) 任意の $A \in \mathfrak{g}$ に対して，$L_{A^*}\eta = 0$

で置き換えることができる．

[証明] $\eta \in A^k(P)$ が底的ならば上記二つの条件をみたすことは明らかであろう．逆を証明しよう．$x_1, \cdots, x_n; y_1, \cdots, y_m$ をそれぞれ M, G の局所座標とする．このとき $\eta \in A^k(P)$ は局所的には

$$(6.35) \qquad \eta = \sum_{I,J} a_{IJ}(x,y)\, dx_{i_1} \wedge \cdots \wedge dx_{i_r} \wedge dy_{j_1} \wedge \cdots \wedge dy_{j_s}$$

と表わすことができる．ここに $I = (i_1, \cdots, i_r)$, $J = (j_1, \cdots, j_s)$ は $r+s=k$ となるような組をすべて動き，$a_{IJ}(x,y)$ は x_i, y_j の関数である．もし η が条件(i)をみたせば，(6.35)においてすべての $s=0$ となる．したがって $\eta = \sum_I a_I(x,y)\, dx_{i_1} \wedge \cdots \wedge dx_{i_k}$ となる．つぎに条件(ii)から各係数 $a_I(x,y)$ は y_j によらず x_i のみの関数となる．結局 $\eta = \sum_I a_I(x)\, dx_{i_1} \wedge \cdots \wedge dx_{i_k}$ となり，確かに底的であることがわかる．

G が連結の場合には，条件(ii)が(ii′)から従うことをみよう．まず第2章の演習問題 2.8 から，$L_{A^*}\eta = 0$ であれば $R_{\exp tA}^* \eta = \eta$ となることがわかる．一方 G が連結であれば，任意の元 $g \in G$ は有限個の元 $A_1, \cdots, A_k \in \mathfrak{g}$ により $\exp A_1 \cdots \exp A_k$ と書けることが知られているので $R_g^* \eta = \eta$ となる． ∎

補題 6.44 を踏まえて，つぎのように定義するのは自然であろう．

定義 6.45 G を Lie 群，$\mathfrak{g}$ をその Lie 代数とする．Weil 代数の元 $x \in W(\mathfrak{g})$ は，二つの条件

(i) すべての元 $A \in \mathfrak{g}$ に対して，$i(A)x = 0$,

(ii) すべての元 $g \in G$ に対して，$g^* x = x$

をみたすとき底的であるという．底的な元の全体を $I(G)$ と書く．G が連結の場合には，条件(ii)は

(ii′) すべての元 $A \in \mathfrak{g}$ に対して，$L_A x = 0$

と同等である． □

上記の条件(i)により，$I(G)$ の元は $\Lambda^* \mathfrak{g}^*$ の因子を含まないことがわかる．

したがって $I(G)$ は $\mathfrak{g}$ 上の多項式関数の全体 $S^*\mathfrak{g}^*$ の部分代数であり，G の $S^*\mathfrak{g}^*$ への作用の定義から

$$I(G) = \{f \in S^*\mathfrak{g}^* ;\ \text{すべての}\ g \in G\ \text{に対して}\ g^*f = f\}$$
$$= \{f: \mathfrak{g} \to \mathbb{R}\ \text{多項式写像};\ \text{すべての}\ g \in G,$$
$$A \in \mathfrak{g}\ \text{に対して}\ f(\operatorname{Ad} g A) = f(A)\}$$

と書くことができる．そこで $I(G)$ の元を G の**不変多項式**(invariant polynomial)といい，$I(G)$ を不変多項式代数という．$I(G)$ の次数が $2k$ の斉次元の全体を $I^k(G)$ と書けば

$$I(G) = \sum_{k=0}^{\infty} I^k(G) \quad (I^k(G) \subset S^k\mathfrak{g}^*)$$

となる．

命題 6.46 任意の元 $f \in I(G)$ に対し，$\delta f = 0$ となる．

[証明] まず $S^1\mathfrak{g}^*$ の任意の元 $\tilde{\alpha}$ に対しては，$\delta\tilde{\alpha} = \sum_i \theta_i \otimes L_{B_i}\tilde{\alpha}$ と定義するのであった（式(6.27)）．ここで

$$D = \sum_{i=1}^m \theta_i \otimes L_{B_i}$$

とおき，これを作用素と考えれば $\delta\tilde{\alpha} = D\tilde{\alpha}$ と書ける．さて δ は反微分であるから，任意の二つの元 $x, y \in S^*\mathfrak{g}^*$ に対して，$\delta(xy) = (\delta x)y + (-1)^{\deg x} x(\delta y)$ となる．ところが $\deg x$ は偶数であるから，結局 $\delta(xy) = (\delta x)y + x(\delta y)$ となる．一方 L_{B_i} は微分であるから

$$D(xy) = \sum_{i=1}^m \theta_i \otimes \{(L_{B_i}x)y + x(L_{B_i}y)\} = (Dx)y + x(Dy)$$

となる．δ と D とは $S^1\mathfrak{g}^*$ 上一致し，同じ法則をみたすことから $S^*\mathfrak{g}^*$ 全体で $\delta = D$ となることがわかる．さて $f \in I(G)$ に対しては定義 6.45 の条件(ii')より，すべての i について $L_{B_i}f = 0$ となる．したがって

$$\delta f = Df = \sum_{i=1}^m \theta_i \otimes L_{B_i} f = 0$$

となり，証明が終わる．■

さて(6.34)の準同型写像 $w: W(\mathfrak{g}) \to A^*(P)$ は，$I(G)$ に制限することによ

り準同型写像 $w\colon I(G)\to A^*(M)$ を誘導する．なぜならば，補題 6.40, 6.41 により w は底的な元を底的な元に移すからである．さらに上にみたように，任意の元 $f\in I(G)$ は δ について閉じているので，コホモロジーをとることにより準同型写像

(6.36) $$w\colon I(G) \longrightarrow H^*_{DR}(M) = H^*(M;\mathbb{R})$$

が得られる．(6.36) は **Weil** 準同型 (Weil homomorphism) と呼ばれる．

定理 6.47（Chern–Weil 理論の主定理） $\xi=(P,\pi,M,G)$ を主 G バンドルとする．ξ に接続を入れると，Weil 準同型写像 $w\colon I(G)\to H^*(M;\mathbb{R})$ が定まる．これは接続のとり方にはよらない．そこで，任意の元 $f\in I^k(G)$ に対し，$f(\xi)=w(f)\in H^{2k}(M;\mathbb{R})$ とおけば，これは主 G バンドルの特性類となる．

[証明] Weil 準同型が接続のとり方によらないことを証明しよう．ω_0,ω_1 を ξ 上の二つの接続とする．$I=[0,1]$ とし，自然な射影 $p\colon M\times I\to M$ による ξ の引き戻しを $\xi\times I$ と書く．$\xi\times I$ は $M\times I$ 上の主 G バンドルである．$\tilde{\omega}$ を $\xi\times I$ の接続で，$\omega|_{M\times\{0\}}=\omega_0,\ \omega|_{M\times\{1\}}=\omega_1$ となるものとする．このような接続が存在することは，たとえば $M\times I$ の開被覆 $M\times[0,1/2),\ M\times(1/3,2/3),\ M\times(1/2,1]$ に，命題 6.38 の証明の中の接続の構成法を適用すれば簡単にわかる．より具体的にはつぎのようにすればよい．まず

$$\omega_t = (1-t)\omega_0 + t\omega_1 \quad (t\in I)$$

とおけば，これらは ξ の接続になることがわかる．ω_t に対応する水平部分空間を $H^t_u\subset T_uP\ (u\in P)$ と書こう．このとき $P\times I$ 上の点 (u,t) において，$H_{(u,t)}=H^t_u\oplus T_tI\subset T_{(u,t)}(P\times I)$ とおけば求める接続が得られる．このときつぎの図式

$$\begin{array}{ccc}
I(G) & \xrightarrow{w_0} & H^*(M\times\{0\};\mathbb{R}) \\
\| & & \uparrow i_0^* \\
I(G) & \xrightarrow{\tilde{w}} & H^*(M\times I;\mathbb{R}) \\
\| & & \downarrow i_1^* \\
I(G) & \xrightarrow{w_1} & H^*(M\times\{1\};\mathbb{R})
\end{array}$$

は明らかに可換である．ここで $w_0,w_1,\tilde{w}$ はそれぞれ接続 $\omega_0,\omega_1,\tilde{\omega}$ の定義

する Weil 準同型であり，i_0, i_1 は自然な包含写像である．$M \times \{0\}$ と $M \times \{1\}$ をそれぞれ M と自然に同一視すれば，合成写像 $i_1 \circ i_0^{-1}$ は恒等写像となるので $w_0 = w_1$ となり，Weil 準同型が確かに接続のとり方によらないことが示された．

つぎに $w(f)$ ($f \in I(G)$) が主 G バンドルの特性類になることを示そう．

$$\begin{array}{ccc} P_1 & \xrightarrow{\tilde{h}} & P_2 \\ \downarrow & & \downarrow \\ M_1 & \xrightarrow{h} & M_2 \end{array}$$

を主 G バンドルのバンドル写像とする．このとき P_2 上の任意の接続 ω に対して，$\tilde{h}^*\omega$ は P_1 上の接続となることがわかる．したがって $w_1(f) = h^*(w_2(f))$ となり，証明が終わる． ∎

(b) Lie 群の不変多項式

主 G バンドル $\xi = (P, \pi, M, G)$ に対して定義される Weil 準同型写像

(6.37) $$w: I(G) \longrightarrow H^*(M; \mathbb{R})$$

をもう一度具体的に記述してみる．ξ に一つ接続を与え，ω, Ω をそれぞれ接続形式，曲率形式とする．$\mathfrak{g}$ の基底 $B_1, \cdots, B_m$ を固定すると，

$$\omega = \omega_1 B_1 + \cdots + \omega_m B_m, \quad \Omega = \Omega_1 B_1 + \cdots + \Omega_m B_m$$

と表わすことができる．一方，$\mathfrak{g}^*$ の双対基底を $\theta_1, \cdots, \theta_m$ とすれば，$S^*\mathfrak{g}^*$ は対応する元 $\tilde{\theta}_1, \cdots, \tilde{\theta}_m \in S^1\mathfrak{g}^*$ で生成される多項式環 $\mathbb{R}[\tilde{\theta}_1, \cdots, \tilde{\theta}_m]$ となるのであった．したがって，任意の元 $f \in I^k(G)$ は

$$f = \sum_I a_I \tilde{\theta}_{i_1} \cdots \tilde{\theta}_{i_k}$$

と表わされることになる．このとき (6.37) は

(6.38) $$w(f) = \left[\sum_I a_I \Omega_{i_1} \wedge \cdots \wedge \Omega_{i_k}\right] \in H^{2k}(M; \mathbb{R})$$

により与えられるのである．ここで (6.38) の右辺の意味はつぎのとおりである．すなわち，括弧の中の微分形式は P 上の底的な $2k$ 次の閉形式であるが，

それを底空間 M 上の閉形式と思ってそのde Rham コホモロジー類をとったものである.

ここで $I(G)$ の，上記とはやや別の角度からの見方を導入することにする. まず $\mathfrak{g}$ の k 個の直積から $\mathbb{R}$ への対称な多重線形写像
$$f: \underbrace{\mathfrak{g} \times \cdots \times \mathfrak{g}}_{k個} \longrightarrow \mathbb{R}$$
の全体を $\widetilde{S}^k \mathfrak{g}^*$ と書こう．ここで f が対称とは，任意の k 文字の置換 σ に対して，$f(A_{\sigma(1)}, \cdots, A_{\sigma(k)}) = f(A_1, \cdots, A_k)$ $(A_i \in \mathfrak{g})$ となることをいう．さて二つの元 $f \in \widetilde{S}^k \mathfrak{g}^*$, $g \in \widetilde{S}^\ell \mathfrak{g}^*$ の積 $fg \in \widetilde{S}^{k+\ell} \mathfrak{g}^*$ を

(6.39) $\quad fg(A_1, \cdots, A_{k+\ell})$
$$= \frac{1}{(k+\ell)!} \sum_{\sigma \in \mathfrak{S}_{k+\ell}} f(A_{\sigma(1)}, \cdots, A_{\sigma(k)}) g(A_{\sigma(k+1)}, \cdots, A_{\sigma(k+\ell)})$$

と定義する．これにより，$\widetilde{S}^* \mathfrak{g}^* = \oplus_k \widetilde{S}^k \mathfrak{g}^*$ は次数付きの代数になる.

命題 6.48 $f \in \widetilde{S}^k \mathfrak{g}^*$ に対して，$\overline{f} \in S^k \mathfrak{g}^*$ を
$$\overline{f}(A) = f(A, \cdots, A) \quad (A \in \mathfrak{g})$$
と定義すれば，この対応 $\widetilde{S}^k \mathfrak{g}^* \to S^k \mathfrak{g}^*$ は次数付き代数としての同型 $\widetilde{S}^* \mathfrak{g}^* \cong S^* \mathfrak{g}^*$ を与える.

[証明] まず対応 $\widetilde{S}^k \mathfrak{g}^* \ni f \mapsto \overline{f} \in S^k \mathfrak{g}^*$ が積を保つこと，すなわち $\overline{fg} = \overline{f}\,\overline{g}$ となることはすぐにわかる．つぎに単項式 $f = \theta_{i_1} \cdots \theta_{i_k} \in S^k \mathfrak{g}^*$ に対しては $\widetilde{f} \in \widetilde{S}^k \mathfrak{g}^*$ を

(6.40) $\quad \widetilde{f}(A_1, \cdots, A_k) = \dfrac{1}{k!} \sum_{\sigma \in \mathfrak{S}_k} \theta_{i_1}(A_{\sigma(1)}) \cdots \theta_{i_k}(A_{\sigma(k)})$

とおくことにより線形写像 $S^k \mathfrak{g}^* \to \widetilde{S}^k \mathfrak{g}^*$ を定義すれば，これがもとの写像の逆写像になることが確かめられる． ∎

以後，上の命題6.48の同型により $\widetilde{S}^* \mathfrak{g}^*$ と $S^* \mathfrak{g}^*$ とを同一視する．とくに G の不変多項式 $f \in I^k(G)$ は対称な多重線形写像
$$f: \mathfrak{g} \times \cdots \times \mathfrak{g} \longrightarrow \mathbb{R}$$
で G の作用によって不変なもの，すなわちすべての $g \in G$ と $A_i \in \mathfrak{g}$ に対して等式 $f(\mathrm{Ad}\,g A_1, \cdots, \mathrm{Ad}\,g A_k) = f(A_1, \cdots, A_k)$ が成立するものとして特徴づけ

られることになる.

不変多項式のこの新しい見方によって,Weil 準同型(6.37)を見直してみよう.$f \in I^k(G)$ に対してその Weil 準同型による像 $w(f) \in H^{2k}(M; \mathbb{R})$ は,式(6.38)の右辺の括弧の中の M 上の閉形式によって表わされるのであった.一方,曲率形式 $\Omega \in A^2(P; \mathfrak{g})$ の k 個の外積をとったもの

$$\Omega^k = \Omega \wedge \cdots \wedge \Omega \in A^{2k}(P; \mathfrak{g} \otimes \cdots \otimes \mathfrak{g}) = A^{2k}(P; \mathfrak{g}^{\otimes k})$$

と,f を対称で G の作用で不変な線形写像 $f: \mathfrak{g}^{\otimes k} \to \mathbb{R}$ と思ったときの合成写像 $f \circ \Omega^k$ を $f(\Omega^k)$ と書けば,これは P 上の $2k$ 形式となる.具体的には $X_1, \cdots, X_{2k} \in T_u P$ に対して

(6.41) $\quad f(\Omega^k)(X_1, \cdots, X_{2k})$
$$= \frac{1}{(2k)!} \sum_{\sigma \in \mathfrak{S}_{2k}} \operatorname{sgn} \sigma f(\Omega(X_{\sigma(1)}, X_{\sigma(2)}), \cdots, \Omega(X_{\sigma(2k-1)}, X_{\sigma(2k)}))$$

となる.実はつぎに示すように,$f(\Omega^k)$ は式(6.38)の右辺の括弧の中の微分形式(それは§5.4 の記法に合わせれば,$f(\Omega)$ と書かれるべきもの)と一致し,したがってそれは $w(f)$ を表わす M 上の閉形式となるのである.

補題 6.49 上に定義した P 上の二つの $2k$ 形式は一致する.すなわち

$$f(\Omega^k) = w(f).$$

[証明] 命題の主張より一般に,つぎの図式

$$\begin{array}{ccc} S^* \mathfrak{g}^* & \xrightarrow{w} & A^*(P) \\ \| & & \| \\ \widetilde{S}^* \mathfrak{g}^* & \xrightarrow{\widetilde{w}} & A^*(P) \end{array}$$

が可換であることを証明する.ここで下の準同型写像 $\widetilde{w}$ は式(6.41)により定義されるものである.線形性から

$$f = \widetilde{\theta}^{i_1} \cdots \widetilde{\theta}^{i_k} \in S^k \mathfrak{g}^*$$

の形の元に対して証明すればよい.このとき(6.40),(6.41)を使って計算すれば,$X_1, \cdots, X_{2k} \in T_u P$ に対して

$$\widetilde{w}(f)(X_1, \cdots, X_{2k}) = f(\Omega^k)(X_1, \cdots, X_{2k})$$

$$= \frac{1}{(2k)!} \sum_{\sigma \in \mathfrak{S}_{2k}} \operatorname{sgn} \sigma f(\Omega(X_{\sigma(1)}, X_{\sigma(2)}), \cdots, \Omega(X_{\sigma(2k-1)}, X_{\sigma(2k)}))$$

$$= \frac{1}{(2k)!} \sum_{\sigma \in \mathfrak{S}_{2k}} \operatorname{sgn} \sigma \Big\{ \frac{1}{k!} \sum_{\tau \in \mathfrak{S}_k} \widetilde{\theta}^{i_1}(T^{\sigma}_{\tau(1)}) \cdots \widetilde{\theta}^{i_k}(T^{\sigma}_{\tau(k)}) \Big\}$$

$$= \frac{1}{(2k)!} \sum_{\sigma \in \mathfrak{S}_{2k}} \operatorname{sgn} \sigma \, \Omega_{i_1}(X_{\sigma(1)}, X_{\sigma(2)}) \cdots \Omega_{i_k}(X_{\sigma(2k-1)}, X_{\sigma(2k)})$$

$$= (\Omega_{i_1} \wedge \cdots \wedge \Omega_{i_k})(X_1, \cdots, X_{2k})$$

$$= w(f)(X_1, \cdots, X_{2k})$$

となり証明が終わる.ただし,上記で $T^\sigma_1, \cdots, T^\sigma_k$ はそれぞれ $\Omega(X_{\sigma(1)}, X_{\sigma(2)})$, $\cdots, \Omega(X_{\sigma(2k-1)}, X_{\sigma(2k)})$ を簡単に記したものである. ■

(c) ベクトルバンドルの接続と主バンドルの接続

ここでは第5章で定義したベクトルバンドルの接続と,この章で行なった一般の主バンドルの接続の定義の比較をする.結論からいえば,両者はまったく同等なのである.簡単のため実ベクトルバンドルと,それに同伴する主バンドルについてのみ記述するが,複素ベクトルバンドルの場合もほとんど同じ証明が適用できる.

定理 6.50 $\pi: E \to M$ を n 次元のベクトルバンドル, $\pi: P \to M$ を同伴する主 $GL(n; \mathbb{R})$ バンドルとする.このとき,E 上の接続の全体の集合と P 上の接続の全体の集合の間には,自然な1対1の対応が存在する.

[証明] 簡単のため $GL(n; \mathbb{R})$, $\mathfrak{gl}(n; \mathbb{R})$ をそれぞれ $G, \mathfrak{g}$ と書くことにする.

まず E が自明の場合に証明する.自明化 $\varphi: E \cong M \times \mathbb{R}^n$ を一つ選び,$s_1, \cdots, s_n$ を対応する枠とする.さて ∇ を E の接続とする.このとき §5.3 で見たように

$$\nabla s_j = \sum_{i=1}^{n} \omega^i_j \otimes s_i$$

とおけば,$\mathfrak{g}$ に値をとる M 上の1形式 $\omega = (\omega^i_j)$,すなわち接続形式が定まる.そして ∇ の情報はすべて ω に含まれているのであった.さらに任意の $\mathfrak{g}$ に値をとる M 上の1形式 ω はある接続の接続形式となることも簡単にわ

かる.こうして
$$E\text{ の接続の全体の集合} = A^1(M;\mathfrak{g})$$
と書けることになる.

つぎに接続形式 $\omega \in A^1(M;\mathfrak{g})$ を使って主バンドル P の接続を定めよう.自明化 $\varphi: E \cong M \times \mathbb{R}^n$ は切断 $s: M \to P$ を誘導し,さらに P の自明化
$$\widetilde{\varphi}: P \cong M \times G$$
が対応 $M \times G \ni (p,g) \mapsto s(p)g \in P$ により定まる.このとき
$$\widetilde{\omega} = \widetilde{\varphi}^*(\mathrm{Ad}(g^{-1})\omega + \omega_0) \in A^1(P;\mathfrak{g}) \quad (g \in G)$$
とおく.ここで ω_0 は G の Maurer–Cartan 形式である.このとき $\widetilde{\omega}$ は P の接続となることがわかる.なぜならば,接続の条件(定理 6.37)のうち(i)は,それと同値な条件(6.10)を $\widetilde{\omega}$ がみたすことは明らかであり,(ii)は容易に確かめることができるからである.こうして写像
$$\iota: E\text{ の接続の全体の集合} \longrightarrow P\text{ の接続の全体の集合}$$
が定義された.ι は明らかに単射であるが,それはまた全射でもある.なぜならば,P 上の任意の接続は切断 s によって引き戻した M 上の 1 形式で完全に決まってしまうが,それは ι の像になっているからである.こうして ι が 1 対 1 対応であることがわかった.

つぎに ι が自明化 $\varphi: E \cong M \times \mathbb{R}^n$ のとり方によらないことを証明しよう.もしこれが示されれば,定理の証明が終わることになる.というのは,E と P のいずれの接続もその上でバンドルが自明となるような M の開集合 U 上で定義された接続(形式)をつぎつぎと張り合わせたものと思うことができるが,各 U 上では ι はすでに全単射であることがわかっているからである.

$\psi: E \cong M \times \mathbb{R}^n$ を別の自明化とし,ω' を対応する接続形式とする.これに対して上記と同じ構成をし,得られた P 上の接続を
$$\widetilde{\omega}' = \widetilde{\psi}^*(\mathrm{Ad}(g^{-1})\omega' + \omega_0)$$
とする.このとき証明すべきことは
$$\widetilde{\omega}' = \widetilde{\omega}$$
である.二つの自明化 φ, ψ の変換関数(§5.1(b) および §6.1(b) 参照)を $g_{\varphi\psi}: M \to G$ とすれば,§5.3 命題 5.22 から

(6.42) $$\omega' = g_{\varphi\psi}^{-1}\omega g_{\varphi\psi} + g_{\varphi\psi}^{-1}dg_{\varphi\psi}$$

となる．ここで，つぎの可換な図式

$$\begin{array}{ccc} P & \xrightarrow{\tilde{\varphi}} & M \times G \\ \| & & \uparrow{\mathrm{id}\times L_g} \\ P & \xrightarrow{\tilde{\psi}} & M \times G \end{array}$$

を考えよう．ただし $\mathrm{id} \times L_g(p,g) = (p, g_{\varphi\psi}(p)g)$ $(p \in M, g \in G)$ とする．これから

(6.43) $$(\mathrm{id} \times L_g)^*(\mathrm{Ad}(g^{-1})\omega + \omega_0) = \mathrm{Ad}(g^{-1})\omega' + \omega_0$$

を示せばよいことがわかる．ところが明らかに

(6.44) $$(\mathrm{id} \times L_g)^* \mathrm{Ad}(g^{-1})\omega = \mathrm{Ad}(g^{-1})(g_{\varphi\psi}^{-1}\omega g_{\varphi\psi})$$

である．また G の Maurer–Cartan 形式は，具体的に $\omega_0 = g^{-1}dg$ $(g \in G)$ と書けることがわかる（検証は演習問題 6.8 とする）．したがって

(6.45) $$\begin{aligned}(\mathrm{id} \times L_g)^* \omega_0 &= (g_{\varphi\psi}g)^{-1}d(g_{\varphi\psi}g) \\ &= \mathrm{Ad}(g^{-1})g_{\varphi\psi}^{-1}dg_{\varphi\psi} + \omega_0\end{aligned}$$

となる．(6.42), (6.44), (6.45) を比べれば (6.43) が示されており，証明が終わることになる． ∎

こうして第 5 章のベクトルバンドルの特性類と，この章で解説したそれに同伴する主バンドルの特性類は完全に同値であることがわかった．

(d) 特性類

これまでの議論から，与えられた Lie 群 G に対してその不変多項式代数 $I(G)$ の任意の元は，主 G バンドルの特性類の役割を果たすことがわかった．§5.4（定理 5.26）ですでに証明したように

$$I(GL(n;\mathbb{R})) = \mathbb{R}[\sigma_1, \cdots, \sigma_n],$$
$$I(GL(n;\mathbb{C})) = \mathbb{R}[c_1, \cdots, c_n]$$

である．これ以外のいくつかの例を証明なしであげることにする．

例 6.51 $I(O(n)) = \mathbb{R}[p_1, p_2, \cdots, p_{[n/2]}]$. □

例 6.52　$I(SO(2n)) = \mathbb{R}[p_1, \cdots, p_{n-1}, eu]$. □

例 6.53　$I(SO(2n+1)) = \mathbb{R}[p_1, \cdots, p_n]$. □

例 6.54　$I(U(n)) = \mathbb{R}[c_1, \cdots, c_n]$. □

上記の四つの例はいずれもコンパクトな Lie 群である．一般に G がコンパクトならば，不変多項式の全体 $I(G)$ と主 G バンドルの(実係数の)特性類の全体が自然に同一視できることが，H. Cartan によって証明されている．

§6.6　二，三の事項

(a)　Weil 代数のコホモロジーの自明性

Lie 群 G の Lie 代数を $\mathfrak{g}$ とする．$\mathfrak{g}$ の Weil 代数 $W(\mathfrak{g})$ は，主 G バンドルに接続が与えられたとき，全空間の de Rham 複体の中で接続形式と曲率形式とが生成する部分複体のモデルとなるものであった．したがってそのコホモロジー群 $H^*(W(\mathfrak{g}); \delta)$ は，いわば主 G バンドルの全空間のコホモロジーを代表するものといえよう．つぎの定理は実はそれが自明であることを主張するものである．G の分類空間 BG の言葉を使うと，これは BG 上の普遍主 G バンドルの全空間が可縮であることに対応している．

定理 6.55　Weil 代数 $W(\mathfrak{g})$ の外微分 δ に関するコホモロジー群は自明である．すなわち

$$H^k(W(\mathfrak{g}); \delta) = \begin{cases} \mathbb{R} & (k = 0) \\ 0 & (k > 0). \end{cases}$$

[証明]　前のように $\mathfrak{g}$ の基底 $B_1, \cdots, B_m$ を一つ選び，$\theta_1, \cdots, \theta_m$ を $\mathfrak{g}^*$ の双対基底とすれば，

$$W(\mathfrak{g}) = \Lambda^*\mathfrak{g}^* \otimes S^*\mathfrak{g}^* = E(\theta_1, \cdots, \theta_m) \otimes \mathbb{R}[\widetilde{\theta}_1, \cdots, \widetilde{\theta}_m]$$

と書けるのであった．ここで E は外積代数を表わす．まず $W(\mathfrak{g})$ の斉次元 x に対してその"重み" $\ell(x)$ を，x が 0 でない $\Lambda^*\mathfrak{g}^* \otimes S^k\mathfrak{g}^*$ に属する成分を持つような最大の k として定義する．たとえば $\ell(\theta_i) = 0$, $\ell(\theta_i\widetilde{\theta}_j) = 1$, $\ell(\widetilde{\theta}_i\widetilde{\theta}_j) = 2$ といった具合である．また 0 については $\ell(0) = -1$ と定義する．つぎに線形

写像
$$\kappa\colon W(\mathfrak{g}) \longrightarrow W(\mathfrak{g})$$
を，$\mathfrak{g}^*$ の任意の元 α に対しては $\kappa(\alpha)=0$，対応する元 $\widetilde{\alpha}\in S^1\mathfrak{g}^*$ については $\kappa(\widetilde{\alpha})=\alpha$ とおき，$W(\mathfrak{g})$ 全体に次数 -1 の反微分として拡張する．このとき
$$D=\kappa\delta+\delta\kappa\colon W(\mathfrak{g})\longrightarrow W(\mathfrak{g})$$
とおけば，これは次数 0 の微分になる．なぜならば，$x,y\in W(\mathfrak{g})$ に対して
$$D(xy)=\kappa\{\delta x\cdot y+(-1)^{\deg x}x\cdot\delta y\}+\delta\{\kappa x\cdot y+(-1)^{\deg x}x\cdot\kappa y\}$$
$$=(\kappa\delta x)y+x(\kappa\delta y)+(\delta\kappa x)y+x(\delta\kappa y)=(Dx)y+x(Dy)$$
となるからである．さて任意の $\alpha\in\mathfrak{g}^*$ に対して

(6.46) $\qquad D\alpha=\alpha,\quad D\widetilde{\alpha}=\widetilde{\alpha}-d\alpha$

となることを示そう．まず α については
$$D\alpha=(\kappa\delta+\delta\kappa)\alpha=\kappa(d\alpha+\widetilde{\alpha})=\alpha$$
となる．つぎに $\widetilde{\alpha}$ については
$$D\widetilde{\alpha}=\kappa\Big(\sum_i\theta_i\otimes L_{B_i}\widetilde{\alpha}\Big)+\delta\alpha=-\sum_i\theta_i\otimes\kappa(L_{B_i}\widetilde{\alpha})+d\alpha+\widetilde{\alpha}$$
$$=-\sum_i\theta_i\wedge L_{B_i}\alpha+d\alpha+\widetilde{\alpha}=\widetilde{\alpha}-d\alpha$$
となり，確かに (6.46) が成立する．ここで $\sum_i\theta_i\wedge L_{B_i}\alpha=2d\alpha$ であることを使った．

さて $x\in W(\mathfrak{g})$ を次数 $m\,(>0)$ の斉次元とする．このとき Dx も同じ次数の斉次元となる．また明らかに $\ell(x)<m$ である．そこで
$$x'=x-\frac{1}{m-\ell(x)}Dx$$
とおこう．このとき不等式

(6.47) $\qquad\qquad\qquad \ell(x')<\ell(x)$

が成立することがわかる．なぜならば，x は $\theta_{i_1}\cdots\theta_{i_k}\widetilde{\theta}_{j_1}\cdots\widetilde{\theta}_{j_\ell}$ $(k+2\ell=m)$ の形の元の 1 次結合であるが，一方，D が微分であることと (6.46) から
$$D(\theta_{i_1}\cdots\theta_{i_k}\widetilde{\theta}_{j_1}\cdots\widetilde{\theta}_{j_\ell})=D(\theta_{i_1}\cdots\theta_{i_k})\widetilde{\theta}_{j_1}\cdots\widetilde{\theta}_{j_\ell}+\theta_{i_1}\cdots\theta_{i_k}D(\widetilde{\theta}_{j_1}\cdots\widetilde{\theta}_{j_\ell})$$
$$=(k+\ell)\theta_{i_1}\cdots\theta_{i_k}\widetilde{\theta}_{j_1}\cdots\widetilde{\theta}_{j_\ell}+\text{重みが }\ell\text{ 未満の項}$$

となる．ここで $\ell=\ell(x)$ とおけば $k+\ell=m-\ell(x)$ である．したがって確かに $\ell(x')<\ell(x)$ となり，(6.47) が示された．

ここでさらに $\delta x=0$ と仮定しよう．このとき
$$x'=x-\frac{1}{m-\ell(x)}Dx=x-\delta\left(\frac{1}{m-\ell(x)}\kappa x\right)$$
となるから $\delta x'=0$ であり，かつ x' は x とコホモローグである．そこで x' に対して上と同じ議論をすれば，x' とコホモローグな元 x'' で $\ell(x'')<\ell(x')$ となるものが構成できる．この操作を繰り返せば有限回で $\ell=-1$ となる元，すなわち 0 にたどり着く．これはもともとの元 x が 0 とコホモローグであることを示しており，定理の証明が終わる． ■

注意 6.56 上の証明はつぎの意味で構成的である．すなわち，次数が正の任意のコサイクル $x\in W(\mathfrak{g})$ に対し，$\delta y=x$ となるような元 $y\in W(\mathfrak{g})$ を具体的に作る方法を与えているのである．

(b) Chern–Simons 形式

前節までに見てきたように，Lie 群 G の不変多項式 $f\in I^k(G)$ が与えられると，任意の主 G バンドル $\xi=(P,\pi,M)$ に対して特性類 $f(\xi)\in H^{2k}(M;\mathbb{R})$ が定義される．そしてこの特性類は ξ 上に任意の接続を与えたとき，その曲率形式 Ω が誘導する P 上の底的な閉形式 $f(\Omega^k)$ により表わされるのであった．

さて底的な閉形式 $f(\Omega^k)$ の，底空間 M ではなく全空間 P での de Rham コホモロジー類をとるとどうなるであろうか．実はそれは 0 になってしまうことがつぎのようにしてわかる．射影 $\pi:P\to M$ による ξ 自身の引き戻し $\pi^*\xi$ は，例 6.8 により，自明な主バンドルとなるので $f(\pi^*\xi)=0$ である．一方，$\pi^*\xi$ 上の ξ からの引き戻しの接続を考えれば，$f(\pi^*\xi)$ はまさに $f(\Omega^k)$ により表わされることがわかる．したがって $f(\Omega^k)$ の表わすコホモロジー類は 0，すなわちそれは P 上では完全形式である．この事実はまた定理 6.55 からも従う．なぜならば $\delta f=0$ であるから，定理 6.55 により，ある元 $Tf\in W(\mathfrak{g})$ が存在して $\delta Tf=f$ となる．したがって写像 $w:W(\mathfrak{g})\to A^*(P)$ によ

る像 $w(Tf) \in A^{2k-1}(P)$ を考えれば，$dw(Tf) = f(\Omega^k)$ となるからである．このような微分形式 Tf をはじめて具体的に与えたのは Chern と Simons であり，今ではそれは **Chern–Simons 形式**(Chern-Simons form)と呼ばれている．最近さかんに研究されている低次元多様体の幾何学やゲージ理論にとって欠かせない概念となっている．しかし残念ながら，本書ではこれ以上立ち入ることはできない．興味ある読者は原論文(Ann. Math. **99**(1974), pp. 48–69)を見てほしい．

(c) 平坦バンドルとホロノミー準同型

まず平坦バンドルの定義を述べよう．

定義 6.57 $\xi = (P, \pi, M, G)$ を C^∞ 多様体 M 上の主 G バンドルとする．ξ の接続 ω は，その曲率形式 Ω が恒等的に 0 ($\Omega \equiv 0$) であるとき，**平坦な接続** (flat connection) という．平坦な接続の与えられた主 G バンドルを，**平坦 G バンドル**(flat G-bundle) という．同じ底空間 M 上の二つの平坦 G バンドル ξ_i ($i = 1, 2$) は，バンドル同型写像 $f: P_1 \to P_2$ で，$f^*\omega_2 = \omega_1$ となるようなものが存在するとき，互いに同型であるという．ここで P_i は ξ_i の全空間であり，ω_i は ξ_i 上の平坦な接続とする． □

平坦バンドルの例としては，積バンドル $M \times G$ 上の自明な接続がある．これはつまらない例であるが，底空間 M と構造群 G によっては，M 上に自明でない平坦 G バンドルが豊富に存在する場合があり，それらの構造の解明はしばしば重要な問題となる．

主 G バンドル ξ 上の与えられた接続 ω が平坦になるための幾何学的な意味は，Frobenius の定理(§2.3 定理 2.17，定理 2.21)を使うことにより，つぎのように説明することができる．ξ の全空間 P 上の各点 $u \in P$ に対して，$\mathcal{H}_u = \{X \in T_uP \,;\, \omega(X) = 0\}$ とおけば，$\mathcal{H}$ は P 上の分布となる．$\mathcal{H}$ は ω に関して水平なベクトル全体を集めたものに他ならない．このときつぎの命題が成立する．

命題 6.58 主 G バンドル ξ 上の接続 ω が平坦となるための必要十分条件は，ω に関して水平なベクトル全体の作る P 上の分布 $\mathcal{H}$ が完全積分可能に

なることである．

[証明] Frobenius の定理 2.17 により，$\mathcal{H}$ が完全積分可能であることと，それが包合的であることは同値である．したがって ω が平坦であるための必要十分条件が，$\mathcal{H}$ が包合的となることを証明すればよい．

$\mathcal{H}$ の切断，すなわち P 上の水平なベクトル場全体を $\Gamma(\mathcal{H})$ と書こう．さて X,Y を P 上の任意のベクトル場とし，$X_\mathrm{h}, Y_\mathrm{h} \in \Gamma(\mathcal{H})$ をそれらの水平成分とする．このとき命題 6.39(ii) により

$$\begin{aligned}2\Omega(X,Y) &= 2d\omega(X_\mathrm{h}, Y_\mathrm{h})\\ &= X_\mathrm{h}(\omega(Y_\mathrm{h})) - Y_\mathrm{h}(\omega(X_\mathrm{h})) - \omega([X_\mathrm{h}, Y_\mathrm{h}])\\ &= -\omega([X_\mathrm{h}, Y_\mathrm{h}])\end{aligned}$$

となる．この式から $\Omega \equiv 0$ となるための必要十分条件が，$[X_\mathrm{h}, Y_\mathrm{h}] \in \Gamma(\mathcal{H})$ となること，すなわち $\mathcal{H}$ が包合的になることであることがわかり，証明が終わる． ∎

上記の命題を使って，平坦バンドルの構造を調べよう．$\xi = (P, \pi, M, G)$ を主 G バンドルとし，その上に平坦な接続 ω が与えられたとしよう．対応する P 上の水平なベクトル全体からなる完全積分可能な分布を $\mathcal{H}$ とする．$p_0 \in M$ を基点とし，1点 $u_0 \in \pi^{-1}(x_0)$ を選ぶ．u_0 を通る $\mathcal{H}$ の極大積分多様体を L_{u_0} とする．このとき π の L_{u_0} への制限を $\pi_0 \colon L_{u_0} \to M$ と書けば，これは明らかに L_{u_0} 上の任意の点のある近傍で微分同相写像となる．すなわち π_0 は被覆写像である．したがって p_0 を始点とする M 上の任意の閉曲線 α に対して，その L_{u_0} への持ち上げ $\tilde{\alpha}$ で u_0 を始点とするものがただ一つ存在する（図 6.9 参照）．このとき $\tilde{\alpha}$ の終点は u_0 と同じファイバー $\pi^{-1}(p_0)$ 上にある．したがって，ある元 $g \in G$ が存在して

$$\tilde{\alpha} \text{ の終点} = u_0 g$$

と書ける．さらに $\tilde{\alpha}$ の終点は，α を p_0 を止めて連続的に動かしても変わらないことが簡単にわかる．したがって上記の元 g は，α の定める M の基点 p_0 に関する基本群 $\pi_1 M$ の元（簡単のためにこれも α と記すことにするが）のみによることになる．そこで $\rho(\alpha) = g^{-1}$ とおくことにより，写像

$$\rho \colon \pi_1 M \longrightarrow G$$

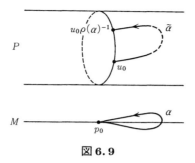

図 6.9

が定義される．つぎに示すように ρ は実は準同型写像になることがわかる．これを平坦バンドル ξ の**ホロノミー準同型**(holonomy homomorphism) と呼ぶ．

命題 6.59 上に定義した写像 $\rho: \pi_1 M \to G$ は準同型写像である．

［証明］ $\alpha, \beta \in \pi_1 M$ とし，図 6.10 に示すように，$\tilde{\alpha}, \tilde{\beta}$ をそれらの u_0 を始点とする L_{u_0} への持ち上げとする．このとき，ρ の定義により

$$\tilde{\alpha} \text{ の終点} = u_0 \rho(\alpha)^{-1}, \quad \tilde{\beta} \text{ の終点} = u_0 \rho(\beta)^{-1}$$

となっている．さて $\mathcal{H}$ は G の作用により不変であるから，$\tilde{\beta}\rho(\alpha)^{-1}$ は $u_0 \rho(\alpha)^{-1}$ を始点とする β の $L_{u_0} = L_{u_0 \rho(\alpha)^{-1}}$ 内への持ち上げとなる．したがって，積 $\alpha\beta$ の持ち上げとして $\tilde{\alpha} \cdot (\tilde{\beta}\rho(\alpha)^{-1})$ がとれることになる．ところで $\tilde{\beta}\rho(\alpha)^{-1}$ の終

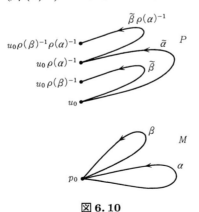

図 6.10

点は $u_0\rho(\beta)^{-1}\rho(\alpha)^{-1}$ である．したがって
$$\rho(\alpha\beta) = (\rho(\beta)^{-1}\rho(\alpha)^{-1})^{-1} = \rho(\alpha)\rho(\beta)$$
となり，ρ が確かに準同型写像であることが証明された．

つぎに点 $u_0 \in \pi^{-1}(p_0)$ を取り替えると，ホロノミー ρ がどのように変わるかを見てみよう．$u_0' \in \pi^{-1}(p_0)$ を同じファイバー上の別の点とすれば，ある元 $h \in G$ によって $u_0' = u_0 h$ と書ける．u_0 の代わりに u_0' を使って定義されるホロノミーを ρ' としよう．さて $\alpha \in \pi_1 M$ の u_0 を始点とする L_{u_0} への持ち上げを $\tilde{\alpha}$，u_0' を始点とする $L_{u_0'}$ への持ち上げを $\tilde{\alpha}'$ とする．このとき明らかに $\tilde{\alpha}' = \tilde{\alpha}h$ となる．したがって
$$u_0'\rho'(\alpha)^{-1} = u_0\rho(\alpha)^{-1}h$$
となる．一方
$$u_0'\rho'(\alpha)^{-1} = u_0 h \rho'(\alpha)^{-1}$$
であるから，$\rho'(\alpha)^{-1} = h^{-1}\rho(\alpha)^{-1}h$ となり，結局
$$\rho'(\alpha) = h^{-1}\rho(\alpha)h$$
となる．すなわち，ρ' と ρ とは互いに**共役**(conjugate)な準同型写像となることがわかった．

上記の議論から，同じ底空間 M 上の二つの平坦な G バンドルが互いに同型ならば，それらのホロノミー準同型は共役になることも簡単にわかる．こうして M 上の平坦な G バンドルの同型類に対して，そのホロノミーと呼ばれる準同型写像 $\rho: \pi_1 M \to G$ が共役類を除いて定義されることがわかった．実はつぎの定理が示すように，平坦バンドルの構造はそのホロノミーによって完全に記述されるのである．

定理 6.60 M を C^∞ 多様体とし，G を Lie 群とする．このとき，M 上の平坦な G バンドルに対して，そのホロノミーを対応させる写像は 1 対 1 対応
$$\{M \text{ 上の平坦 } G \text{ バンドルの同型類}\} \cong \{\text{準同型写像 } \rho: \pi_1 M \to G \text{ の共役類}\}$$
を誘導する． □

この定理の証明およびその応用については，森田茂之「特性類と幾何学」（岩波講座『現代数学の展開』，岩波書店，1999 年）に述べたので参照してほしい．

《 要 約 》

6.1 ファイバーバンドルとは，底空間と呼ばれる多様体上の各点にファイバーと呼ばれる別の多様体が並び，局所的には直積となっているものをいう．ファイバーの並び具合は構造群と呼ばれる変換群によって記述される．

6.2 主バンドルとは，ファイバーと構造群が与えられた Lie 群であり，その作用が左からの自然な作用であるようなファイバーバンドルのことである．

6.3 向き付けられた S^1 バンドルは Euler 類によって完全に分類される．

6.4 閉じた C^∞ 多様体上の有限個の特異点をもつベクトル場の，特異点における指数の総和は Euler 数に等しい．これを Hopf の指数定理という．

6.5 主バンドルの接続とは，全空間上の各点において水平方向を与える分布で，構造群の右からの作用に関して不変なものをいう．

6.6 接続を"微分"することにより曲率が定義される．それは主バンドルの曲がり具合を記述するものである．

6.7 Lie 群 G の Lie 代数 $\mathfrak{g}$ に対し，$W(\mathfrak{g}) = \Lambda^*\mathfrak{g}^* \otimes S^*\mathfrak{g}^*$ を $\mathfrak{g}$ の Weil 代数という．$W(\mathfrak{g})$ は接続の与えられた主 G バンドルの全空間の de Rham 複体のモデルの役割を果たす．

6.8 Lie 群 G に対しその Weil 代数の底的な元全体のつくる部分代数 $I(G)$ を G の不変多項式代数という．任意の主 G バンドルに対し $I(G)$ から底空間のコホモロジー代数への準同型が定まる．これを Weil 準同型という．Weil 準同型の像の元は主 G バンドルの特性類となる．

6.9 ベクトルバンドルの接続と，それに同伴する主 $GL(n;\mathbb{R})$ バンドルの接続とは同値な概念である．

6.10 曲率が 0 となる接続の定義された主バンドルを平坦バンドルという．

———— 演習問題 ————

6.1 Hopf 写像 $h: S^3 \to S^2$ (§1.3 例 1.27) を一般化した写像 $h: S^{2n+1} \to \mathbb{C}P^n$ をつぎのように定義する．$S^{2n+1} = \{(z_1, \cdots, z_{n+1}); \sum_i |z_i|^2 = 1\}$ とし $h(z_1, \cdots, z_{n+1}) = [z_1, \cdots, z_{n+1}]$ とおくのである．これは主 S^1 バンドルとなることを証明せよ．これを **Hopf の S^1 バンドル**という．

6.2 $\xi=(E,\pi,B,F,G)$ をファイバーバンドルとする．M を C^∞ 多様体，$f:M\to B$ を C^∞ 写像とする．$f^*E=\{(p,u)\in M\times E;\ f(p)=\pi(u)\}$ とおくと，f^*E は自然に C^∞ 多様体になることを示せ．また $f^*\pi:f^*E\to M$ を $f^*\pi(p,u)=p$ と定義すると，$f^*(\xi)=(f^*E,f^*\pi,M,F,G)$ はファイバーバンドルとなることを証明せよ．

6.3 $\pi:E\to B$ をファイバーバンドルとする．このとき $\pi^*:A^*(B)\to A^*(E)$ は単射であることを証明せよ．

6.4 補題 6.19 を証明せよ．

6.5 向き付けられた 2 次元ベクトルバンドルの Euler 類と，向き付けられた S^1 バンドルの Euler 類は一致することを証明せよ．

6.6 Hopf の S^1 バンドル（例 6.29 および上記の問題 6.1 参照）の Euler 類が $-1\in H^2(S^2;\mathbb{Z})$ であることを，微分形式による定義から直接確かめよ．

6.7 $SO(2)$ の Weil 代数 $W(\mathfrak{so}(2))$ を具体的に記述せよ．

6.8 $GL(n;\mathbb{R})$ の Maurer–Cartan 形式 ω_0 は，$g=(g^i_j)\in GL(n;\mathbb{R})$ に対して，$\omega_0=g^{-1}dg$ と書けることを示せ．

6.9 $SU(2)$ の Weil 代数 $W(\mathfrak{su}(2))$ の中で $c_2\in I(SU(2))$ の Chern–Simons 形式，すなわち $\delta Tc_2=c_2$ となるような元 Tc_2 を求めよ．

6.10 積 S^1 バンドル $\pi:S^1\times S^1\to S^1$（π は第一成分への射影）上の自明でない平坦な接続を構成せよ．

現代数学への展望

本書で解説した微分可能多様体上の微分形式および特性類の理論が，現代の幾何学においてどのように使われてきたかを簡単にまとめてみる．

出発点は多様体の大局的な曲がり具合をコホモロジーのことばで記述する，Stiefel–Whitney 類や Pontrjagin 類などの特性類の導入である．これを微分形式の観点から見れば，de Rham の定理と Chern–Weil 理論が二本の柱ということになる．すなわち，まず多様体のコホモロジーを微分形式によって捉え，つぎに接バンドルに接続を入れ対応する曲率によって多様体の曲がり具合を表現する．そして最後に，曲率形式を種々のサイクルの上で積分することにより，大局的な量としての特性類や特性数を導き出すのである．

本書でも理論の一端を述べたが，微分可能多様体の分類にとって決定的な役割を果たしたのが，Pontrjagin と Rohlin によって始められ，Thom が完成させた同境理論である．同境の考えはまったく自然なものであり，今日にいたるまで様々なかたちで登場し続けてきた．Thom はまず，すべての微分可能な閉多様体を同境という同値関係によって分類するという画期的なアイディアを得た．つぎにこれを Thom 複体と呼ばれるある空間のホモトピー群を計算する問題に帰着させ，当時までに十分に発達していた代数的位相幾何学の手法でこれを完全に解いたのである．答えは §5.7 定理 5.54 に述べたとおり，Pontrjagin 数と Stiefel–Whitney 数が完全な不変量となるというものであった．

Thom のこの仕事は，1950, 60 年代に隆盛をみせた微分トポロジーと呼ばれる分野の先駆けとなり，また模範的なモデルともなった．まず Milnor が球面上に通常のものとは異なる微分構造を構成した．しばらくして Smale は，h 同境定理と一般 Poincaré 予想の解決という二つの大きな結果を得た．同じ頃 Milnor は Kervaire と共にホモトピー球面の分類理論を建設した．こ

れらの仕事を一般化することにより，手術の理論と呼ばれる多様体を具体的に構成し分類する理論が Novikov と Browder により始められ，Sullivan と Wall がそれを完成させた．この一連の流れの中で Pontrjagin 類はきわめて大きな役割を果たした．実際 Pontrjagin 類によって表わされる大局的な構造を考慮しつつ，手術と呼ばれる技法により多様体を自由自在に改変するというのが基本的なテクニックであった．そして微分トポロジーは，1969 年の Kirby と Siebenmann による位相多様体の三角形分割に関する決定的な仕事により，一応の区切りを迎えたのである．

　一方，本文中でも述べたとおり，Hirzebruch は Thom の仕事が発表された直後にそれを使って彼の名を冠することになる符号数定理を証明した．多様体のコホモロジー的な不変量である符号数が，Pontrjagin 数で書けるという結果である．この結果自身は微分トポロジーの範疇に属するものといえるが，考え方はそれをはるかに超えた広がりを見せることになる．すなわち，符号数定理のすぐ後に，Hirzebruch は代数多様体に対する Riemann–Roch の定理を証明し，Atiyah と Hirzebruch はそれを微分可能多様体に対して一般化した．そしてこれらをすべて含むかたちで，有名な Atiyah–Singer の指数定理が 1963 年に発表された．微分可能多様体上の種々のベクトルバンドルに作用する，楕円型微分作用素のなすある系に対して定義される解析的指数と呼ばれる不変量が，特性類によって記述される位相的指数に等しいというのである．数学の定理の一つの典型といえる美しい結果である．

　Hirzebruch の Riemann–Roch の定理は，Grothendieck によって代数多様体の間の射を含むかたちにさらに深く一般化された．この定理は 20 世紀の数学の最も深い定理の一つといえよう．その定式化においても，あるいはまた上記の種々の指数定理においても，これも Grothendieck の創始になる K 理論が重要な役割を演じている．K 理論とは，大ざっぱにいえば多様体上のベクトルバンドルのある同値類全体に Abel 群の構造を入れたものに関する理論である．Bott の周期性定理や Adams による球面のトポロジーに関する二つの深い結果も，K 理論の枠組みを使えば簡明に説明することができる．ここにあげたのは Grothendieck の膨大な仕事のほんの一部であり，その

主要な部分は代数幾何学におけるものである．これについては上野健爾『代数幾何』(岩波書店，2005 年)を参照してほしい．いずれにしても，20 世紀数学における Grothendieck の仕事の深さと広がりは，比類のないものである．

　微分可能多様体の幾何学と特性類の関わりに話をもどそう．微分トポロジーにおいて Pontrjagin 類が重要な役割を果たしたと上に書いたが，それはコホモロジー類としての役割であって，それを表わす微分形式自身にそれほど意味があるわけではなかった．したがって Chern–Weil 理論が直接寄与をしたとはいえない．しかし 1969 年頃の Bott の消滅定理と Gel'fand–Fuks コホモロジー理論の登場により状況は一変した．Bott は多様体上の分布が完全積分可能になるための新しい位相的な障害の存在を，ベクトルバンドルの接続の理論を使って証明した．一方 Gel'fand と Fuks は，多様体上のベクトル場全体の作る無限次元の Lie 代数のコホモロジー理論を建設した．この両者は葉層構造と呼ばれる多様体上のある種の模様に関する幾何学に応用された．具体的には古典的な Chern–Weil 理論を精密化することにより，葉層構造に対する 2 次特性類の理論が生まれたのである．第 6 章で少しだけ述べた 1973 年頃の Chern と Simons の仕事も 2 次特性類の理論の一つである．葉層構造に限らず一般の 2 次特性類の理論や平坦バンドルの幾何学は，現在活発に研究されている重要なテーマである．これらについては森田茂之「特性類と幾何学」(岩波講座『現代数学の展開』，岩波書店，1999 年)に記したので参照してほしい．

　まえがきにも述べたように，1980 年代に入って多様体の幾何学は革命的な変化を始めた．きっかけとなったのは Donaldson の有名な仕事である．4 次元多様体上の主バンドルを考え，その上の接続全体の作る空間について深い考察を行ない，そこから驚くべき結論を導いたのである．少し前に得られていた Freedman による 4 次元の Poincaré 予想の解決と組み合わせて，$\mathbb{R}^4$ 上に通常のものとは異なる微分構造が存在することが証明された．これにより，4 次元が他の次元と本質的に異なることが端的に示された．その後 Floer, Jones, Witten によるそれぞれに画期的な仕事が現われ，21 世紀に入

った現在も奔流のような動きが続いている．まさに激動の時代といえよう．

　これらの仕事に共通する点として，無限次元の対象の考察と多様体上の具体的な偏微分方程式の大域的な解析が行なわれていることがあげられよう．それに付随してRiemann計量や接続，曲率あるいは微分形式などが形式的ではない実際の役割を果たしているといえる．またAtiyah–Singerの指数定理，とくにファイバーバンドル上の楕円型作用素の族に対する指数定理が初めて本格的に適用されている．

　活発な研究が続いているのであるが，その行方については必ずしも予断を許さない状況といえる．無限次元の対象から有限の量を導き出すのであるが，その際，現在最も有効に働いているのはWittenの仕事に特徴的な物理的な考えである．その組み合わせ的な側面を取り出して数学的に厳密に構成する多くの試みはかなり成功し，とくに3次元多様体の位相不変量が大量に定義された．しかしそれらの持つべき幾何学的な意味はほとんど未解明であり，これからの研究の大きな課題である．Euler数からEuler–Poincaré標数まで150年近くの時が経過したことを思えば，まだまだ物語は始まったばかりといえるかも知れない．

　いずれにしても幾何学，ひいては数学の真価が問われているのは間違いない．Riemann幾何学が20世紀に入って相対性理論が展開される場を提供したように，現在の物理学の種々の困難を解消するような空間の概念についての大きな変革への胎動がいま始まっているのかも知れない．そのとき多様体や微分形式はどのような変貌を遂げるのであろうか．

参 考 書

本書と並行して，あるいはその後に読むとよいと思われる参考書をあげる．これらの本は，本書を書くにあたっても参考にした．

まず多様体に関する和書としては
1. 松島与三，多様体入門，裳華房，1965.
2. 村上信吾，多様体，共立出版，1969.
3. 志賀浩二，多様体論，岩波書店，1990.
4. 服部晶夫，多様体，岩波書店，1976.
5. 松本幸夫，多様体の基礎，東京大学出版会，1988.

などがある．それぞれに特徴のある本である．微分可能多様体の三角形分割については
6. H. Whitney, *Geometric integration theory*, Princeton Univ. Press, 1957.
7. J. R. Munkres, *Elementary differential topology* (rev. ed.), Princeton Univ. Press, 1966.

を参考にするとよい．Hodge の定理の証明を含む多様体に関するやや進んだ内容の洋書として
8. G. de Rham, *Variétés différentiables*, Hermann, 1955.（邦訳）微分多様体——微分形式・カレント・調和形式(第2版)，高橋恒郎訳，東京図書，1974.
9. F. W. Warner, *Foundations of differentiable manifolds and Lie groups* (Graduate Texts in Mathematics 94), Springer, 1983.

がある．
10. B. A. Dubrovin, A. T. Fomenko and S. P. Novikov, *Modern geometry—methods and applications*, Part I. The geometry of surfaces, transformation groups, and fields, Part II. The geometry and topology of manifolds, Part III. Introduction to homology theory (Graduate Texts in Mathematics 93, 104, 124), Springer, 1984, 1985, 1990.

は大部の書であるが，随所に新しい考え方がちりばめられた本である．ファイバーバンドルと障害類については

11. N. Steenrod, *The topology of fibre bundles*, Princeton Univ. Press, 1951. (邦訳) ファイバー束のトポロジー, 大口邦雄訳, 吉岡書店, 1976.

が古典的な名著である．その延長線上で書かれた

12. J. W. Milnor and J. D. Stasheff, *Characteristic classes* (Ann. Math. Studies 76), Princeton Univ. Press, 1976.

は特性類の理論への位相幾何学からのアプローチについての最良の書である．
位相幾何学の基礎についてはていねいに書かれた

13. 服部晶夫, 位相幾何学, 岩波書店, 1991.

があり，微分幾何学の基礎については定評のある本格的な教科書

14. S. Kobayashi and K. Nomizu, *Foundations of differential geometry I, II*, Interscience, 1963, 1969.

がある．

15. R. Bott and L. W. Tu, *Differential forms in algebraic topology* (Graduate Texts in Mathematics 82), Springer, 1982. (邦訳) 微分形式と代数トポロジー, 三村護訳, シュプリンガー東京, 1996.

は本書とは異なる観点から微分形式を扱った良書であり，本書の後に続けて読まれることをすすめたい．接続の理論からゲージ理論への入門までを簡潔にまとめた本として

16. 小林昭七, 接続の微分幾何とゲージ理論, 裳華房, 1989.

がある．以上のものとはかなり趣が異なる本であるが

17. H. Flanders, *Differential forms with applications to the physical sciences*, Academic Press, 1963. (邦訳) 微分形式の理論——およびその物理科学への応用, 岩堀長慶訳, 岩波書店, 1967.

18. C. Nash and S. Sen, *Topology and geometry for physicists*, Academic Press, 1983. (邦訳) 物理学者のためのトポロジーと幾何学, 南部保貞・吉井久博訳, マグロウヒル, 1989.

は物理学に数学がどのように使われるかを感覚的に理解するのによいだろう．
最後に，Weil 代数と Weil 準同型の代数的な扱いについては

19. H. Cartan, *Notion d'algèbre différentielle; application aux groupes de Lie et aux variétés où opère un groupe de Lie*, Colloque de Topologie, Bruxelle, 1950, 15–27, Paris, Masson 1951.

20. H. Cartan, *La transgression dans un groupe de Lie et dans un espace fibré*

principal, Colloque de Topologie, Bruxelle, 1950, 57–71, Paris, Masson 1951.
に詳しい記述がある．本書においてもおおむねこれに従った．

演習問題解答

第1章

1.1 関数 $f_m(z)$ の実部,虚部をそれぞれ $g_m(x,y)$, $h_m(x,y)$ とすれば,$f_m(z) = g_m(x,y) + ih_m(x,y)$ と書くことができる.一方

$$\frac{\partial}{\partial x}(x+iy)^m = m(x+iy)^{m-1}, \quad \frac{\partial}{\partial y}(x+iy)^m = im(x+iy)^{m-1}$$

であるから,

$$\frac{\partial}{\partial x}g_m = m\operatorname{Re}(z^{m-1}), \quad \frac{\partial}{\partial y}g_m = -m\operatorname{Im}(z^{m-1})$$

となる.h_m の偏微分についても同様である.したがって求める Jacobi 行列は

$$\begin{pmatrix} m\operatorname{Re}(z^{m-1}) & -m\operatorname{Im}(z^{m-1}) \\ m\operatorname{Im}(z^{m-1}) & m\operatorname{Re}(z^{m-1}) \end{pmatrix}$$

となる.

1.2 2 次の実行列全体 $M(2;\mathbb{R})$ は自然に $\mathbb{R}^4$ と同一視できる.このとき $O(2)$ は方程式 ${}^tAA = E$ ($A \in M(2;\mathbb{R})$) により定義される.ここで E は単位行列である.

$$A = \begin{pmatrix} a & b \\ c & d \end{pmatrix}$$

とすれば,方程式は

$$a^2 + b^2 - 1 = 0, \quad ac + bd = 0, \quad c^2 + d^2 - 1 = 0$$

となる.すなわち $O(2)$ は $\mathbb{R}^4$ の中で,上記の三つの式により定義されることになる.このとき,対応する Jacobi 行列は

$$\begin{pmatrix} 2a & 2b & 0 & 0 \\ c & d & a & b \\ 0 & 0 & 2c & 2d \end{pmatrix}$$

となる.この行列の四つの 3 次の小行列式を計算してみると,$4a(ad-bc)$, $4b(ad-bc)$, $4c(ad-bc)$, $4d(ad-bc)$ となる.$O(2)$ 上でこれらが一斉に 0 になることはないので,$O(2)$ 上 Jacobi 行列の階数は一定の 3 となる.したがって例 1.13 により,$O(2)$ が 1 次元の C^∞ 多様体となることがわかる.より具体的には,$O(2)$ は

二つの円周 S^1 の離散和となることが証明できる．

1.3 $\mathbb{C}P^1$ は二つの $\mathbb{C}$ を用意して，原点を除いた $\mathbb{C}-\{0\}$ どうしを，対応 $z \mapsto \dfrac{1}{z}$ によって張り合わせることにより得られる．そこで二つの写像 $f_\pm : \mathbb{C} \to S^2 \subset \mathbb{R}^3$ を

$$f_\pm(z) = \left(\frac{2x}{1+|z|^2},\ \pm\frac{2y}{1+|z|^2},\ \pm\frac{1-|z|^2}{1+|z|^2} \right)$$

と定義する（複号同順）．このとき，0 でない任意の複素数 $z \in \mathbb{C}$ に対して，$f_+(z) = f_-\left(\dfrac{1}{z}\right)$ となることが簡単に確かめられる．したがってこれにより $\mathbb{C}P^1$ から S^2 への C^∞ 写像が得られたことになる．この写像が実は 1 対 1 上への写像であり，その逆写像もまた C^∞ 級になることの検証は読者にまかせることにする．

1.4 よく知られているように，$SO(3)$ の単位元でない任意の元は，$\mathbb{R}^3$ の原点を通るある直線のまわりの適当な角度の回転である．このことを用いて S^3 の任意の元，すなわち長さが 1 の 4 次元のベクトル (a,b,c,d) に対して，$SO(3)$ の元を対応させることを考えよう．$d=\pm 1$ のときには，$SO(3)$ の単位元を対応させる．$d \neq \pm 1$ のときには，(a,b,c) は $\mathbb{R}^3$ の 0 でないベクトルであるから，$\mathbb{R}^3$ の原点を通るその方向の直線が一つ定まる．角度としては $d=0$ のときに π で，$d=\pm 1$ になるにしたがって 0 または 2π に近づくようにする．$\mathbb{R}^3$ の向きを一つ指定しておけば，角度は例えば右ねじの方向に計ると決めておけばよい．このようにすれば S^3 から $SO(3)$ への写像が定まり，さらにこの写像により $\pm(a,b,c,d)$ の行き先は同じになることが簡単にわかるので，結局，写像 $\mathbb{R}P^3 \to SO(3)$ が得られそうである．ここで $\mathbb{R}P^3$ は，S^3 においてすべての対 $\pm(a,b,c,d)$ を同一視することにより得られることを使った．この推察が正しいことを実際に確かめるにはつぎのようにする．まず $(a,0,0,d)$ のとき，すなわち $(\sin\theta,0,0,\cos\theta)$ と書けるときを考える．このときは，x 軸のまわりを角度 2θ で回転させればうまくいくことがわかる．$a=0,1$ のとき $2\theta=0,\pi$ となるからである．対応する行列は，倍角の公式から

$$\begin{pmatrix} 1 & 0 & 0 \\ 0 & d^2-a^2 & -2ad \\ 0 & 2ad & d^2-a^2 \end{pmatrix}$$

となる．$a=b=0$ あるいは $a=c=0$ のときも同様の考察をし，対応する行列を比較してみると結局，一般の (a,b,c,d) に対して $SO(3)$ に属する行列

$$\begin{pmatrix} a^2-b^2-c^2+d^2 & 2ab-2cd & 2ac+2bd \\ 2ab+2cd & -a^2+b^2-c^2+d^2 & -2ad+2bc \\ 2ac-2bd & 2ad+2bc & -a^2-b^2+c^2+d^2 \end{pmatrix}$$

を対応させればよいことがわかる．こうして得られた写像が微分同相になることの検証は，読者に任せることにしよう．

1.5 写像 $\widetilde{f}: M \to M \times N$ を $\widetilde{f}(p) = (p, f(p))$ $(p \in M)$ と定義すれば，明らかに $\Gamma_f = \mathrm{Im}\,\widetilde{f}$ となる．$\pi: M \times N \to M$ を第一成分への射影とすれば，$\pi \circ \widetilde{f} = \mathrm{id}_M$ である．したがって $\widetilde{f}$ の微分は単射となり，$\widetilde{f}$ がはめ込みとなることがわかる．さらに $\widetilde{f}$ が埋め込みであることの検証は容易であろう．

1.6 写像 L の各成分が，$\mathbb{R}^m$ の座標 $x_1, \cdots, x_m$ の1次関数で表わされることを使う．

1.7 かっこ積の局所表示(1.10)を使えば，(i), (ii) の証明は容易であろう．(iv) の証明もそれほど難しくはない．ここでは(iii)の Jacobi の恒等式のみを証明することにする．性質(i)の線形性より，X, Y, Z の局所表示がそれぞれ

$$X = f\frac{\partial}{\partial x_i}, \quad Y = g\frac{\partial}{\partial x_j}, \quad Z = h\frac{\partial}{\partial x_k}$$

の場合に証明すれば十分である．このとき

$$[[X,Y],Z] = (fg_i h_j - gf_j h_i)\frac{\partial}{\partial x_k} - (hf_k g_i + hfg_{ik})\frac{\partial}{\partial x_j} + (hg_k f_j + hgf_{jk})\frac{\partial}{\partial x_i}$$

となる．ここでたとえば g_i は $\dfrac{\partial}{\partial x_i} g$ を表わすものとする．この式に f, g, h と i, j, k についてそれぞれの巡回置換をほどこしたものを足しあわせれば，与式が 0 となることがわかる．

1.8 $x_1, \cdots, x_m$ と $y_1, \cdots, y_n$ をそれぞれ点 p と $f(p)$ のまわりの座標関数とする．問題の線形性から，$v = \dfrac{\partial}{\partial x_i}$ と仮定してよい．このとき

$$f_*(v)h = \sum_{j=1}^{n} \frac{\partial y_j}{\partial x_i}\frac{\partial h}{\partial y_j}$$

となる．一方，合成関数の微分の公式から $\dfrac{\partial}{\partial x_i}(h \circ f)$ も上の式の右辺に等しいことがわかるので与式が成立する．

1.9 $x_1, \cdots, x_n$ と $y_1, \cdots, y_n$ を点 $p \in M$ の近くで定義された正の局所座標系とする．このときヤコビアン $\det\left(\dfrac{\partial y_i}{\partial x_j}\right)$ は正である．ここで $p \in \partial M$ とすれば，$x_n = y_n = 0$ であるから，Jacobi 行列は

$$\begin{pmatrix} \dfrac{\partial y_1}{\partial x_1} & \cdots & \dfrac{\partial y_1}{\partial x_{n-1}} & \dfrac{\partial y_1}{\partial x_n} \\ \cdots\cdots\cdots\cdots\cdots\cdots\cdots\cdots \\ \dfrac{\partial y_{n-1}}{\partial x_1} & \cdots & \dfrac{\partial y_{n-1}}{\partial x_{n-1}} & \dfrac{\partial y_{n-1}}{\partial x_n} \\ 0 & \cdots & 0 & \dfrac{\partial y_n}{\partial x_n} \end{pmatrix}$$

の形となる.明らかに $\dfrac{\partial y_n}{\partial x_n}>0$ であるから,$\det\left(\dfrac{\partial y_i}{\partial x_j}\right)_{1\leqq i,j\leqq n-1}>0$ となる.したがって $x_1,\cdots,x_{n-1}$ をすべて考えれば,これらは ∂M に一つの向きを与える.

1.10 まず $\mathbb{R}P^n$ は n 次元球面 S^n において,各点 $p\in S^n$ とその原点に関する対称点 $-p$ とを同一視して得られる多様体であることを見る.つぎに $f:S^n\to S^n$ を $f(p)=-p$ と定義すれば,これは n の偶奇に応じてそれぞれ向きを逆にする,あるいは向きを保つ微分同相であることがわかる.なぜならば,f は $\mathbb{R}^{n+1}$ 全体の微分同相 $\tilde{f}$ として同じ式により拡張することができるが,$\tilde{f}_*\left(\dfrac{\partial}{\partial x_i}\right)=-\dfrac{\partial}{\partial x_i}$ であるから,$\tilde{f}$ は n が奇数のとき向きを保ち,偶数のとき向きを逆にする.一方,$\tilde{f}$ は明らかに S^n の外向きの法線を外向きの法線に移す.このことから f の上記の性質が簡単に従い,そこから題意を導くのは読者に任せることにする.

第2章

2.1 線形性から
$$\omega = f\,dx_{i_1}\wedge\cdots\wedge dx_{i_k},\quad \eta = g\,dx_{j_1}\wedge\cdots\wedge dx_{j_\ell}$$
の形のときに証明すれば十分である.等式 $dx_j\wedge dx_i=-dx_i\wedge dx_j$ を繰り返し使えば(1)が証明される.一方
$$\omega\wedge\eta = fg\,dx_{i_1}\wedge\cdots\wedge dx_{i_k}\wedge dx_{j_1}\wedge\cdots\wedge dx_{j_\ell}$$
から
$$d(\omega\wedge\eta) = (dfg+fdg)dx_{i_1}\wedge\cdots\wedge dx_{i_k}\wedge dx_{j_1}\wedge\cdots\wedge dx_{j_\ell}$$
となる.これから(2)が従う.

2.2 $\varphi^*(\omega\wedge\eta)=\varphi^*\omega\wedge\varphi^*\eta$ であるから,ω が関数 f と dx_i のときに証明すればよい.まず関数の場合には,$\varphi^*(f)=f\circ\varphi$ であるから
$$d(\varphi^*(f)) = \sum_j \dfrac{\partial(f\circ\varphi)}{\partial y_j}dy_j = \sum_{i,j}\dfrac{\partial f}{\partial x_i}\dfrac{\partial x_i}{\partial y_j}dy_j$$

となる.一方,$df=\sum_i \frac{\partial f}{\partial x_i}dx_i$ より
$$\varphi^*(df)=\sum_{i,j}\frac{\partial f}{\partial x_i}\frac{\partial x_i}{\partial y_j}dy_j$$
となり,題意が示される.つぎに $\omega=dx_i$ とする.このとき明らかに $d\omega=0$ であるが,一方
$$d(\varphi^*(dx_i))=d\Big(\sum_j \frac{\partial x_i}{\partial y_j}dy_j\Big)=\sum_j\Big(\sum_k \frac{\partial^2 x_i}{\partial y_k \partial y_j}dy_k\Big)\wedge dy_j=0$$
となり,やはり題意が示される.ここで偏微分は順序によらないことと,$dy_k \wedge dy_j=-dy_j\wedge dy_k$ であることを使った.

2.3 Cartan の公式から
$$L_X(\omega\wedge\eta)=(i(X)d+di(X))(\omega\wedge\eta)$$
となる.ここで d と $i(X)$ とが,次数がそれぞれ $1,-1$ の反微分であることを使って,上式の右辺を分解してまとめれば(i)が証明される.(ii)は
$$L_X d\omega=(i(X)d+di(X))d\omega=di(X)d\omega=d(i(X)d+di(X))\omega=dL_X\omega$$
から従う.

2.4 $n=2$ のときは直接計算により,$\omega^2=2dx_1\wedge dx_2\wedge dx_3\wedge dx_4$ となる.n が一般の場合にも簡単な考察から
$$\omega^n=n!\,dx_1\wedge\cdots\wedge dx_{2n}$$
となることがわかる.

2.5 N 上の任意の k 形式 ω が,M 上の k 形式として拡張できることを示せばよい.$U_0=M\setminus N$ とおけば,仮定からこれは開集合である.また部分多様体の定義から,M,N の次元をそれぞれ m,n とすると,M の開集合の族 $\{U_i\}_{i\geq 1}$ でつぎの条件をみたすものが存在する.すなわち,各 U_i は $\mathbb{R}^m$ と微分同相であり,$U_i\cap N=\mathbb{R}^n\subset\mathbb{R}^m$ かつ $\{U_i\cap N\}_{i\geq 1}$ は N の開被覆となっている.このときさらに $\{U_i\}_{i\geq 0}$ は M の局所有限な開被覆になっているものとしてよい.$\{f_i\}$ をこの開被覆に従属する 1 の分割とする.さて $\widetilde{\omega}_0=0$ とおき,$i\geq 1$ に対しては $\widetilde{\omega}_i\in A^k(U_i)$ を,
$$\widetilde{\omega}_i|_{U_i\cap N}=\omega|_{U_i\cap N}$$
となるように選ぶ.それが可能なことは U_i の形から明らかであろう.さて
$$\widetilde{\omega}=\sum_{i=0}^{\infty}f_i\widetilde{\omega}_i$$
とおけば,これが求める ω の M 全体への拡張になっている.

2.6 $f^*\omega = 0$ のときに $\omega = 0$ となることを示せばよい. 沈め込みの定義から, 任意の点 $q \in N$ と $f(p) = q$ となる点 $p \in M$ に対し, $f_* : T_pM \to T_qN$ は全射となる. したがって, それから誘導される写像 $f^* : \Lambda^* T_q^* N \to \Lambda^* T_p^* M$ は単射である. 仮定から $f^*\omega(p) = 0$ であるから, $\omega(q) = 0$ となる. q は任意にとれるから, 結局 $\omega = 0$ となる.

2.7 $\|x\| = \sqrt{x_1^2 + \cdots + x_n^2}$ であるから, $d\|x\| = \dfrac{1}{\|x\|}(x_1 dx_1 + \cdots + x_n dx_n)$ となる. したがって

$$d\omega = -n\frac{x_1^2 + \cdots + x_n^2}{\|x\|^{n+2}} dx_1 \wedge \cdots \wedge dx_n + \frac{1}{\|x\|^n} n\, dx_1 \wedge \cdots \wedge dx_n = 0$$

となる.

2.8 命題 2.13 により

(1) $$L_X\omega = \lim_{t \to 0} \frac{\varphi_t^*\omega - \omega}{t}$$

となる. したがって, すべての t に対して $\varphi_t^*\omega = \omega$ ならば, 明らかに $L_X\omega = 0$ となる. 逆に $L_X\omega = 0$ としよう. 問題は局所的であるから, ある座標近傍で $\varphi_t^*\omega$ が

$$\varphi_t^*\omega = \sum_{i_1 < \cdots < i_k} f_I(t, x) dx_{i_1} \wedge \cdots \wedge dx_{i_k}$$

と表示されているとしてよい. ただし $I = \{i_1, \cdots, i_k\}$ とする. このとき(1)から

$$L_X\omega = \sum_{i_1 < \cdots < i_k} \frac{\partial f_I}{\partial t}(0, x) dx_{i_1} \wedge \cdots \wedge dx_{i_k}$$

となる. 再び(1)を使えば, 任意の s に対して $L_X \varphi_s^*\omega = \varphi_s^* L_X\omega = 0$ となることがわかる. したがって, 上記の議論で ω のところを $\varphi_s^*\omega$ で置き換えることにより, 任意の I に対して

$$\frac{\partial f_I}{\partial t}(s, x) = 0$$

となることがわかる. s は任意であったから, 結局 $f_I(t, x)$ が t によらない x のみの関数となることになり, $\varphi_t^*\omega = \omega$ が示された.

2.9 極座標の定義から, $r = \sqrt{x^2 + y^2}$, $\theta = \arctan \dfrac{y}{x}$ と書ける. これから直接計算することにより

$$dr = \frac{1}{\sqrt{x^2 + y^2}}(x dx + y dy), \quad d\theta = \frac{1}{x^2 + y^2}(x dy - y dx)$$

が得られる．さらに $rdr\wedge d\theta = dx\wedge dy$ となることを観察せよ．

2.10 $SU(2)$ の Lie 代数の基底として
$$B_1 = \begin{pmatrix} 0 & 1 \\ -1 & 0 \end{pmatrix}, \quad B_2 = \begin{pmatrix} 0 & i \\ i & 0 \end{pmatrix}, \quad B_3 = \begin{pmatrix} i & 0 \\ 0 & -i \end{pmatrix}$$
を選ぶ．このとき $[B_1, B_2] = 2B_3$, $[B_2, B_3] = 2B_1$, $[B_3, B_1] = 2B_2$ となる．したがって，$\omega_1, \omega_1, \omega_3$ を双対基底とすれば，求める Maurer–Cartan 方程式は
$$d\omega_1 = -\omega_2 \wedge \omega_3, \quad d\omega_2 = -\omega_3 \wedge \omega_1, \quad d\omega_3 = -\omega_1 \wedge \omega_2$$
となる．

第3章

3.1 (2)は境界に注意すれば，定理 3.4 の証明がほとんどそのまま使える．さらにそこでの議論を少し精密にすれば，$H_n(M;\mathbb{Z})$ が自明でないことと，M が向き付け可能であることが同値な条件であることがわかる．これから(1)が従う．(3)は容易であろう．

3.2 有界閉区間 $[a,b]$ は 1 次元の境界のある微分可能多様体であり，$f(x)$ はその上の 0 形式である．$df = f'dx$ であり，また $\partial[a,b] = \{b\} - \{a\}$ であるから，Stokes の定理により
$$\int_{[a,b]} f'(x)dx = \int_{\partial[a,b]} f(x) = f(b) - f(a)$$
となる．

3.3 向き付けられた n 次元 C^∞ 多様体上の n 形式の積分の定義にもどって考えれば，(1),(2)とも容易であろう．

3.4 $\omega \wedge \eta$ が M 上のすべての点で 0 にならないことから，M は向き付け可能となる．一つ向きを指定しよう．このとき $\int_M \omega \wedge \eta \neq 0$ である．さてもし $[\omega] = 0$ であれば，ある元 $\theta \in A^{k-1}(M)$ が存在して $d\theta = \omega$ となる．ところがこのとき $\omega \wedge \eta = d(\theta \wedge \eta)$ となるので，Stokes の定理より
$$\int_M \omega \wedge \eta = \int_M d(\theta \wedge \eta) = 0$$
となる．これは矛盾である．

3.5 一般に C^∞ 多様体 M が連結であれば，$H^0_{DR}(M) = \mathbb{R}$ となることが簡単にわかる．つぎに $\mathbb{R}$ 上の任意の 1 形式 $f(x)dx$ は，閉形式であるが

$$F(x)=\int_0^x f(x)dx$$

とおけば，$dF=fdx$ となるので $H^1_{DR}(\mathbb{R})=0$ である．$k>1$ のとき $H^k_{DR}(\mathbb{R})=0$ となるのは明らかである．

3.6 $H^1_{DR}(S^1)=\mathbb{R}$ であることのみを証明する．写像 $I\colon H^1_{DR}(S^1)\to\mathbb{R}$ を $I(\omega)=\int_{S^1}\omega$ により定義すれば，これが全射となることは簡単にわかる．なぜならば S^1 上の任意の 1 形式 ω は，関数 $f\colon\mathbb{R}\to\mathbb{R}$ であって，任意の $x\in\mathbb{R}$ に対して $f(x+1)=f(x)$ となるようなものにより，$\omega=fdx$ と表わすことができるが，このとき $I([\omega])=\int_0^1 f(x)dx$ となるからである．さて $I([\omega])=0$ すなわち $\int_0^1 f(x)dx=0$ としよう．このとき

$$F(x)=\int_0^x f(x)dx$$

とおけば，$F(x+1)=F(x)$ となることが簡単にわかるので $F(x)$ は S^1 上の関数となる．そして明らかに $dF=fdx=\omega$ となるから，$[\omega]=0$ となり題意が証明された．

3.7 極座標を用いることにより，$\mathbb{R}^2-\{0\}$ は $S^1\times\mathbb{R}$ と微分同相であることがわかる．したがって，de Rham コホモロジーのホモトピー不変性から

$$H^*_{DR}(\mathbb{R}^2-\{0\})\cong H^*_{DR}(S^1)$$

となるが，$H^*_{DR}(S^1)$ は前問により決定されている．また，たとえば

$$\frac{1}{x^2+y^2}(xdy-ydx)$$

は $\mathbb{R}^2-\{0\}$ 上の閉じた 1 形式であり，その de Rham コホモロジー類は 0 でないことがわかる（第 2 章の演習問題 2.9 参照）．

3.8 $\mathbb{R}^3$ の単位円板を D^3 と書けば，$\partial D^3=S^2$ となる．したがって，Stokes の定理から

$$\int_{S^2}\omega=\int_{D^3}d\omega=3\int_{D^3}dx_1\wedge dx_2\wedge dx_3=4\pi$$

となる．ここで D^3 の体積が $\frac{4}{3}\pi$ であることを使った．

3.9 $d=0$ のときには定値写像をとればよい．$d\neq 0$ とする．このとき M 上に $|d|$ 個の異なる点 p_i $(i=1,\cdots,|d|)$ をとり，それらのまわりの互いに交わらない小さな座標近傍を U_i とする．このとき各点 p_i を S^n の北極点に移し，各 U_i は d の正負に応じてそれぞれ S^n の北半球に向きを保って，あるいは向きを逆にして移

し,さらに M の残りの部分はすべて S^n の南半球に移すような C^∞ 写像 $f: M \to S^n$ が構成できる.具体的には適当な M の有限開被覆と,それに従属する1の分割を使えばよい.さて ω を S^n 上の n 形式で $\operatorname{supp}\omega$ が北半球の内部にあり,さらに $\int_{S^n}\omega=1$ となるものとしよう.このとき明らかに $\int_M f^*\omega=d$ となる.したがって命題3.29により, f の写像度はちょうど d となる.

3.10 $\pi: M \to M/G$ を自然な射影とする. ω を M/G 上の閉じた k 形式とすれば, $\pi^*\omega$ は M 上の G の作用により不変な閉じた k 形式となる.対応 $\omega \mapsto \pi^*\omega$ は,自然な線形写像

(2) $$\pi^*: H_{DR}^*(M/G) \longrightarrow H_{DR}^*(M)^G$$

を誘導する.この写像が実は全単射であることを示せばよい. $k=0$ のときは明らかに成り立つので, $k>0$ とする.まず単射であることを見る. $\pi^*([\omega])=0$ としよう.このとき適当な元 $\eta \in A^{k-1}(M)$ が存在して, $\pi^*\omega=d\eta$ となる.さて

$$\eta' = \frac{1}{|G|} \sum_{g \in G} g^*\eta$$

とおこう.ここに $|G|$ は群 G の位数を表わすものとする.このとき $d\eta'=\pi^*\omega$ となる.一方 η' は G の作用で不変であることが簡単にわかるので,ある元 $\bar{\eta} \in A^{k-1}(M/G)$ が存在して $\pi^*\bar{\eta}=\eta'$ となる.したがって $\pi^*(d\bar{\eta}-\omega)=0$ となる.ところが $\pi^*: A^*(M/G) \to A^*(M)$ は明らかに単射であるから, $\omega=d\bar{\eta}$ となり結局 $[\omega]=0$ となる.

つぎに写像(2)が全射であることを見る. M 上の閉じた k 形式 ω の表わす de Rham コホモロジー類 $[\omega]$ が, G の作用で不変であるとしよう.このとき

$$\omega' = \frac{1}{|G|} \sum_{g \in G} g^*\omega$$

とおけば,これも閉形式となり $[\omega']=[\omega]$ となることがわかる.一方,上と同様に ω' は G の作用で不変であるから,ある元 $\bar{\omega} \in A^k(M/G)$ が存在して $\pi^*\bar{\omega}=\omega'$ となる. $\bar{\omega}$ は明らかに閉形式なので, $\pi^*([\bar{\omega}])=[\omega']=[\omega]$ と書くことができ証明が終わる.

第4章

4.1 V をベクトル空間とし, $\mu_i: V \times V \to \mathbb{R}$ $(i=1,2)$ を V 上の二つの正値な内積とする.このとき任意の $t \in [0,1]$ に対して $(1-t)\mu_0+t\mu_1$ もまた正値な内積

となることが簡単にわかる．この事実を使えば証明は容易であろう．同じ考え方から，実は Riemann 計量全体の空間が可縮となることがわかる．

4.2 問題中に示された対応の逆対応は
$$D \ni w \longmapsto z = i\frac{1+w}{1-w} \in H$$
で与えられる．このとき
$$\frac{dz}{dw} = \frac{2i}{(1-w)^2}, \quad |dz| = \frac{2|dw|}{|1-w|^2}$$
となる．これから
$$\frac{|dz|}{y} = \frac{2|dw|}{1-|w|^2}$$
が得られ証明が終わる．

4.3 $df = \sum_i \frac{\partial f}{\partial x_i} dx_i$ である．一方，Euclid 計量の誘導する同型 $T_x^*\mathbb{R}^n \cong T_x\mathbb{R}^n$ において dx_i は明らかに $\frac{\partial}{\partial x_i}$ に対応するから主張が証明された．

4.4 別の正の局所座標系 $(V; y_1, \cdots, y_n)$ に関する g の局所表示を g'_{ij} とすれば
$$\det(g_{ij}) = \left[\det\left(\frac{\partial y_i}{\partial x_j}\right)\right]^2 \det(g'_{ij}),$$
$$dx_1 \wedge \cdots \wedge dx_n = \det\left(\frac{\partial x_i}{\partial y_j}\right) dy_1 \wedge \cdots \wedge dy_n$$
となる．この二つの式から $\sqrt{\det(g_{ij})}\, dx_1 \wedge \cdots \wedge dx_n = \sqrt{\det(g'_{ij})}\, dy_1 \wedge \cdots \wedge dy_n$ となることがわかる．ここで点 p において $\det(g'_{ij}) = 1$ となるような y_i を選べば，明らかにその点において $v_M = dy_1 \wedge \cdots \wedge dy_n$ であるから，前半の証明が終わっている．また $\mathbb{H}^2$ の体積要素は $\frac{dx \wedge dy}{y^2}$ である．

4.5 まず定義から $\mathrm{div}\, X v_M = (*d*\omega_X)v_M = *^2 d*\omega_X = d*\omega_X$ となる．したがって Stokes の定理から $\int_M \mathrm{div}\, X v_M = \int_{\partial M} *\omega_X$ となる．ここで境界上の任意の点 $p \in \partial M$ において T_pM の正の正規直交基底 $e_1, \cdots, e_n$ を $e_1 = n$ となるように選び，$\theta_1, \cdots, \theta_n$ をその双対基底とする．このとき $\langle X, n \rangle v_{\partial M} = \langle X, e_1 \rangle \theta_2 \wedge \cdots \wedge \theta_n$ となる．一方 $X = \sum_i \langle X, e_i \rangle e_i$ から $\omega_X = \sum_i \langle X, e_i \rangle \theta_i$ となる．したがって $i: \partial M \subset M$ を包含写像とすれば，$i^*(*\omega_X) = \langle X, e_1 \rangle \theta_2 \wedge \cdots \wedge \theta_n$ となる．以上のことから，
$$\int_{\partial M} *\omega_X = \int_{\partial M} \langle X, n \rangle v_{\partial M}$$
となり証明が終わる．

4.6 定義から $\Delta f=(d\delta+\delta d)f=\delta df=-*d*df=-\operatorname{div}\operatorname{grad}f$ となる.

4.7 たとえば三つのコホモロジー類 x,y,z の間の関係 $xy=yz$ から生じる Massey 積について考える．それらを表わす調和形式をそれぞれ α,β,γ とすれば，仮定から $\alpha\wedge\beta$, $\beta\wedge\gamma$ はいずれも調和形式となる．したがって Hodge の定理からそれらは一致し，対応する Massey 積は 0 となる．一般の場合も同様である．

4.8 M,N の次元と Hodge の $*$ 作用素をそれぞれ m,n, $*_M$, $*_N$ と書く．このとき $\omega\in A^i(M)$, $\eta\in A^j(N)$ に対し
$$*(\pi_1^*\omega\wedge\pi_2^*\eta)=(-1)^{(m-i)j}\pi_1^*(*_M\omega)\wedge\pi_2^*(*_N\eta)$$
となることがわかる．このことから，もし $\delta\omega=\delta\eta=0$ ならば $\delta(\pi_1^*\omega\wedge\pi_2^*\eta)=0$ となることがわかる．ω,η が共に調和形式ならばもちろん $d(\pi_1^*\omega\wedge\pi_2^*\eta)=0$ であるから，結局 $\Delta(\pi_1^*\omega\wedge\pi_2^*\eta)=0$ となり，前半の主張が証明された．後半はいま証明されたことに Hodge の定理を適用すればよい．

4.9 二つの M を用意し，それらを共通の境界 ∂M で張り合わせて得られる多様体を DM とする．DM は奇数次元の閉多様体となるから，定理 4.21 から $\chi(DM)=0$ である．一方，M の三角形分割から自然に誘導される DM の三角形分割を考えれば容易にわかるように $\chi(DM)=2\chi(M)-\chi(\partial M)$ となる．したがって
$$\chi(M)=\frac{1}{2}\chi(\partial M)$$
である．

4.10 交叉形式を行列で表わせばそれぞれ $\begin{pmatrix} 0 & 1 \\ 1 & 0 \end{pmatrix}$, (1) となる．

第5章

5.1 M の開集合 U 上の自明化 $\varphi\colon E|_U\cong U\times\mathbb{R}^n$ に対して，対応
$$f^*E|_{f^{-1}(U)}\ni(p,u)\longmapsto(p,\varphi(u))\in f^{-1}(U)\times\mathbb{R}^n$$
は f^*E の $f^{-1}(U)$ 上の自明化となる．

5.2 E,F の次元をそれぞれ n,r $(n\geq r)$ とする．M の開集合 U を $E|_U, F|_U$ が共に自明となるように選ぶ．このとき E の U 上の枠 $s_1,\cdots,s_n$ で，その部分枠 $s_1,\cdots,s_r$ が $F|_U$ の枠になるようなものがとれる．このとき $n-r$ 個の切断
$$U\ni p\longmapsto[s_i(p)]\in E_p/F_p \quad(i=r+1,\cdots,n)$$
は E/F の U 上の自明化を誘導する．

5.3 自明な直線バンドルと自明でない直線バンドルの2元からなる．自明でない直線バンドルは，$[0,1]\times\mathbb{R}$ の両端を対応 $x \mapsto -x$ で張り合わせて得られる．

5.4 S^n の $\mathbb{R}^{n+1}$ における法バンドルは明らかに自明な直線バンドルである．したがって，$TS^n \oplus \varepsilon \cong T\mathbb{R}^{n+1}|_{S^n}$ と $T\mathbb{R}^{n+1}$ が自明であることを組み合わせればよい．

5.5 $\sum_i \lambda_i \nabla_i$ が接続の二つの条件をみたすことを直接示せばよい．

5.6 $\omega \in A^1(M), s \in \Gamma(E)$ に対して $D(\omega \otimes s) = d\omega \otimes s - \omega \otimes \nabla s$ である．したがって $X, Y \in \mathfrak{X}(M)$ に対し

$$D(\omega \otimes s)(X,Y) = \frac{1}{2}\{X\omega(Y) - Y\omega(X) - \omega([X,Y])\}s$$
$$- \frac{1}{2}\{\omega(X)\nabla_Y s - \omega(Y)\nabla_X s\}$$
$$= \frac{1}{2}\{\nabla_X(\omega(Y)s) - \nabla_Y(\omega(X)s) - \omega([X,Y])s\}$$

となる．∇s は上のような形の元の1次結合で書けることから

$$D(\nabla s)(X,Y) = \frac{1}{2}\{\nabla_X(\nabla_Y s) - \nabla_Y(\nabla_X s) - \nabla_{[X,Y]}s\}$$

となる．したがって $D(\nabla s)(X,Y) = R(X,Y)s$ となり，証明が終わる．

5.7 $h(t) = (1+tx_1)(1+tx_2)\cdots(1+tx_n)$ とおけば $h(t) = 1 + t\sigma_1 + t^2\sigma_2 + \cdots + t^n\sigma_n$ となる．一方 $\frac{d}{dt}(\log h(t)) = \frac{1}{h(t)}h'(t)$ であるから，$h(t)\frac{d}{dt}(\log h(t)) = h'(t)$ となる．形式的に

$$\frac{d}{dt}(\log h(t)) = x_1(1 - tx_1 + t^2 x_1^2 - \cdots) + \cdots + x_n(1 - tx_n + t^2 x_n^2 - \cdots)$$

と書けるから $\frac{d}{dt}(\log h(t)) = s_1 - ts_2 + t^2 s_3 - \cdots$ となる．結局，等式

$$(1 + t\sigma_1 + t^2\sigma_2 + \cdots + t^n\sigma_n)(s_1 - ts_2 + t^2 s_3 - \cdots) = \sigma_1 + 2t\sigma_2 + \cdots + nt^{n-1}\sigma_n$$

が得られる．ここで t^i の係数を比較すれば Newton の公式が得られる．

5.8 Pfaff 多項式について知られているつぎの性質を使えばよい．すなわち X, Y を二つの交代行列とするとき

$$Pf\begin{pmatrix} X & O \\ O & Y \end{pmatrix} = Pf(X)Pf(Y)$$

となる．

5.9 $s \in \Gamma(E^*)$, $t \in \Gamma(E)$ に対し M 上の関数 $\langle s,t \rangle$ が定まる．そこで任意のベクトル場 X に対して $X\langle s,t\rangle = \langle \nabla_X^* s, t\rangle + \langle s, \nabla_X t\rangle$ が成立するように ∇^* を定義する．$s_1, \cdots, s_n$ を E の局所的な枠，$\theta^1, \cdots, \theta^n$ を対応する E^* の双対枠とする．このとき $\nabla s_j = \sum_i \omega_j^i \otimes s_i$ とすれば，上記の条件から $\nabla^* \theta^i = \sum_j -\omega_j^i \otimes \theta^j$ となる．これで題意が示された．

5.10 (1) $p_2 = 9$, $p_1^2 = 18$ (2) $c_3 = 6$, $c_1 c_2 = 24$, $c_1^3 = 54$

第 6 章

6.1 $\mathbb{C}P^n$ の開集合 $U_i = \{[z_1, \cdots, z_{n+1}];\ z_i \neq 0\}$ 上の自明化が，対応 $h^{-1}(U_i) \ni (z_j) \mapsto ([z_j], z_i/|z_i|) \in U_i \times S^1$ により与えられる．また S^1 の全空間 S^{2n+1} への作用は $(z_j) \mapsto (z_j z)$ $(z \in S^1)$ により与えられる．

6.2 $U \subset B$ を B の座標近傍，$\varphi: \pi^{-1}(U) \cong U \times F$ を U 上の自明化とする．このとき対応
$$(f^*\pi)^{-1}(f^{-1}(U)) \ni (p, u) \longmapsto \widetilde{\varphi}(p, u) = (f(p), \varphi(u)) \in U \times F$$
は全単射となる．このような $\widetilde{\varphi}$ がすべて微分同相となることを要請することにより，f^*E に C^∞ 構造が定義される．さらに $\widetilde{\varphi}$ が f^*E の $f^{-1}(U)$ 上の自明化を与える．

6.3 ファイバーバンドルの定義から射影 $\pi: E \to B$ は明らかに沈め込みである．したがって第 2 章演習問題 2.6 により $\pi^*: A^*(B) \to A^*(E)$ は単射となる．

6.4 $c - c_s = \delta d$ となるような 1 コチェイン $d \in C^1(K; \mathbb{Z})$ を選ぶ．つぎに切断 s' を各頂点では $s' = s$ とし，K の任意の向き付けられた 1 単体 κ 上ではつぎのように定義する．補題 6.18 の証明の中の議論と同様にして $\pi^{-1}(\kappa)$ の中の向き付けられた道 $s'(\kappa) \cdot s(\kappa)^{-1}$ から S^1 への写像が定まるが，その写像度がちょうど $d(\kappa)$ に一致するように $s'(\kappa)$ を決めるのである．このとき $c_{s'} = c_s + \delta d = c$ となる．

6.5 向き付けられた 2 次元ベクトルバンドル $\pi: E \to M$ に Riemann 計量を入れ，それと両立する接続 ∇ を選ぶ．対応する接続形式，曲率形式をそれぞれ $\omega = (\omega_j^i)$, $\Omega = (\Omega_j^i)$ とすれば
$$\omega = \begin{pmatrix} 0 & \omega_2^1 \\ \omega_1^2 & 0 \end{pmatrix}, \quad \Omega = \begin{pmatrix} 0 & \Omega_2^1 \\ \Omega_1^2 & 0 \end{pmatrix}$$
と書け，さらに $\omega_1^2 = -\omega_2^1$, $\Omega_1^2 = -\Omega_2^1$, $\Omega_2^1 = d\omega_2^1$ となる．さて $P(E)$ を E に同伴する主 $GL(2; \mathbb{R})$ バンドルとすれば，定理 6.50 から ∇ は $P(E)$ 上の接続 $\widetilde{\omega}$ を定

める．一方 $S(E) = \{u \in E; \|u\| = 1\}$ とおけば，射影 $S(E) \to M$ は向き付けられた S^1 バンドルとなるが，$S(E)$ は自然に $P(E)$ の部分多様体と考えることもできる．すなわち $u \in S(E)$ に対して u から正の向きに $\pi/2$ だけ回転したベクトルを u' とし，枠 $[u, u'] \in P(E)$ を対応させるのである．このとき $\tilde{\omega}$ を $S(E)$ に制限した 1 形式の $(2,1)$ 成分，すなわち ω_1^2 に対応する部分は主 S^1 バンドル $S(E)$ の接続形式となることがわかる．なぜならば

$$\exp t \begin{pmatrix} 0 & -1 \\ 1 & 0 \end{pmatrix} = \begin{pmatrix} \cos t & -\sin t \\ \sin t & \cos t \end{pmatrix}$$

となるからである．さて定義から E の向き付けられた 2 次元ベクトルバンドルとしての Euler 類は，M 上の閉じた 2 形式 $\dfrac{1}{2\pi}\Omega_2^1$ によって代表される．一方 S^1 バンドル $S(E)$ の Euler 類は，$-\dfrac{1}{2\pi}\Omega_1^2$ によって代表される．これら二つの 2 形式は一致するので証明が終わる．

6.6 $S^3 = \{z = (z_1, z_2); |z_1|^2 + |z_2|^2 = 1\}$ 上の 1 形式 $\omega = x_1 dy_1 - y_1 dx_1 + x_2 dy_2 - y_2 dx_2$ を考える．このとき任意の点 $z = (z_1, z_2) \in S^3$ に対して，写像 $f_z: S^1 \to S^3$ を $f_z(e^{i\theta}) = (z_1 e^{i\theta}, z_2 e^{i\theta})$ と定義すれば，直接計算することによって $f_z^*\omega = d\theta$ となることがわかる．また ω は S^1 の S^3 への作用（上記問題 6.1 参照）に関しても不変であることもわかる．したがって ω は S^1 バンドル $h: S^3 \to \mathbb{C}P^1$ の接続形式となる．$d\omega = 2(dx_1 \wedge dy_1 + dx_2 \wedge dy_2)$ であるから，Euler 類を決定するためには，$-\dfrac{1}{2\pi}\int_{\mathbb{C}P^1} d\omega$ を計算すればよい．そこで $U = \{[re^{i\theta}, 1]\} \subset \mathbb{C}P^1$ を $\mathbb{C}$ と同一視し，その上の切断 $s: \mathbb{C} \to S^3$ を

$$s(re^{i\theta}) = \left(\frac{1}{\sqrt{1+r^2}} re^{i\theta}, \frac{1}{\sqrt{1+r^2}}\right)$$

と定義する．このとき $s^*(d\omega) = \dfrac{2r}{(1+r^2)^2} dr d\theta$ となる．したがって

$$-\frac{1}{2\pi}\int_{\mathbb{C}P^1} d\omega = -\frac{1}{2\pi}\int_{\mathbb{C}} \frac{2r}{(1+r^2)^2} dr d\theta = -\frac{1}{2\pi}\int_0^\infty \frac{2r}{(1+r^2)^2} dr \int_0^{2\pi} d\theta = -1$$

となり証明が終わる．

6.7 $\Lambda^*\mathfrak{so}(2)^*$ は一つの元 θ で生成される外積代数 $E(\theta)$ となる．したがって $W(\mathfrak{so}(2)) \cong E(\theta) \otimes \mathbb{R}[\tilde{\theta}]$ となる．

6.8 まず $g^{-1}dg$ が左不変な $\mathfrak{gl}(n;\mathbb{R})$ に値をとる 1 形式であることは，任意の $g_0 \in GL(n;\mathbb{R})$ に対して $(g_0 g)^{-1} d(g_0 g) = g^{-1} g_0^{-1} g_0 dg = g^{-1} dg$ から従う．また左不変なベクトル場 $A = (a_j^i) \in \mathfrak{gl}(n;\mathbb{R})$ 上の $g^{-1}dg$ の値を調べるために，単位元 $e \in$

$GL(n;\mathbb{R})$ において計算すると，$(g^{-1}dg)_e = (dg_j^i)$, $A = \sum a_j^i \dfrac{\partial}{\partial g_j^i}$ から $(g^{-1}dg)(A) = A$ となる．これで証明された．

6.9 B_1, B_2, B_3 を $\mathfrak{g} = \mathfrak{su}(2)$ の任意の基底，$\theta_1, \theta_2, \theta_3$ を $\mathfrak{g}^*$ の双対基底とする．$\theta = \sum_i \theta_i \otimes B_i \in W(\mathfrak{g}) \otimes \mathfrak{g}$ とおく．このとき

$$Tc_2 = \frac{1}{8\pi^2} \mathrm{Tr}(\theta \wedge \delta\theta + \frac{2}{3}\theta \wedge \theta \wedge \theta)$$

とおけば，$\delta Tc_2 = c_2$ となることが直接計算することにより確かめられる．

6.10 たとえば積の演算の定義する写像 $\mu: S^1 \times S^1 \to S^1$ による $d\theta$ の引き戻し $\mu^*(d\theta)$ は，問題の条件をみたす接続形式となる．

欧文索引

∗-operator 160
adjoint operator 166
admissible 252
algebra 27, 62
alternating 67
alternating form 68
anti-derivation 78
associated bundle 253
atlas 15
automorphism group 55
base space 183, 248
basic 296
Bianchi's identity 210
boundary 50
bracket 43
bundle map 184, 249
Čech cohomology 127
cell 102
characteristic class 212, 256
characteristic number 241
Chern class 220
Chern form 221
Chern number 241
Chern-Simons form 309
classifying space 257
closed form 64, 119
closed manifold 50
cobordant 241
cobordism theory 241
cocycle condition 184, 250
commutative 87
compact 30

compatible connection 213
complete 47
completely integrable 86
complex manifold 24
complex projective space 24
complex vector bundle 183
complexification 188
conjugate 312
conjugate bundle 223
connection 197, 218, 277, 281
connection form 201, 269, 284
contractible 126
coordinate change 16
coordinate neighborhood 13
cotangent bundle 72, 190
cotangent space 72
covariant derivative 195, 198
covariant differential 197
covariant exterior differential 206
covering 30
covering manifold 56
covering map 56
cross section 249
curvature 200
curvature form 202, 271, 286
de Rham cohomology algebra 120
de Rham cohomology group 119
de Rham complex 119
derivation 42
diffeomorphism 6, 27
diffeomorphism group 47
differentiable fiber bundle 248

differentiable manifold　　1
differential　　37
differential form　　62
differential ideal　　93
discrete group　　55
disjoint union　　250
distance　　3
distribution　　85, 279
divergence　　163
double complex　　131
dual bundle　　189
dual space　　68
elementary symmetric function　　208
elliptic partial differential equation　　173
embedding　　38
ε-neighborhood　　4
Euclidean simplicial complex　　103
Euler characteristic　　176
Euler class　　226, 265, 275
Euler form　　227
Euler number　　176
Euler-Poincaré characteristic　　176
exact form　　64, 119
exterior algebra　　62, 68
exterior differentiation　　63, 75
exterior product　　63, 75
face　　103
fiber　　183, 248
flat connection　　309
flat G-bundle　　309
frame　　258
framing　　185
free　　55
fundamental class　　109

fundamental vector field　　284
general linear group　　22
geodesic　　193
gradient　　159
Grassmann algebra　　68
Green's operator　　172
harmonic form　　167
harmonic function　　167
Hirzebruch signature theorem　　243
holomorphic mapping　　24
holonomy homomorphism　　311
homogeneous coordinate　　23
homotopy type　　126
Hopf index theorem　　276
Hopf invariant　　142
horizontal lift　　279
horizontal vector　　279
hyperbolic plane　　157
immersion　　38
index　　276
induced bundle　　186, 254
induced connection　　212
integrability condition　　94
integral curve　　44
integral manifold　　86
interior product　　78
intersection form　　178
intersection number　　177
invariant polynomial　　207, 298
involutive　　87
isolated singular point　　275
isomorphic　　184, 249, 253
Jacobian　　6
k-form　　62
knot　　22
Kronecker product　　106

ℓ-chain 104
ℓ-simplex 103
Laplace-Beltrami operator 167
lens space 58
Levi-Civita connection 215
Lie algebra 43, 96
Lie derivative 78, 82
Lie group 25
lift 279
line bundle 183
link 149
linking number 150
local chart 14
local coordinates 13
local coordinate system 14
mapping degree 148
Massey product 144
Maurer–Cartan equation 98
Maurer–Cartan form 98
metric connection 213
metric space 3
multilinear 67
n-sphere 19
nerve 127
Newton's formula 209
non-zero section 185
normal bundle 187
null cobordant 241
one-parameter group of transformations 48
open covering 30
open set 4
orbit 55
orbit space 55
orientable 53, 225
orientation 53, 104, 225

orientation preserving 54
oriented 225
oriented F-bundle 274
oriented manifold 53
orthogonal group 25
orthonormal frame field 161
orthonormal framing 161
paracompact 30
parallel 194
parallel displacement 196, 280
partition of unity 32
Pfaffian 226
Poincaré disk 179
Poincaré duality theorem 175
polar coordinates 18
polyhedron 103
Pontrjagin class 215
Pontrjagin form 215
Pontrjagin number 241
positive definite 156
primary obstruction 275
principal bundle 254
principal G-bundle 254
product bundle 184, 248
product manifold 18
projection 183, 248
properly discontinuous 56
pull back 77, 186, 254
quotient bundle 187
quotient space 55
real projective space 23
reduce 253
restriction 186, 249
Riemannian connection 215
Riemannian manifold 156
Riemannian metric 156

Riemannian submanifold　157
second countability axiom　14
section　185
self adjoint　166
signature　178
simplicial complex　103
singular homology theory　102
singular k-simplex　106
singular point　232
special orthogonal group　25
stabilizer　55
standard k-simplex　106
Stiefel-Whitney class　242
structure constant　97
structure equation　202, 286
structure group　251
subbundle　186
submanifold　23
submersion　38
support　32, 113
symbol　173
symplectic form　100
tangent bundle　182
tangent frame bundle　259
tangent space　7, 34
tangent vector　7, 34

topological manifold　14
topological space　3
torus　19
total Chern class　221
total Pontrjagin class　215
total space　183, 248
transition function　184, 250
triangulation　103
triple product　145
trivial bundle　184, 249
trivial connection　198, 285
trivialization　183, 249
unit sphere bundle　276
unitary group　25
universal covering manifold　56
universal G-bundle　257
vector bundle　183
vector field　10, 40
vector space　7
volume　162
volume form　148, 162
Weil algebra　291
Weil homomorphism　299
Whitney formula　222
Whitney sum　189
zero section　185

和文索引

∗ 作用素　160
Alexander–Whitney 写像　141
Betti 数　123
Bianchi の恒等式　210
$\mathbb{C}$　24
Cartan の公式　79

Cartan–Eilenberg の定理　147
Čech コホモロジー　127
Chern 形式　221
Chern 数　241
Chern 類　220
Chern–Simons 形式　309

和文索引

Chern–Weil 理論の主定理　*299*
C^∞ アトラス　*17*
C^∞ 関数　*6, 26*
C^∞ 級　*6*
C^∞ 構造　*17*
C^∞ 写像　*6, 27*
C^∞ 多様体　*17*
　境界のある——　*50*
C^∞ 微分可能多様体　*17*
C^∞ 微分同相　*27*
C^∞ 微分同相写像　*6*
C^∞ ベクトル場　*11*
$\mathbb{C}P^n$　*24*
C^r 関数　*5*
C^r 級　*5*
C^r 写像　*6*
de Rham コホモロジー　*118*
　——のホモトピー不変性　*127*
de Rham コホモロジー群　*119*
de Rham コホモロジー代数　*120*
de Rham の定理　*121*
　——の証明　*134*
　三角形分割された多様体に対する——　*123*
　積に関する——　*139*
de Rham 複体　*119*
Diff M　*47*
div　*163*
ε 近傍　*4*
Euclid 単体複体　*103*
Euler 形式　*227*
Euler 数　*176*
Euler 標数　*176*
Euler 類　*226, 265, 275*
Euler–Poincaré 標数　*176*
Exp tX　*48*

Frobenius の定理　*87, 94*
Gauss の公式　*164*
Gauss 平面　*24*
Gauss–Bonnet の定理　*231*
$GL(n;\mathbb{R})$　*22*
$GL(n;\mathbb{C})$　*25*
grad　*159*
Grassmann 代数　*68*
Green 作用素　*172*
Hausdorff 空間　*13*
Hausdorff の分離公理　*13*
Hirzebruch の符号数定理　*243*
$\mathbb{H}^n$　*49*
Hodge の定理　*170*
Hodge 分解　*171*
Hopf 写像　*27, 38*
Hopf の S^1 バンドル　*313*
Hopf の指数定理　*276*
Hopf の直線バンドル　*187*
Hopf 不変量　*142*
Jacobi 行列　*6*
Jacobi の恒等式　*43*
k 形式　*62*
k コチェイン　*128*
Kronecker 積　*106*
Künneth の公式　*180*
ℓ 単体　*102, 103*
Laplace–Beltrami 作用素　*167*
Levi-Civita 接続　*215, 217*
Lie 群　*25*
Lie 代数　*43, 96*
Lie 微分　*78, 82*
Massey 積　*144*
Massey の三重積　*145*
Maurer–Cartan 形式　*98*
Maurer–Cartan 方程式　*98*

n 次元 Euclid 空間　157
n 次元球面　19
n 次元数空間　2
n 次元トーラス　19
n 次元ベクトル空間　7
Newton の公式　209
$O(n)$　25
Pfaff 多項式　226
Pfaff 方程式系　94
P^n　23
Poincaré 円板　179
Poincaré 計量　179
Poincaré の双対定理　175
Poincaré の補題　126
Poincaré–Hopf の定理　276
Pontrjagin 形式　215
Pontrjagin 数　241
Pontrjagin 類　215
$\mathbb{R}$　2
$\mathbb{R}^2$　2
$\mathbb{R}^3$　2
Riemann 計量　156, 188
Riemann 接続　215
Riemann 多様体　156
Riemann 部分多様体　157
$\mathbb{R}^n$　2, 7
$\mathbb{R}P^n$　23
S^1 バンドル　259
sign　178
$SO(n)$　25
Stiefel–Whitney 類　242
Stokes の定理　114
　　チェイン上の——　116
$T_x\mathbb{R}^n$　7
vol　162
Weil 準同型　299

Weil 代数　291
Whitney の埋め込み定理　11, 40
Whitney の公式　222
Whitney 和　189

ア 行

アトラス　15
位相空間　3
位相多様体　14
位相不変　107
1 の分割　32
　　——の存在　32
1 パラメーター局所変換群　47
1 パラメーター変換群　48
一般線形群　22
一般の位置にある　102
埋め込み　38

カ 行

開近傍　4
開集合　4
開星状体　127
外積　63, 75
外積代数　62, 68
開単体　127
開被覆　30
　　可縮な——　129
外微分　63, 75
開部分多様体　22
可換なベクトル場　87
可縮　126
かっこ積　43
絡み目　149
完全形式　64, 119
完全積分可能　86
完備　47

軌道	55	コサイクル条件	184, 250
軌道空間	55	コチェイン複体	105
基本対称式	208	固定部分群	55
基本ベクトル場	284	コバウンダリー	105
基本類	109	コホモローグ	105
逆関数の定理	6	コホモロジー	105
境界	50	孤立特異点	275
境界作用素	104	コンパクト	30
共変外微分	206		
共変微分	195, 197	サ 行	
共役	312	サイクル	104
共役作用素	166	細分	30
共役バンドル	223	座標関数	13
極座標	18	座標近傍	13
局所座標	1, 13	座標変換	16
局所座標系	14	作用	55
正の――	53	自由な――	55
局所有限	30	三角形分割	103
極大アトラス	17	C^∞――	107
曲率	200	三角不等式	3
曲率形式	202, 271, 286	自己共役	166
許容される	252	自己随伴	166
距離	3	自己同型群	55
距離空間	3	指数	276
グラフ	60	沈め込み	38
計量	188	実射影空間	23
計量接続	213	自明化	183, 249
交叉形式	178	自明な接続	198, 285
交叉数	177	自明なバンドル	184, 249
構造群	251	射影	183, 248
構造定数	97	写像度	148
構造方程式	202, 286	主Gバンドル	254
交代形式	68	縮小	253
交代的	67	主バンドル	254
勾配	159	順序付けられた基底	52
コサイクル	105	商空間	55

上半空間　49
商バンドル　187
常微分方程式
　──の解の存在と一意性　45
真性不連続　56
シンプレクティック形式　100
シンボル　173
随伴作用素　166
水平なベクトル　279
水平な持ち上げ　279
スター作用素　160
正規直交枠　161
　──の場　161
制限　186, 249
斉次座標　23
正則写像　24
正値　156
積多様体　18
積バンドル　184, 248
積分可能条件　94
積分曲線　44
　　極大──　46
積分多様体　86
接空間　7, 34
接続　197, 218, 277, 278, 281
接続形式　201, 269, 284
切断　185, 249
接バンドル　182
接ベクトル　7, 34
接枠バンドル　259
ゼロ切断　185
0 に同境　241
0 にならない切断　185
全 Chern 類　221
全 Pontrjagin 類　215
全空間　183, 248

全微分　64
双曲平面　157
双対空間　68
双対バンドル　189
測地線　193
速度ベクトル　9

タ 行

台　32, 113
第一障害類　275
代数　27, 62
体積　162
体積要素　148, 162
第二可算公理　14
楕円型偏微分方程式　173
多重線形　67
多面体　103
単位球面バンドル　276
単体複体　103
　　抽象的──　103
チェイン　104
チェイン複体　105
調和関数　167
調和形式　167
直線バンドル　183
直和　250
直交群　25
底空間　183, 248
底的　296
同境　241
同境理論　241
同型　184, 249, 253
同相写像　5
同調する向き　51
同伴バンドル　253
特異 k 単体　106

C^∞ —— 110
特異 k チェイン　106
　C^∞ ——　110
特異コチェイン複体
　C^∞ ——　110
特異チェイン複体　107
特異点　232
　ベクトル場の ——　46
特異ホモロジー群　107
特殊直交群　25
特性数　241
特性類　212, 256

ナ 行

内積　188
内部積　78
二重複体　131

ハ 行

バウンダリー　104
発散　163
はめ込み　38
パラコンパクト　30
バンドル写像　184, 249, 252
反微分　78
引き戻し　77, 186, 254
左手系　52
被覆　30
被覆写像　56
被覆多様体　56
微分　37, 42
微分イデアル　93
微分可能 F バンドル　248
微分可能多様体　1
微分可能ファイバーバンドル　248
微分形式　62

—— の局所座標によらない定義　68
微分同相　6, 27
微分同相群　47
標準的 k 単体　106
表象　173
ファイバー　183, 248
ファイバー束　249
複素 Lie 群　25
複素化　188
複素射影空間　24
複素多様体　24
複素ベクトルバンドル　183
符号数　178
部分多様体　23
　正則な ——　23
部分バンドル　186
普遍 G バンドル　257
不変多項式　207, 298
普遍被覆多様体　56
分布　85, 279
分類空間　257
閉形式　64, 119
平行　194
平行移動　196, 280
閉多様体　50
平坦 G バンドル　309
平坦な接続　309
ベクトル場　10, 40
ベクトルバンドル　183
辺　103
変換関数　184, 250
包合的　87
方向微分　9
胞体　102
法バンドル　187

ホモトピー型　126
ホモローグ　105
ホモロジー群　103
ホモロジー論
　　単体複体の——　102
　　特異——　102
　　胞体複体の——　102
ホロノミー準同型　311

マ 行

交わり数　177
まつわり数　150
右手系　52
脈体　127
向き　52, 53, 104, 225
向き付け可能　51, 52, 225
向き付けられた　225
　　——Fバンドル　274
向き付けられた多様体　53
向きを保つ　54

結び目　22
　　——の補空間　22
持ち上げ　279

ヤ 行

ヤコビアン　6
誘導された接続　212
誘導バンドル　186, 254
ユニタリ群　25
余接空間　71
余接バンドル　72, 190

ラ 行

ラプラシアン　167
離散群　55
両立する接続　213
レンズ空間　58

ワ 行

枠　185, 258

■岩波オンデマンドブックス■

微分形式の幾何学

2005 年 3 月 4 日　第 1 刷発行
2009 年 10 月 5 日　第 5 刷発行
2016 年 10 月 12 日　オンデマンド版発行

著　者　森田茂之
　　　　もりたしげゆき

発行者　岡本　厚

発行所　株式会社　岩波書店
　　　　〒 101-8002　東京都千代田区一ツ橋 2-5-5
　　　　電話案内　03-5210-4000
　　　　http://www.iwanami.co.jp/

印刷／製本・法令印刷

© Shigeyuki Morita 2016
ISBN 978-4-00-730508-5　　Printed in Japan